名师名著 教育中国·规划精品系列

"十二五"普通高等教育本科国家级规划教材

普通高等教育一流本科专业建设成果教材

PROCESS MECHANICAL

U0230827

过程机械

第二版

刘志军　李志义　编著

化学工业出版社

·北京·

内容简介

本书将原化工机械与设备专业的化工容器、化工机器两门专业课，按照调整后的过程装备与控制工程专业的需要进行整合，编写为一本专业教材，分为两篇。上篇为过程容器，主要介绍压力容器常规设计、压力容器分析设计、高压容器设计、球形储罐设计等内容；下篇为过程机器，主要介绍压缩机、风机、制冷机、泵、分离机等一些典型过程机器的原理、特性、选型及操作维护等。

本书尽量避免窄、专、深、偏，顾及专业知识的系统化和全面化，注重专业基本方法与技能。对标准化的通用设备，重点介绍选型；对非标准定型设备，重点介绍结构及设计要点；对非标准非定型设备，重点介绍设计方法。对所涉及的力学问题，不强调推导过程，重视其结果及应用。

本书既可作为过程装备与控制工程专业教材使用，也可作为化工类专业教材或教学参考书选用，还可供相关专业领域的工程技术人员阅读。

图书在版编目（CIP）数据

过程机械/刘志军，李志义编著. —2版. —北京：化学工业出版社，2022.8

"十二五"普通高等教育本科国家级规划教材

ISBN 978-7-122-41314-7

Ⅰ.①过… Ⅱ.①刘… ②李… Ⅲ.①化工过程-化工机械-高等学校-教材 Ⅳ.①TQ051

中国版本图书馆CIP数据核字（2022）第071968号

责任编辑：丁文璇
责任校对：宋 玮
装帧设计：李子姮

出版发行：化学工业出版社
　　　　　（北京市东城区青年湖南街13号　邮政编码100011）
印　　装：大厂聚鑫印刷有限责任公司
880mm×1230mm　1/16　印张21　字数668千字
2022年10月北京第2版第1次印刷

购书咨询：010-64518888
售后服务：010-64518899
网　　址：http://www.cip.com.cn
凡购买本书，如有缺损质量问题，本社销售中心负责调换。

定　　价：75.00元

《过程机械》教材自 2002 年首次出版以来，已经二十年了，先后被评为普通高等教育"十一五"和"十二五"国家级规划教材。本书为流程型工业制造生产装备的设计、制造、选用、运维等提供了专业基础知识和基本设计准则，也为过程装备与控制、化学工程与工艺、安全工程、环境工程、生物工程、制药工程等专业本科人才培养教学体系和教材体系的建设起到了很大作用。同时为大连理工大学过程装备与控制工程国家级一流专业建设提供支撑。

本教材的内容力图避免"窄""专""深""偏"，强化了专业知识系统化、全面化、实用化的特点，注重专业能力、综合能力、创新能力和系统地解决复杂工程问题能力的培养。对过程机械中涉及的标准化通用机械、非标准化定型装备、非标准化非定型装备的内容各有侧重，分别介绍过程机械的理论分析与应用、结构设计与方法、工作原理与选型、装备创新与研发等内容，重点突出本课程在专业教学体系中的课程定位、教学内容和目标要求。本教材中不再重复介绍有关数学和自然科学以及专业基础课程中所涉及的知识内容，而是将重点放在基础知识的应用及其求解结果的讨论上，同时给出相应的参考文献，供教材使用者进一步扩充知识、深化研究、拓展能力。

近年来，随着新工科的发展，过程机械在新能源、新材料、新工艺、新装备、维纳过程、绿色生产、互联网＋、智能制造、流程控制、变革性技术、极端工况、安全环保等领域实现了学科知识体系的再交叉、再融合、再创新、再创造，过程机械的创新设计和实践应用等都发生了较大变化，其教材内容也需要做出相应调整，以适应现代过程机械的设计、制造和运维水平，适当反映学科体系的创新发展和知识体系的更新迭代。

基于以上过程机械的发展态势，在第二版编写过程中，对本教材第一版上、下册的内容进行了重新整合，把第一版上册中相关的传热和传质过程设备等进行删减，保留了以过程容器为代表的"静设备"和以过程机器为代表的"动设备"两部分内容，分别设为上、下两篇，上篇为过程容器，下篇为过程机器。至于以传热、传质、流动和反应过程设备为代表的"三传一反"过程设备，因其种类繁多，类型各异，工程上更主要从工艺、效率和结构的角度强调优化设计和创新设计，更适合与工艺过程相结合进行教学体系和教材体系配套建设，而过程设备的力学分析和机械设计基本理论和设计方法，大都在过程容器和过程机器中得以体现。因此，过程设备的内容未再纳入本教材中。

本教材第二版的编写力求内容精炼实用，重点考虑了不同类型人才培养对专业课程教材内容适配性、开放性、灵活性和挑战性的不同要求。本教材的选用者可根据各自培养类型的差异，对教材内容进行取舍，并可按相关联的教学内容进行深化。同时，本教材还增加了一些过程机械相关的微课、课件、三维动画等数字化内容和素材（获得方式见封底），使学生能够直观了解过程机械的类型结构、制造过程和运行状态等，进一步增加学生的学习兴趣。

本教材第二版由刘志军和李志义编著并统稿，刘凤霞和王泽武分别参与了过程机器和过程容器的编写和修订工作。本教材每章均附有教学目标，后附有思考题，其中一些思考题保留了原来的开放性和探索性，可引导学生在掌握本教材基本内容的同时，进行更深入、更广泛的探讨。教育部机械类专业过程装备与控制工程专业教学指导分委员会、大连理工大学教务处和大连理工大学化工学院化工机械与安全系对本教材的再版给予了大力支持，在此表示感谢。

由于编著者水平有限，本教材内容不当之处敬请各位专家和学者批评指正。

编著者

2022 年 4 月

于大连理工大学

第一篇　过程容器

4 压力容器分析设计   085

5 高压容器设计

6 球形储罐设计

7　压缩机　148

8　风机　199

第一篇
过程容器

1 压力容器设计概述

○○ —— ·○○ ○ ○○ —————————|

◉ 学习目标

○ 掌握压力容器基本构成，说明各构成部分的功能。

○ 辨别不同类型的压力容器，依据选材原则合理选择压力容器的制造材料。

○ 能对比分析现有国内外容器规范，并合理确定和应用规范进行设计。

1.1 压力容器及其分类

1.1.1 压力容器及其构成

通常，当容器承受的内压大于 0.1MPa 时，才称为压力容器；当内压小于 0.1MPa 时，称为常压容器；当内压小于零时，称为外压容器[1]。由于外压容器在设计、制造、检验等方面，与压力容器有一定共性，故将其放在压力容器中一起介绍[2]。

压力容器的常见结构形式有两种：圆筒形容器和球形容器。压力容器由容器本体和附件构成。对于圆筒形容器，容器本体由筒体与封头两部分组成。容器附件包括：支座、法兰、接管、人孔、手孔、视镜和安全附件等。

1.1.2 压力容器的分类

压力容器有多种分类方法，常见的有以下几种。

（1）按压力（p）分类

将压力容器分为如下 4 类：

ⅰ.低压容器（代号 L） $0.1\text{MPa} \leqslant p < 1.6\text{MPa}$

ⅱ.中压容器（代号 M） $1.6\text{MPa} \leqslant p < 10.0\text{MPa}$

---

[1] 严格地讲，当容器所承受的内压与外压之差小于零时，称为外压容器；当仅受内压且小于零时，往往称为真空容器；如无特殊说明，本书所述的压力均指表压。

[2] 如果不作特殊说明，以下提到的压力容器也包括了外压容器。

ⅲ. 高压容器（代号 H）　　　10.0MPa ≤ p < 100.0MPa
ⅳ. 超高压容器（代号 U）　　p ≥ 100.0MPa

（2）按其功能分类

将压力容器分为如下 4 类：
ⅰ. 反应容器（代号 R）；
ⅱ. 换热容器（代号 E）；
ⅲ. 分离容器（代号 S）；
ⅳ. 储存容器（代号 C，其中球罐为 B）。

（3）按安全技术管理要求分类

根据介质特征，按照以下要求选择分类图，再根据设计压力 p（单位 MPa）和容积 V（单位 m³），标出坐标点，确定压力容器类别：

① 第一组介质　分类图选图 1-1。介质毒性程度为极度危害、高度危害的化学介质；易燃介质；液化气体。

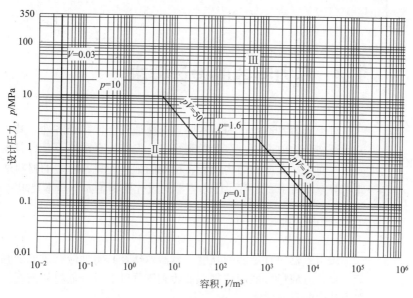

图 1-1　压力容器分类图——第一组介质

② 第二组介质　分类图选图 1-2。由除第一组以外的介质组成，如水蒸气、氮气等。

介质危害性指设备在生产过程中因事故致使介质与人体大量接触、发生爆炸或因泄漏引起职业性慢性危害的严重程度，用介质毒性危害程度和爆炸危害程度表示。毒性程度是综合考虑急性毒性和最高容许浓度。极度危害最高容许浓度小于 0.1mg/m³；高度危害最高容许浓度 0.1 ～ 1.0mg/m³；中度危害最高容许浓度 1.0 ～ 10.0mg/m³；轻度危害最高容许浓度大于等于 10.0mg/m³。易燃介质指气体或液体的蒸汽、薄雾与空气混合形成的爆炸混合物，其爆炸下限小于 10%，或者爆炸上限和爆炸下限的差值大于等于 20%。

此外，还可能见到如下一些分类方法：按制造方法，分为焊接容器、锻造容器、热套容器、多层包扎式容器、绕带式容器、组合容器等；按制造材料，分为钢制容器、有色金属容器、非金属容器等；按几何形状，分为圆筒形容器、球形容器、矩形容器、组合式容器等；按安装方式，分为立式容器、卧式容器等；按固定方式，分为固定式容器、移动式容器等；按受压情况，分为内压容器、外压容器等；按容器壁厚，分为薄壁容器、厚壁容器等；按使用场合，分为化工容器、核容器等。

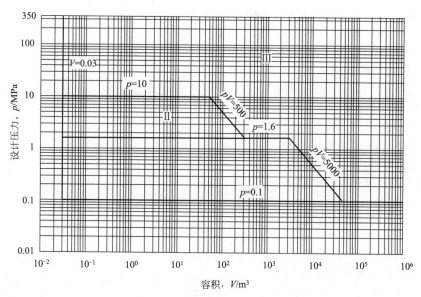

图1-2　压力容器分类图——第二组介质

1.2　压力容器的设计要求

对于压力容器设计的基本要求是保证安全性和经济性。其中安全是核心，在充分保证安全的前提下，尽量做到经济。保证安全，绝不是盲目增加壁厚、提高材料品质，而应从合理的结构设计、精确的强度计算、合理的材料选用以及正确的技术要求等方面着手。通常，压力容器的设计要满足如下基本要求：

（1）强度要求

压力容器应有足够的强度。容器本体及其附件应有足够的强度，来承受工作载荷。设计时应尽可能地使零部件达到等强度，以降低材料消耗。强度设计是压力容器设计中的重要内容。

（2）刚度要求

压力容器应有足够的刚度。压力容器的法兰连接系统如果刚度不足，变形过大，就会使密封失效。压力容器（特别是化工压力容器）所盛装的介质往往易燃、易爆或有毒，这些介质泄漏后，不仅会在生产上造成损失，更重要的是会引起火灾、爆炸或中毒事故，后果非常严重。密封设计是压力容器设计的重要内容。

外压容器如果没有足够的刚度，就会丧失稳定性（无法保持原来的形状）而被"压瘪"，从而无法完成预定功能。稳定性设计也是压力容器设计的重要内容。

（3）使用寿命要求

压力容器应有足够的使用寿命。压力容器的使用寿命通常决定于介质对于材料的腐蚀性。如果承受波动载荷或工作温度在材料蠕变温度以上，压力容器的使用寿命还取决于疲劳强度和蠕变强度。正确的选材及在特殊情况下的疲劳分析和蠕变分析，是压力容器设计的重要内容。

（4）结构要求

压力容器应有合理的结构。压力容器的结构，不仅要满足工艺要求，而且要有良好的承载特性，同时还要方便制造、检验、运输、安装、操作及维修。结构设计是压力容器设计的重要内容。

1.3　压力容器材料及选择

通常，压力容器材料是钢材。特殊情况下，例如考虑到特殊介质、特殊操作条件和容器重量等因素，也可用镍、钛、铝、铜等有色金属或其合金，搪玻璃等非金属材料，以及复合材料等。

1.3.1　压力容器用钢

我国压力容器用钢板主要有三个基本类型，即低碳钢、低合金钢和高合金钢。

（1）低碳钢

低碳钢中可以用于制作压力容器的主要是Q245R。由于普通碳素结构钢Q235系列不属于压力容器专用钢板，GB/T 150—2011取消了普通碳素结构钢Q235系列（Q235-B和Q235C）。GB/T 150—1998之所以把Q235系列列进去，主要是因为当时国家压力容器专用钢板产量不足。目前Q235系列钢板在一些特殊场合还可以使用，但是GB/T 150—2011在附录D中进一步严格了Q235系列钢板（Q235-B和Q235C）的使用规定。

ⅰ.钢的化学成分（熔炼分析）应符合GB/T 700—2006《碳素结构钢》的规定，但钢板质量证明书中的磷、硫含量应符合P≤0.035%、S≤0.035%的要求。

ⅱ.厚度等于或大于6mm的钢板应进行冲击试验，试验结果应符合GB/T 700的规定。对用于使用温度低于20℃至0℃、厚度等于或大于6mm的Q235C钢板，容器制造单位应附加进行横向试样的0℃冲击试验，3个标准冲击试样的冲击功平均值$KV_2 \geqslant 27J$，每个试样的冲击功最低值以及小尺寸冲击试样的冲击功数值按GB/T 700的相应规定。

ⅲ.钢板应进行冷弯试验，冷弯合格标准按GB/T 700的规定。

ⅳ.容器的设计压力小于1.6MPa。

ⅴ.钢板的使用温度：Q235B钢板为20～300℃；Q235C钢板为0～300℃。

ⅵ.用于容器壳体的钢板厚度：Q235B和Q235C不大于16mm。用于其他受压元件的钢板厚度：Q235B不大于30mm，Q235C不大于40mm。

ⅶ.不得用于毒性程度为极度或高度危害的介质。

（2）低合金钢

加入少量合金元素，如Mn、V、Mo、Nb等，可显著地提高钢的强度而成本增加不多。同时，低合金钢的低温韧性和高温强度明显优于碳素钢。采用低合金钢，不仅能减小壁厚，而且可以扩大应用范围。常用的低合金钢有以增加强度为主要目的的Q345R，以中温应用为主要目的的中温抗氧钢15CrMoR和以低温（<-20℃）应用为主要目的的低温压力容器钢16MnDR、15MnNiDR和09MnNiDR（D表示低温）等。

（3）高合金钢

压力容器用高合金钢仅限于低碳和超低碳型，应用目的主要是耐腐蚀和耐高温。主要有铁素体不锈钢（S1××××），如：S11306（06Cr13）；奥氏体-铁素体双相不锈钢（S2××××），如：S21953（022Cr19Ni5Mo3Si2N）；奥氏体不锈钢（S3××××），如：S30408（06Cr19Ni10），S30403（022Cr19Ni10）和 S31608（06Cr17Ni12Mo2）。

1.3.2 对压力容器用钢的要求

在化学成分、力学性能以及工艺性能等方面，对压力容器用钢提出了特殊要求。

（1）化学成分

化学成分主要是指钢材中的铁合金元素和杂质元素，它们的含量对钢材的力学性能、工艺性能和热处理性能影响很大。因此，压力容器的化学成分应严格控制。

合金元素中，碳的含量增高，可使钢材的强度提高，但导致可焊性变差，焊接时易在热影响区出现裂纹，故压力容器用钢含碳量一般不大于 0.25%。钼元素能提高钢材的高温强度，但含量超过 0.5% 时会影响可焊性。其他合金元素都是按照力学性能要求配比的，都应控制在一定范围内。

杂质元素一般都有危害作用，在冶炼中应严格控制。硫和磷是钢中最主要的有害杂质元素。硫能促进非金属夹杂物的形成，使钢材塑性和韧性下降；磷能增加钢的脆性，特别是低温脆性。因此，压力容器用钢对硫和磷等有害杂质元素的含量应有严格控制。例如，TSG 21《固定式压力容器安全技术监察规程》规定，压力容器用钢的硫和磷的含量应分别不大于 0.02% 和 0.03%。随着冶炼水平的提高，目前已可将硫的含量控制在 0.002% 以内。

（2）力学性能

材料的力学性能主要指材料的强度、塑性与韧性，它们是选材和强度计算的主要依据。压力容器设计中，常用钢材的力学性能指标有抗拉强度（σ_b）、屈服强度（σ_s）、持久强度（σ_D）、蠕变极限（σ_n）和疲劳极限（σ_{-1}）；塑性指标有延伸率（δ_5）、断面收缩率（ψ）；韧性指标有冲击吸收功（KV_2）、韧脆转变温度和断裂韧性等。

韧性是材料对缺口或裂纹敏感程度的反映，韧性好的材料即使存在宏观缺口或裂纹而造成应力集中时，也具有相当好的防止发生脆性断裂和裂纹快速失稳扩展的能力。

夏比 V 型缺口冲击吸收功（KV_2）能较好地反映材料的韧性，而且对温度变化也很敏感。国内外压力容器标准对压力容器用钢的 KV_2 均提出了要求。GB/T 150 对碳素钢和低合金钢钢材（钢板、钢管、钢锻及其焊接接头）的冲击功最低值需要按表 1-1 的规定。

表1-1 碳素钢和低合金钢钢材的冲击功最低值

钢材标准抗拉强度下限值 R_m/MPa	3 个标准试样冲击功平均值 KV_2/J	钢材标准抗拉强度下限值 R_m/MPa	3 个标准试样冲击功平均值 KV_2/J
≤ 450	≥ 20	> 570 ～ 630	≥ 34
> 450 ～ 510	≥ 24	> 630 ～ 690	≥ 38
> 510 ～ 570	≥ 31		

注：对 R_m 随厚度增大而降低的钢材，按该钢材最小厚度范围的 R_m 确定冲击功指标。

随着使用温度的降低，钢材的韧性一般会下降。当温度下降到一定值后，材料的 KV_2 值会突然明显下降（除面心立方体晶格的材料外），这个温度称为材料的韧脆转变温度，它是确定材料最低使用温度的依据。

材料冲击吸收功（KV_2）只是宏观地反映了材料对缺口的敏感性，可用作选材的指导，但不能用作设计计算。为了更科学地判断压力容器用钢对宏观裂纹扩展的抵抗能力，近年来引入了断裂力学中的断裂韧性指标，来对压力容器进行防脆断设计和安全评定。目前用得较多的是应力强度因子 K_{IC} 和裂纹尖端张开位移（COD）

临界值 δ_c，但这些断裂韧性指标尚未列入容器标准中。

（3）工艺性能

钢材的制造工艺性能包括：可锻性，可焊性，切削加工性，研磨、冲击性能及热处理性能等。对压力容器用钢，焊接性能和加工性能显然更为重要。

一般来说，钢材强度越高，焊接热影响区的硬度也越高，出现焊接裂纹的可能性也就越大。为了保证钢材的焊接性能，必须对其含碳量或碳当量加以限制。TSG 21 规定，用于焊接结构压力容器主要受压元件的碳素钢和低合金钢，其含碳量不应大于 0.25%。在特殊情况下，如选用含碳量超过 0.25% 的钢材，应限定碳当量不大于 0.45%。国际焊接学会推荐碳当量（C_{eq}）按下式估算

$$C_{eq} = C + \frac{1}{6}Mn + \frac{1}{15}(Ni + Cu) + \frac{1}{5}(Cr + Mo + V)$$

式中的元素符号表示该元素在碳中的百分含量。一般认为 C_{eq} 小于 0.4% 时，焊接性能优良；C_{eq} 大于 0.6% 时，焊接性能差。压力容器用钢一般要经过焊接实验，以确定相应的焊接材料及焊接工艺。

制造过程中进行冷卷、冷冲压加工的零部件，要求钢材有良好的冷加工成型能力和塑性，其延伸率应在 15%～20% 以上。为检验钢板的弯曲变形能力，一般应根据钢板的厚度，选用合适的弯心直径，在常温下做弯曲角度为 180° 的弯曲实验，试样外表面在弯曲实验时不应出现裂纹。制造厂接受钢材来货时，必须检查钢厂的质量证明书，对制造重要压力容器的钢材还要进行复验，甚至进行 100% 面积的超声波检验以确定轧制质量。

1.3.3　压力容器用钢的选择

在进行压力容器设计选材时，要根据容器的使用环境（压力、温度、介质特性和操作特性等）和功能，综合考虑材料的化学成分、力学性能和工艺性能，同时还应注意材料的价格、来源及使用经验，要符合有关设计与材料标准的规定。例如，不应片面追求高强度钢材，要注意强度与塑性、韧性的综合性能，强度与可焊性的综合性能。还应注意厚度与性能的关系，随着厚度的增加，钢材的力学性能均会有所下降。

材料的价格在压力容器的成本中占较大比例，选材时应给予充分考虑。如果将普通碳素结构钢 Q245R 钢板的价格视为 1，其余钢板的相对价格：锰钢约为 1.5，铬钢约为 5，奥氏体不锈钢约为 15。当然，采用廉价的材料经济上并不一定合算，因为价格贵的材料可能具有更好的性能，用它可以使容器壁厚减薄，材料消耗量降低，还可能延长使用寿命，从而使综合经济效果更好。

一般来说，对于普通低压容器，通常采用 Q245R；对于直径较大的低压容器和中压容器，通常选用低合金钢，例如 Q345R、Q370R（15MnNbR）等；对于直径较大的中压容器和高压容器，宜选用低合金高强钢，例如 Q420R（18MnMoNbR）等；对于温度较高（475～540℃）的中压容器，常用中温抗氧钢 15CrMoR。

当介质腐蚀性较强时，应选用高合金不锈钢。铬钢 S11306 在室温下对稀硝酸和弱有机酸有一定的耐蚀性，但不耐硫酸、盐酸和弱磷酸等介质的腐蚀。奥氏体不锈钢 S30408 在氧化性酸和大气、水、蒸汽等介质中有较好的耐蚀性，但长期在水及蒸汽中工作时，有晶间腐蚀倾向，并且在氧化物溶液中易发生应力腐蚀开裂。S32168 具有较高的抗晶间腐蚀的能力，可在 -196～600℃ 范围内长期使用。S30403 为超低碳不锈钢，具有更好的耐蚀性。奥氏体-铁素体双相不锈钢 S31803 具有良好的耐应力腐蚀和小孔腐蚀的性能，可用于制造介质中含有氯离子的设备。

1.4　压力容器规范简介

鉴于压力容器安全问题的重要性，世界各工业国家都制定了压力容器的规范，对其设计、材料、制造、检

验等均做出了相应规定。尽管一些技术规范和标准本身不具有法律效力，但经一定的法律程序认定或其中一些条款被一些法规确定后，就得强制执行，否则就会追究法律责任。然而，设计规范不可能包罗万象，不可能对各种设计问题都给出具体答案，它只是对"该做什么"和"不该做什么"给出了原则规定，面对具体设计问题，设计者需要在不违反规范的前提下，灵活处理，做出最佳的设计方案。

1.4.1　国外压力容器规范

美国 ASME《锅炉与压力容器规范》（以下简称 ASME 规范）是世界上最有影响的一部压力容器规范。它由美国机械工程师协会（ASME）和美国国家标准协会（ANSI）联合颁发，已被美国确认为国家规范。ASME 规范规模庞大，内容丰富、完整，规定严格、明确，且修订、更新及时，得到了世界各国的重视。

ASME 规范的原始版《锅炉制造规范·1914 版》于 1915 年春问世，它是世界第一部关于压力容器的规范。到 1926 年，这部规范发展到八卷，统称为"ASME 锅炉与压力容器规范"。目前 ASME 规范共有十三卷，包括锅炉、压力容器、核动力装置、焊接、材料、无损检测、超长保护等内容。ASME 规范每三年发行一个版本，每六个月有一次增补。

ASME 规范中的第Ⅷ卷《压力容器》，有三个分卷，即第一分卷《压力容器》、第二分卷《压力容器另一规则》和第三分卷《高压容器另一规则》（以下分别简称 ASME Ⅷ-1、ASME Ⅷ-2 和 ASME Ⅷ-3）。ASME Ⅷ-1 为常规设计标准，适用压力不超过 20MPa，它不包括疲劳设计，但包括静载下进入高温蠕变范围的容器设计。ASME Ⅷ-2 为分析设计标准，它包括了疲劳设计，但设计温度限制在蠕变温度以内。为解决高温压力容器的分析设计，在 1974 年后又补充了一份《规范案例 N-47》。ASME Ⅷ-3 主要适用于设计压力不小于 10MPa 的高压容器，它不仅要求对容器各零部件作详细的应力分析和分类评定，而且要作疲劳分析或断裂力学评估，是一个到目前为止要求最高的压力容器规范。

除了美国 ASME 规范外，比较有特色的压力容器设计标准有：日本的 JIS B8270《压力容器（基础标准）》及 JIS B 8271 ～ 8285《压力容器（单项标准）》，英国的 PD 5500《非火焰接触压力容器》，原联邦德国的《AD 压力容器规范》等。此外，欧盟于现行的指令、标准有 2014/29/EU《简单压力容器指令》、2014/68/EU《承压设备指令》和 EN13445《非直接接触火焰压力容器》。

1.4.2　我国压力容器规范

（1）我国压力容器规范体系

我国压力容器规范体系由法规、技术标准以及相关标准组成。《特种设备安全监察条例》、TSG 21《固定式压力容器安全技术监察规程》（以下简称《容规》）是两个强制文件。国家标准有 GB/T 150《压力容器》、GB/T 151《热交换器》、GB/T 12337《钢制球形储罐》、GB/T 16749《压力容器波形膨胀节》，行业标准 JB 4732《钢制压力容器——分析设计标准》、NB/T 47003.1《钢制焊接常压容器》、NB/T 47041《塔式容器》、NB/T 47042《卧式容器》等，以及有关材料、制造、检验的国家标准或部颁标准，例如 GB/T 713《锅炉和压力容器用钢板》、GB/T 3531《低温压力容器用钢板》、NB/T 47008《承压设备用碳素钢和合金钢锻件》、NB/T 47009《低温承压设备用合金钢锻件》、NB/T 47010《承压设备用不锈钢和耐热钢锻件》、NB/T 47002《压力容器用复合板》、NB/T 47020～47027《压力容器法兰、垫片及紧固件》、NB/T 47014《承压设备焊接工艺评定》、NB/T 47015《压力容器焊接规程》、NB/T 47013《承压设备无损检测》等，这些属于技术标准和相关标准。这些标准本身不具有法律地位，但由于相关标准（或其中一些条款）被设计标准所引用，设计标准（或其中一些条款）又被技术法规所引用，因此这些标准（或其中一些条款）被间接地赋予法律效力。

（2）GB/T 150

这是我国第一部压力容器国家标准，其基本思路与 ASME Ⅷ-1 相同，属常规设计标准。该标准适用于设计压力不大于 35MPa 的压力容器的设计、制造、检验与验收，适用的设计温度范围根据钢材的使用温度确定（从 −196℃ 到钢材的蠕变限用温度）。

GB/T 150 只适用于固定的承受恒定载荷的压力容器，不适用于以下 8 种情况：直接火焰加热的容器，核能装置中的容器，旋转或往复式运动的机械设备中自成整体或作为部件的受压器室的容器，经常搬用的容器，设计压力低于 0.1MPa 的容器，真空度低于 0.02MPa 的容器，内径小于 150mm 的容器和要求作疲劳分析的容器。

GB/T 150 的技术内容包括圆柱形筒体和球壳的设计计算，零部件结构和尺寸的具体规定，密封设计，超压泄放装置的设置，对容器的制造、检验与验收要求，以及对材料的要求等。

GB/T 150 采用第一强度理论——弹性失效准则，这与 ASME Ⅷ-1 相一致。不同的是，以抗拉强度为基准的安全系数 n_b，我国取 $n_b=2.7$，这是根据我国多年来工业生产的经验确定的。另一个不同点是 GB/T 150 对局部应力参照 ASME Ⅷ-2 作了适当处理，凸形封头转角及开孔处的局部应力允许其超过材料的屈服点。

（3）JB 4732

这是我国第一部压力容器分析设计的行业标准，其基本思路与 ASME Ⅷ-2 相同。该标准适用于设计压力不大于 100MPa 的钢制压力容器，适用的设计温度范围仍由钢材的使用温度确定。该标准不适用范围与 GB/T 150 基本相同，不同的是，它能适用于需作疲劳分析的容器。该标准与 GB/T 150 同时实施，在满足各自要求的条件下，设计者可选其中之一，但不得混合使用。

JB 4732 采用第三强度理论——可选用弹性失效准则、塑性失效准则、弹塑性失效准则设计。与 GB/T 150 相比，JB 4732 允许采用较高的设计应力水平，在相同设计条件下，容器壁厚较小，材料消耗较少。但由于设计计算工作量大，选材、制造、检验及验收等方面的要求较严，有时综合效益不一定高。JB 4732 一般推荐用于重量大、结构复杂、操作参数较高的压力容器设计。当然，需作疲劳分析的压力容器，必须采用 JB 4732 进行设计。

（4）TSG 21《固定式压力容器安全技术监察规程》

我国《容规》是压力容器安全技术管理的技术法规，它对压力容器的材料、设计、制造、安装、检验、使用、安全附件等七个主要方面做出了基本规定，从事压力容器设计、制造、安装、改造、使用、检验、修理的单位都要贯彻执行。《容规》提出的基本规定，是压力容器安全技术的最低要求，凡是压力容器国家标准、部颁标准、企业标准，都不得低于《容规》所规定的要求。《容规》适用于同时具备下列条件的压力容器：

ⅰ. 工作压力大于等于 0.1MPa（不含液体静压力）；

ⅱ. 容积大于或者等于 0.03m³ 并且内直径（非圆形截面指截面内边界最大几何尺寸）大于或者等于 150mm；

ⅲ. 盛装介质为气体、液化气体以及介质最高工作温度高于或者等于其标准沸点的液体。

除设计压力超过 100MPa 的超高压容器外，我国压力容器标准基本上可以覆盖所有的钢制压力容器。表

1-2 列出了 GB/T 150、JB 4732 和 NB/T 47003.1 3 个钢制容器标准的适用范围和主要区别。

表1-2 GB/T 150、JB 4732 和NB/T 47003.1的适用范围和主要区别

项目	GB/T 150	JB 4732	NB/T 47003.1
设计压力	$0.1MPa \leq p \leq 35MPa$，真空度不低于 0.02MPa	$0.1MPa \leq p < 100MPa$，真空度不低于 0.02MPa	$-0.02MPa < p < 0.1MPa$
设计温度	按钢材允许的使用温度确定（最高为 800℃，最低为 −253℃）	低于以钢材蠕变控制其设计应力强度的相应温度（最高 475℃）	设计温度范围按钢材允许的使用温度确定
基本安全系数	碳素钢、低合金钢：$n_b \geq 2.7$，$n_s = n_s^t \geq 1.5$，$n_D \geq 1.5$，$n_n \geq 1.0$；高合金钢：$n_b \geq 2.0$，$n_s = n_s^t \geq 1.5$，$n_D \geq 1.5$，$n_n \geq 1.0$	碳素钢、低合金钢、铁素体高合金钢：$n_b \geq 2.6$，$n_s = n_s^t \geq 1.5$；奥氏体高合金钢：$n_s = n_s^t \geq 1.5$	碳素钢、低合金钢、铁素体高合金钢：$n_b \geq 2.4$，$n_s = n_s^t \geq 1.5$；奥氏体高合金钢：$n_s = n_s^t \geq 1.5$
对介质的限制	不限	不限	不适用于盛装高度毒性或极度危害介质的容器
设计准则	弹性失效设计准则	塑性失效设计准则和疲劳失效设计准则，局部应力用极限分析和安定性分析结果来评定	一般为弹性失效设计准则和失稳失效设计准则
应力分析方法	以材料力学、板壳理论公式为基础，并引入应力增大系数和形状系数	弹性有限元法；塑性分析；塑性理论和板壳理论公式；实验应力分析	以材料力学、板壳理论公式为基础，并引入应力增大系数和形状系数
强度理论	最大主应力理论	最大剪应力理论	最大主应力理论，但大多数容器的设计厚度由最小厚度决定
容器壳体无损检测要求	按钢种、厚度、介质特性和耐压试验类型确定无损检测要求；局部无损检测要求长度不小于各条焊缝长度的20%，且不小于250mm	所有 A 类或 B 类焊接接头；简体或封头名义厚度大于 65mm 的 C 类焊接接头（多层包扎简体中的 C 类除外）；开孔直径大于 100mm 且简体或封头名义厚度大于 65mm 的 D 类焊接接头都要做 100% 无损检测	按容器的公称容积、厚度、设计温度、介质毒性程度和可燃性、耐压试验种类和钢种确定是否需要无损检测，检测长度不小于各条焊缝长度的10%
是否需要应力分析	不需要，但超出本标准规定时，需要应力分析	需要，但按本标准设计的球壳、简体、封头等不需要应力分析	不需要
是否需要疲劳分析	不适用于需要疲劳分析的容器	需要，但有免除条件（按载荷循环次数或应力幅提供疲劳分析免除条件）	不适用于需要疲劳分析的容器
资格要求	设计单位和制造单位应有相应的设计批准书或制造许可证；焊接必须由持有相应类别资格的焊工担任；无损检测必须由相应类别资格的人员担任	设计单位须取得应力分析设计资格证书，设计文件必须由三名具有资格证书的分析设计人员签名；制造单位必须具有三类容器的制造许可证；焊接必须由持有相应类别资格的焊工担任；无损检测必须由 I 级或 II 级人员担任	设计、制造都无资格要求；需无损检测的容器，应由有无损检测资格的人员担任；有的容器需由有考试合格证的焊工担任
综合经济性	一般结构的容器综合经济性好	大型复杂结构的容器综合经济性好	在相应范围内的容器综合经济性好

思考题

1. 压力容器通常被设计成圆筒形和球形两种结构，为什么？请查阅资料，归纳出圆筒形和球形压力容器各自的特点。

2. 我国 TSG 21 将压力容器分为 3 类进行管理，说明其必要性；在类别划分中不仅考虑了压力，还考虑了压力与容积的乘积，以及使用场合和介质特性等，为什么？

3. 压力容器的设计要从安全性、经济性和操作性等多方面综合考虑。就这三个方面而言，在设计中如何体现？

4. 为什么对压力容器用钢要作特殊规定？压力容器用钢在化学成分、力学性能和工艺性能方面有何特殊要求？在压力容器设计时，选用的钢材越廉价，是否就越经济？

5. TSG 21 与 GB/T 150 的法律效力、作用及适用范围有何不同？GB/T 150 与 JB 4732 的主要区别是什么？

2 压力容器应力分析

○○ ——— ○○ ○ ○○ ———

> ◎ 学习目标

○ 理解并掌握压力容器载荷的种类和特点、薄膜应力无力矩理论、厚壁圆筒应力分布特点以及圆形平盖应力
分布特点。

○ 掌握回转薄壳不连续分析方法，并能分析边缘应力及其特性。

○ 能运用压力容器强度计算方法和局部应力特性，正确进行压力容器开孔设计。

○ 能根据应力产生的原因、作用范围和分布特点，对压力容器的结构设计进行合理性评估。

2.1 中低压容器应力分析

中低压容器属于薄壁压力容器，其径比（外径 D_o 与内径 D_i 之比）$k \leq 1.2$，通常采用旋转薄壳轴对称问题的求解方法对其进行弹性应力分析。除个别局部区域外，中低压容器器壁上的应力基本上可分为两大类：薄膜应力和边缘应力（或称整体不连续应力）。前者可用旋转薄壳轴对称问题的无矩理论（简称无矩理论）进行求解，后者可用旋转薄壳轴对称问题的有矩理论（简称有矩理论）进行分析。

2.1.1 压力容器的薄膜应力

沿器壁厚度均匀分布的正应力，称为薄膜应力。设容器承受轴对称法向面载荷 $p_z(\varphi)$（即为径向坐标 φ 的函数，以下简记为 p_z），根据无矩理论，器壁上只存在沿壁厚方向均匀的薄膜应力，而弯曲应力和剪切应力很小，可以忽略不计（图2-1）。这种应力求解属静定问题，可以用材料力学的方法处理。为方便起见，在分析中常使用薄膜内力，它是薄膜应力与容器壁厚的乘积（即器壁截面单位长度上的力）。

2.1.1.1 经向薄膜内力

经向薄膜内力 N_φ 可由沿容器旋转轴方向的整体平衡条件求出（图2-2）

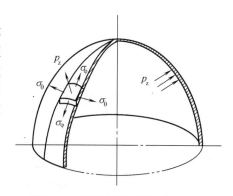

图2-1 旋转薄壳单元体及其受力

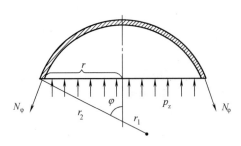

$$2\pi r N_\varphi \sin\varphi = \pi r^2 p_z$$

由此得　　　$N_\varphi = \dfrac{r p_z}{2\sin\varphi}$　　　（2-1）

式中，r 为容器壳体半径。式（2-1）称为整体平衡方程。建立该整体方程采用的是"截面法"。该法有两个要点：一是所选的截面要使所求的 N_φ 暴露出来，且在所建立的整体平衡条件中 N_φ 是唯一的一个未知量；二是被"截去"的压力介质

图 2-2　求取 N_φ 的整体平衡体

对"保留"在整体平衡体中的压力介质的作用，由垂直于截面的 p_z 来代替（图 2-2）。

2.1.1.2　环向薄膜内力

环向薄膜内力 N_θ 可由容器壳体上的单元平衡条件求得。在容器壳体上取出一个单元体 [图 2-3（a）]，沿该单元体的法向列出平衡条件❶。N_φ 与 N_θ 在该方向上分量的计算，分别如图 2-3（b）和图 2-3（c）所示。显然，N_φ 与 N_θ 在单元体法向的分量分别为 N_φ / r_1 和 N_θ / r_2。这两个分量之和应与单元体上的法向载荷 p_z 相平衡，因此有

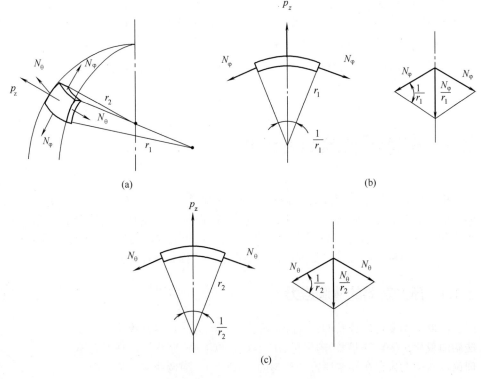

(a)　　　　　　　　　　　　　　　　　(b)

(c)

图 2-3　求取 N_θ 的单元平衡体

$$\frac{N_\varphi}{r_1} + \frac{N_\theta}{r_2} = p_z \qquad\qquad （2-2）$$

---

❶ 严格地讲，单元体一般用作表达一点的应力状态，难以表达力的平衡。后者常用微元体表达。但对该静定问题，用单元体的平衡就可达到求解目的，其结果可由微元体的平衡推得。

或
$$N_\theta = r_2\left(p_z - \frac{N_\varphi}{r_1}\right) \qquad (2\text{-}3)$$

式中，r_1 为容器壳体的第一曲率半径，它是经线在该点的曲率半径［图2-4（a）］；r_2 为第二曲率半径，它是以该点经线的切线为法线的平面 π，与容器壳体中曲面的相交曲线 abc 在该点（b 点）的曲率半径［图2-4（b）］。一般情况下，旋转壳体某点的 r_2，数值上等于过该点的法线在旋转轴上的交点到该点间的线段的长度。r_2 与平行圆半径 r 有如下关系［图2-4（b）］

$$r = r_2 \sin\varphi \qquad (2\text{-}4)$$

式（2-2）称为单元平衡方程。

利用整体平衡方程［式（2-1）］和单元平衡方程［式（2-2）］，就可以对承受轴对称法向面载荷 p_z 的薄壁容器的薄膜内力进行求解。可以证明，式（2-2）在旋转薄壳无矩理论假设条件下，无论壳体形状和所受面载荷 p_z 的形式（是气压还是液压）如何，均普遍成立。对于式（2-1），其适用性由整体平衡条件而定，根据图2-2表示的整体平衡条件，式（2-1）只适用于壳体顶部封闭且压力介质的自重可以忽略（例如气体介质）的情况。因此要根据具体的壳体几何及受力特点，建立整体平衡条件，来求取 N_φ。下面结合两个典型例子加以说明。

① 承受均匀内压 p 的圆柱形壳体　用截面法截取一整体平衡体，并将所有受力标注其上（图2-5）。对图2-5所示的整体平衡体取轴向平衡，得

$$2\pi R N_\varphi = \pi R^2 p$$

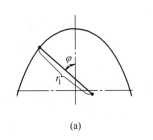
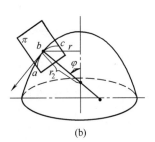

图2-4　第一和第二曲率半径 r_1 和 r_2

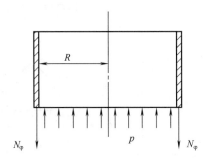

图2-5　圆柱形壳体的整体平衡

即
$$N_\varphi = \frac{1}{2}Rp \qquad (2\text{-}5)$$

显然，将 $p_z = p$、$\varphi = 90°$、$r = r_2 = R$ 代入式（2-1），即可得到与式（2-5）相同的结果。

由式（2-3）求 N_θ。注意到 $r_1 = \infty$，得

$$N_\theta = Rp \qquad (2\text{-}6)$$

② 承受均匀内压 p 的环壳　承受均匀内压 p 的环壳如图2-6所示。采用两个截面来截取整体平衡体。垂直于旋转轴的截面，虽然使所求的 N_φ（指环壳外侧）暴露了出来，但同时环壳内侧的经向薄膜力也暴露了出来，而这两个未知量会同时出现在整体平衡条件中。因此，选取另一个平行旋转轴且经过环壳极点的圆柱形截面，此截面暴露出来的 N_φ^0 与旋转轴垂直，不会出现在轴向平衡条件中。由这两个截面截取的整体平衡体如图2-6所示，对其取轴向平衡，得

$$2\pi(R_0 + r_0\sin\varphi)N_\varphi\sin\varphi = \pi[(R_0 + r_0\sin\varphi)^2 - R^2]p$$

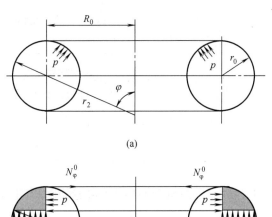
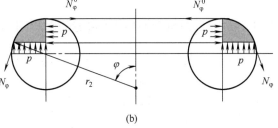

图2-6　环壳及其整体平衡

即
$$N_\varphi = \frac{r_0 p}{2}\left(1 + \frac{R_0}{R_0 + r_0 \sin\varphi}\right) \tag{2-7}$$

将 $p_z = p$，$r = R_0 + r_0 \sin\varphi$ 代入式（2-1），则得

$$N_\varphi = \frac{(R_0 + r_0 \sin\varphi)p}{2\sin\varphi} = \frac{r_0 p}{2}\left(1 + \frac{R_0}{r_0 \sin\varphi}\right) \tag{2-8}$$

显然，由式（2-8）求得的 N_φ 要大于式（2-7）的结果，这是由于式（2-1）是在壳体顶端封闭的条件下得出的。对于环向薄膜内力 N_θ，式（2-3）仍成立。注意到 $r_1 = r_0$，$r_2 = (R_0 + r_0 \sin\varphi)/\sin\varphi$，得

$$N_\theta = \frac{r_0 p}{2} \tag{2-9}$$

表 2-1 给出了几种典型结构的容器（或封头），在均匀内压 p 作用下的薄膜内力。

表2-1　承受均匀内压的薄壁容器（或封头）的薄膜内力

壳体结构	整体平衡	几何特征	薄膜内力
圆柱形筒体		$r_1 = \infty$ $r_2 = R$	$N_\varphi = \dfrac{1}{2}Rp$ $N_\theta = 2N_\varphi = Rp$
球形容器或封头		$r_1 = r_2 = R$	$N_\varphi = N_\theta = \dfrac{1}{4}Rp$
锥形封头		$r_1 = \infty$ $r_2 = x\mathrm{ctg}\varphi = x\mathrm{tg}\alpha$	$N_\varphi = \dfrac{1}{2}x p\mathrm{ctg}\varphi = \dfrac{1}{2}x p\mathrm{tg}\alpha$ $N_\theta = x p\mathrm{ctg}\varphi = x p\mathrm{tg}\alpha$
椭圆形封头[①]		$r_1 = ma\psi^3$ $r_2 = ma\psi$	$N_\varphi = \dfrac{pma}{2}\psi$ $N_\theta = \dfrac{pma}{2}\left(2\psi - \dfrac{1}{\psi}\right)$

① $\psi = 1/\sqrt{(m^2-1)\sin^2\varphi + 1}$，$m = a/b$，$a$ 和 b 分别为椭球的长半轴与短半轴。

2.1.1.3　在液体静压作用下容器的薄膜内力

求解方法与承受轴对称法向面载荷的情况完全相同，亦即 N_φ 由整体平衡条件求得，N_θ 由单元平衡条件求得。需要注意的是，此时 $p_z = p_x$，液体静压 p_x 是距液面距离 x 的函数，即 $p_x = x\rho g$（ρ 为液体密度，g 为重力加速度）。式（2-2）仍然适用（只是将式中的 p_z 换为 p_x），但式（2-1）不再适用，因为在整体平衡条件中必须考虑液体的自重力。

（1）圆柱形筒体

① 支座以上部分　对 A—A 截面以上部分取整体平衡（图 2-7），有

$$2\pi RN_\varphi + G_1 = \pi R^2 p_x$$

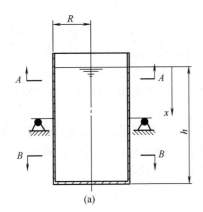 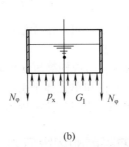 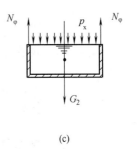

（a）　　　　　　　　　　（b）　　　　　　　　　　（c）

图 2-7　求取 N_φ 的整体平衡体

注意到 $p_x = x\rho g$，$G_1 = \pi R^2 x\rho g$，得

$$N_\varphi = 0 \qquad\qquad (2\text{-}10)$$

由式（2-3）得

$$N_\theta = Rp_x = Rx\rho g \qquad\qquad (2\text{-}11)$$

② 支座以下部分　对 B—B 截面以下部分取整体平衡（图 2-7），有

$$2\pi RN_\varphi = G_2 + \pi R^2 p_x$$

注意到 $p_x = x\rho g$，$G_2 = \pi R^2 (h-x)\rho g$，得

$$N_\varphi = \frac{1}{2}Rh\rho g \qquad\qquad (2\text{-}12)$$

由式（2-3）得

$$N_\theta = Rp_x = Rx\rho g \qquad\qquad (2\text{-}13)$$

（2）圆锥形封头

对 A—A 截面以下部分取整体平衡 [图 2-8（b）]，有

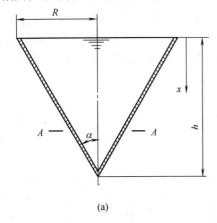 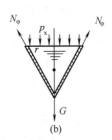 

（a）　　　　　　　　　　（b）　　　　　　　　（c）

图 2-8　求取 N_φ 整体平衡体

$$2\pi r N_\varphi \cos\alpha = G + \pi r^2 p_x$$

注意到 $p_x = x\rho g$，$G = \pi r^2(h-x)\rho g/3$，$r = (h-x)\mathrm{tg}\alpha$，得

$$N_\varphi = \frac{\rho g \sin\alpha}{2\cos^2\alpha}(h-x)^2\left(\frac{x}{h-x}+\frac{1}{3}\right) \tag{2-14}$$

由式（2-3）得

$$N_\theta = r_2 p_x = \frac{(h-x)x\rho g \sin\alpha}{\cos^2\alpha} \tag{2-15}$$

用同样的方法，可对承受液柱静压力的球形容器（或封头）、椭圆形封头等的薄膜内力进行求解。

当均匀内压 p 与液柱静压 p_x 同时作用时，仍可用该方法进行薄膜内力求解，只需将整体平衡方程和单元体平衡方程的 p_x 用 $(p+p_x)$ 代替即可；或用上述方法分别求解 p 和 p_x 单独作用时的薄膜内力，然后进行叠加。

2.1.2 压力容器的边缘应力

边缘应力是由边缘处薄膜变形不连续引起的。它是一组自平衡力系，不能通过与外力平衡关系求得，可以借助于有矩理论进行求解。有矩理论分析与求解比较复杂，下面只介绍其基本思想，目的是说明边缘应力的起因与特点。

（1）压力容器的薄膜变形

在薄膜内力的作用下，压力容器会产生薄膜变形。例如，会产生平行圆半径增量 Δ。根据环向应变 ε_θ 的定义可知

$$\Delta = r\varepsilon_\theta \tag{2-16}$$

压力容器壳壁上为平面应力状态，根据广义胡克定律有

$$\varepsilon_\theta = \frac{1}{E}(\sigma_\theta - \mu\sigma_\theta) \tag{2-17}$$

式中，μ 为材料的泊松比。对于承受均匀内压 p 的压力容器，利用式（2-1）和式（2-3）可求解 σ_φ 和 σ_θ，然后代入式（2-17）和式（2-16），得

$$\Delta = \frac{pr_2^2 \sin\varphi}{2E\delta}\left[2-\left(\mu+\frac{r_2}{r_1}\right)\right] \tag{2-18}$$

式中，δ 为容器壁厚。式（2-18）表明，平行圆半径增量 Δ 取决于容器壳体几何（r_1、r_2 及 δ）、所受载荷（p）以及材料特性（E 和 μ）。容器壳体相互连接的两部分，在连接处如果这些参数不同，则产生不同的薄膜变形 Δ，表2-2 说明了这种情况。

（2）边缘应力的产生及特点

如果容器壳体相互连接的两部分，在连接处几何（r_1、r_2 及 δ）、载荷（p）或材料性能（E 和 μ）有突变，该处的薄膜变形就可能不连续。具有这样特性的连接处，称为容器的连接边缘（简称边缘）。

当然，容器边缘处相连的两部分不允许分开，必须满足变形连续性条件。因此，在边缘处除了薄膜内力（N_φ、N_θ）外，必然会存在边缘力（横剪力 Q_0 和边缘弯矩 M_0），使相连的两部分在边缘处的位移和转角相等。参见图2-9。

表2-2　不同容器壳体在连接边缘处的薄膜变形 Δ

连接边缘	结构简图	相应参数	薄膜变形
半球形封头与圆柱形筒体连接边缘处		$p^{(1)} = p^{(2)} = p$ $r_1^{(1)} = r_2^{(1)} = R$ $r_1^{(2)} = \infty,\ r_2^{(2)} = R$ $\varphi^{(1)} = \varphi^{(2)} = 90°$ $\delta^{(1)} = \delta^{(2)} = \delta$ $E^{(1)} = E^{(2)} = E$ $\mu^{(1)} = \mu^{(2)} = 0.3$	$\Delta^{(1)} = \dfrac{0.35 pR^2}{E\delta}$ $\Delta^{(2)} = \dfrac{0.85 pR^2}{E\delta}$ $\Delta^{(2)} = 2.4\Delta^{(1)}$
不同壁厚的两部分圆柱形筒体连接处		$p^{(1)} = p^{(2)} = p$ $r_1^{(1)} = r_1^{(2)} = \infty$ $r_2^{(1)} = r_2^{(2)} = R$ $\varphi^{(1)} = \varphi^{(2)} = 90°$ $\delta^{(1)} \neq \delta^{(2)}$ $E^{(1)} = E^{(2)} = E$ $\mu^{(1)} = \mu^{(2)} = 0.3$	$\Delta^{(1)} = \dfrac{0.85 pR^2}{E\delta^{(1)}}$ $\Delta^{(2)} = \dfrac{0.85 pR^2}{E\delta^{(2)}}$ $\Delta^{(2)} = \dfrac{\delta^{(1)}}{\delta^{(2)}}\Delta^{(1)}$
圆柱形筒体与锥形封头的连接边缘处		$p^{(1)} = p^{(2)} = p$ $r_1^{(1)} = r_1^{(2)} = \infty$ $r_2^{(1)} = R$ $r_2^{(2)} = R\cot\alpha$ $\varphi^{(1)} = 90°,\ \varphi^{(2)} = 90° - \alpha$ $\delta^{(1)} = \delta^{(2)} = \delta$ $E^{(1)} = E^{(2)} = E$ $\mu^{(1)} = \mu^{(2)} = 0.3$	$\Delta^{(1)} = \dfrac{0.85 pR^2}{E\delta}$ $\Delta^{(2)} = \dfrac{0.85 pR^2}{E\delta}\dfrac{\cos^3}{\sin^2}$ $\Delta^{(2)} = \dfrac{\cos^3\alpha}{\sin^2\alpha}\Delta^{(1)}$ $\Delta^{(2)} = 2.6\Delta^{(1)}(\alpha = 30°)$
带夹套容器的夹套焊接处		$p^{(1)} = p_1$ $p^{(2)} = p_1 - p_2$ $R_1^{(1)} = R_1^{(2)} = \infty$ $R_2^{(1)} = R_2^{(2)} = R$ $\varphi^{(1)} = \varphi^{(2)} = 90°$ $\delta^{(1)} = \delta^{(2)} = \delta$ $E^{(1)} = E^{(2)} = E$ $\mu^{(1)} = \mu^{(2)} = 0.3$	$\Delta^{(1)} = \dfrac{0.85 p_1 R^2}{E\delta}$ $\Delta^{(2)} = \dfrac{0.85(p_1 - p_2)R^2}{E\delta}$ $\Delta^{(2)} = \left(1 - \dfrac{p_2}{p_1}\right)\Delta^{(1)}$

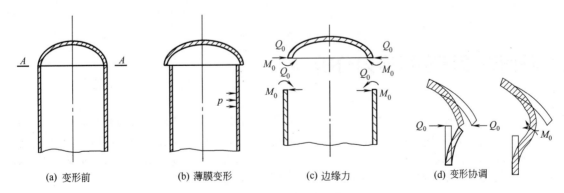

(a) 变形前　　　　(b) 薄膜变形　　　　(c) 边缘力　　　　(d) 变形协调

图2-9　边缘力及变形协调

　　在边缘力（Q_0，M_0）的作用下，容器壳体上会产生边缘应力（亦称不连续应力）。边缘力和边缘应力，可用旋转薄壳轴对称问题的有矩理论进行求解。例如，对于承受均匀内压 p 的圆筒形压力容器，在半球形封头与筒体连接边缘处的边缘力为

$$Q_0 = \frac{p}{8R}, \quad M_0 = 0$$

由此产生的边缘应力，筒体部分

$$\left. \begin{array}{l} \sigma_\phi^{(Q_0, M_0)} = \mp \dfrac{3}{4\sqrt{3(1-\mu^2)}} \dfrac{pR}{\delta} e^{-k_1 x} \sin k_1 x \\[4mm] \sigma_\theta^{(Q_0, M_0)} = -\dfrac{pR}{4\delta} e^{-k_1 x} \cos k_1 x + \mu \sigma_\phi^{(Q_0, M_0)} \end{array} \right\} \tag{2-19}$$

封头部分

$$\left. \begin{array}{l} \sigma_\phi^{(Q_0, M_0)} = \dfrac{p}{8k_1 \delta} e^{-k\omega} (\cos k\omega - \sin k\omega) \, \delta g\omega \\[4mm] \sigma_\theta^{(Q_0, M_0)} = \dfrac{kp}{4\delta k_1} e^{-k\omega} \cos \omega \pm \dfrac{3\mu Rp}{4\delta^2 kk_1} e^{-k\omega} \sin k\omega \end{array} \right\} \tag{2-20}$$

上面各式中，$k_1 = \sqrt[4]{3(1-\mu^2)}/\sqrt{R\delta}$，$k = \sqrt[4]{3(1-\mu^2)}/\sqrt{\delta/R}$，$x$ 和 ω 分别为离开边缘的线距离（对于圆筒体）和角距离（对半球形封头）。由于边缘弯矩产生的边缘弯曲应力，使得容器壁内表面受拉，外表面受压（或相反），式中，用"$\pm$"或"$\mp$"表示。

将边缘力（Q_0，M_0）引起的边缘应力与内压 p 引起的薄膜应力叠加，就可求得容器壳体的总应力。

显然，薄膜应力只是中低压容器器壁上一种应力成分，而不是全部。

边缘应力有两种特征：局部性和自限性。所谓局部性，是指它的作用范围仅限于边缘附近。由式（2-19）和式（2-20）可知，边缘应力有明显的衰减波特征。对于钢制（$\mu = 0.3$）圆柱形筒体，当离开边缘线距离 $x = \pi/k_1 = 2.5\sqrt{R\delta}$ 时，对于半球形封头，当离开边缘的角距离 $\omega = \pi/k = 2.5\sqrt{\delta/R}$ rad 时，边缘应力已经衰减至不足原来的 5%。也就是说，边缘应力作用范围是很小的。例如，当 $R=1000$mm，$\delta =10$mm 时，$x = 2.5\sqrt{R\delta} = 250$mm，$\omega = 2.5\sqrt{\delta/R} = 0.25$rad（$=14°$）。

边缘应力的自限性，是针对边缘变应力的性质而言的。边缘应力是由连接边缘处弹性薄膜变形不连续所造成的弹性约束引起的，当边缘处局部材料发生屈服进入塑性状态时，这种弹性约束就会缓解，原来的薄膜变形就会趋向协调，边缘应力就会自动限制在该应力水平上。因此，边缘应力对容器危害程度较小。

综上所述，由于结构和受载特性，压力容器难免存在薄膜变形不连续处，构成所谓的连接边缘，导致附加的边缘应力。因此，薄膜应力并不是压力容器器壁上应力的全部，但考虑到边缘应力的局部性和自限性这两个基本特征，在进行压力容器设计时，常常只以薄膜应力为依据，对边缘应力一般不作详细计算，对个别情况只作局部处理即可。

2.2 圆筒形高压容器应力分析

当容器的径比 $k>1.2$ 时，环向应力和经向应力（对圆筒形容器，称之为轴向应力）不能再看成是沿截面均匀分布了，而且径向应力也不能忽略不计。此时，容器壳体处于三维应力状态，旋转薄壳无矩理论不再适用；应力求解成为一个超静定问题，应该从平衡、几何、物理三个方面，列出定解方程，进行求解。下面对承受均匀内压 p 的圆筒形高压容器的弹性应力、弹塑性应力以及温差应力进行分析。

2.2.1 弹性应力分析

（1）平衡方程

从承受均匀内压 p 的圆筒形高压容器筒体［图 2-10（a）］上取出一微元体［图 2-10（b）］，对该微元体列出径向平衡条件［图 2-10（c）］

$$(\sigma_r + d\sigma_r)(r + dr)d\theta - \sigma_r r d\theta - \sigma_\theta dr d\theta = 0$$

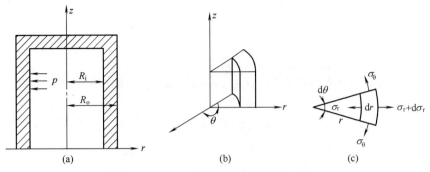

图 2-10 厚壁圆筒及微元体受力平衡

整理得

$$\sigma_\theta - \sigma_r = r \frac{d\sigma_r}{dr} \qquad (2\text{-}21)$$

假定 σ_z 沿截面均匀分布，由整体平衡条件可知

$$\sigma_z = \frac{R_i}{(R_o^2 - R_i^2)} p = \frac{1}{k^2 - 1} p \qquad (2\text{-}22)$$

（2）几何方程

考虑半径 r 处的环向微线段 $\widehat{ab}$（图 2-11）变形后为 $\widehat{a'b'}$，产生了径向位移 w；$(r + dr)$ 处的环向微线段 $\widehat{cd}$ 变形后为 $\widehat{c'd'}$，产生了径向位移 $(w + dw)$。根据径向应变 ε_r 和环向应变 ε_θ 的定义有

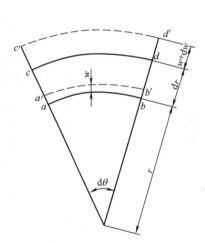

$$\left.\begin{aligned} \varepsilon_r &= \frac{\overline{b'd'} - \overline{bd}}{\overline{bd}} = \frac{dw}{dr} \\ \varepsilon_\theta &= \frac{\widehat{a'b'} - \widehat{ab}}{\widehat{ab}} = \frac{w}{r} \end{aligned}\right\} \qquad (2\text{-}23)$$

（3）物理方程

根据广义胡克定律有

$$\left.\begin{aligned} \varepsilon_r &= \frac{1}{E}\big[\sigma_r - \mu(\sigma_\theta + \sigma_z)\big] \\ \varepsilon_\theta &= \frac{1}{E}\big[\sigma_\theta - \mu(\sigma_r + \sigma_z)\big] \\ \varepsilon_z &= \frac{1}{E}\big[\sigma_z - \mu(\sigma_r + \sigma_\theta)\big] \end{aligned}\right\} \qquad (2\text{-}24)$$

图 2-11 环向微线段的几何变形

式（2-21）～式（2-24）共 7 个方程，包含 7 个未知数，这 7 个方程便构成了该问题的定解方程。

（4）定解方程的求解

将上述 7 个定解方程作适当变换和整理，得如下形式的常微分方程

$$r \frac{d^2\sigma_r}{dr^2} + 3 \frac{d\sigma_r}{dr} = 0$$

求其通解得式（2-25），将该式带入式（2-21）得式（2-26）。

$$\sigma_{\mathrm{r}} = A - \frac{B}{r^2} \tag{2-25}$$

$$\sigma_{\theta} = A + \frac{B}{r^2} \tag{2-26}$$

式中，A 和 B 为积分常数。

代入边界条件：$\sigma_r\,|_{r=R_\mathrm{i}} = -p$，$\sigma_r\,|_{r=R_\mathrm{o}} = 0$，得

$$A = \frac{R_\mathrm{i}^2}{R_\mathrm{o}^2 - R_\mathrm{i}^2}\,p = \frac{1}{k^2-1}p, \quad B = \frac{R_\mathrm{o}^2 R_\mathrm{i}^2}{R_\mathrm{o}^2 - R_\mathrm{i}^2}\,p = \frac{R_\mathrm{o}^2}{k^2-1}p$$

代入式（2-25）和式（2-26），并联立式（2-22），有

$$\left. \begin{aligned} \sigma_{\mathrm{r}} &= \frac{p}{k^2-1}\left(1 - \frac{R_\mathrm{o}^2}{r^2}\right) \\[1mm] \sigma_{\theta} &= \frac{p}{k^2-1}\left(1 + \frac{R_\mathrm{o}^2}{r^2}\right) \\[1mm] \sigma_{\mathrm{z}} &= \frac{p}{k^2-1} \end{aligned} \right\} \tag{2-27}$$

式（2-27）便是承受均匀内压 p 的圆筒形高压容器筒壁上各方向弹性应力表达式。

（5）筒壁弹性应力分布特点

图 2-12 给出了环向应力 σ_{θ}、轴向应力 σ_{z} 和径向应力 σ_{r} 沿筒壁分布情况。表 2-3 给出了容器内、外壁各应力分量值。

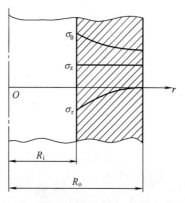

图 2-12　圆筒形高压容器筒壁弹性应力分布

表2-3　圆筒形高压容器内外壁应力

应力	内壁	外壁
σ_{r}	$-p$	0
σ_{θ}	$\left(\dfrac{k^2+1}{k^2-1}\right)p$	$\left(\dfrac{2}{k^2-1}\right)p$
σ_{z}	$\left(\dfrac{1}{k^2-1}\right)p$	$\left(\dfrac{1}{k^2-1}\right)p$

根据图 2-12 和表 2-3，可归纳出圆筒形高压容器筒壁上弹性应力分布特点：

ⅰ．在外壁，$\sigma_{\theta} = 2\sigma_{\mathrm{z}}$，$\sigma_{\mathrm{r}} = 0$，这是平面应力状态，与薄壁圆筒形压力容器的应力状态相同。

ⅱ．在内壁，σ_{θ}、σ_{r} 及 σ_{z} 在数值上均达到最大值，可见内壁应力水平最高，在设计时应以内壁应力作为强度计算的依据。

ⅲ．在任一点，有 $\sigma_{\mathrm{z}} = (\sigma_{\mathrm{r}} + \sigma_{\theta})/2$，如果忽略 σ_{r}，则 $\sigma_{\mathrm{z}} = \sigma_{\theta}/2$，这与薄壁圆筒形压力容器的结果相同。

ⅳ. 内壁与外壁各应力分量存在如下关系：$\sigma_z^{内} = \sigma_z^{外}$，$\sigma_\theta^{内} - \sigma_\theta^{外} = p$。根据这些关系，如果已知外壁各应力分量（例如通过实测），可求得内壁应力分量。

ⅴ. 由于 $\sigma_\theta^{内} / \sigma_\theta^{外} = (k^2 + 1)/2$，当 k 趋近 1 时，$\sigma_\theta^{内} / \sigma_\theta^{外}$ 趋近 1，亦即 σ_θ 趋于均布。

ⅵ. 由于 $\sigma_1 = \sigma_\theta^{内}$，$\sigma_2 = \sigma_z^{内}$，$\sigma_3 = \sigma_r^{内}$ 由第三强度理论确定的应力强度 σ_{eq} 为

$$\sigma_{eq} = \sigma_1 - \sigma_3 = \frac{2k^2}{k^2 - 1} p$$

当内壁达到屈服时有

$$\frac{2k^2}{k^2 - 1} p = \sigma_s$$

或

$$p = \frac{k^2 - 1}{2k^2} \sigma_s \tag{2-28}$$

式中，σ_s 为材料的屈服强度。式（2-28）表明，增加壁厚可以增加厚壁圆筒形容器的弹性承载能力 p。当无限增大厚度（$k \to \infty$）时，有

$$p = \lim_{k \to \infty} \left(\frac{k^2 - 1}{2k^2} \right) \sigma_s = \frac{\sigma_s}{2} \tag{2-29}$$

式（2-29）表明，圆筒形高压容器的弹性承载能力是很有限的，即使壁厚增至很大（无限大），其在弹性范围内所承受的最大压力 p，也不会超过材料屈服点的一半。

2.2.2　弹塑性应力分析

由式（2-29）可知，当内压增至一定值时，圆筒形高压容器内壁材料开始屈服，随着压力的进一步增加，屈服层会不断向外扩展。从而在内壁附近形成塑性层，塑性层以外仍为弹性层，筒体处于弹塑性应力状态，如图 2-13（a）所示。弹塑性交界面应为与圆筒同心的圆柱面，界面半径为 R_s，如图 2-13（b）所示。塑性层受外压为 p_s，内压为 p，如图 2-13（c）所示。

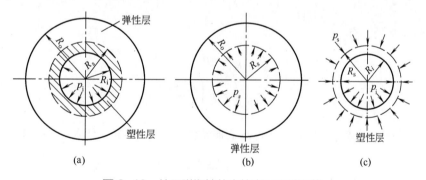

图 2-13　处于弹塑性状态的高压厚壁圆筒

（1）塑性层应力分布

处于塑性状态时，平衡方程式（2-21）仍成立，即

$$\sigma_\theta - \sigma_r = r \frac{d\sigma_r}{dr} \tag{2-30}$$

设材料为理想塑性材料，并遵循 Tresca 屈服条件，即最大剪应力 τ_{max} 达到一定值时材料进入屈服状态

$$\tau_{max} = \frac{1}{2}(\sigma_\theta - \sigma_r) = \frac{1}{2}\sigma_s$$

即
$$\sigma_\theta - \sigma_r = \sigma_s \tag{2-31}$$

将式（2-31）代入式（2-30）后积分得

$$\sigma_r = \sigma_s \ln r - A \tag{2-32}$$

由边界条件：$r = R_i$ 处 $\sigma_r = -p$，可得积分常数 $A = \sigma_s \ln R_i + p$，再将该积分常数代入式（2-32），可得塑性层内 σ_θ 的表达式；再利用 $\sigma_z = (\sigma_\theta + \sigma_r)/2$ 关系可得塑性层内 σ_z 的表达式，即

$$\left.\begin{array}{l}\sigma_r = \sigma_s \ln \dfrac{r}{R_i} - p \\[2mm] \sigma_\theta = \sigma_s \left(1 + \ln \dfrac{r}{R_i}\right) - p \\[2mm] \sigma_z = \sigma_s \left(0.5 + \ln \dfrac{r}{R_i}\right) - p\end{array}\right\} \tag{2-33}$$

将边界条件：$r = R_s$ 处 $\sigma_r = -p_s$ 代入式（2-33）的第一式，可得弹塑性交界面上的压力 p_s 为

$$p_s = -\sigma_s \ln \frac{R_s}{R_i} + p \tag{2-34}$$

（2）弹性层应力分布

弹性层相当于承受内压 p_s 的弹性圆筒，其径比 $k_s = R_o/R_s$ ［图 2-13（b）］。将 k_s 和 p_s 分别代替式（2-27）中的 k 和 p，即可得弹性层的应力分布

$$\left.\begin{array}{l}\sigma_r = \dfrac{p_s}{k_s^2 - 1}\left(1 - \dfrac{R_o^2}{r^2}\right) \\[2mm] \sigma_\theta = \dfrac{p_s}{k_s^2 - 1}\left(1 + \dfrac{R_o^2}{r^2}\right) \\[2mm] \sigma_z = \dfrac{p_s}{k_s^2 - 1}\end{array}\right\} \tag{2-35}$$

在弹性层内壁 $r = R_s$ 处，有

$$\left.\begin{array}{l}\sigma_r\big|_{r=R_s} = -p_s \\[2mm] \sigma_\theta\big|_{r=R_s} = p_s\left(\dfrac{k_s^2 + 1}{k_s^2 - 1}\right)\end{array}\right\} \tag{2-36}$$

因在该处材料处于屈服状态，故应符合 Tresca 屈服条件，将式（2-36）代入式（2-31），得

$$p_s = \frac{\sigma_s}{2} \frac{k_s^2 - 1}{k_s^2} \tag{2-37}$$

式（2-37）与式（2-34）所确定的 p_s 实际上是该弹塑性交界面上的径向应力，二者应该相等，即

$$\frac{\sigma_s}{2} \frac{k_s^2 - 1}{k_s^2} = -\sigma_s \ln \frac{R_s}{R_i} + p$$

整理后得

$$p = \sigma_s \left(0.5 - \frac{R_s^2}{2R_o^2} + \ln \frac{R_s}{R_i}\right) \tag{2-38}$$

将式（2-37）代入式（2-35），即得弹性区的应力分布

$$\sigma_r = \frac{\sigma_s}{2}\frac{R_s^2}{R_o^2}\left(1-\frac{R_o^2}{r^2}\right)$$

$$\sigma_\theta = \frac{\sigma_s}{2}\frac{R_s^2}{R_o^2}\left(1+\frac{R_o^2}{r^2}\right)$$ 　　　　（2-39）

$$\sigma_z = \frac{\sigma_s}{2}\frac{R_s^2}{R_o^2}$$

式中，R_s 由式（2-38）确定。

以上是按 Tresca 屈服条件推导的，如采用 Mises 屈服条件

$$\sqrt{\frac{1}{2}[(\sigma_\theta - \sigma_z)^2 + (\sigma_z - \sigma_r)^2 + (\sigma_r - \sigma_\theta)^2]} = \sigma_s$$

对于圆筒形高压容器，将 $\sigma_z = (\sigma_\theta + \sigma_r)/2$ 代入上式，得

$$\frac{\sqrt{3}}{2}(\sigma_\theta - \sigma_r) = \sigma_s$$ 　　　　（2-40）

将式（2-40）代替式（2-31），作类似的推导，可得按 Mises 屈服条件的结果。

此时，内压与弹塑性交界面半径 R_s 的关系式（2-38）变为

$$p = \frac{2\sigma_s}{\sqrt{3}}\left(0.5 - \frac{R_s^2}{2R_o^2} + \ln\frac{R_s}{R_i}\right)$$ 　　　　（2-41）

塑区应力分布式（2-33）变为

$$\sigma_r = \frac{\sigma_s}{\sqrt{3}}\left(\frac{R_s^2}{R_o^2} - 1 + 2\ln\frac{r}{R_s}\right)$$

$$\sigma_\theta = \frac{\sigma_s}{\sqrt{3}}\left(\frac{R_s^2}{R_o^2} + 1 + 2\ln\frac{r}{R_s}\right)$$ 　　　　（2-42）

$$\sigma_z = \frac{\sigma_s}{\sqrt{3}}\left(\frac{R_s^2}{R_o^2} + 2\ln\frac{r}{R_s}\right)$$

弹性区应力分布式（2-39）变为

$$\sigma_r = \frac{\sigma_s}{\sqrt{3}}\frac{R_s^2}{R_o^2}\left(1-\frac{R_o^2}{r^2}\right)$$

$$\sigma_\theta = \frac{\sigma_s}{\sqrt{3}}\frac{R_s^2}{R_o^2}\left(1+\frac{R_o^2}{r^2}\right)$$ 　　　　（2-43）

$$\sigma_z = \frac{\sigma_s}{\sqrt{3}}\frac{R_s^2}{R_o^2}$$

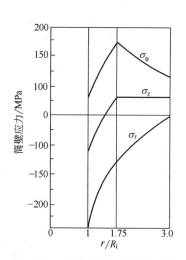

实际上，将式（2-38）、式（2-33）及式（2-39）中的 σ_s 用 $2\sigma_s/\sqrt{3}$ 替代后，即可得以上各式。承受内压 p 的高压厚壁圆筒筒壁弹塑性应力分布如图 2-14 所示。

2.2.3　温差应力分析

对无保温层的高压容器，若内部有高温介质，内外壁必然形成温度差。如果将内壁和外壁面分别看成是两个薄壁圆筒，由于内筒温度高于外筒，其

图 2-14　圆筒形高压容器筒壁弹塑性应力分布

热膨胀变形量必然大于外筒。由于内外筒的这种热变形的不一致，相互之间会产生一种限制作用。这种限制作用最终导致了所谓的温差应力（或称热应力）。外筒因内筒的"膨胀"作用而产生拉应力，内筒因外筒的"约束"作用而产生压应力。当外加热时（外壁温度高于内壁温度），内外筒的温差应力方向相反。可以想象，温差越大，温差应力越大。当壁厚增加时，沿壁厚的传热阻力会加大，内外壁的温差也相应增大，温差应力随之增大。

　　温差应力的求解也是一个非静定问题，同样需从平衡、几何、物理三方面建立定解方程。平衡方程和几何方程与承受均匀内压时的完全相同，仍然由式（2-21）和式（2-23）表达，唯一不同的是物理方程，此时应考虑热膨胀引起的热应变，即

$$\left.\begin{aligned}
\varepsilon_r &= \frac{1}{E}[\sigma_r - \mu(\sigma_\theta + \sigma_z)] + \alpha\Delta t \\
\varepsilon_\theta &= \frac{1}{E}[\sigma_\theta - \mu(\sigma_r + \sigma_z)] + \alpha\Delta t \\
\varepsilon_z &= \frac{1}{E}[\sigma_z - \mu(\sigma_r + \sigma_\theta)] + \alpha\Delta t
\end{aligned}\right\} \tag{2-44}$$

　　式中，α 为材料的线膨胀系数；Δt 为温差。

　　用式（2-44）代替式（2-24），联解式（2-21）～式（2-44），就可得到温差应力 σ_r^t、σ_θ^t 和 σ_z^t 的表达式。求解时应已知温度 t 沿壁厚的分布，即 $t = f(r)$。根据传热学中的圆筒体在稳定传热时的温度场，任意 r 处的温度 t 为

$$t = \frac{t_i \ln\dfrac{R_o}{r} + t_o \ln\dfrac{r}{R_i}}{\ln\dfrac{R_o}{R_i}}$$

　　式中，t_i 和 t_o 分别为内壁和外壁面温度。设 $\Delta t = t_i - t_o$，并注意到内外壁面处（$r = R_i$ 和 $r = R_o$）$\sigma_r = 0$ 的边界条件，可导出厚壁圆筒稳定传热时筒壁上三个方向的温差应力表达式（详细推导可参考文献 [1]）

$$\left.\begin{aligned}
\sigma_r^t &= \frac{E\alpha\Delta t}{2(1-\mu)}\left(-\frac{\ln k_r}{\ln k} + \frac{k_r^2 - 1}{k^2 - 1}\right) \\
\sigma_\theta^t &= \frac{E\alpha\Delta t}{2(1-\mu)}\left(\frac{1 - \ln k_r}{\ln k} - \frac{k_r^2 + 1}{k^2 - 1}\right) \\
\sigma_z^t &= \frac{E\alpha\Delta t}{2(1-\mu)}\left(\frac{1 - 2\ln k_r}{\ln k} - \frac{2}{k^2 - 1}\right)
\end{aligned}\right\} \tag{2-45}$$

　　式中，$k_r = R_o/r$，$k = R_o/R_i$；上标 t 表示温差应力，以示与内压引起应力的区别。圆筒形高压容器内、外壁处的温差应力见表 2-4，表中 $p_t = E\alpha\Delta t/[2(1-\mu)]$。由式（2-45）和表 2-4 可知，厚壁圆筒中的温差应力有如下特点：

　　ⅰ.最大温差应力（环向和轴向）在内、外壁面处。尽管经向应力在内、外壁面处为零，但它在整个截面上数值也不大，因此，从安全分析角度上讲，内、外壁面是考虑温差应力的危险点。

　　ⅱ.内加热（$\Delta t > 0$）时，内壁面处应力（σ_θ^t 和 σ_z^t）为压应力，外壁面处为拉应力；外加热（$\Delta t < 0$）时，正好相反，即内壁面处为拉应力，而外壁面处为压

应力。

ⅲ. 温差应力主要取决于温度差 Δt，还与材料的线膨胀系数有关。增加容器的径比 k，会增大 Δt，因而会增加温差应力。

表2-4　圆筒形高压容器内、外壁处的温差应力

温差应力	内壁处	外壁处	温差应力	内壁处	外壁处
σ_r^t	0	0	σ_z^t	$p_t\left(\dfrac{1}{\ln k}-\dfrac{2k^2}{k^2-1}\right)$	$p_t\left(\dfrac{1}{\ln k}-\dfrac{2}{k^2-1}\right)$
σ_θ^t	$p_t\left(\dfrac{1}{\ln k}-\dfrac{2k^2}{k^2-1}\right)$	$p_t\left(\dfrac{1}{\ln k}-\dfrac{2}{k^2-1}\right)$			

按式（2-45）计算温差应力比较烦琐，工程上常用简化方法。式（2-45）中各式等号右端括号内虽然均为 k 的函数，但它们的数值较接近于 1，因此可将它们视为 1。材料的 E 和 α 虽然与温度有关，但乘积 $E\alpha$ 可近似看成常数。令 $m=E\alpha/[2(1-\mu)]$，则不同材料的 m 值如表 2-5 所示。

表2-5　材料的 m 值

材料	高碳钢	低碳钢	低合金钢	Cr-Co 钢，Mo 钢 Cr-Ni 钢
$m/$（MPa/℃）	1.5	1.6	1.7	1.8

故此，温差应力可按下式作近似计算

$$\sigma_\theta^t=\sigma_z^t=m\Delta t \tag{2-46}$$

2.2.4　机械应力与热应力的综合应力

当圆筒形高压容器既受内压又受温差作用时，在弹性变形前提下，筒体的综合应力则为二者的叠加，即相应的各向应力按代数相加

$$\left.\begin{array}{l} \sum\sigma_r=\sigma_r+\sigma_r^t \\ \sum\sigma_\theta=\sigma_\theta+\sigma_\theta^t \\ \sum\sigma_z=\sigma_z+\sigma_z^t \end{array}\right\} \tag{2-47}$$

式中，σ_r、σ_θ 和 σ_z 由式（2-27）确定；σ_r^t、σ_θ^t 和 σ_z^t 由式（2-45）确定。圆筒形高压容器内、外壁处的综合应力如表 2-6 所示。

表2-6　由内压与温差引起的圆筒形高压容器筒壁上的综合应力

综合应力	内壁	外壁	综合应力	内壁	外壁
$\sum\sigma_r$	$-p$	0	$\sum\sigma_z$	$(p-2p_t)\dfrac{1}{k^2-1}+p_t\dfrac{1-2\ln k}{\ln k}$	$(p-2p_t)\dfrac{1}{k^2-1}+p_t\dfrac{1}{\ln k}$
$\sum\sigma_\theta$	$(p-p_t)\dfrac{k^2+1}{k^2-1}+p_t\dfrac{1-\ln k}{\ln k}$	$(p-p_t)\dfrac{2}{k^2-1}+p_t\dfrac{1}{\ln k}$			

由表 2-6 可见，由内压引起的机械应力 σ_θ 和 σ_z 在内、外壁面处均为拉应力，对于内加热情况，内壁综合应力得到改善，而外壁有所恶化；外加热时则相反，内壁的综合应力恶化，而外壁得到改善。

2.3　圆形平盖封头应力分析

当圆形平盖封头的厚度不大于其直径的 1/5 且不小于其直径的 1/100 时，承受均匀内压的圆形平盖封头的应力，可用薄板理论进行求解。在均布横向载荷 p 作用下的圆形薄平板（图 2-15），主要发生弯曲变形，径向截面和环向截面上的应力，主要是弯曲应力。因此，可用薄板的纯弯曲理论对其进行求解。

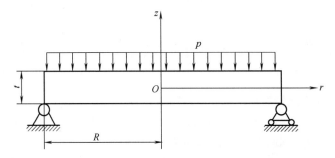

图 2-15　承受均布横向载荷的圆薄平板

2.3.1　定解方程及求解

（1）基本假设

①　中性面假设　即假定圆形薄平板的中面只弯曲不伸长。实际上假定了平板横截面上只存在纯弯曲应力 [图 2-16（a）]。

②　直法线假设　即假定原中面各点的法线变形后仍为该点的法线。实际上假定了截面上为线性应力分布 [图 2-16（b）]。

③　不挤压假设　即假定平板的各层纤维在变形过程中互不挤压。实际上假定了沿板厚方向的应力 σ_z 为零。

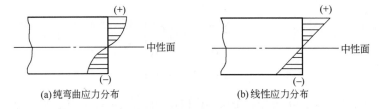

图 2-16　假定的应力分布

（2）平衡方程

根据假设①和假设②，板中环向应力 σ_θ 和径向应力 σ_r 沿板厚的分布特性是已知的（线性分布的纯弯曲应力），因此可以它们沿板厚的合力矩（单位长度）M_θ 和 M_r 作为未知量列出平衡方程。沿板厚 t 取微元体 [图 2-17（a）]，受力如图 2-17（b）和图 2-17（c）所示，横剪力 Q_r 亦为沿板厚的合力（单位长度）。

由轴向（z 方向）力平衡条件 [图 2-17（b）] 得

$$(Q_r + \mathrm{d}Q_r)(r + \mathrm{d}r)\mathrm{d}\theta - Q_r r\mathrm{d}\theta = pr\mathrm{d}\theta\mathrm{d}r$$

略去高阶微量并整理后得

$$Q_r = \frac{1}{2}pr \tag{2-48}$$

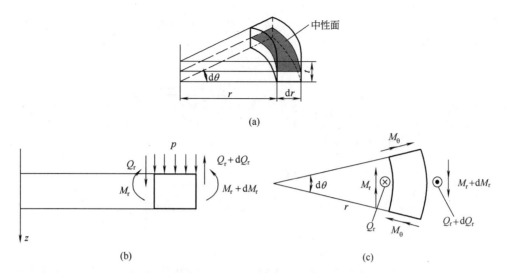

图 2-17　微元体及其受力平衡

由环向（θ 方向）力矩平衡条件得

$$(M_r + \mathrm{d}M_r)(r + \mathrm{d}r)\mathrm{d}\theta - M_r r \mathrm{d}\theta - M_\theta \mathrm{d}r\mathrm{d}\theta + (Q_r + \mathrm{d}Q_r)(r + \mathrm{d}r)\mathrm{d}r\mathrm{d}\theta - pr\mathrm{d}\theta\mathrm{d}r\frac{\mathrm{d}r}{2} = 0$$

忽略高阶微量并整理后得

$$r\frac{\mathrm{d}(rM_r)}{\mathrm{d}r} - M_\theta + rQ_r = 0 \tag{2-49}$$

（3）几何方程

在横向均布载荷 p 的作用下，圆形薄平板只产生轴对称弯曲变形（图 2-18）。

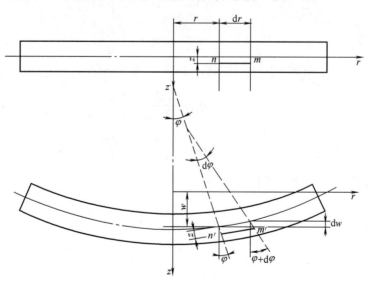

图 2-18　圆形薄平板的弯曲变形及几何关系

考虑半径 r 处的微线段 $\overline{nm}$，变形后为 $\overline{n'm'}$。根据假设②，n' 点和 m' 点处法线转角分别为 φ 和 $(\varphi + \mathrm{d}\varphi)$。根据径向应变 ε_r 的定义有

$$\varepsilon_r = \frac{\overline{n'm'} - \overline{nm}}{\overline{nm}} = \frac{z(\phi + \mathrm{d}\phi) - z\phi}{\mathrm{d}r} = z\frac{\mathrm{d}\phi}{\mathrm{d}r} \tag{2-50}$$

根据环向应变 ε_θ 的定义有

$$\varepsilon_\theta = \frac{2\pi(r + z\varphi) - 2\pi r}{2\pi r} = z\frac{\varphi}{r} \tag{2-51}$$

（4）物理方程

由广义胡克定律有

$$\left. \begin{aligned} \varepsilon_r &= \frac{1}{E}(\sigma_r - \mu\sigma_\theta) \\ \varepsilon_\theta &= \frac{1}{E}(\sigma_\theta - \mu\sigma_r) \end{aligned} \right\} \tag{2-52}$$

式（2-48）～式（2-52）即为承受横向均布载荷 p 的圆形薄平板的定解方程。

（5）定解方程的求解

将式（2-48）代入式（2-49）得

$$\frac{\mathrm{d}(rMr)}{\mathrm{d}r} - \frac{M_\theta}{r} = -\frac{1}{2}pr \tag{2-53}$$

对于小挠度 w，有

$$\phi = -\frac{\mathrm{d}w}{\mathrm{d}r}$$

将此式代入式（2-50）和式（2-51）得

$$\left. \begin{aligned} \varepsilon_r &= -z\frac{\mathrm{d}^2 w}{\mathrm{d}r^2} \\ \varepsilon_\theta &= -\frac{z}{r}\frac{\mathrm{d}w}{\mathrm{d}r} \end{aligned} \right\} \tag{2-54}$$

将式（2-54）代入式（2-53），整理后得

$$\left. \begin{aligned} \sigma_r &= -\frac{Ez}{1-\mu^2}\left(\frac{\mathrm{d}^2 w}{\mathrm{d}r^2} + \frac{\mu}{r}\frac{\mathrm{d}w}{\mathrm{d}r}\right) \\ \sigma_\theta &= -\frac{Ez}{1-\mu^2}\left(\frac{1}{r}\frac{\mathrm{d}w}{\mathrm{d}r} + \mu\frac{\mathrm{d}^2 w}{\mathrm{d}r^2}\right) \end{aligned} \right\} \tag{2-55}$$

由假设②知

$$M_r = \int_{-t/2}^{t/2} \sigma_r z \mathrm{d}z$$

$$M_\theta = \int_{-t/2}^{t/2} \sigma_\theta z \mathrm{d}z$$

将式（2-55）代入上二式并积分，得

$$\left. \begin{aligned} M_r &= -D'\left(\frac{\mathrm{d}^2 w}{\mathrm{d}r^2} + \frac{\mu}{r}\frac{\mathrm{d}w}{\mathrm{d}r}\right) \\ M_\theta &= -D'\left(\frac{1}{r}\frac{\mathrm{d}w}{\mathrm{d}r} + \mu\frac{\mathrm{d}^2 w}{\mathrm{d}r^2}\right) \end{aligned} \right\} \tag{2-56}$$

式中，D' 为圆形薄平板的抗弯刚度，$D' = \dfrac{Et^3}{12(1-\mu^2)}$。

将式（2-56）代入式（2-53）并经整理得

$$\frac{\mathrm{d}}{\mathrm{d}r}\left[\frac{1}{r}\frac{\mathrm{d}}{\mathrm{d}r}\left(r\frac{\mathrm{d}w}{\mathrm{d}r}\right)\right] = \frac{pr}{2D'} \tag{2-57}$$

其通解为

$$w = \frac{pr^4}{64D'} + \frac{c_1 r^2}{4} + c_2 \ln r + c_3 \tag{2-58}$$

式中，c_1、c_2 和 c_3 为积分常数，由边界条件确定。圆形薄平板中心处（$r=0$）的挠度不可能为无穷大，因而 $c_2 = 0$。

当圆形薄平板周边固支时，有

$$w|_{r=R} = 0, \quad \frac{\mathrm{d}w}{\mathrm{d}r}\bigg|_{r=R} = 0$$

代入式（2-58），得

$$c_1 = -\frac{pR^2}{8D'}, \quad c_3 = \frac{pR^4}{64D'}$$

此时

$$w = \frac{p}{64D'}(R^2 - r^2)^2 \tag{2-59}$$

将式（2-59）代入式（2-56）得周边固支时圆形薄平板中的弯矩

$$\left.\begin{array}{l} M_\mathrm{r} = \dfrac{p}{16}[(1+\mu)R^2 - (3+\mu)r^2] \\[3mm] M_\theta = \dfrac{p}{16}[(1+\mu)R^2 - (1+3\mu)r^2] \end{array}\right\} \tag{2-60}$$

或由式（2-55）得内边固支时圆形薄平板中的应力

$$\left.\begin{array}{l} \sigma_\mathrm{r} = \dfrac{3pz}{4t^3}[(1+\mu)R^2 - (3+\mu)r^2] \\[3mm] \sigma_\theta = \dfrac{3pz}{4t^3}[(1+\mu)R^2 - (1+3\mu)r^2] \end{array}\right\} \tag{2-61}$$

当圆形薄平板周边简支时有

$$w|_{r=R} = 0, \quad M_\mathrm{r}|_{r=R} = 0$$

代入式（2-58）和式（2-56）后联解得

$$w = \frac{p}{64D'}(R^2 - r^2)\left[(R^2 - r^2) + \frac{4R^2}{1+\mu}\right] \tag{2-62}$$

将式（2-62）代入式（2-56）得周边简支时圆形薄平板中的弯矩

$$\left.\begin{array}{l} M_\mathrm{r} = \dfrac{p}{16}(3+\mu)(R^2 - r^2) \\[3mm] M_\theta = \dfrac{p}{16}\left[(3+\mu)R^2 - (1+3\mu)r^2\right] \end{array}\right\} \tag{2-63}$$

或由式（2-55）得周边简支时圆形薄平板中的应力

$$\left.\begin{aligned}\sigma_r &= \frac{3pz}{4t^3}(3+\mu)(R^2-r^2)\\\sigma_\theta &= \frac{3pz}{4t^3}[(3+\mu)R^2-(1+3\mu)r^2]\end{aligned}\right\}\tag{2-64}$$

2.3.2　变形及应力分布特点

（1）周边固支情况

① 变形形态　对式（2-59）进行二次微分并令$\dfrac{\mathrm{d}^2w}{\mathrm{d}r^2}=0$，可得$r=R/\sqrt{3}$。即$r=R/\sqrt{3}$为弯曲变形曲线$w$的一个拐点，其变形形态如图 2-19（b）所示，最大变形w_{max}在中心处

$$w_{max}\big|_{r=0}=\frac{pR^4}{64D'}\tag{2-65}$$

② 应力分布　上板面处应力分布如图 2-19（c）所示，最大应力为周边处的径向应力

$$(\sigma_r)_{max}\big|_{r=R}=\frac{3pR^2}{4t^2}\tag{2-66}$$

（2）周边简支情况

① 变形形态　对式（2-62）进行二次微分，得

$$\frac{\mathrm{d}w^2}{\mathrm{d}r^2}<0$$

由此可知，平板弯曲变形成"网斗"状［图 2-20（b）］，最大变形w_{max}在中心处

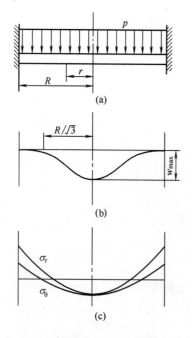

图 2-19　周边固支时的变形与应力分布

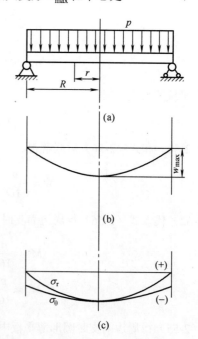

图 2-20　周边简支时的变形与应力分布

$$w_{max}|_{r=0} = \frac{5+\mu}{1+\mu}\left(\frac{pR^4}{64D}\right) \tag{2-67}$$

② 应力分布　上板面处应力分布如图 2-20（c）所示，最大应力在中心处，且此处的径向应力 σ_r 和环向应力 σ_θ 相等。即

$$(\sigma_r)_{max}|_{r=0} = (\sigma_\theta)_{max}|_{r=0} = -\frac{3(3+\mu)pR^2}{8t^2} = -\frac{3+\mu}{2}\left(\frac{3pR^2}{4t^2}\right) \tag{2-68}$$

（3）周边夹持条件对变形和应力的影响

比较式（2-67）和式（2-65），可知

$$\frac{w_{max}^{简支}}{w_{max}^{固支}} = \frac{5+\mu}{1+\mu}$$

当 $\mu=0.3$ 时，承受横向均布载荷的圆形薄平板，周边简支时的最大变形为周边固支时最大变形的 4.08 倍。

比较式（2-68）和式（2-66），可知（取绝对值）

$$\frac{(\sigma_r)_{max}^{简支}}{(\sigma_r)_{max}^{固支}} = \frac{3+\mu}{2}$$

当 $\mu=0.3$ 时，承受横向均布载荷的圆形薄平板，周边简支时的最大应力为周边固支时最大应力的 1.65 倍。

显然，在相同几何和受载条件下的圆形薄平板，周边简支时的刚度和强度都比周边固支时要差。

然而，对于压力容器来说，平盖封头与筒体的连接，既不像周边简支那样完全自由，也不像周边固支那样有刚性约束，其周边约束条件介于简支与固支之间。不同的连接方式，具有不同的约束条件。例如，法兰连接更接近于简支情况，而焊接则更接近于固支情况。

2.4　压力容器局部应力分析

2.4.1　局部应力及分析方法

压力容器由于局部结构不连续和（或）局部载荷作用，会在局部区域产生所谓的局部应力。这种应力的特点是：作用范围很小，一般与 $\sqrt{\delta R}$ 同一量级；局部点的应力数值很大，可达到基本应力的数倍。这种现象也称应力集中。局部应力的相对大小，常用应力集中系数 α（最大应力与基本应力之比）表示，它反映了局部区域内应力集中的程度。

局部应力对压力容器强度的影响，主要取决于材料性能和载荷形式。局部应力是由局部弹性变形不连续引起的，如果材料塑性很好，一旦该处材料达到塑性屈服，则弹性变形约束就会缓解，该处的应力水平就会自动限制在材料屈服点附近，而将其余的载荷"转移"给尚处在弹性状态的区域。如果所承受的是恒定载荷，或在循环载荷作用下结构处于安定状态（即经过几次载荷循环后，结构不再产生新的塑性变形），则这种应力对塑性较好的容器的强度影响很小。如果所承受的循环载荷使结构处于不安定状态，或载荷循环很频繁，局部应力集中处就可能产生疲劳裂纹，该疲劳裂纹可能会在循环载荷作用下不断扩展，导致容器疲劳失效。

局部应力的分析比较复杂，很难甚至无法用解析方法进行求解，目前主要借助于数值计算（例如有限元法等）和实验（例如电测法等）两种方法进行分析。通常将数值计算或实验测得的结果，以应力集中系数的形式表达成图表，供设计者使用。也有一些大型商用软件（如 ANSYS、ABAQUS、NASTRAN、ADINA 等），可

用来进行局部应力分析。关于局部应力分析一些较实用的方法及结果，可参阅文献 [2 ～ 4]。

2.4.2 平板开小孔的应力集中

为了对局部应力有一个基本认识，就平板开小孔的应力集中情况做一分析。

无限大平板开小孔（即开孔尺寸相比平板整体尺寸很小），在均匀拉伸载荷 q 的作用下（图 2-21），通过弹性力学求解（参阅文献 [1]），可得出平板上的应力分布

$$
\left.
\begin{aligned}
\sigma_{\mathrm r} &= \frac{q}{2}\left(1-\frac{a^2}{r^2}\right)+\frac{q}{2}\left(1-\frac{4a^2}{r^2}+\frac{3a^4}{r^4}\right)\cos 2\theta \\
\sigma_{\theta} &= \frac{q}{2}\left(1+\frac{a^2}{r^2}\right)-\frac{q}{2}\left(1+\frac{3a^4}{r^4}\right)\cos 2\theta \\
\tau_{\mathrm r\theta} &= -\frac{q}{2}\left(1+\frac{2a^2}{r^2}-\frac{3a^4}{r^4}\right)\sin 2\theta
\end{aligned}
\right\}
\tag{2-69}
$$

下面就几种情况进行讨论。

（1）小孔边缘的应力集中情况

在式（2-69）中，令 $r=a$，得

$$\sigma_{\mathrm r}=0, \quad \tau_{\mathrm r\theta}=0, \quad \sigma_{\theta}=q(1-2\cos 2\theta)$$

小孔边缘环向应力 σ_{θ} 的分布如图 2-22 所示。可见，在 $\theta=\pm\pi/2$ 时，$\sigma_{\theta\max}=3q$，而在 $\theta=0$ 和 $\theta=\pi$ 时，σ_{θ} 为压应力，数值上等于拉伸载荷 q。

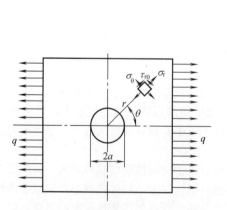

图 2-21 受单向拉伸的开小孔平板

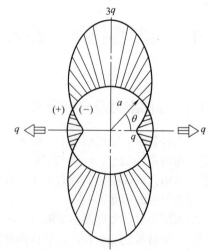

图 2-22 小孔边缘的环向应力分布

（2）局部应力衰减情况

考虑平行于拉伸载荷（$\theta=0$）和垂直于拉伸载荷（$\theta=\pi/2$）的两个截面。在式（2-69）中令 $\theta=0$，得

$$\sigma_\theta = \frac{q}{2}\left(\frac{a^2}{r^2} - \frac{3a^4}{r^4}\right)$$
$$\sigma_r = \frac{q}{2}\left(2 - \frac{5a^2}{r^2} + \frac{3a^4}{r^4}\right)$$
$$\tau_{r\theta} = 0$$

（2-70）

令 $\theta = \pi/2$，得

$$\sigma_\theta = \frac{q}{2}\left(2 + \frac{a^2}{r^2} + \frac{3a^4}{r^4}\right)$$
$$\sigma_r = \frac{q}{2}\left(\frac{3a^2}{r^2} - \frac{3a^4}{r^4}\right)$$
$$\tau_{r\theta} = 0$$

（2-71）

这两个截面上的应力分布见图 2-23 和表 2-7。由表 2-7 所列数值可知，当 $r/a = 5$ 时，由开孔引起的应力集中已衰减至很弱了。

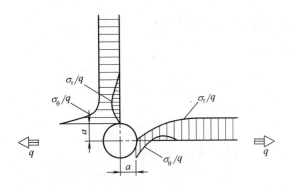

图 2-23 小孔附近的应力分布

表 2-7 局部应力的衰减情况

	r/a	1	2	3	4	5	∞
$\theta = 0$	σ_θ / q	−1	0.031	0.037	0.025	0.018	0
	σ_r / q	0	0.47	0.74	0.85	0.90	1
$\theta = \frac{\pi}{2}$	σ_θ / q	3	1.22	1.07	1.04	1.02	1
	σ_r / q	0	0.28	0.15	0.09	0.06	0

（3）受双向均匀拉伸载荷的情况

对于受双向均匀拉伸载荷 q_1 和 q_2 的情况，开孔附近的应力分布可由叠加法求得（图 2-24）
例如，在开孔边缘处

$$\sigma_\theta|_{\theta=0} = 3q_2 - q_1, \quad \sigma_\theta|_{\theta=\frac{\pi}{2}} = 3q_1 - q_2$$

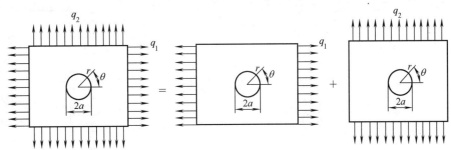

图 2-24 用叠加法求开孔附近的应力分布

若 $q_1 = q_2 = q$，则有

$$\sigma_\theta|_{\theta=0} = 2q, \quad \sigma_\theta|_{\theta=\frac{\pi}{2}} = 2q$$

此时 $\sigma_{\max} = \sigma_\theta\big|_{\theta=0} = 2q$ ，应力集中系数为

$$\alpha = \sigma_{\max} / q = 2 \tag{2-72}$$

若 $q_1 = 2q_2 = q$ ，则有

$$\sigma_\theta\big|_{\theta=0} = 0.5q, \quad \sigma_\theta\big|_{\theta=\frac{\pi}{2}} = 2.5q$$

此时 $\sigma_{\max} = \sigma_\theta\big|_{\theta=\frac{\pi}{2}} = 2.5q$ ，应力集中系数为

$$\alpha = \sigma_{\max} / q = 2.5 \tag{2-73}$$

（4）开小椭圆孔的情况

采用与开小圆孔时相同的分析方法，可得出类似于式（2-69）的应力表达式。应用叠加法，可求得受双向均匀拉伸载荷 q_1 和 q_2 时的应力分布。

① 开孔长轴与拉伸载荷 q_1 平行（图 2-25） 在开孔边缘长轴的两端处

$$\sigma_\theta\big|_{\theta=0} = q_2\left(1 + 2\frac{a}{b}\right) - q_1$$

在开孔边缘短轴的两端处

$$\sigma_\theta\big|_{\theta=\frac{\pi}{2}} = q_1\left(1 + 2\frac{b}{a}\right) - q_2$$

当 $q_1 = q_2 = q$ 时，有

$$\sigma_\theta\big|_{\theta=0} = 2q\frac{a}{b}, \quad \sigma_\theta\big|_{\theta=\frac{\pi}{2}} = 2q\frac{b}{a}$$

$$\sigma_{\max} = \sigma_\theta\big|_{\theta=0} = 2q\frac{a}{b}$$

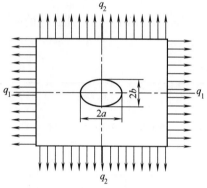

图 2-25 开孔长轴与 q_1 平行的平板

应力集中系数为

$$\alpha = 2\frac{a}{b} > 2 \tag{2-74}$$

当 $q_1 = 2q_2 = q$ 时

$$\sigma_\theta\big|_{\theta=0} = \left(\frac{a}{b} - \frac{1}{2}\right)q, \quad \sigma_\theta\big|_{\theta=\frac{\pi}{2}} = \left(2\frac{b}{a} + \frac{1}{2}\right)q$$

此时，当 $a/b > 2$ 时，$\sigma_{\max} = \sigma_\theta\big|_{\theta=0} = \left(\frac{a}{b} - \frac{1}{2}\right)q$ ，应力集中系数为

$$\alpha = \sigma_{\max} / q = \left(\frac{a}{b} - \frac{1}{2}\right) \tag{2-75}$$

当 $a/b < 2$ 时，$\sigma_{\max} = \sigma_\theta\big|_{\theta=\frac{\pi}{2}} = \left(2\frac{b}{a} + \frac{1}{2}\right)q$ ，应力集中系数为

$$\alpha = \sigma_{\max} / q = \left(2\frac{b}{a} + \frac{1}{2}\right) \tag{2-76}$$

② 开孔长轴与拉伸载荷 q_2 平行（图 2-26） 在开孔边缘长轴的两端处

$$\sigma_\theta\big|_{\theta=\frac{\pi}{2}} = q_1\left(1 + 2\frac{a}{b}\right) - q_2$$

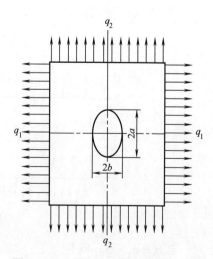

图 2-26 开孔长轴与 q_2 平行的平板

在开孔边缘短轴两端处

$$\sigma_\theta\big|_{\theta=0} = q_2\left(1+2\frac{b}{a}\right)-q_1$$

当 $q_1=q_2=q$ 时，有

$$\sigma_\theta\big|_{\theta=0} = 2q\frac{b}{a}, \quad \sigma_\theta\big|_{\theta=\frac{\pi}{2}} = 2q\frac{a}{b}$$

此时

$$\sigma_{max} = \sigma_\theta\big|_{\theta=\frac{\pi}{2}} = 2q\frac{a}{b}$$

应力集中系数为
$$\alpha = 2\frac{a}{b} > 2 \tag{2-77}$$

当 $q_1=2q_2=q$ 时，有

$$\sigma_\theta\big|_{\theta=\frac{\pi}{2}} = \left(2\frac{a}{b}+\frac{1}{2}\right)q, \quad \sigma_\theta\big|_{\theta=0} = \left(\frac{b}{a}-\frac{1}{2}\right)q$$

此时，$\sigma_{max} = \sigma_\theta\big|_{\theta=\frac{\pi}{2}} = \left(2\frac{a}{b}+\frac{1}{2}\right)q$，应力集中系数为

$$\alpha = \left(2\frac{a}{b}+\frac{1}{2}\right) > 2.5 \tag{2-78}$$

2.4.3　压力容器开小孔的应力集中

当容器壳体的曲率不很大时，可以将上面对平板开小孔的应力集中分析结果，近似地用于容器开小孔的情况。

（1）球形容器（封头）上开小孔

参照式（2-72），球形容器（或封头）开小圆孔［径向接管的开孔，图 2-27（a）］的应力集中系数 $\alpha = 2$。

参照式（2-74），球形容器（或封头）开椭圆孔［非径向接管的开孔，图 2-27（b）］的应力集中系数 $\alpha = 2a/b$。

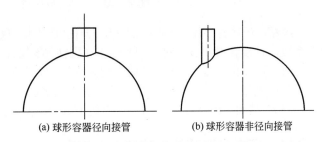

(a) 球形容器径向接管　　　(b) 球形容器非径向接管

图 2-27　球形容器上径向和非径向接管

显然，当接管直径一定时，球形容器（或封头）非径向接管的开孔应力集中系数要比径向开孔的大。

（2）圆筒形容器上开小孔

参照式（2-73），筒体上开小圆孔（径向接管的开孔，图 2-28），应力集中系数 $\alpha = 2.5$。参照式（2-78），筒体上开长轴与筒体轴线平行的椭圆孔（斜接管的开孔，图 2-29），应力集中系数为

$$\alpha = 2\frac{a}{b} + \frac{1}{2}$$

参照式（2-75）和式（2-76），筒体上开短轴与筒体轴线平行的椭圆孔（切向接管的开孔，图 2-30），应力集中系数为

$$\alpha = \begin{cases} \dfrac{a}{b} - \dfrac{1}{2} & \text{当}\dfrac{a}{b} > 2\text{时} \\[2mm] 2\dfrac{b}{a} + \dfrac{1}{2} & \text{当}\dfrac{a}{b} < 2\text{时} \end{cases}$$

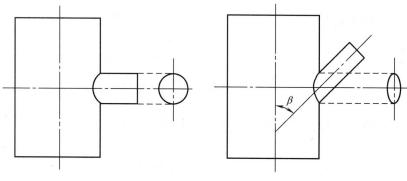

图 2-28　筒体径向接管　　　　图 2-29　筒体斜接管

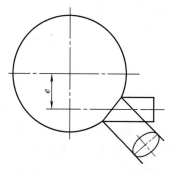

图 2-30　筒体切向接管

显然，当接管半径一定时，斜接管的开孔应力集中系数大于径向接管的应力集中系数，且接管斜角 β（图 2-29）越小（因而 a/b 越大），应力集中系数越大。对于切向接管开孔：当（a/b）＞3 时，切向接管的应力集中系数大于径向接管开孔的应力集中系数；当（a/b）＜3 时，前者小于后者。对于切向接管的开孔，偏心距（图 2-30）越大（因而 a/b 越大），应力集中系数越大。

2.4.4　压力容器开孔接管的应力集中

压力容器开孔后必然要有接管或其他连接件，开孔接管处的应力集中主要取决于接管与容器壳体在连接处的变形协调性。因此，上述关于开孔应力集中的讨论，不能直接用于开孔接管的情况，只能作为定性的参考。

图 2-31 和图 2-32 给出了球形容器（或封头）径向开孔接管应力集中系数的理论分析结果。对于压力容器开孔接管的应力集中系数 α，通常表达成两个无因次几何系数——开孔系数 ρ 和接管相对厚度 t/T（t 为接管壁厚，T 为容器壁厚）的函数

（如图 2-31 和图 2-32 所示）。开孔系数 ρ 定义为

$$\rho = \frac{r}{\sqrt{RT}} \tag{2-79}$$

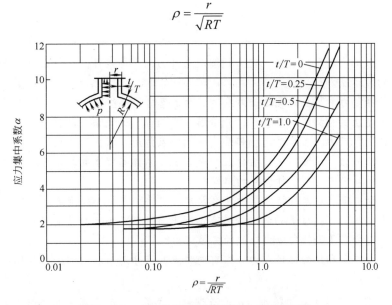

图 2-31　球壳带平齐式接管的应力集中系数

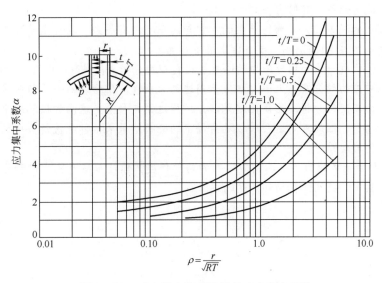

图 2-32　球壳带内伸式接管的应力集中系数

式中，r 为接管半径，R 为容器半径。$\sqrt{RT}$ 反映了容器壳体上局部应力的衰减长度。开孔系数 ρ 用来反映开孔特性（开孔的相对大小）；接管的相对厚度（t/T）用来反映接管特性（接管的相对厚度）。

从图 2-31 和图 2-32 可见，应力集中系数 α 随开孔系数 ρ 增大而增大，随接管相对厚度（t/T）增大而减小。当 $t/T=0$ 时，即为无接管的开孔，此时应力集中系数最大。另外，采用内伸式接管的应力集中系数要比平齐接管的小。这为结构设计时，考虑如何降低应力集中系数提供了依据。

图 2-31 和图 2-32 给出的应力集中系数曲线的适用范围为：$0.01 \leqslant (r/R) \leqslant 0.04$ 且 $30 \leqslant (R/T) \leqslant 150$。当开孔太大或太小、厚度太大或太小时，应力集中系数就不再是 ρ 和（t/T）的简单函数了。

对于非径向接管和具有加强结构的接管，除了内压外，接管处还承受局部载荷等复杂情况，目前只能借助于数值计算或实验应力分析的方法确定其应力集中情况。文献 [2] 通过大量的有限元计算、弹塑性力学应力分

析及实验应力测试，给出了容器开孔接管局部应力分布和应力集中系数估算式或曲线图，设计时可作参考。

📝 思考题

1. 薄膜应力是容器器壁截面上的平均应力，它必须满足与外力的平衡条件。在什么条件下，这种平均应力可近似看成是容器器壁上的实际应力？

2. 为什么说薄膜内力是静定力系？在构筑这一力系时实际上忽略了哪些因素？

3. 在求解中低压容器器壁上的应力时，采取了"先分解，后组合"的策略。即将一个完整容器"分解"成若干个简单壳体，分别求出薄膜应力；然后考虑相邻两壳体的相互作用，求出边缘应力；将薄膜应力和边缘应力叠加后，求出器壁上的组合应力。试问：这种组合应力是否就是容器器壁上的真实应力（尤其在连接边缘处）？你从这种处理复杂问题的策略中受到了什么样的启发？

4. 边缘应力具有局部性和自限性，这些特性是由什么因素决定的？它与外载荷是什么关系？

5. 圆筒形中低压容器与高压容器筒壁上的应力分布有没有本质区别？为什么将前者处理成沿截面均匀分布的平面应力，而后者为非均匀分布（除轴向应力外）的三维应力？

6. 圆筒形高压容器筒壁上环向和径向弹性应力分布有何特点？试分别求取它们沿壁厚的平均应力，并与中低压容器筒壁上的应力进行比较。

7. 如果将圆筒形高压容器的塑性承载极限载荷p_s（沿截面全域屈服时的内压）与弹性承载极限载荷p_e（内壁面达到屈服时的内压）之比p_s/p_e定义为"塑性载荷储备"，推导p_s/p_e表达式，并分析p_s/p_e与径比k的关系。你对有效利用这个"塑性载荷储备"有何看法？

8. 厚壁圆筒形容器筒壁上的温差应力是如何产生的？它与内压有没有关系？在什么情况下应考虑与内压有关？工程上做简化计算时忽略了径比k的影响，这会造成多大误差？

9. 将压力容器平盖封头简化成一承受均匀压力的圆平板进行应力分析。在载荷、几何和材料性能一定的情况下，承受均匀压力的圆平板中应力的分布与大小，取决于周边约束条件。压力容器平盖封头受筒体的约束条件的确定，需要进行复杂的应力与变形分析。为简化起见，分析周边固支和简支这两种极端约束情况，而平盖封头的实际约束情况介于二者之间，因此可用这两种极端条件下的分析结果来估计平盖封头中的最大应力。这种处理复杂问题的策略对你有何启发？

10. 压力容器器壁上开孔会造成应力集中，削弱容器的局部强度。你能否从开孔几何和开孔位置等方面，提出一些能够降低开孔应力集中、提高开孔局部强度的方法？

3 压力容器常规设计

———— ○○ ○ ○○ ————

👁 学习目标

○ 能依据圆筒形压力容器强度设计计算准则、失效准则及强度条件，确定设计参数并进行设计计算。

○ 能分析压力容器封头、法兰、开孔补强、容器支座等零部件的力学和制造特性，并根据具体操作条件设计其结构形式。

○ 掌握外压容器稳定性的设计方法。

○ 能依据压力容器的设计参数及压力试验规定，制定压力容器试验方案。

  常规设计是压力容器的一种传统设计方法，也称规则设计（design by rules）或规范设计。目前，世界上各主要工业国家都建立了压力容器常规设计规范。通过规范，对压力容器设计中的一些主要环节，例如结构设计、强度计算、材料选用及计算参数的选取等，作了必要的规定和要求。压力容器设计必须按照相应规范，满足相应要求。

  压力容器常规设计的基本思路是，将压力容器整体结构分解成一个个简单壳体和简单结构，然后用材料力学和板壳力学方法对这些简单壳体和简单结构进行弹性应力分析，求出它们的基本应力（一般可得出解析解）；以这些基本应力为依据，采用第一强度理论，按弹性失效准则，建立强度条件，对这些简单壳体和简单结构分别进行强度设计，确定出强度计算尺寸；承认这些简单壳体和简单结构组合成一个整体后，其应力和变形与它们单独存在时不完全相同，总体应力中除这些简单壳体和简单结构单独存在时的基本应力外，还包括它们组合后由于变形不连续引起的边缘应力和局部应力，但不要求对组合后的整体结构进行应力分析、对边缘应力和局部应力进行详尽求解，而是根据经验和实验结果，通过限制某些结构和结构尺寸，或在强度计算式中，引入应力增强系数或形状系数等，对边缘应力和局部应力的影响作适当考虑。在确定设计载荷时，只考虑单一的最大载荷工况，按一次加载的静载荷处理；不考虑载荷的波动，也不区分短期载荷和永久载荷，因而不涉及容器的疲劳寿命问题。

  显然，常规设计应力分析及处理都比较简单，设计成本比较低。为保证容器设计安全，常规设计在规定设计方法的同时，还从如下几方面采取了相应的措施：

  ⅰ. 规定了不能用于常规设计的压力容器种类；

  ⅱ. 采用规定的压力容器材料，保证材料有足够的塑性、韧性，良好的冷、热加工性和焊接性；

  ⅲ. 采用规定的结构，遵循相应的制造工艺规程；

  ⅳ. 采用较大的安全系数；

ⅴ. 必要时，要进行试制鉴定或实物模拟实验。

3.1 圆筒形容器筒体的强度设计

对于中低压容器（一般 $k \leqslant 1.2$），可按表 2-1 给出的薄膜应力分析结果，建立强度设计计算式。筒体中的最大主应力 σ_1（第一主应力）为环向应力 σ_θ，即

$$\sigma_1 = \sigma_\theta = \frac{p_c D}{2\delta}$$

式中，D 为筒体中径；p_c 为计算压力；δ 为计算壁厚。

根据第一强度理论和弹性失效准则，可建立强度条件

$$\sigma_1 = \frac{p_c D}{2\delta} = [\sigma]^t \tag{3-1}$$

式中，$[\sigma]^t$ 为设计温度下的许用应力，一般由材料在设计温度下的屈服点 σ_s^t 或抗拉强度 σ_b^t 除以相应的材料设计系数（原称安全系数）n_s（=1.5）或 n_b（=2.7）确定。

由于 $D = D_i + \delta$（D_i 为筒体内径），用一个焊接接头系数 ϕ（$\leqslant 1$）来考虑焊缝对容器强度的削弱作用，得圆筒形容器筒体强度（壁厚）设计计算式

$$\delta = \frac{p_c D_i}{2[\sigma]^t \phi - p_c} \tag{3-2}$$

圆筒形容器筒体的强度校核，按下式进行

$$\frac{p_c (D_i + \delta_e)}{2\delta_e} \leqslant [\sigma]^t \phi \tag{3-3}$$

式中，δ_e 为筒体的有效壁厚。

圆筒形容器筒体的最大许用工作压力 $[p_w]$ 由下式确定

$$[p_w] = \frac{2\delta_e [\sigma]^t \phi}{D_i + \delta_e} \tag{3-4}$$

式（3-1）是以中低压容器的薄膜应力分析结果为基础建立的，但它能被推广至高压范围。由 2.2 节的分析可知，高压厚壁圆筒形容器筒壁的三维应力 σ_θ、σ_z 和 σ_r，沿壁厚非均匀分布，取它们的平均值可得

$$\left.\begin{array}{l} \bar{\sigma}_\theta = \dfrac{1}{R_o - R_i} \displaystyle\int_{R_i}^{R_o} \sigma_\theta \, dr = \dfrac{p_c D_i}{2\delta} \\[3mm] \bar{\sigma}_z = \dfrac{1}{R_o - R_i} \displaystyle\int_{R_i}^{R_o} \sigma_z \, dr = \dfrac{p_c}{k^2 - 1} \\[3mm] \bar{\sigma}_r = \dfrac{1}{R_o - R_i} \displaystyle\int_{R_i}^{R_o} \sigma_r \, dr \approx -\dfrac{p_c}{2} \end{array}\right\} \tag{3-5}$$

如果以式（3-5）的平均应力为依据，采用第三强度理论和弹性失效准则，则有

$$\bar{\sigma}_{eq} = \bar{\sigma}_\theta - \bar{\sigma}_r = \frac{p_c D_i}{2\delta} + \frac{p_c}{2} = \frac{p_c (D_i + \delta)}{2\delta} = \frac{p_c D}{2\delta} = [\sigma]^t \tag{3-6}$$

这与式（3-1）完全相同，由此也可得出与式（3-2）完全一致的强度设计计算式。

尽管式（3-2）可以推广到高压厚壁圆筒形容器的设计计算，但由上面的分析可知，对于厚壁圆筒来说，只是其平均应力满足了强度条件。由于厚壁圆筒的最大应力在内壁处，为了不使所设计的筒体在正常承压（包括水压实验）时发生塑性屈服，必须把计算压力 p_c 限制在一定的范围内。一般认为，塑性较好的材料的屈服行为与第四强度理论预计的结果吻合更好。根据表 2-3 的结果，可求出相应于第四强度理论的应力强度 $\sigma_{eq}^{\mathrm{IV}}$

$$\sigma_{eq}^{\mathrm{IV}} = \frac{\sqrt{3}k^2}{k^2-1}p_c \tag{3-7}$$

由式（3-7）可得出屈服压力 $p_c^{(s)}$

$$p_c^{(s)} = \frac{k^2-1}{\sqrt{3}k^2}\sigma_s \tag{3-8}$$

由式（3-6）确定的容器的 p_c 应小于由式（3-8）确定的屈服压力，即

$$p_c = \frac{2\delta[\sigma]^t}{D} < p_c^{(s)} = \frac{k^2-1}{\sqrt{3}k^2}\sigma_s \tag{3-9}$$

注意到 $\delta/D = (k-1)/(k+1)$，$[\sigma]^t = \sigma_s/n_s$（这里只考虑常温情况，因此用 σ_s 代替 σ_s^t），根据 GB/T 150 规定 $n_s = 1.6$，则由式（3-9）得：$k<2.12$。

也就是说，当径比 $k<2.12$ 时，按式（3-2）设计的高压容器厚壁圆筒，在正常工作压力下，内壁仍处于弹性状态。然而，压力容器制造完后必须进行液压试验，一般情况下（例如常温），液压试验压力为计算压力 p_c 的 1.25 倍，为了避免高压厚壁圆筒容器在液压试验时内壁发生屈服，应限定 $k<(2.12/1.25)=1.69$，通常限定 $k \leqslant 1.5$。

若取 $k=1.5$，则 $\delta = D_i(k-1)/2 = 0.25D_i$，由式（3-2）得 $p_c = 0.4[\sigma]^t\phi$。因此，GB/T 150 将式（3-2）的适用范围规定为 $p_c \leqslant 0.4[\sigma]^t\phi$。

3.2　压力容器封头的强度设计

常见的压力容器封头有半球形封头、椭圆形封头、碟形封头、球冠形封头、锥形封头和平盖封头等，如图 3-1 所示。

3.2.1　半球形封头

从受力角度讲，半球形封头最理想，在其他条件相同时，其最大薄膜应力只有筒体最大薄膜应力（环向应力 σ_θ）的一半。换句话说，从强度角度讲，如选用半球形封头，则其壁厚只是筒体壁厚的一半。从制造角度讲，半球形封头比较深，整体冲压比较困难。

参照式（3-2），可建立半球形封头（或球形容器）的强度设计计算式

$$\delta = \frac{p_c D_i}{4[\sigma]^t\phi - p_c} \tag{3-10}$$

式（3-10）的适用范围为 $p_c \leqslant 0.6[\sigma]^t\phi$，相当于 $k<1.33$。

参照式（3-3）和式（3-4），可建立半球形封头（或球形容器）的强度校核式和最大允许工作压力 $[p_w]$ 的计算式

$$\sigma^t = \frac{p_c(D_i + \delta_e)}{4\delta_e} \leqslant [\sigma]^t\phi \tag{3-11}$$

$$[p_{\mathrm{w}}] = \frac{4\delta_{\mathrm{e}}[\sigma]^{\mathrm{t}}\phi}{D_{\mathrm{i}} + \delta_{\mathrm{e}}} \tag{3-12}$$

3.2.2　椭圆形封头

椭圆形封头［图 3-1（b）］由半个椭球面和一个直边过渡段组成。采用直边过渡段的目的是使封头与筒体的焊缝离开边缘应力较大的区域。

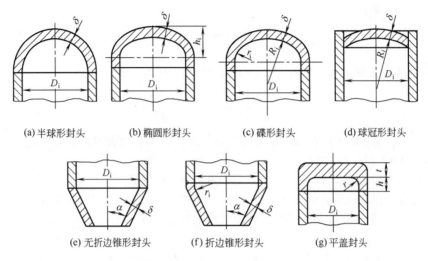

(a) 半球形封头　　　(b) 椭圆形封头　　　(c) 碟形封头　　　(d) 球冠形封头

(e) 无折边锥形封头　　　(f) 折边锥形封头　　　(g) 平盖封头

图 3-1　常见压力容器封头

由表 2-1 可知，由于椭球壳的第一和第二曲率半径 r_1 和 r_2 不是恒定值，故薄膜应力 σ_θ 和 σ_φ 是经向坐标 φ 的函数，同时也是椭球壳几何特征 m（长半轴 a 与短半轴 b 之比）的函数。图 3-2 给出了承受均匀内压力的几种椭球壳薄膜应力分布情况。

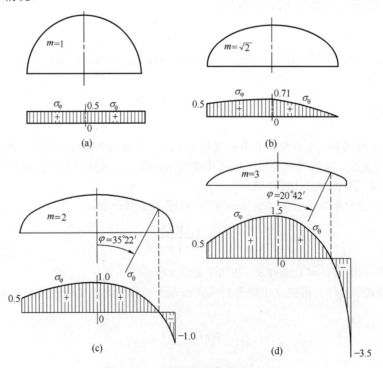

图 3-2　四种椭球壳的薄膜应力

可见，在椭球壳的极点，拉伸应力达到最大值，且经向应力 σ_{φ} 与环向应力 σ_{θ} 相等。当 φ 由椭球壳的极点（ $\varphi = 0°$ ）连续增大时，σ_{φ} 连续减小，且始终为拉应力；而 σ_{θ} 在 $\varphi = \arcsin(1/\sqrt{m^2-1})$ 处 [图 3-2（d）] 降为零，此后 σ_{θ} 变为压应力。最大压应力出现在椭球壳的赤道（ $\varphi = \pi/2$ ）处 [图 3-2（d）]。改变椭球壳的几何特性（使 $m \leqslant \sqrt{2}$ ），可使椭球壳上不出现压应力 [图 3-2（b）]。当 $m > 2$ 时，环向压应力 σ_{θ} 的数值和分布区域迅速扩大 [图 3-2（d）]。当环向应力较大时，设计时还需要考虑压应力区的稳定性问题。此外，与环向压应力 σ_{θ} 相应的环向应变 ε_{θ} 为负值，亦即此时赤道处椭球壳在内压作用下向内收缩，若将它与向外扩张的筒体相连，必然会产生较大的边缘应力。该边缘应力与薄膜应力叠加后，使椭球壳中的应力分布发生改变，椭球壳中总应力的大小与位置随椭球壳的几何特性 m 的变化而变化。

在压力容器设计中，将 $m=2$ 的椭圆形封头称为标准椭圆形封头，此时椭球壳极点的薄膜应力（ σ_{θ} 或 σ_{φ} ）与赤道处的环向薄膜应力 σ_{θ} 绝对值相等 [但前者为拉应力，后者为压应力，图 3-2（c）]，同时也与相同直径的圆柱形筒体的最大薄膜应力（环向应力 σ_{θ} ）绝对值相等，达到所谓的等强度。当 $m > 2$ 时，椭圆形封头上的薄膜应力水平会增加；$m < 2$ 时，薄膜应力水平会降低。研究表明，在 $m = 1.0 \sim 2.6$ 范围内，椭圆形封头上的最大薄膜应力随 m 的变化情况，可用一个应力增强系数 k 来估算

$$k = \frac{1}{6}(2+m^2) \tag{3-13}$$

式中，$m = D_i/2h_i$。也就是说，非标准椭圆形封头的最大薄膜应力是标准椭圆形封头最大薄膜应力的 k 倍。

由于标准椭圆形封头的最大应力是相同直径半球形封头的薄膜应力的 2 倍，故

非标准椭圆形封头的最大薄膜应力 $=2k \times$ 半球形封头的薄膜应力

借助于式（3-10），可得出椭圆形封头的强度设计计算式

$$\delta = 2k \frac{p_c D_i}{4[\sigma]^t \phi - p_c} = \frac{k p_c D_i}{2[\sigma]^t \phi - 0.5 p_c} \tag{3-14}$$

当 $m = 2$ 时，$k = 1$，为标准椭圆形封头；当 $m = 1$ 时，$k = 1/2$，为半球形封头。椭圆形封头的强度校核和最大允许工作压力分别由式（3-15）和式（3-16）确定

$$\sigma^t = \frac{p_c(k D_i + 0.5\delta_e)}{2\delta_e} \leqslant [\sigma]^t \phi \tag{3-15}$$

$$[p_w] = \frac{2[\sigma]^t \phi \delta_e}{k D_i + 0.5\delta_e} \tag{3-16}$$

按式（3-14）设计的椭圆形封头，能够满足强度要求。为了防止在内压作用下，椭圆形封头在环向压应力区发生失稳破坏，GB/T 150 对封头的有效厚度 δ_e 作了如下限定：

对于 $m \leqslant 2$ 的椭圆形封头 $\delta_e \geqslant 0.0015 D_i$

对于 $m > 2$ 的椭圆形封头 $\delta_e \geqslant 0.003 D_i$

标准椭圆形封头应力分布较合理，且其深度比半球形封头小得多，易于冲压成型，因此在中、低压容器中应用比较普遍。GB/T 150 推荐在椭圆形封头中采用长轴与短轴之比为 2 的标准型封头。

3.2.3 碟形封头

碟形封头由一个内半径为 R_i 的球冠、一个内半径为 r_i 的过渡环壳以及一个直边过渡段三部分组成 [图 3-1（c）]。由于在球冠和过渡环壳的连接处，第一曲率半径 r_1 发生了突变（由球冠半径 R 变为环壳半径 r ），环向薄膜应力 σ_{θ} 在该处发生突变（图 3-3）。这将导致两种后果：其一，环壳部分的环向应力为压应力；其二，球冠和环壳连接边缘处的边缘应力，会使该处附近的应力状态进一步恶化。考虑这些因素，采用与椭圆形封头类似的处理方式，引入了一个应力增强系数 M，其表达式为

$$M = \frac{1}{4}\left(3 + \sqrt{\frac{R_i}{r_i}}\right) \tag{3-17}$$

图 3-3　受均匀内压的碟形壳的薄膜应力分布

也就是说，碟形封头的最大应力是半球形封头最大应力的 M 倍。参考式（3-10），可得出碟形封头强度设计计算式

$$\delta = M\frac{2p_c R_i}{4[\sigma]^t \phi - p_c} = \frac{Mp_c R_i}{2[\sigma]^t \phi - 0.5p_c} \tag{3-18}$$

强度校核式为

$$\sigma^t = \frac{p_c(MR_i + 0.5\delta_e)}{2\delta_e} \leqslant [\sigma]^t \phi \tag{3-19}$$

最大允许工作压力为

$$[p_w] = \frac{2[\sigma]^t \phi \delta_e}{MR_i + 0.5\delta_e} \tag{3-20}$$

碟形封头上的最大应力，与球冠内半径 R_i 和环壳内半径 r_i 关系很大。为了不使封头应力过大，r_i 不能太小，R_i 不能太大。为此，GB/T 150 限定 $R_i \leqslant D_i$（通常取 $R_i = 0.9D_i$），$r_i \geqslant 0.01D_i$ 且 $r_i \geqslant 3\delta_n$（δ_n 为名义壁厚）。当 $R_i = 0.9D_i$，$r_i = 0.17D_i$ 时，碟形封头与标准椭圆形封头具有相同的深度，此时亦称标准碟形封头。

同样，为了防止内压作用下封头上压应力区发生失稳破坏，GB/T 150 规定：

对于 $R_i/r_i \leqslant 5.5$ 的碟形封头　　　$\delta_e \geqslant 0.0015D_i$

对于 $R_i/r_i > 5.5$ 的碟形封头　　　$\delta_e \geqslant 0.003D_i$

尽管碟形封头在球冠和环壳的连接处会产生较大的边缘应力，其受力状况不是很理想，但由于其冲压成型比较方便，故在中、低压容器中的应用也比较普遍。

3.2.4　球冠形封头

部分球壳直接焊在筒体上，就形成了球冠形封头 [图 3-1（d）]。球冠形封头常用作容器中两独立受压室的中间封头 [图 3-4（a）]，也可用作端封头 [图 3-4（b）]。

尽管球冠形封头由内压引起的薄膜应力比较小，但与碟形封头相比，由于没有过渡环壳，球壳与筒体连接处存在很大的边缘应力。球冠形封头的强度设计必须

考虑边缘应力的影响。对于端封头，采用如下强度设计计算式

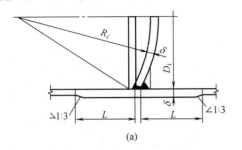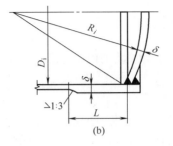

图 3-4　球冠形中间封头和端封头

$$\delta = \frac{Qp_cD_i}{2[\sigma]^t\phi - p_c} \qquad (3\text{-}21)$$

式中，系数 Q 由图 3-5 查得。

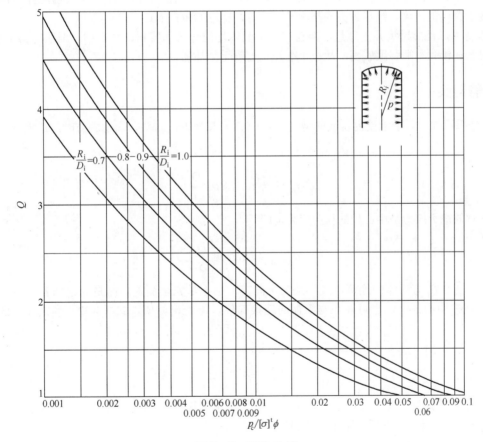

图 3-5　系数 Q 值

对于中间封头，当能保证任何情况下封头两侧的压力同时作用时，可以按封头两侧的压力差进行设计计算。否则，应该按两侧压力单独作用分别进行设计计算，然后取计算壁厚的大者，作为最终设计结果。关于中间封头设计计算方法，可参考 GB/T 150。

球壳与筒体的焊接处，边缘应力最大，该处必须采用全焊透结构。为了保证焊接质量，保证筒体局部强度，与球冠形封头相连接的筒体厚度应不小于封头厚度。否则，应在端封头一侧和中间封头两侧的筒体上设置加强段（图 3-4）。筒体加强段应与封头等厚，其长段 L 不应小于 $2\sqrt{0.5\delta D_i}$。

尽管球冠形封头结构简单、制造方便，但由于它受力状况较差，通常只用作中间封头或低压储罐的端封头。

3.2.5　锥形封头

由表 2-1 可知，承受均匀内压的锥形壳的最大薄膜应力，是位于锥颈大端的环向应力，即

$$\sigma_{max} = \frac{pD}{2\delta\cos\alpha}$$

显然，随着锥壳半顶角 α 的增大，最大环向应力 σ_{max} 也增大。但当 α 很大时，锥壳中的弯曲应力不可忽略，薄膜理论不再适用。鉴此，GB/T 150 规定：锥形封头的常规设计法只适用于 $\alpha \leqslant 60°$ 的情况，当 $\alpha > 60°$ 时，其厚度应按平盖计算，或按应力分析方法确定。

当锥壳直接焊接在圆柱形筒体上时，由于二者在连接处的薄膜变形差别较大（特别是当锥壳半顶角 α 较大时），会产生很大的边缘应力。为此，GB/T 150 规定：当 $\alpha > 30°$ 时，应采用带过渡段的折边结构 [图 3-1（f）]；当 $\alpha \leqslant 30°$ 时，才允许采用无折边结构 [图 3-1（e）]。

为了不致产生过大的边缘应力，锥形封头大端过渡段的转角半径 r_i 不应小于封头大端内直径 D_i 的 10%，且不小于该过渡段厚度的 3 倍。锥形封头的强度设计计算，详见 GB/T 150。

从受力角度讲，锥形封头并不理想，但它有利于流体均匀分布和排料，故在中、低压容器上也常常使用。另外，锥形封头在锥颈小端强度较高，故在小端开孔一般无须补强。

3.2.6　平盖封头

由 2.3 节分析可知，对于承受内压 p 的钢制（$\mu = 0.3$）圆形平盖封头，周边固支时的最大应力是周边处的径向应力，即

$$\sigma_r\big|_{r=R} = \pm 0.188p\left(\frac{D}{\delta}\right)^2 \tag{3-22}$$

周边简支时的最大应力是中心处的径向应力，即

$$\sigma_r\big|_{r=0} = \pm 0.31p\left(\frac{D}{\delta}\right)^2 \tag{3-23}$$

事实上，平盖封头与筒体的连接，既不是完全固支，也不是完全简支，而是介于二者之间。平盖的最大应力既可能出现在中心部位，也可能在与筒体的连接部位，但无论如何，式（3-22）和式（3-23）可统一表达为

$$\sigma_{max} = \pm kp\left(\frac{D}{\delta}\right)^2 \tag{3-24}$$

采用第一强度理论和弹性失效准则，考虑到平盖可能由钢板拼焊而成，引入焊接接头系数 ϕ 后，基于式（3-24），可得出圆形平盖封头的强度设计计算式

$$\delta_p = D_c\sqrt{\frac{kp_c}{[\sigma]^t\phi}} \tag{3-25}$$

式中，δ_p 为平盖封头的计算厚度；k 为结构特征系数，理论上 $0.188 \leqslant k \leqslant 0.31$，它主要取决于平盖结构形式以及与筒体的连接方式，具体由表 3-1 查取；D_c 为平盖的计算直径，如表 3-1 中的简图所示。

对于表 3-1 中序号 8、9 和 10 所示平盖，应取其操作状态及预紧状态的 k 值代入式（3-25）分别计算，取较大值。预紧时，式中的 $[\sigma]^t$ 应为常温许用应力 $[\sigma]$。

表3-1　平盖结构特征系数 k

固定方法	序号	简图	结构特征系数 k	备注
与圆筒一体或对焊	1		0.145	仅适用于圆形平盖 $p_c \leqslant 0.6\text{MPa}$ $L \geqslant 1.1\sqrt{D_i \delta_e}$ $r \geqslant 3\delta_{ep}$
角焊缝或组合焊缝连接	2		圆形平盖 $0.44m$（$m=\delta/\delta_e$），且不小于 0.3； 非圆形平盖 0.44	$f \geqslant 1.4\delta_e$
	3		圆形平盖 $0.44m$（$m=\delta/\delta_e$），且不小于 0.3； 非圆形平盖 0.44	$f \geqslant \delta_e$
	4		圆形平盖 $0.5m$（$m=\delta/\delta_e$），且不小于 0.3； 非圆形平盖 0.5	$f \geqslant 0.7\delta_e$
	5			$f \geqslant 1.4\delta_e$
锁底对接焊缝	6		$0.44m$（$m=\delta/\delta_e$），且不小于 0.3	仅适用于圆形平盖，且 $\delta_1 \geqslant \delta_e + 3\text{mm}$
	7		0.5	

续表

固定方法	序号	简图	结构特征系数 k	备注
螺栓连接	8	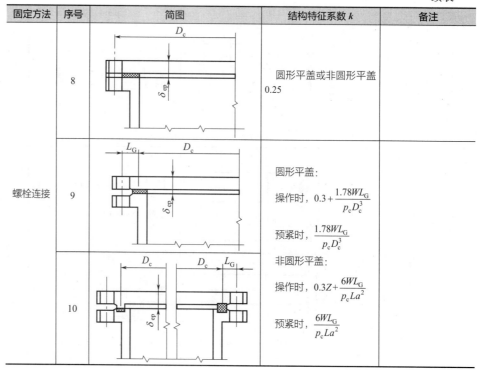	圆形平盖或非圆形平盖 0.25	
	9		圆形平盖：操作时，$0.3+\dfrac{1.78WL_G}{p_cD_c^3}$　预紧时，$\dfrac{1.78WL_G}{p_cD_c^3}$	
	10		非圆形平盖：操作时，$0.3Z+\dfrac{6WL_G}{p_cLa^2}$　预紧时，$\dfrac{6WL_G}{p_cLa^2}$	

3.3　法兰连接及密封设计

　　压力容器的密封基本上有两种类型：强制式密封和自紧式密封。强制式密封是通过连接件（如法兰和螺栓）强行压紧密封元件（如垫片）而实现的，因而需要较大的预紧力；自紧式密封主要依靠被密封介质自身的压力来压紧密封元件（如密封环）而实现的，且介质压力越高，压紧力就越大，因而所需的预紧力较小。中、低压容器通常采用强制式密封，高压容器较多采用自紧式密封。螺栓法兰密封（以下简称法兰密封）是最常采用的强制式密封，广泛用于容器的开孔接管以及封头与筒体的连接中。

3.3.1　法兰密封及失效

　　法兰密封系统由密封元件（垫片）、连接件（螺栓）和被连接件（法兰）三部分组成 [图 3-6 (a)]。为了达到初始密封条件，在施加介质压力前，应通过螺栓向法兰施加一个预紧力 W_a。在该预紧力的作用下，垫片受到法兰面的初始压紧力 G_a，该压紧力会使垫片产生一个初始压缩量 δ_a [图 3-6(b)]。然后，施加介质压力，法兰密封系统处于操作状态 [图 3-6 (c)]。此时，法兰在由介质压力产生的轴向力 P 的作用下，产生分离变形，螺栓也会产生相应的伸长变形，螺栓载荷由原来的预紧载荷 W_a 变成操作载荷 W_p。由于法兰的分离和螺栓的伸长变形，法兰密封面与垫片间会产生一个分离量 δ_l，如果垫片有足够的回弹能力，即其自由回弹量大于 δ_l，则在密封面上仍会有一个残余压紧力 G。若垫片的自由回弹量等于或小于分离量 δ_l，

则残余压紧力 G 就会变为零。显然，要实现法兰密封，法兰密封系统必须要有足够的刚度，才能在介质压力作用下，不会产生过大的分离量。同时垫片必须有足够的回弹能力，在法兰连接系统产生分离变形时，仍能在密封面上保持一定的残余压紧力。

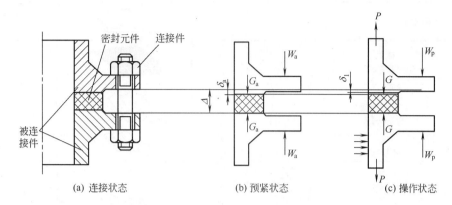

(a) 连接状态　　　　(b) 预紧状态　　　　(c) 操作状态

图 3-6　法兰连接系统及密封操作

要使法兰密封达到绝对不漏，是难以做到的。法兰密封设计的目的是使泄漏率保持在允许的范围内。法兰密封主要有两种泄漏途径：一是垫片的渗漏；二是密封面的泄漏。前者主要取决于密封元件的材质及密实程度等，后者主要取决于系统的刚度和垫片特性等。密封设计主要是为解决密封面的泄漏问题。

法兰密封的条件是，密封介质通过密封面的泄漏流动阻力降 Δp，必须大于密封介质压力 p。因此，任何降低泄漏流动阻力降 Δp 的因素，都可能导致法兰密封失效。

预紧力不够，则垫片上的初始压紧力 G_a 太小，因而预紧比压 σ_y（单位面积上的初始压紧力）太小，当它小于垫片的比压力 y 时，就无法建立初始密封。此时，垫片与法兰密封面间的微观凹凸不能被填平，密封面泄漏流动阻力降 Δp 小于密封介质压力 p。垫片比压力 y，是一个反映垫片特性的参数，其值可由表 3-2 查取。在一定程度上，它反映了垫片填平密封面微观凹凸不平的能力。y 值越大，垫片的这种能力就越差，初始密封就越难建立。一般来说，垫片越"软"，则 y 值越小；垫片越"硬"，则 y 值越大。例如，橡胶垫片 $y = 1.5 \sim 3$MPa，金属垫片 $y = 50 \sim 150$MPa。

表 3-2　垫片性能参数

垫片材料		垫片系数 m	比压力 y/MPa	简图	压紧面形状（见表 3-4）	类别（见表 3-4）
无织物或含少量石棉纤维的合成橡胶： 肖氏硬度小于 75 肖氏硬度大于等于 75		0.50 1.00	0 1.4		1 (a、b、c、d)、4、5	Ⅱ
具有适当加固物的石棉（石棉橡胶板）	厚度3mm 厚度1.5mm 厚度0.75mm	2.00 2.75 3.50	11 25.5 44.8			
内有棉纤维的橡胶		1.25	2.8			
内有石棉纤维的橡胶，具有金属加强丝或不具有金属加强丝 　　　3层 　　　2层 　　　1层		 2.25 2.50 2.75	 15.2 20 25.5			

垫片材料		垫片系数 m	比压力 y/MPa	简图	压紧面形状（见表 3-4）	类别（见表 3-4）
植物纤维		1.75	7.6		1（a、b、c、d）、4、5	
内填石棉缠绕式金属	碳钢	2.50	69			
	不锈钢或蒙乃尔	3.00	69		1（a、b）	
波纹金属板类壳内包石棉或波纹金属板内包石棉	软铝	2.50	20			
	软铜或黄铜	2.75	26			
	铁或软钢	3.00	31			
	蒙乃尔或 4%～6% 铬钢	3.25	38			
	不锈钢	3.50	44.8			
波纹金属板	软铝	2.75	25.5			
	软铜或黄铜	3.00	31			
	铁或软钢	3.25	38		1（a、b、c、d）	
	蒙乃尔或 4%～6% 铬钢	3.50	44.8			II
	不锈钢	3.75	52.4			
平金属板内包石棉	软铝	3.25	38			
	软铜或黄铜	3.50	44.8			
	铁或软钢	3.75	52.4		1a、1b、1c、1d、2	
	蒙乃尔	3.50	55.2			
	4%～6% 铬钢	3.75	62.1			
	不锈钢	3.75	62.1			
槽形金属	软铝	3.25	38			
	软铜或黄铜	3.50	44.8			
	铁或软钢	3.75	52.4		1（a、b、c、d）、2、3	
	蒙乃尔或 4%～6% 铬钢	3.75	62.1			
	不锈钢	4.25	69.6			
复合柔性石墨波齿金属板	碳钢 不锈钢	3.0	50		1（a、b）	
金属平板	软铝	4.00	60.7			
	软铜或黄铜	4.75	89.6			
	铁或软钢	5.50	124.1		1（a、b、c、d）、2、3、4、5	
	蒙乃尔或 4%～6% 铬钢	6.00	150.3			
	不锈钢	6.50	179.3			I
金属环	铁或软钢	5.50	124.1			
	蒙乃尔或 4%～6% 铬钢	6.00	150.3		6	
	不锈钢	6.50	179.3			

注：1. 本表所列各种垫片的 m、y 值及适用的压紧面形状，均属推荐性资料。采用本表推荐的垫片参数（m、y）并按本章规定设计的法兰，在一般使用条件下，通常能得到比较满意的使用效果。但在使用条件特别苛刻的场合，如在氰化物介质中使用的垫片，其参数 m、y，应根据成熟的使用经验谨慎确定。

2. 对于平金属板内包石棉，若压紧面形状为 1c、1d 或 2，垫片表面的搭接接头不应位于凸台侧。

在操作时，垫片的残余密封比压 σ_q（单位面积上的残余压紧力）越小，则说明垫片回弹能力越差，使密封面泄漏流动阻力降 Δp 减小。当 σ_q 小于其临界值 σ_{qc} 时，Δp 就会小于 p，使密封失效。临界残余密封比压 σ_{qc} 由下式确定

$$\sigma_{qc} = mp \tag{3-26}$$

式中，m 为垫片系数，它是一个反映垫片另一个特性——回弹能力的参数（其值可由表 3-2 查取）。m 越大，垫片的回弹能力越差。例如，橡胶垫片 $m = 1 \sim 2.5$，金属垫片 $m = 4 \sim 6.5$。

应该指出，仅用 y 和 m 两个参数来反映垫片特性，并以此为依据对法兰密封进行判断，并不完全合理。实验表明，对于给定垫片，y 和 m 并不是常数，它们还与连接系统刚度、密封介质性能、操作条件以及密封面状况等诸多因素有关。例如，对于同样的石棉垫片，当密封介质分别为氮气和水时，实验测得的 y 和 m 值均相差非常大。氮气时的 y 值是水时的 150 倍，氮气时的 m 值是水时的 25 倍。然而，将 y 和 m 作为垫片的两个特性常数，并以此为依据进行法兰密封设计，可以使问题大大简化，而且已积累了一定的设计经验，其结果在一般情况下能满足设计要求，故至今仍为常规设计规范所采用。

3.3.2　法兰密封设计

法兰连接系统设计，要考虑两方面的问题：一是强度问题；二是密封问题。强度问题比较简单，在计算出法兰和螺栓所受载荷后，可分别进行强度设计计算。密封问题是一个比较复杂的系统问题，必须综合考虑连接件、被连接件及密封元件之间的相互作用和整体变形（这是一个刚度问题），同时还要考虑密封接触面的微观变形（这是一个接触问题）以及泄漏介质通过密封面的流动阻力（这是一个流体力学问题）等。正像前面指出的那样，对于这样一个复杂的问题，工程上进行了简化处理，即将法兰密封设计按预紧工况和操作工况分开处理，定义了两个参数——比压力 y 和垫片系数 m 来分别反映预紧和操作工况时垫片的密封性能，并认为它们是与连接系统刚度、操作条件、介质特性及密封面状况无关的两个常数。这样，法兰密封设计就变得非常简单了。具体内容和做法是：根据经验选定合适的垫片和压紧面，由垫片的密封性能常数 y 和 m 确定螺栓载荷；根据螺栓载荷进行螺栓设计，确定螺栓的直径和个数；根据螺栓载荷、内压及垫片反力，确定法兰的设计载荷，进行法兰的强度设计。为了简化计算，降低成本，增加互换性，世界各工业国家都制定了相应的法兰标准。设计时，应尽量选用标准法兰，只有在特殊情况下（如尺寸和操作参数超出了标准法兰的选用范围，特殊结构形式等），才需自行设计。

3.3.2.1　垫片的选择

选择垫片是密封设计的核心。选定垫片后，就确定了垫片系数 m 和比压力 y，据此可确定螺栓载荷和法兰载荷，从而进行螺栓和法兰设计。

按材质可将垫片分为三种基本类型：非金属垫片、金属垫片和金属 - 非金属组合垫片。常用的非金属垫片有：橡胶垫、石棉橡胶垫、聚四氟乙烯垫和柔性（膨胀）石墨垫等；常用的金属垫片材料有：软铝、钢、铁（软钢）、铬钢（S11306）和不锈钢（S31603）等；常用的金属 - 非金属组合垫片有：金属包垫片、金属缠绕垫片和带骨架的非金属垫等。金属包垫片是在石棉或石棉橡胶垫外包以金属薄片（镀锌薄铁片或不锈钢片等），这就大大增加了非金属垫片的强度和耐热性能。缠绕垫片是用薄钢带（08，10，15 或 S32168，S11306 等）与石棉交替缠绕而成，这种垫片耐热性和弹性较好。带骨架的非金属垫片，是以冲孔金属薄板或金属丝为骨架的石棉或柔性石墨垫片，骨架可以增强非金属垫片的挤压强度，改善回弹能力和密封性能。

选择垫片时要有全面观点，主要依据是操作介质的特性、操作压力和温度、压紧面的形状等，还要兼顾价格、制造和更换是否方便等因素。垫片的选择要重视使用经验。文献 [5] 推荐了一个选用表（表 3-3），可供参考。

表3-3　垫片选用表

介质	法兰公称压力 /MPa	工作温度 /℃	密封面	垫片	
				型式	材料
油品、油气，溶剂（丙烷、丙酮、苯、酚、糠醛、异丙醇），石油化工原料及产品	≤1.6	≤200	突（凹凸）	耐油垫、四氟垫	耐油橡胶石棉板、聚四氟乙烯板
		201～250	突（凹凸）	缠绕垫、金属包垫、柔性石墨复合垫	06Cr13 钢带 - 石棉板 石墨 -06Cr13 等骨架
	2.5	≤200	突（凹凸）	耐油垫、缠绕垫、金属包垫、柔性石墨复合垫	耐油橡胶石棉板、06Cr13 钢带 - 石棉板
		201～450	突（凹凸）	缠绕垫、金属包垫、柔性石墨复合垫	06Cr13 钢带 - 石棉板 石墨 -06Cr13 等骨架

介质		法兰公称压力/MPa	工作温度/℃	密封面	垫片	
					型式	材料
油品、油气，溶剂（丙烷、丙酮、苯、酚、糠醛、异丙醇），石油化工原料及产品		4.0	≤40	凹凸	缠绕垫、柔性石墨复合垫	06Cr13 钢带 - 石棉板石墨 -06Cr13 等骨架
			41～450	凹凸	缠绕垫、金属包垫、柔性石墨复合垫	06Cr13 钢带 - 石棉板石墨 -06Cr13 等骨架
		6.4 10.0	≤450	凹凸	金属齿形垫	10、06Cr13、06Cr19Ni10
			451～530	环连接面	金属环垫	06Cr13、06Cr19Ni10、06Cr17Ni12Mo2
氢气、氢气与油气混合物		4.0	≤250	凹凸	缠绕垫、柔性石墨复合垫	06Cr13 钢带 - 石棉板石墨 -06Cr13 等骨架
			251～450	凹凸	缠绕垫、柔性石墨复合垫	06Cr19Ni10 钢带 - 石墨带石墨 -06Cr19Ni10 等骨架
			451～530	凹凸	缠绕垫、金属齿形垫	06Cr19Ni10 钢带 - 石墨带06Cr19Ni10、06Cr17Ni12Mo2
		6.4 10.0	≤250	环连接面	金属环垫	10、06Cr13、06Cr19Ni10
			251～400	环连接面	金属环垫	06Cr13、06Cr19Ni10
			401～530	环连接面	金属环垫	06Cr19Ni10、06Cr17Ni12Mo2
氨		2.5	≤150	凹凸	橡胶垫	中压橡胶石棉板
压缩空气		1.6	≤150	突	橡胶垫	中压橡胶石棉板
蒸汽	0.3MPa	1.0	≤200	突	橡胶垫	中压橡胶石棉板
	1.0MPa	1.6	≤280	突	缠绕垫、柔性石墨复合垫	06Cr13 钢带 - 石棉板石墨 -06Cr13 等骨架
	2.5MPa	4.0	300		缠绕垫、柔性石墨复合垫、紫铜垫	06Cr13 钢带 - 石棉板石墨 -06Cr13 等骨架、紫铜板
	3.5MPa	6.4	400	凹凸	紫铜垫	紫铜板
		10.0	450	环连接面	金属环垫	06Cr13、06Cr19Ni10
惰性气体		1.6	≤200	突	橡胶垫	中压橡胶石棉板
		4.0	≤60	凹凸	缠绕垫、柔性石墨复合垫	06Cr13 钢带 - 石棉板石墨 -06Cr13 等骨架
		6.4	≤60	凹凸	缠绕垫	06Cr13（06Cr19Ni10）钢带 - 石棉板
水		≤1.6	≤300	突	橡胶垫	中压橡胶石棉板
剧毒介质		≥1.6		环连接面	缠绕垫	06Cr13 钢带 - 石墨带
弱酸、弱碱、酸渣、碱渣		≤1.6	≤300	突	橡胶垫	中压橡胶石棉板
		≥2.5	≤450	凹凸	缠绕垫、柔性石墨复合垫	06Cr13 钢带 - 石棉板石墨 -06Cr13 等骨架
液化石油气		1.6	≤50	突	耐油垫	耐油橡胶石棉板
		2.5	≤50	突	缠绕垫、柔性石墨复合垫	06Cr13 钢带 - 石棉板石墨 -06Cr13 等骨架
环氧乙烷		1.0	260		金属平垫	紫铜
氢氟酸		4.0	170	凹凸	缠绕垫、金属平垫	蒙乃尔合金带 - 石墨带、蒙乃尔合金板
低温油气		4.0	−20～0	突	耐油垫、柔性石墨复合垫	耐油橡胶石棉板、石墨 -06Cr13 等骨架

关于垫片类型、垫片材料以及垫片尺寸的选择，可归纳如下几点：

（1）关于垫片类型

ⅰ.高温高压下一般采用金属垫片，中温（＜450℃）中压可采用组合垫片或某些非金属垫片，中压情况多采用非金属垫片。

ⅱ.非金属垫片简单易得，密封性良好，应用比较普遍。缠绕式垫片有多道密封作用，弹性好，可做成较大直径，价格比中压石棉橡胶垫略贵，故一般条件均可选用，温度、压力有较大波动时亦适用。

ⅲ.在同一管线用同一压力等级的法兰，最好选用同一类型的垫片，以便互换。

（2）关于垫片材料

ⅰ.垫片材料的耐用温度要高于操作温度，并耐介质腐蚀。

ⅱ.垫片材料不应对密封介质有任何污染。例如，对于航空汽油等不允许石棉纤维混入的介质，就不能选用石棉橡胶垫；苯对耐油橡胶石棉垫中的丁腈橡胶有溶解作用，故苯这类介质就不宜选用该种垫片材料。

ⅲ.温度≥200℃的高压氢气有氢腐蚀作用，应选用 Cr-Ni 合金材料。

（3）关于垫片尺寸

ⅰ.垫片一般不宜选得太厚，以免密封面上比压分布不均，垫片被压坏或挤出。

ⅱ.垫片宽度直接关系到螺栓载荷的大小，在垫片不致被压溃的前提下，宜选用较窄的垫片。

3.3.2.2　压紧面的选择

常用的压紧面有突面、凹凸面和榫槽面等形式（图3-7）。突面形压紧面［图3-7（a）］结构简单、加工方便，常用于压力不高（≤2.5MPa）的场合。为了使垫片易于变形和不易挤出，突台面上常刻有2～4条同心的三角沟槽［图3-7（b）］。对突形密封面表面粗糙度的要求不宜太高，与缠绕垫和柔性石墨垫配合使用时，不宜车沟槽，以免影响垫片的再次使用。

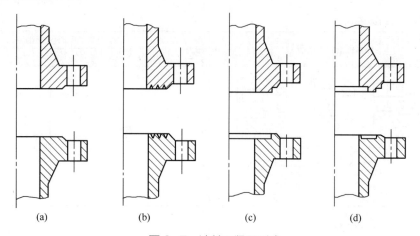

图 3-7　法兰压紧面形式

凹凸形压紧面是由一个凸面和一个凹面相配而成［图3-7（c）］，垫片放在凹面上。其特点是易于对中，能够防止垫片被挤出，压紧面较突面形窄，但比榫槽形要宽，故仍需较大的预紧力。凹凸形压紧面可用于较高压力（≤6.4MPa）场合。

榫槽形压紧面是由一个榫面和一个槽相配而成［图3-7（d）］，垫片放在槽内。由于压紧面积小，垫片又受槽的限制不能被挤出，故比上述两种压紧面更容易达到密封效果。此外，垫片可以少受介质的冲刷和腐蚀，安装时又便于对中而使垫片受力均匀，因此密封可靠。其缺点是更换垫片比较困难。为了保证榫槽配合，必须防止压紧面变形或翘曲。榫槽形压紧面可用于密封要求较严（例如易燃、易爆或有毒介质）和压力较高的重要场合。

3.3.2.3　螺栓设计

螺栓设计包括螺栓材料选择，螺栓尺寸和个数的确定等。

（1）螺栓材料

螺栓材料应强度高，韧性好。为了避免螺栓与螺母胶合或咬死，螺栓的硬度一般要比螺母的高 30HBW 以上。GB/T 150 给出了一些常用螺栓材料，设计时应从中选用。

（2）螺栓载荷

螺栓载荷按预紧和操作两个工况分别进行计算。

预紧时，最小螺栓载荷 W_a 应等于压紧垫片所需的最小预紧力 G_a，即

$$W_a = G_a = \pi D_G b y \qquad (3-27)$$

式中，D_G 为垫片压紧力作用中心圆计算直径；b 为垫片有效密封宽度。

操作时，最小螺栓载荷 W_p 应等于由内压 p_c 产生的轴向力 P 与垫片残余压紧力 G 之和，即

$$W_p = P + G = \frac{\pi}{4} D_G^2 p_c + 2\pi D_G b m p_c \qquad (3-28)$$

上式中的垫片有效密封宽度 b，不是垫片的实际宽度，而是它的一部分。在计算螺栓载荷时，还引进了一个垫片基本密封宽度 b_0，认为在该宽度上压紧力均匀分布。有效密封宽度 b 与基本密封宽度 b_0 的关系是：当垫片较窄（$b_0 \leqslant 6.4\text{mm}$）时，$b = b_0$；当 $b_0 > 6.4\text{mm}$ 时，由于螺栓载荷和内压的作用使垫片发生偏移，垫片的外侧比内侧压得更紧一些，因此，垫片的有效密封宽度 b 应比基本密封宽度 b_0 更小一些，取 $b = 2.53\sqrt{b_0}$。垫片的基本密封宽度 b_0 的大小与压紧面形状有关，可由表 3-4 查取。

表3-4　垫片的基本密封宽度 b_0

序号	压紧面形状（简图）	垫片基本密封宽度 b_0	
		I	II
1a		$\dfrac{N}{2}$	$\dfrac{N}{2}$
1b			
1c		$\dfrac{\omega + \delta_g}{2}$	$\dfrac{\omega + \delta_g}{2}$
1d		$\left(\dfrac{\omega + N}{4}\,最大\right)$	$\left(\dfrac{\omega + N}{4}\,最大\right)$

续表

序号	压紧面形状（简图）	垫片基本密封宽度 b_0	
		I	II
2	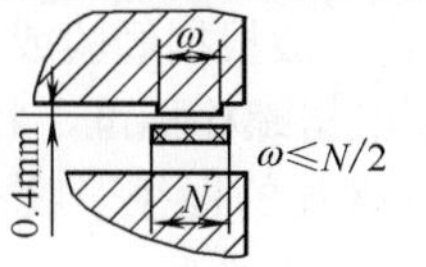	$\dfrac{\omega+N}{4}$	$\dfrac{\omega+3N}{8}$
3	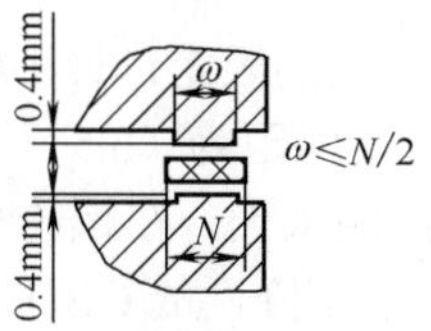	$\dfrac{N}{4}$	$\dfrac{3N}{8}$
4	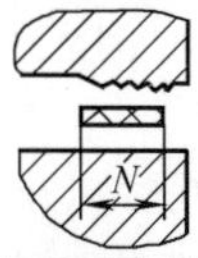	$\dfrac{3N}{8}$	$\dfrac{7N}{16}$
5	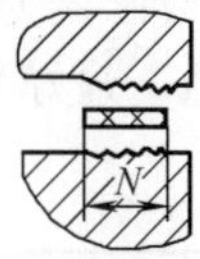	$\dfrac{N}{4}$	$\dfrac{3N}{8}$
6	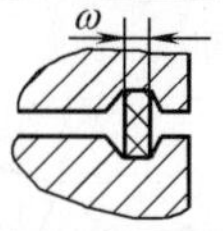	$\dfrac{\omega}{8}$	

注：对序号4、5，当锯齿深度不超过0.4mm，齿距不超过0.8mm时，应采用1b或1d的压紧面形状。

垫片压紧力作用中心圆计算直径 D_G 按如下方法确定：

当 $b_0 \leqslant 6.4\text{mm}$ 时，D_G ＝ 垫片接触面的平均直径；

当 $b_0 > 6.4\text{mm}$ 时，D_G ＝ 垫片接触面外径减去 $2b$。

在计算式（3-28）中垫片的残余压紧力 G 时，由于原始定义 m 时是取 2 倍垫片有效接触面上的压紧力等于操作压力的 n 倍，故操作时残余密封比压定义为 $2mp_c$。

（3）螺栓直径与个数

预紧时，需要的最小螺栓总截面积 A_a 为

$$A_a = \frac{W_a}{[\sigma]_b} \tag{3-29}$$

操作时，需要的最小螺栓总截面积 A_p 为

$$A_p = \frac{W_p}{[\sigma]_b^t} \tag{3-30}$$

式中，$[\sigma]_b$ 为预紧时（常温下）螺栓材料的许用应力；$[\sigma]_b^t$ 为操作时（设计温度下）螺栓材料的许用应力。GB/T 150 给出了常用螺栓材料的许用应力，设计时可查取。

取 A_a 和 A_p 中较大者，作为需要的螺栓总截面积 A_m，即

$$A_m = \max\{A_a,\ A_p\} \tag{3-31}$$

螺栓的螺纹根径 d_0 为

$$d_0 = \sqrt{\frac{4A_m}{\pi n}} \qquad (3\text{-}32)$$

式中，n 为螺栓个数。

d_0 和 n 是相互关联的两个待定参数，一般根据经验或参考有关标准，先设定一个螺栓个数 n，算出螺栓根径 d_0，然后根据螺栓标准，将 d_0 圆整为螺纹标准公称直径 d_B。为了防止螺栓在上紧时折断，螺栓的根径一般不宜取得过小（例如小于 M12 的螺栓）。

螺栓个数 n 的最大值受拆装时扳手空间的限定，最小值受螺栓的允许最大间距限定。考虑到拆装方便，常取螺栓的最小间距为 $(3.5 \sim 4)d_B$，GB/T 150 规定的螺栓间距 $\hat{L}$ 的最小值见表 3-5。螺栓的间距太大，在螺栓孔之间将引起附加的法兰弯矩，且会因垫片受力不均匀导致密封性下降，故 GB/T 150 规定螺栓的最大间距不宜超过下式计算值

$$\hat{L}_{max} = 2d_B + \frac{6\delta_f}{m + 0.5} \qquad (3\text{-}33)$$

式中，d_B 为螺栓公称直径；m 为垫片系数；δ_f 为法兰有效厚度。

为了安装时对称上紧，螺栓个数应取偶数，最好为 4 的倍数。

表3-5　螺栓设计相关尺寸

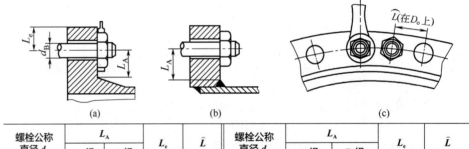

| | (a) | | | | | (b) | | | | | (c) | |

螺栓公称直径 d_B	L_A		L_e	$\hat{L}$	螺栓公称直径 d_B	L_A		L_e	$\hat{L}$
	A 组	B 组				A 组	B 组		
12	20	16	16	32	30	44	35	30	70
16	24	20	18	38	36	48	38	36	80
20	30	24	20	46	42	56		42	90
22	32	26	24	52	48	60		48	102
24	34	27	26	56	56	70		55	116
27	38	30	28	62					

注：表中 A 组数据适用于（a）图所示的带颈法兰结构。表中 B 组数据适用于（b）图所示的焊制法兰结构。

3.3.2.4　标准法兰及选用

（1）法兰结构类型

按法兰整体性程度，可将其分为三个基本类型：松式法兰、整体法兰和任意式法兰（不保证全焊透的平焊法兰）。

① 松式法兰　法兰不直接固定在壳体上，或者虽固定但不能保证法兰与壳体作为一个整体承受螺栓载荷的结构，均划归为松式法兰。例如，活套法兰［图 3-8

（a）]、螺纹法兰 [图3-8（b）]、搭接法兰 [图3-8（c）]等。这些法兰可以带颈或不带颈。活套法兰适用于有色金属（如铜、铝等）和不锈钢设备或管道，它对设备或管道壳体不产生附加弯曲应力。法兰用碳钢材料，可节约贵金属。但活套法兰刚度小，厚度较厚，一般只用于低压场合。螺纹法兰常用于高压管道。

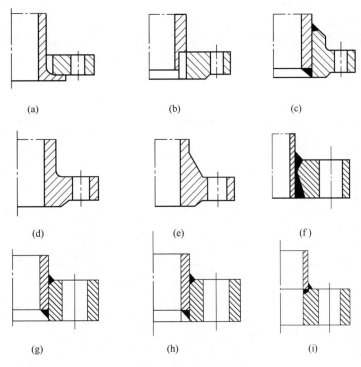

图3-8 法兰结构类型

②整体法兰　将法兰与壳体锻成或铸成一体 [图3-8（d）、（e）]，或经全焊透的平焊法兰 [图3-8（f）]。这种结构能保证壳体与法兰同时受力，使法兰厚度适当减薄，但会在壳体上产生较大附加应力。带颈法兰 [图3-8（e）]可以提高法兰与壳体的连接刚度，降低附加应力水平，适用于压力、温度较高的重要场合。

③任意式法兰　从结构上看，这种法兰与壳体连成一体 [图3-8（g）、（h）、（i）]，但刚性要比整体法兰差。这类法兰结构简单，制造方便，故在中低压容器或管道上应用较普遍。

（2）法兰标准

法兰标准分管法兰标准和容器（设备）法兰标准两大类。国际上管法兰标准主要有两个体系，即欧洲体系（以德国DIN标准为代表）和美洲体系（以美国ASME B16.5、B16.47标准为代表）。这两个体系间管法兰不可配用。由于历史原因，我国管法兰标准较多，除了GB/T 9124《钢制管法兰》外，还有化工行业标准HG/T 20592～20635《钢制管法兰、垫片、紧固件》。

法兰标准类型繁多，对法兰标准化很不利，但短期内很难统一。因此，对于装置的改造设计，因为需要与现有法兰相匹配或考虑与其他法兰的互换，多采用HG/T 20592～20635（或其他相应法兰标准）；对于新设计的装置，应采用GB/T 9124。我国现行的容器法兰标准有NB/T 47020～47027《压力容器法兰、垫片、紧固件》。管法兰与容器法兰两类法兰标准的连接尺寸不相同，二者不能相互套用。

（3）标准法兰的选择

选择标准法兰的主要参数是公称压力和公称直径。公称直径是容器和管道标准化后的直径系列，用DN表示。容器法兰的公称直径等于容器内径，而管法兰公称直径则是一个名义值，它既不等于管子的内径，又不同于其外径，而是介于二者之间的某一整数。如 DN100 的无缝钢管的外径为 108mm，而内径视壁厚各不相同（如 ϕ108×4 的内径为 100mm，ϕ108×5 的内径为 98mm 等）。容器与管道的公称直径应按标准规定的系列选用。

法兰的公称压力是按标准要求，将压力容器或管道所受的压力，分为若干标准等级而设定的。法兰公称压力用 PN 表示，每个 PN 表示一定材料和工作温度的法兰的最高工作压力。容器法兰的公称压力是以 16Mn 在 200℃时的最高工作压力为依据制定的，当法兰材料的工作温度不同时，最大工作压力会不同。例如，对于表 3-6 所列的长颈对焊法兰，若选用 PN1.00 的标准法兰，用 16Mn 材料制造，用于 -20 ～ 200℃时的允许工作压力为 1.00MPa，但将它用于 350℃时，最大工作压力为 0.81MPa；若改用 20 钢，用于 -20 ～ 200℃时允许工作压力为 0.73MPa，若使用温度升至 350℃，允许工作压力将为 0.55MPa。

表3-6　长颈法兰的最大允许工作压力/MPa

公称压力 PN/ MPa	法兰材料 （锻件）	工作温度 /℃							
		-70 ～ <-40	-40 ～ -20	>-20 ～ 200	250	300	350	400	450
0.60	20			0.44	0.40	0.35	0.33	0.30	0.27
	16Mn			0.60	0.57	0.52	0.49	0.46	0.29
	20MnMo			0.65	0.64	0.63	0.60	0.57	0.50
	15CrMo			0.61	0.59	0.55	0.52	0.49	0.46
	14Cr1Mo			0.61	0.59	0.55	0.52	0.49	0.46
	12Cr2Mo1			0.65	0.63	0.60	0.56	0.53	0.50
	16MnD		0.60	0.60	0.57	0.52	0.49		
	09MnNiD	0.60	0.60	0.60	0.60	0.57	0.53		
1.00	20			0.73	0.66	0.59	0.55	0.50	0.45
	16Mn			1.00	0.96	0.86	0.81	0.77	0.49
	20MnMo			1.09	1.07	1.05	1.00	0.94	0.83
	15CrMo			1.02	0.98	0.91	0.86	0.81	0.77
	14Cr1Mo			1.02	0.98	0.91	0.86	0.81	0.77
	12Cr2Mo1			1.09	1.04	1.00	0.93	0.88	0.83
	16MnD		1.00	1.00	0.96	0.86	0.81		
	09MnNiD	1.00	1.00	1.00	1.00	0.95	0.88		
1.60	20			1.16	1.05	0.94	0.88	0.81	0.72
	16Mn			1.60	1.53	1.37	1.30	1.23	0.78
	20MnMo			1.74	1.72	1.68	1.60	1.51	1.33
	15CrMo			1.64	1.56	1.46	1.37	1.30	1.23
	14Cr1Mo			1.64	1.56	1.46	1.37	1.30	1.23
	12Cr2Mo1			1.74	1.67	1.60	1.49	1.41	1.33
	16MnD		1.60	1.60	1.53	1.37	1.30		
	09MnNiD	1.60	1.60	1.60	1.60	1.51	1.41		

对容器法兰，选用某一材料，在设计温度下的最大允许工作压力 $[p_w]$ 可由下式求得

$$[p_w] = \frac{[\sigma]^t}{[\sigma]^o} PN \tag{3-34}$$

式中，$[\sigma]^o$ 为 16Mn 的常温下许用应力；$[\sigma]^t$ 为所选材料在设计温度下的许用应力。

对于管法兰也有类似的规定，具体可参阅有关标准。

3.3.3　法兰强度设计

前面已经指出，只有在特殊情况下，才采用非标准法兰。非标准化法兰的设计问题，更主要的是刚度问

题。因为法兰密封的失效，很少是由法兰强度不足造成的。然而，目前国内外多数规范中的法兰设计方法，仍以强度设计为基础，以控制法兰中的应力值为依据。法兰结构并不复杂，但影响因素较多，受力情况复杂，精确的分析求解比较困难，这也是目前非标准法兰设计仍以强度设计为基础的重要原因之一。

　　法兰分析方法有弹性分析方法和弹塑性分析方法两大类，弹性分析有 Timoshenko 法和 Waters 法等。目前，国内外规范标准（例如，美国的 ASME、我国的 GB/T 150 等）中主要采用 Waters 的弹性分析方法。下面对用 Waters 法进行非标准法兰强度设计的基本思想作一简单介绍。

（1）力学模型

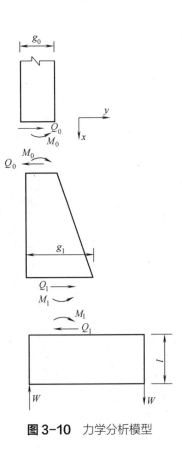

　　Waters 在分析法兰受力时，认为螺栓载荷 W、垫片反力 P_3 以及介质压力引起的轴向力 P_1 和 P_2 对法兰的作用 [图3-9（a）]，可以用一个力矩代替，并假定该力矩是由均匀作用在法兰环内外周边的力偶 W_1 构成 [图3-9（b）]；认为法兰和壳体只受该力矩的作用，介质压力在法兰及壳体中直接引起的应力忽略不计；忽略螺栓孔的影响，把法兰看成是一个实心圆环；将法兰从两个不连续处分为三个部件，即圆筒体、锥颈和法兰环（图3-10）；在由 W_1 构成的外力矩的作用下，各部件的相互连接处存在边缘力和边缘弯矩；把圆筒体视作一端受边缘力和边缘弯矩作用的半无限长圆柱壳，将锥颈看成是两端分别受边缘力和边缘弯矩的线性变厚度圆柱壳，而将法兰环视为受力矩作用的刚性环板，该环板的矩形截面在变形过程中始终保持不变，只作刚性旋转。这样就形成了图3-10所示的力学分析模型。

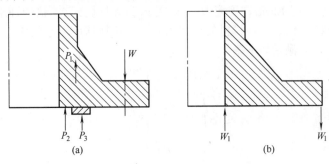

图 3-9　法兰受力简图

图 3-10　力学分析模型

（2）求解方法

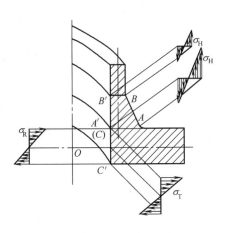

　　采用求解边缘应力的方法，由各连接处内力平衡条件和变形协调条件，求出各边缘力和边缘力矩，最终求出各部分上的应力。

　　尽管上述力学分析模型已对实际问题作了相当大的简化，但其求解过程还是相当的烦琐，难以应用。因此，Waters 等人在分析了法兰的应力分布情况后，确定了进行法兰强度校核的三个主要应力，它们是法兰环向圆柱面上与锥颈连接处的最大径向应力 σ_R（图3-11）、环向应力 σ_T 以及锥颈两端外表面的轴向弯曲应力 σ_H（视颈部斜度而定，斜度较大时取小端的 σ_z，较小时取大端的 σ_z）。在经过一系列推演与简化整理后，最后给出了比较简单、可利用图表进行手算的计算式，这些计算式及相应的图表被目前许多规范所采用，其中具体推导过程可参阅文献[6]。

图 3-11　法兰中的最大应力

（3）设计步骤

由于上述的三个主要应力 σ_R、σ_T 和 σ_H 的计算式中，都包含与待求法兰几何尺寸有关的参数，因此法兰强度设计只能采用试算法。一般先以直径和压力等级相近的标准尺寸为依据，假定非标准法兰的初步结构尺寸，然后计算法兰力矩及各项法兰应力。当计算应力与相应的许用应力相差较大时，应调整法兰锥颈和法兰环的尺寸，重复计算过程，直至各项法兰应力小于并接近相应的许用应力为止。GB/T 150 给出了法兰应力计算式以及相应的图表，设计时应依此进行计算。

（4）强度校核

前已述及，法兰的失效主要是刚度而不是强度。因此，对法兰中的三个主要应力 σ_R、σ_T 和 σ_H 的限制条件，并未完全采用弹性失效准则，而是适当考虑了对法兰变形的限制。从保证密封的角度出发，如果产生屈服，则希望不在环部而在颈部。由于锥颈的轴向弯曲应力 σ_H 沿截面线性分布，即使截面上局部区域的材料出现屈服，因其他区域的材料仍处在弹性状态，会发生载荷转移，但不致产生较大的变形。故对 σ_H 采用极限载荷设计法，将其限制在 1.5 倍材料许用应力内。法兰环中的径向应力 σ_R 和环向应力 σ_T，则应控制在材料的弹性范围内。但如果允许法兰颈部有较高的应力（超过材料的屈服点），则颈部的载荷因应力重新分配会传递到法兰环，而导致法兰环材料部分屈服，故对锥颈和法兰环的应力平均值也须加以限制。例如，若 σ_H 达到 1.5 倍许用应力，σ_R 或 σ_T 只允许达到 0.5 倍的许用应力，留有一定裕度来承担因 σ_H 达到材料的屈服点后，载荷转移所引起的应力。鉴于此，法兰强度校核应同时满足如下条件

$$\left.\begin{array}{l} \sigma_H \leqslant 1.5[\sigma]_f^t \\ \sigma_R \leqslant [\sigma]_f^t \\ \sigma_T \leqslant [\sigma]_f^t \\ \dfrac{1}{2}(\sigma_H + \sigma_T) \leqslant [\sigma]_f^t \\ \dfrac{1}{2}(\sigma_H + \sigma_R) \leqslant [\sigma]_f^t \end{array}\right\} \qquad (3\text{-}35)$$

对于锥颈小端的最大轴向应力 σ_H，应满足

$$\sigma_H \leqslant \min\{1.5[\sigma]_f^t, \ 2.5[\sigma]_n^t\}$$

式中，$[\sigma]_f^t$ 为设计温度下法兰材料的许用应力；$[\sigma]_n^t$ 为设计温度下壳体或接管材料的许用应力。

3.4　开孔接管及补强设计

由于工艺和操作上的要求，压力容器不可避免地要开孔，并焊有接管或凸缘。由 2.4 节的局部应力分析可知，开孔接管部位的应力集中，将会使容器壳体局部强度削弱。采取局部加强措施，使由此产生的局部强度削弱得到适当补偿，就是开孔补强设计的目的。不同的容器，开孔补强设计的要求也不同。一般容器只要通过补

强将应力集中系数降低到一定范围即可。而有疲劳设计要求的容器，则应严格限制开孔接管部位的最大应力。

　　并不是压力容器上的所有开孔都需要进行补强设计。事实上，压力容器常常存在一定的强度裕量。例如：接管和壳体实际厚度往往大于强度计算壁厚；接管根部的填角焊缝；焊接接头系数小于1，但开孔位置不在焊缝上等。这些因素都能对容器壳体起到局部加强作用。因此，GB/T 150规定，壳体开孔满足下列全部要求时，可不另行补强：

　　ⅰ. 设计压力小于等于2.5MPa；

　　ⅱ. 两相邻开孔中心的间距（对曲面间距以弧长计算）应不小于两孔直径之和；对于3个或以上相邻开孔，任意两孔中心的间距（对曲面间距以弧长计算）应不小于该两孔直径之和的2.5倍；

　　ⅲ. 接管公称外径小于或等于89mm；

　　ⅳ. 接管厚度满足表3-7要求，表中接管壁厚的腐蚀裕量为1mm，需要加大腐蚀裕量时，应相应增加壁厚；

　　ⅴ. 开孔不得位于A、B类焊缝接头上；

　　ⅵ. 钢材的标准抗拉强度下限值 $R_m \geqslant 540$MPa 时，接管与壳体的连接宜采用全焊透的结构型式。

表3-7 不另行补强的接管最小壁厚　　　　　　　　　　　　　　　　　　　　　　　　　　　　　　　mm

接管外径	25	32	38	45	48	57	65	76	89
接管壁厚	≥3.5			≥4.0		≥5.0		≥6.0	

3.4.1　补强结构与设计规则

（1）补强结构

　　常见的补强结构有厚壁接管补强、整锻件补强和补强圈补强三种形式，见图3-12。

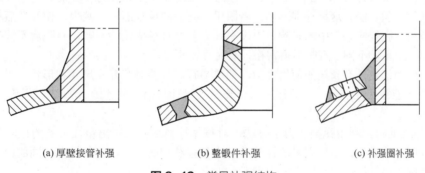

| (a) 厚壁接管补强 | (b) 整锻件补强 | (c) 补强圈补强 |

图3-12　常见补强结构

　　① 厚壁接管补强　厚壁接管补强是在开孔处焊上一段厚壁接管［图3-12（a）］，由于接管的加厚部分正处于最大应力区域内，能有效地降低应力集中系数。接管补强结构简单，焊缝少，焊接质量容易检验，补强效果较好。高强度低合金钢制压力容器由于材料缺口敏感性较高，一般都采用该结构，但必须保证焊缝全焊透。

　　② 整锻件补强　整锻件补强是将部分壳体和圆柱管连同补强部分做成整体锻件，再与容器壳体和接管焊接［图3-12（b）］。其优点是：补强金属集中于开孔应力最大部位，能有效地降低应力集中系数；可采用对接焊缝，并使焊缝及其热影响区离开最大应力区；抗疲劳性能好，疲劳寿命仅降低10%～15%。缺点是：锻件供应困难，制造成本高，所以只在重要压力容器中采用，如核容器，材料屈服点在500MPa以上的容器开孔，以及受低温、高温、循环载荷容器的大直径开孔等。

　　③ 补强圈补强　补强圈补强是将补强圈贴焊在壳体与接管的连接处［图3-12（c）］，这是中低压容器经常采用的补强结构。它结构简单，制造方便，使用经验丰富。但补强圈与容器壳体之间的金属不能完全贴合，传热效果差，在中温以上使用时，二者存在较大的热膨胀差，因而使补强区域产生较大的热应力。另外，补强圈

与壳体采用搭接焊，难以与壳体形成整体，故抗疲劳性能差。这种补强结构一般使用在静载、常温、中低压、材料的标准抗拉强度低于 540MPa、补强圈厚度不大于 $1.5\delta_n$、壳体名义厚度 δ_n 不大于 38mm 的场合。

补强圈补强的常见形式有：平齐式外补强［图 3-13（a）］，平齐式内补强［图 3-13（b）］，内伸式外补强［图 3-13（c）］和内伸式内外补强［图 3-13（d）］等。

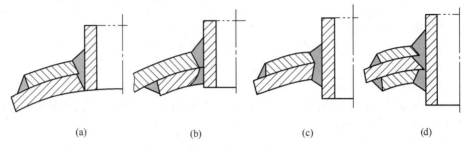

|(a)|(b)|(c)|(d)|

图 3-13　补强圈补强的常见形式

这些补强形式中，最常用的是平齐式外补强，只有在单面贴板补强达不到设计要求时，才采用双面贴板结构。内伸式有利于降低应力集中系数，但占用一定容器内空间，当与容器内件相碰时，则不宜采用。

（2）补强设计准则

开孔补强设计中最早采用的是等面积补强设计准则，至今仍被常规设计规范普遍采用。随着石油化工，特别是核容器技术的发展，在开孔补强设计方面作了大量理论和实验研究，出现了一些新的设计思想和设计准则，例如极限分析补强设计准则。下面就这两个补强设计准则作一简单介绍。

① 等面积补强准则　等面积补强准则认为，容器壳体由于开孔减少的有效承载截面积（指设计计算应力所在的截面，以强度计算壁厚计），应由在有效补强范围内具有补强效果的"多余"金属（除为承受设计压力本身所需外）进行等面积补偿。这种补强准则，着眼于开孔后的承载面积不减少，使开孔后截面的平均应力不致升高，但没有考虑开孔处应力集中的影响，也没有计入容器直径变化的影响，补强后不同接管会得到不同的应力集中系数，即安全裕量不同，有时显得富裕，有时显得不足。

等面积补强准则的优点是有长期的使用经验，简单易行。只要对其开孔尺寸和形状予以一定限制，在一般压力容器使用条件下能够保证安全，因此被压力容器常规设计规范（如美国 ASME，我国 GB/T 150 等）普遍采用。

② 极限分析补强准则　利用弹塑性力学方法，对整体补强结构求解出塑性失效的极限载荷，以该极限载荷为依据来进行补强结构设计，即以大量的计算确定出补强结构的尺寸，使其具有相同的应力集中系数，这就是极限分析补强准则。该设计准则常用于压力容器分析设计。

3.4.2　等面积补强设计

等面积补强设计方法主要适用于补强圈补强。如前所述，其设计准则为

$$A_e \geq A \tag{3-36}$$

式中，A_e 为有效补强范围内可作为补强的截面积（以下简称补强截面积）；A 为开孔削弱所需要的补强截面积（以下简称所需截面积）。等面积补强设计计算，就是确定所需截面积 A 和补强截面积 A_e。

（1）有效补强范围

由 2.4 节的分析可知，在壳体上开孔的最大应力在孔边，并随离孔边距离的增加而迅速衰减。因此，在离孔边一定距离的补强范围内，加上补强金属，会起到降低应力水平的效果。图 3-14 给出的 $WXYZ$ 即为有效补

强范围，超出此范围的补强金属，不能计入补强截面积。

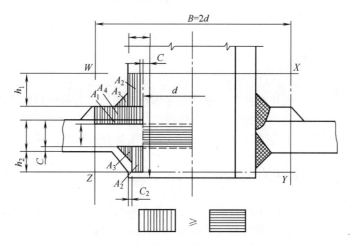

图 3-14 有效补强范围示意图

有效补强宽度 B 按下式计算

$$B = \max\left\{2d, d + 2\delta_n + 2\delta_{nt}\right\} \tag{3-37}$$

式中，d 为开孔直径，圆形开孔等于接管内径与 2 倍厚度附加量之和，椭圆孔或长圆形孔取所考虑平面上的尺寸（弦长，包括厚度附加量）；δ_n 为壳体开孔处的名义壁厚；δ_{nt} 为接管名义壁厚。

开孔外侧有效高度按下式计算

$$h_1 = \min\{\sqrt{d\delta_{nt}}, \text{接管实际外伸高度}\} \tag{3-38}$$

开孔内侧有效高度 h_2 按下式计算

$$h_2 = \min\{\sqrt{d\delta_{nt}}, \text{接管实际内伸高度}\} \tag{3-39}$$

（2）所需截面积 A

对受内压的圆筒或球壳，A 由下式确定

$$A = d\delta + 2\delta\delta_{et}(1 - f_r) \tag{3-40}$$

式中，δ 为壳体开孔处的强度计算壁厚；δ_{et} 为接管的有效壁厚；f_r 为强度削弱系数，等于设计温度下接管材料与壳体材料许用应力之比，当该比值大于 1 时，取 $f_r = 1$。

（3）补强截面积 A_e

在有效补强范围 $WXYZ$ 内，A_e 由下式确定

$$A_e = A_1 + A_2 + A_3 \tag{3-41}$$

式中，A_1 为壳体有效厚度减去计算厚度之外的多余面积

$$A_1 = (B - \delta)(\delta_e - \delta) - 2\delta_{et}(\delta_e - \delta)(1 - f_r) \tag{3-42}$$

A_2 为接管有效厚度减去计算厚度之外的多余截面积

$$A_2 = 2h_1(\delta_{et} - \delta_t)f_r + 2h_2(\delta_{et} - C_2)f_r \tag{3-43}$$

式中，δ_t 为接管的计算厚度，C_2 为腐蚀裕量。

A_3 为有效补强范围内焊缝金属的截面积。

若
$$A_e = A_1 + A_2 + A_3 \geqslant A$$
则开孔后不需要另行补强。

若
$$A_e = A_1 + A_2 + A_3 < A$$
则开孔后需要另外补强，所增加的补强金属截面积 A_4 应满足

$$A_4 \geqslant A - A_e \tag{3-44}$$

贴板补强材料一般要与壳体材料相同，若补强材料许用应力小于壳体材料许用应力，则补强面积应按壳体材料与补强许用应力之比的比例增加。若补强材料许用应力大于壳体材料许用应力，则所需补强面积不得减少。

（4）适用的开孔范围

承受内压的壳体，有时需要大开孔。当开孔直径很大时，孔周边会出现较大的局部应力，此时用等面积补强法进行补强的效果不佳。因此，GB/T 150 对等面积补强法适用的最大开孔直径作了如下规定：

ⅰ. 对于圆筒，当其内径 $D_i \leqslant 1500\text{mm}$ 时，开孔最大直径 $d \leqslant D_i/2$ 且 $d \leqslant 520\text{mm}$；当其内径 $D_i > 1500\text{mm}$ 时，开孔最大直径 $d \leqslant D_i/3$ 且 $d \leqslant 1000\text{mm}$；

ⅱ. 凸形封头（半球形封头，椭圆封头，碟形封头）或球壳上开孔最大直径 $d \leqslant D_i/2$；

ⅲ. 锥壳（或锥形封头）上开孔最大直径 $d \leqslant D_i/3$，D_i 为开孔中心处的锥壳内径；

ⅳ. 在椭圆或碟形封头过渡部分开孔时，其孔的中心线宜垂直于封头表面。

3.5　容器支座的结构与选型

压力容器的支座主要有三种型式：立式容器支座、卧式容器支座和球形容器支座。立式容器支座通常又分为悬挂式、支承式（或称支腿式）和裙式三种（图3-15）。中小型直立设备采用前两种，高大的塔设备则采用裙式支座。卧式容器支座则又分为鞍座式、圈座式及支腿式三种（图3-16）。小型卧式设备用支腿，因自身重量可能造成严重挠曲的大直径薄壁容器可采用圈座。球形容器支座有柱式、裙式、半埋式和高架式四种（图3-17）。目前大多数采用柱式（赤道正切柱）支座和裙式支座。

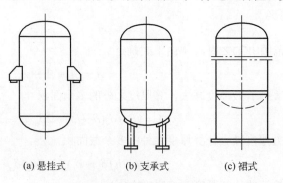

(a) 悬挂式　　　(b) 支承式　　　(c) 裙式

图 3-15　立式容器支座

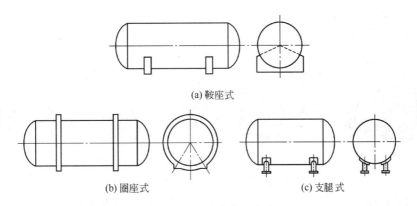

图 3-16　卧式容器支座

支座型式是根据容器（设备）重量、结构、承受载荷以及操作条件和维修要求等选定的。容器的支座应能承托容器的重量，并使容器固定在一定的位置上。在某些场合下，支座还要承受操作时的振动、风载荷、地震载荷和管道推力等。

下面主要讨论立式容器中的悬挂式支座、支承式支座以及卧式容器中的鞍座的结构及选型。球形容器支座和裙式支座见第 6 章。卧式容器中圈座很少使用，支腿与支承式支座基本相同，在此不作介绍。

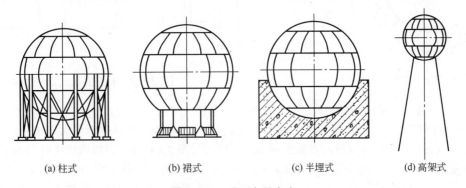

图 3-17　球形容器支座

3.5.1　悬挂式支座

悬挂式支座亦称耳式支座，是立式容器（尤其是中小型设备）中用得极为广泛的一种。它通常是由数块钢板焊接而成 [图 3-18（a）]，亦可从钢板上切下一条直接弯成 [图 3-18（b）]。耳式支座通常由底板及肋板组成，底板的作用是与基础接触并连接，肋板的作用是增加支座的刚性，使作用在容器上的外力通过底板传递到支撑梁上。支座的肋板不应有尖角，应做成图中所示的形状。国外常用一种具有横向板的耳式支座（图 3-19），此种支座横向板均须用连续焊缝，竖直肋板与壳体间通常是不连续焊缝。使用这种耳式支座有利于增强轴向挺性及改善壳体由集中载荷所产生的应力状态。

每台设备一般配置两个或四个支座，必要时也可以多一些，但在安装时不容易保证各支耳在同一平面上，也就不能保证各耳座受力均匀。对于大型薄壁容器或支座上载荷较大的容器，可将各支座的底板连成一体组成圈座（图 3-20），既改善了容器局部受载过大，又可避免各支座受力不均。

焊接在每个支座上的肋板数目是根据作用于支座上载荷大小决定的，轻型设备的支座可由角钢做成。

悬挂式支座是采用具有两块肋板和一块底板组成的焊接结构（图 3-21），分 A 型和 B 型两种。A 型为普通型，B 型有较宽的安装尺寸，故又称长脚支座。当设备外面包有保温层，或者将设备直接放置在楼板上时，宜采用 B 型悬挂式支座。

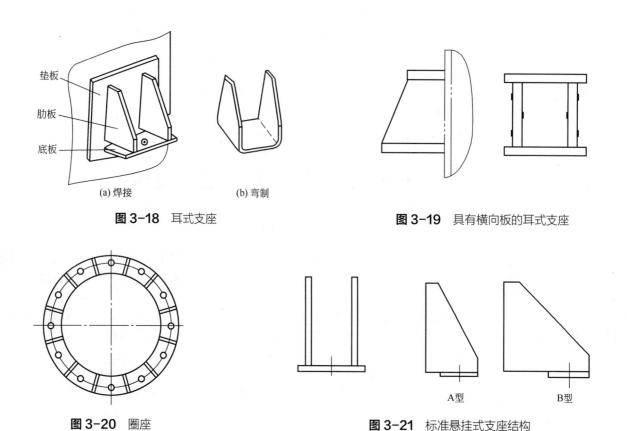

垫板
肋板
底板

(a) 焊接　　　　(b) 弯制

图 3-18　耳式支座

图 3-19　具有横向板的耳式支座

图 3-20　圈座

A型　　　　B型

图 3-21　标准悬挂式支座结构

悬挂式支座的主要特点是结构简单轻便，但会传给壳体较大的局部载荷，过大时致使壳体凹陷。因此，当设备较大或器壁较薄即壳体的计算壁厚小于或等于3mm，或者壳体的计算壁厚虽大于3mm，但小于$D_i/500$（D_i 为容器内径，mm）时，应在支座与器壁之间加一块垫板 [图3-18（a）]，以改善壳体局部受力情况。当容器内压产生的应力和支座产生的局部应力相加后的合成应力超过规定的许用应力时，在支座处须设置加强垫板。小型设备因受力较小可不必加垫板，可将耳座直接与壳体连接。垫板材料一般选普通低碳钢。对于介质有严重腐蚀性且器壁又较薄（4mm以下）的不锈钢制设备，当用碳钢制作支座时，需在支座与器壁之间加一块不锈钢垫板。

小型设备的悬挂式支座，可以支承在管子或型钢制的立柱上。大型设备的支座往往搁在钢梁或混凝土制的基础上。

悬挂式支座的选用步骤如下：

ⅰ.根据重量及作用在容器上的外力矩，算出每个支座需要承担的负荷 Q，在确定负荷 Q 时，须考虑到在安装时可能出现的所有支座未能同时受力的情况；

ⅱ.确定支座型式后，从 NB/T 47065.3 中按照允许负荷等于或大于计算负荷（即 $[Q] \geqslant Q$）的原则选出合适的支座，该标准中每个支座的允许负荷范围为 5～150kN。

3.5.2　支承式支座

对于高度不大的立式容器，而且离地面又比较低的情况下，可采用支承式支座。即在容器的底部或在筒身下侧焊上数根支柱，直接支撑在楼板或基础地面上。支承式支座可用数块钢板焊成 [图3-22（a）]，也可用钢管、角钢、槽钢与一块底板焊成 [图3-22（b）、（c）]。用钢板组焊的支承式支座已经标准化（NB/T 47065.4），选用步骤与悬挂式支座相同。该标准中每个支座的允许负荷 $[Q]$ 的范围 1～80kN。用角钢或槽钢支腿做的支座可直接焊在筒身的下侧，顶端有一块倾斜式盖板。用钢管支腿做的支座一般焊在容器底部封头处。

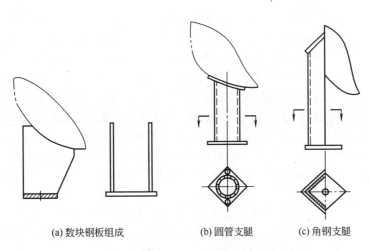

(a) 数块钢板组成　　(b) 圆管支腿　　(c) 角钢支腿

图 3-22　支承式支座

支承式支座结构简单轻便，不需要专门的框架、钢梁来支承设备，可直接把设备载荷传到较低的基础上。此外，它能提供较大的操作、安装和维修空间，在立式容器中应用较为广泛。但这种支座对设备壳体会产生较大的局部应力，因此，当设备较大或器壁较薄时，应在支座和器壁间加垫板，以改善壳体局部受力情况。支座是否需要加垫板，主要由支座对筒壁所产生的附加应力大小而定。当容器是用不锈钢制作而配用碳钢支座时，需加不锈钢垫板。

3.5.3　鞍式支座

鞍式支座是卧式容器中广泛应用的一种支座，通常由垫板（又叫加强板）、腹板、肋板和底板等数块钢板焊接制成（图 3-23）。垫板的作用是改善壳体局部受力情况。通过垫板，鞍座接受容器载荷。当筒壁较厚时，即壳体的计算厚度大于 3mm，且大于或等于 $D_i/500$（D_i 为容器内径，mm），在鞍座支承反力的作用下，筒壁内的周向应力又不大于许用应力值时，可以不加垫板。这时筒体就直接放置在直立肋板上。肋板的作用是将垫板、腹板和底板连成一体，加大刚性，一起有效地传递压缩力和抵抗外弯矩。因此，腹板和肋板的厚度与鞍座的高度 H（即自筒体圆周最低点至基础表面）直接决定着鞍座允许载荷的大小。鞍座包角有 120° 和 150° 两种，鞍座宽度则随筒体直径的增大而加大。

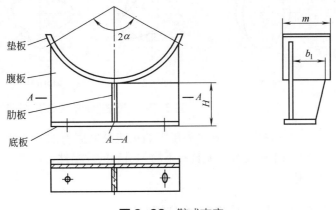

图 3-23　鞍式支座

根据底板上螺栓孔形状的不同，鞍座分成两种型式：一种为固定鞍座，鞍座底板上开圆形螺栓孔；另一种为活动鞍座，鞍座底板上开长圆形螺栓孔。每台设备一般均用两个鞍座支承，此时应采用这两种型式的鞍座各一个。这是因为设备受热要伸长，如果不让设备有自由伸长，则在器壁中将产生热应力。钢制容器每 1℃ 温升

将产生约 2.5MPa 的应力 [$\sigma = \alpha E \Delta t = 12.0 \times 10^{-6} \times 2.1 \times 10^{5} \times 1 = 2.5$（MPa）]。因此在设计受热设备的支座时，总是仅将一个支座做成固定的，而其余做成活动的。在安装活动鞍座时，每个地脚螺栓都有两个螺母，第一个螺母拧紧后，倒退一圈，然后再用第二个螺母锁紧，使鞍座能在基础面上自由滑动。活动支座底板下面必须安装基础底板，基础底板必须保持平整光滑，以保证设备在温度变化时能够自由伸缩。

　　NB/T 47065.1《容器支座　第 1 部分：鞍式支座》，其直径范围为 159～4000mm。对于同一个公称直径，分轻、重型两种结构形式，由于轻、重型支座的几何尺寸和肋的个数有区别，因而就有不同的承载能力。轻型可以满足一般容器的使用要求；重型可以满足换热器、介质密度较大的设备或长径比较大的设备的使用要求。

　　鞍式支座的选用步骤如下：

　　i.根据设备的总重量，算出作用在每个鞍座的实际负荷 Q；

　　ii.根据设备的公称直径和支座高度，从 NB/T 47065.1 中可查出轻型（A 型）和重型（B 型）2 个允许负荷值 $[Q]$；

　　iii.按照允许负荷等于或略大于计算负荷（即 $[Q] \geqslant Q$）的原则选定轻型或重型鞍座。如果计算负荷超过重型鞍座的允许负荷值时，则需加大腹板、肋板厚度。

3.6　外压容器稳定性设计

　　在过程工业生产中，许多设备（如真空设备、带有夹套加热或冷却的反应器等）是在外压下工作，当容器的壁厚较小时，即使容器内的压应力还未达到材料的屈服点，容器会因失去自己原有的形态，出现压扁或折皱现象而失效，这种现象称为容器的失稳。容器受外压开始失稳时的压力，称为临界压力 p_{cr}。

　　圆柱形筒体失稳时在器壁上将产生波纹，其波纹数 n 可以是 2、3、4、……，如图 3-24 所示。

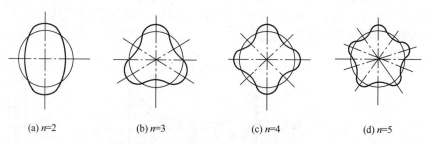

(a) $n=2$　　　　　(b) $n=3$　　　　　(c) $n=4$　　　　　(d) $n=5$

图 3-24　圆柱形筒体失稳后的形状

　　应该指出，容器在外压下的失稳是其固有的一种性质，并不是由其几何缺陷（如存在不圆度等）或材料不均匀引起的。当然，这些因素会对容器的临界压力有一定影响。

3.6.1　圆环的稳定性分析

　　从圆柱形薄壁筒体上截取单位长度的圆环，受均匀外压 p 作用。当 $p < p_{cr}$ 时，圆环只发生微小弹性变形，圆环内的应力为薄膜压应力；$p = p_{cr}$ 时，圆环将失去原

来的形状产生弯曲变形，圆环内的应力以弯曲应力为主。下面通过圆环发生失稳时的变形几何关系、力的平衡条件及弯矩与变形之间的关系，来建立求解圆环径向位移的微分方程，然后由边界条件可确定圆环的临界失稳压力 p_{cr}。

根据变形几何关系、弯矩平衡条件及弯矩与变形之间的关系，可得圆环失稳时的挠曲线微分方程

$$\frac{\mathrm{d}^2 w}{\mathrm{d}\theta^2} + n^2 w = \frac{pR^3 w_0 - M_0 R^2}{EJ} \tag{3-45}$$

式中

$$n^2 = 1 + \frac{pR^3}{EJ} \tag{3-46}$$

式（3-45）的详细推倒可参考文献 [5]。式中，J 为圆环的截面惯性矩；EJ 为圆环的弯曲刚度，其余符号见图3-25。

求解式（3-45）得圆环径向位移

$$w = A\sin n\theta + B\cos n\theta + \frac{pR^3 w_0 - M_0 R^2}{EJ + pR^3}$$

由图3-25中 a、b 两处垂直于轴的截面上的边界条件

$$\left(\frac{\mathrm{d}w}{\mathrm{d}\theta}\right)_{\theta=0} = 0, \quad \left(\frac{\mathrm{d}w}{\mathrm{d}\theta}\right)_{\theta=\frac{\pi}{2}} = 0$$

可知　　　　$A = 0$，　$\sin\frac{\pi}{2}n = 0$

只要 n 为 2 的倍数，上述边界条件就可满足。由式（3-46）可知，n 的值决定了失稳压力的大小。事实上，n 为圆环失稳的波纹数。对应于最小值 $n=2$（失稳波纹为 2）时的临界失稳压力 p_{cr} 可由下式求得

$$p_{cr} = \frac{3EJ}{R^3} \tag{3-47}$$

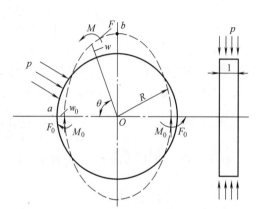

图3-25　圆环失稳时的受力情况

这就是单位长度的圆环的临界失稳压力计算式。

3.6.2　圆柱形筒体的稳定性分析

外压圆筒形容器除两端带有封头外，筒体上还可能有加强圈等结构，这些结构会对筒体的稳定起到加强作用。对于远离加强边缘的筒体部分，若这种加强作用可忽略不计，这样的圆筒称为长圆筒，否则称为短圆筒。前者在稳定性分析时不考虑边界的影响，后者则必须考虑。

（1）长圆筒

若从远离加强边缘的筒体上取出单位长度的圆环，则其失稳情况与上面分析的圆环基本相同，只是从筒体上取出的圆环的轴向变形要受到其两侧筒体的约束，二者的弯曲刚度有所不同。因此在式（3-47）中用筒体的弯曲刚度 $EJ / (1 - \mu^2)$ 代替圆环的弯曲刚度 EJ，就可得长圆筒的临界失稳压力表达式

$$p_{cr} = \frac{3EJ}{(1 - \mu^2)R^3}$$

考虑到有效厚度 δ_e，单位长度筒体的截面抗弯模量 $J = \delta_e^3 / 12$，取筒体外径 $D_o \approx 2R$，对于钢制（$\mu = 0.3$）圆筒，则上式可表达为

$$p_{cr} = 2.2E\left(\frac{\delta_e}{D_o}\right)^3 \tag{3-48}$$

式（3-48）即为钢制外压长圆筒的临界失稳压力计算式，相应于该临界失稳压力的失稳波纹数 $n=2$。

（2）短圆筒

短圆筒因受加强边缘的加强作用，临界失稳压力 p_{cr} 会提高，失稳波纹数也会增大，临界失稳压力的计算值要比长圆筒复杂得多。Mises 在 1914 年按线性小挠度理论导出的短圆筒临界失稳压力计算式为

$$p_{cr} = \frac{E\delta_e}{R(n^2-1)\left[1+\left(\frac{nL}{\pi R}\right)^2\right]^2} + \frac{E}{12(1-\mu^2)}\left(\frac{\delta_e}{R}\right)^3\left[(n^2-1)+\frac{2n^2-(1+\mu)}{1+\left(\frac{nL}{\pi R}\right)^2}\right] \tag{3-49}$$

式中，L 为筒体计算长度（筒体上两加强边缘间的间距）。在式（3-49）中，n 与 p_{cr} 之间并不是单调增加的关系，要确定在某一 n 下 p_{cr} 的极小值，是很复杂的。因此对式（3-49）作如下的简化：认为 $n^2 \gg (\pi R/L)^2$，故式（3-52）中的 $[1+n^2L^2/(\pi^2R^2)] \approx [n^2L^2/(\pi^2R^2)]$，略去等式右边第二项方括号中的第二项，得

$$p_{cr} = \frac{E\delta_e}{R}\left[\frac{(\pi R/nL)^4}{(n^2-1)} + \frac{\delta_e^2}{12(1-\mu^2)R^2}(n^2-1)\right] \tag{3-50}$$

在上式中，令 $\mathrm{d}p_{cr}/\mathrm{d}n = 0$，并取 $n^2-1 \approx n^2$、$\mu = 0.3$、$D_o \approx 2R$，可得与最小临界压力相应的失稳波纹数

$$n = \sqrt[4]{\frac{7.06}{\left(\dfrac{L}{D_o}\right)^2\left(\dfrac{\delta_e}{D_o}\right)}} \tag{3-51}$$

临界失稳压力
$$p_{cr} = \frac{2.59E\delta_e^2}{LD_o\sqrt{D_o/\delta_e}} \tag{3-52}$$

式（3-52）称 Pamm 近似式，其计算结果比 Mises 计算式（3-49）低 12%，故偏于安全。

（3）临界长度

长圆筒与短圆筒的区分，按临界长度 L_{cr} 来判别。当圆筒处于临界长度时，用式（3-48）式（3-52）计算的临界压力 p_{cr} 应相等，因而有

$$2.2E\left(\frac{\delta_e}{D_o}\right)^3 = \frac{2.59E\delta_e^2}{L_{cr}D_o\sqrt{D_o/\delta_e}}$$

由此可得临界长度
$$L_{cr} = 1.17D_o\sqrt{D_o/\delta_e} \tag{3-53}$$

当筒体计算长度 $L > L_{cr}$ 时，称为长圆筒，其临界失稳压力 p_{cr} 由式（3-48）确定，失稳波纹数 n=2；当 $L < L_{cr}$ 时，称为短圆筒，其临界失稳压力 p_{cr} 由式（3-52）确定，失稳波纹数 n>2。

筒体的计算长度 L，应取筒体上两相邻支撑之间的距离，例如根据图 3-26 取下列各项的最大值：

ⅰ. 如图 3-26（a）所示，当筒体部分没有加强圈（或可作为加强圈的构件）时，则取筒体的总长度加上每个凸型封头曲面深度的 1/3；

ⅱ. 如图 3-26（b）所示，当筒体部分有加强圈（或可作为加强圈的构件）时，则取相邻加强圈中心线间的最大距离；

ⅲ. 如图 3-26（c）所示，取筒体第一个加强圈中心线至筒体封头连线间的距离加凸型封头曲面深度的 1/3；

ⅳ. 如图 3-26（d）、（e）所示，筒体与锥壳相连，若连接处可作为支撑线时，取此连接处与相邻支撑线间的最大距离；

ⅴ. 如图 3-26（f）所示，对带夹套的筒体，取承受外压的筒体长度；若带有凸型封头，还应加上封头曲面

深度的 1/3；若有加强圈（或可作为加强圈的构件），按图 3-26（b）、（d）计算。

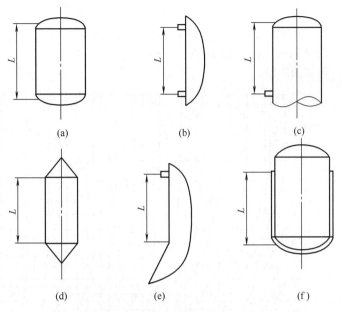

(a)　　　　　　　　(b)　　　　　　　　(c)

(d)　　　　　　　　(e)　　　　　　　　(f)

图 3-26　外压圆筒的计算长度

3.6.3　外压圆筒的设计计算

由圆柱形筒体的稳定性分析可知，要计算筒体的许用外压，先要假定一个筒体的有效厚度 δ_e，求出临界长度 L_{cr}，比较计算长度 L 与临界长度 L_{cr}，判断属于长圆筒还是短圆筒，并确定相应的计算式求取 p_{cr}；再选取合适的稳定性安全系数 m，计算许用外压 $[p] = p_{cr} / m$，比较设计外压 p 与 $[p]$，若 $p \leqslant [p]$，则所假定 δ_e 符合要求；若 $p > [p]$ 或 p 比 $[p]$ 小很多，则须重新假定 δ_e，重复以上步骤，直到满足要求为止。显然，这种试算法非常烦琐，因此各国设计规范均推荐采用图算法，下面就图算法的原理及求解方法作一介绍。

（1）图算法的原理

尽管外压圆筒不只是存在环向压应力，同时还存在轴向压应力，但由于由外压引起轴向压应力对筒体稳定性的影响较小，工程计算时可忽略不计。因此，式（3-49）和式（3-52）可作为图算法的基础，此二式可统一写作

$$p_{cr} = KE \left(\frac{\delta_e}{D_o} \right)^2 \tag{3-54}$$

式中，K 为特征系数

$$K = \begin{cases} 2.2 & \text{对于长圆筒} \\ 2.59 \left(\dfrac{\delta_e}{D_o} \right)^{-\frac{1}{2}} \left(\dfrac{L}{D_o} \right)^{-1} & \text{对于短圆筒} \end{cases}$$

利用式（3-54）可求得临界应力 σ_{cr}，即

$$\sigma_{cr} = \frac{p_{cr} D_o}{2\delta_e} = \frac{KE}{2} \left(\frac{\delta_e}{D_o} \right)^2 \tag{3-55}$$

也可求得临界应变 ε_{cr}，即

$$\varepsilon_{\mathrm{cr}} = \frac{\sigma_{\mathrm{cr}}}{E} = \frac{K}{2}\left(\frac{\delta_{\mathrm{e}}}{D_{\mathrm{o}}}\right)^2 \tag{3-56}$$

显然，$\varepsilon_{\mathrm{cr}}$ 只是 (L/D_{o}) 和 $(D_{\mathrm{o}}/\delta_{\mathrm{e}})$ 的函数，即 $\varepsilon_{\mathrm{cr}} = f(D_{\mathrm{o}}/\delta_{\mathrm{e}}, L/D_{\mathrm{o}})$。令 $A = \varepsilon_{\mathrm{cr}}$，以 A 为横坐标，L/D_{o} 为纵坐标，$D_{\mathrm{o}}/\delta_{\mathrm{e}}$ 为参变量，即可得出外压圆筒稳定性的几何算图 3-27。

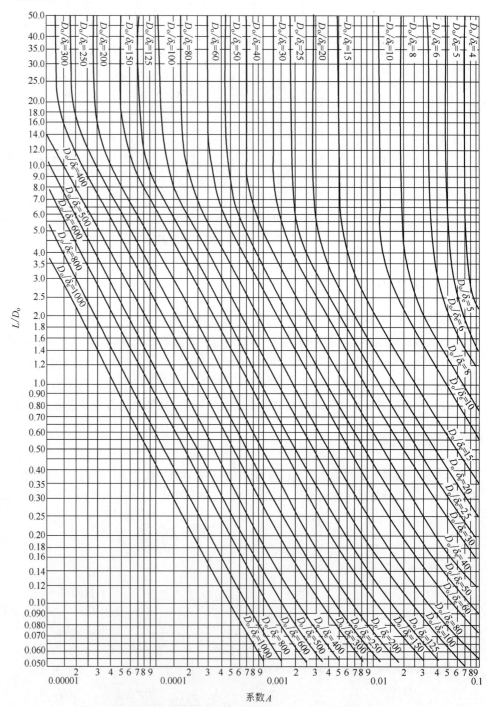

图 3-27 外压圆筒几何参数计算图（用于所有材料）

由式（3-56）可以判断，图 3-27 中参数变量 D_o / δ_e 的垂直线部分，表示了长圆筒的几何特征；斜线部分，表示了短圆筒的几何特征。

圆筒的许用压力 $[p]$ 为

$$[p] = \frac{p_{cr}}{m} = \frac{1}{m} KE \left(\frac{\delta_e}{D_o} \right)^3$$

式中，m 为稳定性安全系数，我国 GB/T 150 和美国 ASME 规范推荐 $m=3$，代入并作整理

$$[p] \frac{D_o}{\delta_e} = \frac{1}{3} KE \left(\frac{\delta_e}{D_o} \right)^2 = \frac{2}{3} \frac{KE}{2} \left(\frac{\delta_e}{D} \right)^2$$

将式（3-55）代入，得

$$[p] \frac{D_o}{\delta_e} = \frac{2}{3} \sigma_{cr}$$

令

$$B = \frac{2}{3} \sigma_{cr}$$

则

$$[p] = B \frac{\delta_e}{D_o} \tag{3-57}$$

或

$$[p] = \frac{2EA}{3(D_o / \delta_e)} \tag{3-58}$$

由于 $A = \varepsilon_{cr}$，$B = (2\sigma_{cr})/3$，因此 $B\text{-}A$ 的关系实际上就是材料的应力 - 应变关系。以 A 为横坐标，B 为纵坐标，由试验可确定出材料在不同温度下的 $B\text{-}A$ 关系曲线，见图 3-28 ～图 3-30。这些图即为外压圆筒稳定性的厚度计算图。

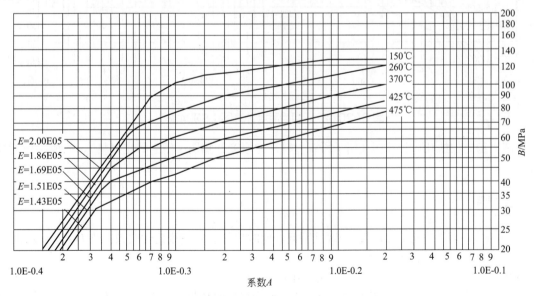

图 3-28 外压圆筒厚度计算图

（屈服点 σ_s < 207MPa 的碳素钢和 S11348 钢）

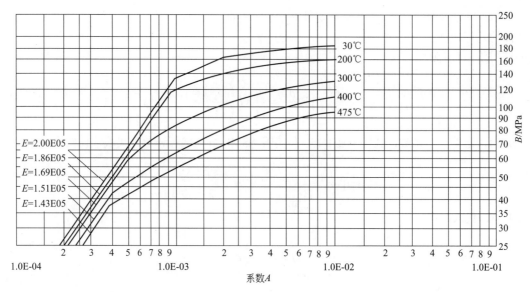

图 3-29　外压圆筒厚度计算图（Q345R 钢）

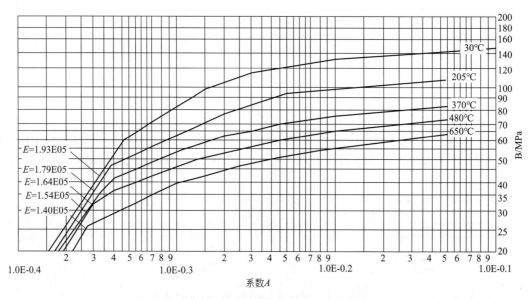

图 3-30　外压圆筒厚度计算图（S30408）

由外压圆筒稳定性的几何计算图（用于所有材料）和厚度计算图（用于特定材料），构成了外压圆筒的图算基础。

（2）图算法步骤

GB/T 150 规定：当 $D_o / \delta_e \geqslant 20$ 时，为薄壁圆筒，此时仅只需考虑稳定性失效；当 $D_o / \delta_e < 20$ 时，为厚壁圆筒，此时同时考虑强度和稳定性失效。

① 对于 $D_o / \delta_e \geqslant 20$ 的薄壁圆筒　按如下步骤计算：

ⅰ. 假定名义厚度 δ_n，确定有效厚度 $\delta_e = \delta_n - C$（C 为厚度附加量，见本章 3.7 节），计算 L/D_o 和 D_o / δ_e；

ⅱ. 根据 L/D_o 和 D_o / δ_e 值由几何算图（图 3-27）查取 A 值，若 L/D_o 大于 50，则用 $L/D_o = 50$ 查取 A 值；

ⅲ. 根据设计选用的筒体材料选择相应的厚度算图（图 3-28 ～图 3-30），在图的横坐标上找出 A 值，然后垂直向上交设计温度下的材料线（遇中间温度用内插法），沿该交点水平交纵坐标读取 B 值，再按式（3-57）求取许用应力 $[p]$，若该 A 值与材料温度线无交点（即落在材料温度线的左方），则按式（3-58）计算 $[p]$；

iv. 比较计算外压 p_c 与许用外压 $[p]$，若 $p_c \leqslant [p]$ 且较接近，则设计的名义厚度 δ_n 合理，否则应另假定 δ_n，重复上述步骤直到满足要求为止。

② 对于 $D_o / \delta_e < 20$ 的厚壁圆筒　此时求取 B 值的计算步骤与薄壁圆筒时相同，但对 $D_o / \delta_e < 4$ 的圆筒，应按下式求 A 值

$$A = \frac{1.1}{(D_o / \delta_e)^2} \tag{3-59}$$

为满足稳定性，厚壁圆筒的许用外压应不低于下式值

$$[p] = \left(\frac{2.25}{D_o / \delta_e} - 0.0625 \right) B \tag{3-60}$$

为满足强度，厚壁圆筒的许用外压不低于下式值

$$[p] = \frac{2\sigma_0}{D_o / \delta_e} \left(1 - \frac{1}{D_o / \delta_e} \right) \tag{3-61}$$

式中，　$\sigma_0 = \min\{2[\sigma]^t, 0.9\sigma_s^t (或 \sigma_{0.2}^t)\}$

取式（3-60）和式（3-61）计算结果的较小者，作为厚壁圆筒的许用外压。

3.6.4　外压封头的设计计算

（1）半球形封头

根据薄壁球壳的弹性小挠度理论，在均匀外压作用下，钢制半球形封头（或外压球壳）弹性失稳临界压力 p_{cr} 为

$$p_{cr} = 1.21E \left(\frac{\delta_e}{R_o} \right)^2$$

引入稳定性安全系数 $m=14.52$，可得许用外压 $[p]$ 为

$$[p] = \frac{0.0833E}{(R_o / \delta_e)^2} \tag{3-62}$$

令 $B = \dfrac{[p]R_o}{\delta_e}$，根据 $B = \dfrac{2}{3}EA = \dfrac{[p]R_o}{\delta_e}$，得 $[p] = \dfrac{2EA}{3(R_o / \delta_e)}$。

将 $[p]$ 代入式（3-62），得

$$A = \frac{0.125}{R_o / \delta_e} \tag{3-63}$$

由 B 和 $[p]$ 的关系得球形封头（或外压球壳）的许用外压 $[p]$ 为

$$[p] = \frac{B}{R_o / \delta_e} \tag{3-64}$$

经过上述处理，可用图算法对外压半球形封头（或球壳）进行设计计算。计算步骤如下：

ⅰ. 假定一个名义厚度 δ_n，确定有效厚度 $\delta_e = \delta_n - C$，由式（3-63）求出 A；

ⅱ. 根据设计选用的材料选择相应的厚度算图（图3-28～图3-30），由 A 查取 B，然后由式（3-64）求得 $[p]$，若该 A 值与材料温度线无交点，则由式（3-62）计算 $[p]$；

ⅲ. 比较 p_c 与 $[p]$，若 $p_c \leqslant [p]$ 且比较接近，则所假定的 δ_n 合理，否则应另假定 δ_n，重复上述步骤，直到满足要求为止。

（2）椭圆形封头

对于椭圆形封头，其外压稳定性计算式和图算法步骤与半球形封头相同，但计算式及算图中的球面外半径 R_o 由椭圆形封头的当量球壳外半径 $R_o = k_1 D_o$ 代替，k_1 是由椭圆长短轴之比 $D_o / 2h_o$ 决定的函数，其值可由表3-8查取。

表3-8　系数 k_1

$D_o/2h_o$	2.6	2.4	2.2	2.0	1.8	1.6	1.4	1.2	1.0
K_1	1.18	1.08	0.99	0.90	0.81	0.73	0.65	0.57	0.50

（3）碟形封头

对于碟形封头，其外压稳定性计算式和图算法步骤与半球形封头相同，只是其中 R_o 要用碟形封头球面部分外半径来代替。

3.6.5　加强圈设计

由短圆筒的临界失稳压力计算式（3-52）可知，增加筒体的厚度 δ_e 或减小圆筒的计算长度 L，都可以提高外压圆筒的临界失稳压力 p_{cr}。而减小圆筒的计算长度 L，往往比增加筒体厚度 δ_e 更省材料。减小 L 的方法是在圆筒的外部或内部设置加强圈。这在外压容器设计中，特别是当筒体为长圆筒时，得到了广泛应用。

（1）加强圈的结构

加强圈应有足够的抗拉刚度，常用扁钢、角钢、工字型钢或其他型钢制成。加强圈与筒体的焊接可用连续焊或间断焊。装在筒体外部的加强圈如采用间断焊时，在筒体失稳时能起的支撑作用减弱，所以其间断焊每侧焊缝的总长应不小于容器外圆周长的1/2。装在容器内部的加强圈如采用间断焊时，对筒体失稳时能起的支撑作用的减弱较小，因而其间断焊每侧焊缝总长可不小于容器内圆内长的1/3。间断焊缝的布置与间距可参考图3-31。间断焊缝可以相互错开或并排布置。最大间隙 t，对外加强圈 $t = 8\delta_n$，对内加强圈 $t = 12\delta_n$。

为了保证加强圈对筒体的支撑作用，不应随意削弱或割断加强圈。不得不这么做时（如对卧式容器为彻底消除器内残液，需对内加强圈削弱或割断），如图3-32所示，则削弱或割断的弧长不得大于图3-33所查的数值。

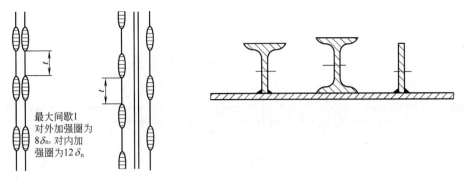

图 3-31　加强圈与筒体的连接

（2）加强圈的间距

为了达到提高筒体临界失稳压力、减小壁厚的目的，加强圈的间距至少应等于临界长度 L_{cr}，以使该筒体转变为短圆筒。如果设置加强圈后筒体仍为长圆筒，则该加强圈的设置就没有意义，因为长圆筒的临界失稳压力与计算长度 L 无关。因此，加强圈的最大间距 L_{max} 应由式（3-53）求得

$$L_{max} = L_{cr} = 1.17D_o\sqrt{D_o / \delta_e} \qquad (3-65)$$

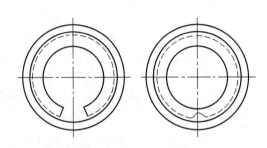

图 3-32　经削弱和割断的加强圈

设计时应取加强圈的实际间距 $L_s \leqslant L_{max}$。由式（3-52）可知，L_s 越小，则 p_{cr} 越大或 δ_e 越小。对所设计的外压圆筒，应合理选定加强圈的个数，确定加强圈间距。加强圈间距 L_s 应取同样值，否则筒体的临界失稳压力由其中的较大间距值决定，经济上不尽合理。

（3）所需组合惯性矩

将加强圈看成是一个承受外压的圆环，每个加强圈承受其两侧 $L_s / 2$ 范围内的临界压力载荷，即 $p_{cr}L_s$（见图 3-34），取筒体外径 $D_o = 2R$，由式（3-47）得

$$p_{cr}L_s = \frac{24EI}{D_o^3}$$

或

$$I = \frac{p_{cr}L_sD_o^3}{24E} \qquad (3-66)$$

式中，I 为加强圈与壳体组合段所需惯性矩（简称所需组合惯性矩）。

因为加强圈的失稳方式与圆柱形筒体相同，取稳定性安全系数 $m = 3$，考虑到加强圈与壳体连接多采用间断焊等因素，再增加 10% 的惯性矩以增加稳定性裕度。故式（3-69）可改写为

$$I = \frac{1.1 \times 3[p]L_sD_o^3}{24E} = \frac{[p]L_sD_o^3}{7.27E} \qquad (3-67)$$

式（3-67）就是按稳定性要求计算得出的保证加强圈不发生弹性失稳所需的最小惯性矩。

铁木辛柯认为，在求取加强圈内的应力和应变时，可将加强圈看成是一个厚度为 δ_y 的当量圆环处理。δ_y 按下式确定

$$\delta_y = \delta_e + \frac{A_s}{L_s} \qquad (3-68)$$

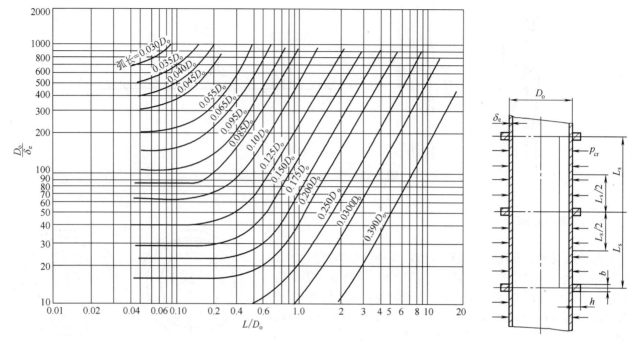

图 3-33　筒体上加强圈允许的间断弧长值　　　　**图 3-34**　每个加强圈所承受的载荷

式中，A_s 为加强圈的截面积。

于是，加强圈在失稳时的临界应力 σ_{cr} 和临界应变 ε_{cr} 分别为

$$\sigma_{cr} = \frac{p_{cr}D_o}{2\delta_y}, \quad \varepsilon_{cr} = \frac{\sigma_{cr}}{E} = \frac{p_{cr}D_o}{2E\delta_y} \tag{3-69}$$

给式（3-67）等号右边乘以 δ_y / δ_y，并加以整理，得

$$I = \frac{[p]L_s D_o^3}{7.27E}\frac{\delta_y}{\delta_y} = \left(\frac{1.1L_s D_o^2}{12}\delta_y\right)\left(\frac{p_{cr}D_o}{2E\delta_y}\right)$$

将式（3-68）和式（3-69）代入上式，得

$$I = \frac{D_o^2 L_s \left(\delta_e + \dfrac{A_s}{L_s}\right)}{10.9}\varepsilon_{cr} \tag{3-70}$$

利用式（3-70），通过图算法就可求得所需的组合惯性矩 I。为了能利用前述的算图，应首先根据式（3-57）求得当量圆环的 B 值，即

$$B = \frac{[p]D_o}{\delta_y} = \frac{[p]D_o}{S_o + \dfrac{A_s}{L_s}} \tag{3-71}$$

然后根据加强圈的材料，选择相应的厚度算图（图3-28～图3-30），再按式（3-71）求得的 B 值，在该算图上查取 A 值（即为 ε_{cr}），将 A 值代替 ε_{cr} 代入式（3-70），即可求得所需的组合惯性矩 I。若 B 值与设计温度下的材料线无交点，则由式（3-67）求取 I。

（4）实际组合惯性矩

实际组合惯性矩 I_s 是指加强圈与壳体起加强作用的有效段的组合截面，通过壳体与轴线平行的该截面形心的惯性矩。按照 GB/T 150 规定，加强圈中线两侧各 $0.55\sqrt{D_o\delta_e}$ 范围内的筒体为有效段筒体，见图 3-35。图中 x_1—x_1 为加强圈截面的中性轴，x_2—x_2 为有效段筒体截面的中性轴，x—x 为加强圈与有效段筒体组合截面的中性轴。

（5）加强圈计算步骤

ⅰ. 初定加强圈的数量和间距 L_s，应使每一间距 L_s 保持相等，并满足 $L_s \leqslant L_{max}$，L_{max} 由式（3-65）确定；

ⅱ. 选择加强圈的材料并初定截面尺寸，计算其横截面积 A_s 和实际组合惯性矩 I_s；

ⅲ. 按前述方法求取所需组合惯性矩 I；

ⅳ. 比较 I_s 和 I 值，若 $I_s \geqslant I$ 且较接近，则所选的加强圈截面尺寸符合要求；否则应另选截面尺寸，重复上述步骤，直到满足要求为止。

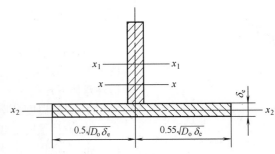

图 3-35　加强圈与壳体有效段组合截面

3.7　设计参数及压力试验

3.7.1　设计参数

（1）设计压力与计算压力

压力容器所承受的外载荷主要是操作压力。在正常工作情况下，容器顶部可能达到的最高压力称为工作压力（用 p_w 表示）。压力容器的设计压力（用 p 表示）指设定的容器顶部的最高压力，与相应的设计温度一起作为设计载荷条件，其值不应低于工作压力。压力容器的计算压力（用 p_c 表示）是指在相应的设计温度下，用以确定元件厚度的压力，其中包括液柱静压力。当元件所承受的液柱静压力小于 5% 设计压力时，可忽略液柱静压力。容器的设计压力是确定容器设计载荷的基础，它又以容器的工作压力为基础。由于设计压力是根据容器顶部的压力（工作压力）来确定，如果容器的其他部分有其他附加载荷时（如容器底部的液柱静压力），在强度计算时还得考虑这些附加载荷，这就是计算压力。在进行压力容器强度计算时，应使用计算压力 p_c。显然，$p_c \geqslant p \geqslant p_w$。压力容器的设计压力，可参照表 3-9 确定。

表 3-9　不同工作条件下压力容器的设计压力

工作条件	设计压力 p
一般情况	$p = (1.0 \sim 1.05)p_w$
装设安全阀时	取 p 等于或稍大于安全阀的开启压力 p_z；p_z 取 $\leqslant (1.05 \sim 1.1)p_w$
装设爆破片时	$p =$ 爆破片的设计爆破压力 + 爆破片制造范围的上限
盛装临界温度 ≥ 50℃ 的液化气体时	有可靠保冷设施时，$p =$ 可能达到的最高工作温度下的饱和蒸气压；无保冷设施时，$p = 50℃$ 时的饱和蒸气压
盛装临界温度 <50℃ 的液化气体时	有试验实测最高工作温度且能保证低于临界温度时，$p =$ 实验实测最高温度下的饱和蒸气压；无试验实测温度时，$p =$ 在设计规定的最大充装量下温度为 50℃ 时的气体压力
外压容器	p 略大于正常工作情况下可能出现的最大内外压力差
真空容器	无安全控制装置时，$p = 0.1MPa$；有安全控制装置时，$p = \min\{0.1MPa,\ 1.25$ 倍最大内外压力差 $\}$
多个压力室组成的容器	p 不小于各室之间的最大压力差

（2）设计温度

设计温度指容器在正常工作情况下，设定的元件的金属温度（沿元件金属截面的温度平均值）。设计温度与设计压力一起作为设计载荷条件。在确定设计温度时，应注意如下几点：

i.设计温度是指元件金属的温度，而不是介质温度；

ii.设计温度是截面上金属温度的平均值，而不是金属的表面温度；

iii.当金属温度大于 0℃ 时，设计温度取元件金属的最高温度；当金属温度小于 0℃ 时，则取最低温度；

iv.容器各部分在工作状态下的金属温度不同时，可分别设定每部分的设计温度；

v.设计温度要与设计压力相对应，当压力容器有不同的操作状况时，应按最苛刻的压力与温度的组合来设定容器的设计载荷条件，确定设计温度和设计压力。

设计温度可用传热计算求得，或在已使用的同类容器上测定，或按内部介质温度确定。例如，参照表 3-10 确定。

表3-10 不同工作条件下压力容器的设计温度

工作条件	设计温度 t
不被加热或冷却的器壁，壁外有保温	t = 介质的最高或最低温度
用蒸汽、热水或其他液体介质加热或冷冻的器壁	t = 加热介质的最高或冷冻介质的最低温度
用可燃气体或电加热的器壁	器壁暴露在大气中时，t = 介质温度 +20℃；器壁直接受影响时，$t \geqslant$ 介质温度 +50℃；载热体温度超过 600℃ 时，$t \geqslant$ 介质温度 +100℃；无论何种情况，都应使 $t \geqslant 250$℃

在压力容器设计和选材中，常常有高温和低温之分。例如，有高温容器、低温容器、高温用钢、低温用钢等之说。通常，将设计温度处于材料蠕变起始温度及其以上时称为高温，在 -20℃ 及其以下时称为低温。高温下必须考虑材料的蠕变特性；低温下必须考虑材料的韧脆转变。

（3）许用应力

材料的许用应力是以材料的极限应力为依据，考虑适当的材料设计系数（原称安全系数）后而得，即

$$[\sigma] = \frac{材料极限应力}{材料设计系数}$$

材料的极限应力有屈服强度 σ_s 或（$\sigma_{0.2}$）、抗拉强度 σ_b、蠕变极限 σ_n^t 和持久强度 σ_D^t 等。在蠕变温度以下，通常取材料常温下最低抗拉强度 σ_b，常温下的屈服强度 σ_s 和设计温度下的屈服强度 σ_s^t，除以相应的材料设计系数后所得的最小值，作为压力容器受压元件设计时的许用应力。即

$$[\sigma] = \min \left\{ \frac{\sigma_b}{n_b}, \frac{\sigma_s}{n_s}, \frac{\sigma_s^t}{n_s} \right\} \tag{3-72}$$

当设计温度超过材料的蠕变起始温度（即通常指的高温范围），例如，当碳素

钢和低合金钢的温度超过 420℃，低合金铬钼钢超过 450℃，奥氏体不锈钢超过 550℃ 时，还须同时考虑蠕变极限来决定许用应力。蠕变极限是指材料在一定温度下相应一定蠕变速率的应力。对于压力容器，常将一定温度下经过 10 万小时产生 1% 变形时的应力，定为材料在该温度下的蠕变极限，用 σ_n^t 表示。这时的蠕变速率为 $1\%/10^5=10^{-7}\,\mathrm{mm/(mm\cdot h)}$。对于同一材料在同一温度下，蠕变速率不同，则蠕变极限也不同。

确定高温下材料的许用应力时，有时采用持久强度代替蠕变极限。这是因为对于蠕变极限规定了蠕变速率，设计的容器在使用过程中会不断变形，材料在高温下的延伸率较常温时小得多，往往在小变形的情况下就发生断裂。对于高温压力容器，真正危险的是蠕变断裂而不是蠕变变形。所以只有当无持久强度数据时，才按蠕变极限计算。持久强度是在某一温度下，达到规定时间（一般为 10 万小时）材料发生断裂时的应力，用 σ_D^t 表示。

综上所述，钢制压力容器的许用应力由下式确定

$$[\sigma]=\min\left\{\frac{\sigma_s(\sigma_{0.2})}{n_s},\frac{\sigma_b}{n_b},\frac{\sigma_s^t(\sigma_{0.2}^t)}{n_s},\frac{\sigma_n^t}{n_n},\frac{\sigma_D^t}{n_D}\right\}\tag{3-73}$$

式中，n_s、n_b、n_n 和 n_D 分别是以为屈服强度、抗拉强度、蠕变极限和持久强度为准的材料设计系数。

材料设计系数是一个强度安全系数，主要是为了保证受压元件强度有足够的安全储备量，其大小与应力计算的精确性、材料性能的均匀性、载荷的确切程度、制造工艺和使用管理的先进性，以及检验水平等多种因素有关。材料设计系数的确定，不仅需要一定的理论依据，更需要长期的实践经验和积累。其值在一定程度上反映了压力容器设计、制造、使用和管理技术的进步，例如，20 世纪 50 年代我国取 $n_b\geqslant4.0$、$n_s\geqslant3.0$，而现在则为 $n_b\geqslant2.7$、$n_s\geqslant1.5$。表 3-11 给出了中低压容器的材料设计系数值。

表3-11　中低压容器的材料设计系数

材料	n_s	n_b	n_n	n_D
碳素钢、低合金钢	1.5	2.7	1.5	1.0
高合金钢	1.5①	2.7	1.5	1.0

① 对于奥氏体高合金钢制受压元件，当设计温度低于蠕变范围，且允许有微量的永久变形时，可适当提高许用应力至 $0.9\sigma_s^t(\sigma_{0.2}^t)$，但不超过 $\sigma_s(\sigma_{0.2})/1.5$。此规定不适用于法兰或其他有微量永久变形就产生泄漏或故障的场合。

（4）焊接接头系数

焊缝是压力容器上强度比较薄弱的区域。焊缝区强度降低的原因在于焊接时可能出现夹渣、未熔透、裂纹、气孔等焊接缺陷而未被发现，焊接热影响区往往形成粗大晶粒区而使强度和塑性降低，由于结构刚性约束造成焊接内应力过大等。为了弥补焊缝对容器整体强度的削弱，在强度计算中须引入焊接接头系数 ϕ，它反映容器强度受削弱的程度。

焊缝区强度主要取决于熔焊金属，焊接结构和施焊质量。因此在设计时应考虑母材的可焊性与焊接件的结构，选择适当的焊条和焊接工艺，然后按焊接接头型式和焊缝无损探伤检验要求，选取焊接接头系数。GB/T 150 规定的焊接接头系数见表 3-12。

表3-12　焊接接头系数 ϕ 的取值

焊接接头型式	无损检测比例	ϕ	焊接接头型式	无损检测比例	ϕ
双面焊对接接头和相当于双面焊的全焊透对接接头	100%	1.00	单面焊对接接头（沿焊缝根部全长有紧贴基本金属的垫板）	100%	0.90
	局部	0.85		局部	0.80

（5）厚度附加量

由强度计算确定的压力容器壁厚 δ，称为计算厚度。设计时还要考虑厚度附加量 C，它由钢板的厚度负偏

差 C_1 和腐蚀裕量 C_2 组成，即 $C = C_1 + C_2$。计算厚度 δ 加腐蚀裕量 C_2，称为压力容器的设计厚度（用 δ_d 表示），即 $\delta_d = \delta + C_2$。由于钢板厚度规格的限制，设计厚度往往不能正好等于实际钢板厚度，这时需要将其向上圆整到与其最接近的某一标准规格的钢板厚度。计算厚度加附加厚度再加圆整量，称为名义厚度，用 δ_n 表示，它是标注在图样上的厚度。在压力容器强度校核时，往往采用有效厚度 δ_e，它是指计算厚度 δ 加圆整量，或名义厚度 δ_n 减厚度附加量 C。

对于压力较低的容器，其计算厚度往往很小，这会给制造、运输和吊装带来困难。因此，对壳体元件规定了不包括腐蚀裕量的最小厚度 δ_{min}。对于碳素钢、低合金钢制容器，$\delta_{min} \geqslant 3mm$；对于高合金钢制容器 $\delta_{min} \geqslant 2mm$。

钢板厚度负偏差 C_1 应按相应钢板标准的规定选取，如：GB/T 713《锅炉和压力容器用钢板》和 GB/T 3531《低温压力容器用钢板》。根据 GB/T 713 和 GB/T 3531 等钢板标准规定，钢板的厚度允许偏差应符合 GB/T 709 的 B 类偏差，固定负偏差为 $C_1 = 0.3mm$。

腐蚀裕量 C_2 主要是防止容器受压元件由于均匀腐蚀、机械磨损而导致厚度削弱减薄。与腐蚀介质直接接触的筒体、封头、接管等受压元件，均应考虑材料的腐蚀裕量。腐蚀裕量一般由介质对材料的均匀腐蚀速率 k_s 和预期的容器寿命 B 决定。即

$$C_2 = k_s B$$

当材料的腐蚀速率为 $0.05 \sim 0.1$ 毫米 / 年时，考虑单面腐蚀取 $C_2 = 1mm$；双面腐蚀 $C_2 = 2mm$。介质为压缩空气、水蒸气或水的碳素钢或低合金钢制容器，取 $C_2 \geqslant 1mm$。对于不锈钢，当介质的腐蚀性极微时，可取 $C_2 = 0$。当容器各元件受不同程度的腐蚀时，可采用不同的腐蚀裕量。

值得注意的是，腐蚀裕量只对由均匀腐蚀造成的强度削弱有意义。对于应力腐蚀、氢脆和缝隙腐蚀等非均匀腐蚀，不能用增加腐蚀裕量的办法来增加容器强度。此时，应针对性地选择耐腐蚀材料或采取适当的防腐蚀措施。

3.7.2　压力试验

为了检验压力容器的宏观强度及密封性能，压力容器制造完后或定期检验时，要进行压力试验。压力试验包括耐压试验和气密性试验，耐压试验又有液压试验和气压试验两种。

（1）耐压试验

① 试验压力　耐压试验的压力 p_T 按下式确定

$$p_T = \eta p \frac{[\sigma]}{[\sigma]^t} \tag{3-74}$$

式中，p 为压力容器的设计压力；$[\sigma]^t$ 和 $[\sigma]$ 分别为设计温度和试验温度下材料的许用应力；η 为耐压试验压力系数，按表 3-13 选取。

表3-13　耐压试验压力系数

压力容器型式	压力容器材料	压力等级	耐压试验压力系数	
			液压	气压
固定式	铜和有色金属	低压	1.25	1.5
		中压	1.25	1.5
		高压	1.25	
	铸铁		2.00	
	搪玻璃		1.25	1.15
移动式		中低压	1.5	1.15

当容器各元件（筒体、封头、接管、法兰及紧固件等）所用的材料不同时，应取各元件材料许用应力比 $[\sigma]/[\sigma]^t$ 的最小值。

外压容器和真空容器以内压代替外压进行耐压试验，其试验压力 p_T 按下式确定

$$p_T = \eta p \tag{3-75}$$

夹套容器是由内筒和夹套组成的多腔容器，各腔的设计压力通常是不同的，应在图样上分别注明内筒和夹套的试验压力值。当内筒为外压容器时，按式（3-75）确定试验压力，否则按式（3-74）确定试验压力。夹套按内压容器确定试验压力。

② 试验温度　在耐压试验时，为防止材料发生低应力脆性断裂破坏，试验温度要大于容器壳体材料的韧脆转变温度。Q345R、Q370R 和 07MnMoVR 制压力容器在液压试验时，液体温度不得低于 5℃；其他碳钢和低合金钢制压力容器，液体温度不得低于 15℃。低温容器液压试验的液体温度应不低于壳体材料和焊接接头的冲击试验温度（取其高者）加 20℃。如果由于板厚等因素造成材料韧脆转变温度升高，则须相应提高液体温度。

气压试验时，碳素钢和低合金钢制压力容器的试验用气体温度不得低于 15℃。

③ 试验介质　耐压试验是在"超压"条件下检验容器的宏观强度，危险性比较大。因此，应选择压缩系数和危险性比较小的液体作为试验介质。只有由于结构和支撑原因，不宜向压力容器内充灌液体时，以及运行条件不允许残留试验液体的压力容器，才可采用气体作为试验介质。

一般情况，凡在试验时不会导致危险的液体，在低于其沸点的温度下，都可用作液压试验。但由于水来源丰富，无毒无害，被经常采用。以水为介质进行液压试验时，必须保持它是洁净的。由于氯离子能破坏奥氏体不锈钢表面钝化膜，使其在拉应力作用下发生应力腐蚀破坏，因此奥氏体不锈钢制压力容器进行水压试验时，应将水中的氯离子含量控制在 25mg/L 以内。试验合格后，应立即将水渍去除干净。

气压试验的试验介质应为干燥洁净的空气、氮气或其他惰性气体。

④ 强度校核　在耐压试验前，应按下式进行强度校核

$$\sigma_T = \frac{p_T(D_i + \delta_e)}{2\delta_e} \leqslant \begin{cases} 0.9\phi\sigma_s(\sigma_{0.2}) & \text{液压} \\ 0.8\phi\sigma_s(\sigma_{0.2}) & \text{气压} \end{cases} \tag{3-76}$$

（2）气密性试验

介质为易燃或毒性程度为极度、高度危害，或设计上不允许有微量泄漏的压力容器，在耐压试验合格后必须进行气密性试验。气密性试验的试验压力一般取容器的设计压力，试验用气体的温度不低于 5℃，试验介质为干燥洁净的空气、氮气或其他惰性气体。在进行气密性试验前，应将安全附件装配齐全。

应该指出，压力容器的耐压试验是强制性的，必须做。但气密性试验是针对性的，不必全做。另外，气密性试验应在耐压试验合格后进行。

🖊 思考题

1. 压力容器常规设计的基本思想是什么？常规设计在规定设计方法的同时，对材料、结构及相应的制造工艺规程进行了规定，还规定了不能用于常规设计的压力容器种类，分别分析做出这些规定的原因。

2. 压力容器常规设计中的基本应力如何确定？GB/T 150 中规定圆筒形容器的强度（壁厚）计算式的适用范围为 $p_c \leqslant 0.4[\sigma]^t\varphi$，相应的径比适用范围为 $k \leqslant 1.5$，这实际上已经拓展到了高压容器的范围，试分析这种规定的合理性。

3. 试从受力、强度、制造难易程度等方面比较几种常见封头的特点，并大致说明它们各自的应用场合。

4. 分析椭圆形封头上应力分布特点，并说明为什么 GB/T 150 推荐采用标准椭圆封头。

5. 压力容器常规设计中，哪些方面（如结构、设计计算式、设计参数等）体现出对边缘应力的考虑？与筒体等厚连接的半球形封头和椭圆封头在设计时是否考虑其边缘应力？

6. 法兰密封的原理是什么？法兰密封设计主要解决什么问题？

7. 法兰密封设计的基本思想是什么？为什么要引入垫片系数 m 和比压力 y 这两个垫片性能参数？它们各自的物理意义是什么？

8. 法兰垫片按材质分为几类？各类的特点和大致适用范围如何？

9. 法兰常用的压紧面有哪几种形式？各种形式的特点和大致适用场合是什么？

10. 法兰标准化的基本参数有哪些？选择标准法兰时，按哪些因素确定法兰的公称压力？

11. 用 Waters 法进行法兰应力分析的基本思想是什么？在法兰强度校核的 5 个应力限制条件中，哪些是适当考虑了对变形的限制？

12. 等面积补强的基本思想是什么？对它的补强效果如何评价？在等面积补强设计计算时规定了有效补强范围，这是为什么？为什么要对等面积补强法适用的最大开孔直径进行限定？

13. 在外压容器的稳定性设计中，下列哪些措施对提高外压容器的稳定性更有效：增加加强圈个数；增加容器壁厚；采用强度更高的钢材；更加严格限定筒体的制造偏差。

14. 设计压力和设计温度是压力容器设计的两个基本设计参数。在确定这两个设计参数时，特别强调是在正常操作工况下，且为综合考虑二者后所确定的某一种最苛刻的工况下它们的相应值，而不是各自在不同工况下所能达到的最大值，这是为什么？除一些特殊情况外，一般是按在正常操作下容器所能达到的最高工作压力工况来确定设计压力和相应的设计温度，而不是按最高温度工况来确定这两个设计参数，这是为什么？

15. 在强度设计时引入了一个材料设计系数，其值大小取决于哪些因素？其取值越大，所设计的容器的安全性是否就越高？

16. 引入焊接接头系数实质上是通过增加所设计容器的壁厚来考虑焊缝对容器强度的削弱，这种考虑方式是否很合理？焊接接头系数与焊接接头型式及无损检测比例有关，这是为什么？

17. 压力容器的计算壁厚、设计壁厚、名义壁厚和有效壁厚之间有何关系？定义这些壁厚的意义何在？为什么要规定最小壁厚？

18. 压力容器常见的腐蚀型式有哪几种？选取适当的腐蚀裕量 C_2，是否对所有腐蚀型式对容器强度的削弱能有效考虑？

19. 压力容器进行耐压试验和气密性试验的目的各是什么？如何选择压力试验的试验介质？在进行各种压力试验时，对试验温度作了严格限定，这是为什么？

20. 耐压试验的气压试验与气密性试验有何区别？在进行气密性试验时，为什么要将安全附件装配齐全？

4 压力容器分析设计

○○ —————— ○○ ○ ○○ ——————————

👁 **学习目标**

○ 理解压力容器常规设计的局限性，了解压力容器分析设计基本思想，并能分析和比较三种应力分类方法。

○ 能区别压力容器的常规设计与分析设计，分析比较不同结构与外载下压力容器应力的分布特性。

○ 能阐释极限载荷设计准则、结构安定性准则和疲劳分析设计准则及其应用判据。

4.1 分析设计概述

4.1.1 常规设计的局限性

从 1915 年世界上第一部与压力容器相关的规范——ASME《锅炉建造规范·1914 版》问世以来，世界各国相继制定了压力容器设计规范。这些规范为压力容器的常规设计奠定了基础，提供了依据。近百年的设计经验表明，对大多数压力容器，常规设计方法可给出安全可靠的结果。

但是，随着技术的进步和生产的发展，压力容器趋向大型化，操作条件更为苛刻，对压力容器的设计要求越来越高；同时，随着应力分析技术的发展和对材料破坏行为研究的深入，人们对压力容器的失效行为和机理有了更深刻的认识。这就使得常规设计的局部性越来越明显，主要表现在如下三方面：

（1）对载荷考虑不够周全

常规设计将压力容器承受的"最大载荷"按一次施加的静载荷处理。然而，压力容器在运行中所承受的载荷不但有机械载荷，而且往往还有热载荷，同时这些载荷还可能有较大波动。对于热载荷，常规设计法一般通过降低许用应力或增大元件强度尺寸的办法处理。这往往达不到预期效果，有时还会起相反作用。例如，厚壁容器的热应力是随壁厚的增加而增大。对于动态载荷，压力波动可能导致机械疲劳，温度波动可能造成热疲劳，而常规设计无法处理这类问题。

（2）对应力的分析不够详尽

常规设计是以材料力学及弹性力学中的简化分析模型为基础，确定筒体与部件中的平均应力。将容器分解成一个个简单壳体或构件，用平衡关系分别求取壳体或构件的应力（平均应力），并以此作为强度设计的基础。显然，这些由"分解"而得的简单壳体或构件，再"组合"成一个完整的压力容器后，其上的实际应力成分就不这么简单了。由局部外载荷引起的局部应力、由变形不连续引起的边缘应力和局部应力、由热载荷（如果存在的话）引起的热应力等，会改变简单壳体或构件上的应力分布，使"组合"后的容器上的应力复杂化。这些应力对容器强度的作用，不仅取决于它们的大小，而且与它们的性质以及作用方式有关。而常规设计对这些应力不作详细的分析与计算，只是在个别情况下，通过整体或局部增厚（例如在壁厚计算时引进应力增强系数等）、推荐或限制采用一定结构和一定材料等方法加以考虑。

（3）对应力的评定不够合理

常规设计采用第一强度理论对"应力水平"进行评价，采用弹性失效准则对应力的"破坏作用"进行评价。据此建立强度条件，进行强度设计。弹性失效并不表明容器的承载能力已经到了极限。不同性质的应力对容器的破坏作用不同，对它们采取相同的评定判据是不合理的，这对设计复杂结构的大型压力容器是很不经济的。例如，在一些结构不连续的局部区域，由于影响的局部性和应力本身的自限性，这里的应力水平即使超过材料的屈服点，也不会造成容器整体强度失效，可以采用较高的许用应力。

由于压力容器常规设计的上述局限性，会因材料承载潜力没有得到充分发挥，造成经济上的浪费；会因掩盖了容器的失效本质，收不到增加容器强度的效果；会因设计上的不确定性，限制了适用范围。而后者不利于新型设备的开发和使用。

4.1.2　分析设计的基本思想

压力容器分析设计是设计方法上的一个进步。它要求根据具体工况，进行详细的应力计算与分析，考虑不同的失效形式，以新的观点和相应的规范进行压力容器的设计。它的理论基础是板壳力学、弹性与塑性理论以及结构的有限单元法。其先进性表现在：

ⅰ.考虑了超出弹性范围结构的塑性行为，放弃传统的弹性失效准则，引入极限分析与安定分析概念，采用塑性失效设计准则；

ⅱ.应用数值计算技术和实验测试技术，对复杂结构的容器整体，包括任何不连续区域都可以作详细的弹性应力分析与计算；

ⅲ.按不同性质的应力和失效形式采用不同的限制条件，机械应力以极限载荷为限制条件，不连续应力或热应力以安定载荷为限制条件；当反复受载需作疲劳分析时，以许用应力幅为限制条件；

ⅳ.引入虚拟应力概念可以方便地对高应变区作弹性分析；以屈服后的虚拟应力与材料屈服点之比，来表示塑性承载能力相对于弹性载荷提高的倍数。

压力容器分析设计通常用试算法，需要有初设结构，然后进行应力计算与分析，有时还需要更改最初的设计结构再作计算分析。需要做的主要设计工作包括：

ⅰ.应力分析：对容器各部位的各种应力进行详细计算，或对模拟容器的应力进行实验测试；

ⅱ.应力分类：根据不同应力引起失效的危害程度不同，进行应力分类；

ⅲ.应力评定：对不同类型的应力进行分析、组合，形成当量应力（应力强度），采用不同的失效准则给予限定。

应该指出，一种先进的设计方法的应用，不只反映了压力容器设计技术的进步，也与压力容器材料、制造、检验、使用和管理等水平的提高密不可分。对应力的精确分析和合理评价，要求分析模型与实际使用的压力容器有高度的符合性，这样才能保证设计结果的准确性。材料和制造缺陷以及非正常运行条件等，都会影响这种符合性。压力容器分析设计方法，是与材料、制造、检验、使用和管理等紧密相关的另一个设计体系。分析设计与常规设计这两个设计体系各自具有不同的要求，选择了其中一个设计体系，就必须遵循相应的要求，不得相互串用。总的来说，分析设计对材料、制造、检验、使用和管理提出了更高的要求，这从下面的分析就可体会到。

4.1.3 分析设计与常规设计的规范比较

如上所述，只就设计方法而言，压力容器分析设计是科学的，计算结果是经济的。但是要实现设计上的安全可靠，必须以遵循相应的规范为前提。而且，设计的可行性最终总是用综合经济性评价。目前，按分析设计的容器规范有：美国 ASME Ⅷ-2《压力容器另一规程》，欧盟 EN13445《非直接接触火焰压力容器》，我国 JB 4732《钢制压力容器——分析设计标准》等。它们与压力容器的常规设计规范相比（见表4-1），其设计方法上的先进性是以规范的严格要求为条件的。按照分析设计，由于计算复杂，选材、制造与检验等要求严格，有时综合经济性并不合理。因此，一般只推荐重量大、结构复杂、操作参数较高等大型压力容器，采用分析设计。当然，当容器要求进行疲劳分析，就必须采用分析设计。

表4-1 两类规范的部分内容比较

序号	比较项目	按规则设计	按分析设计
1	规范名称	GB/T 150《压力容器》 ASME Ⅷ-1《压力容器》 EN13445《非直接接触火焰压力容器》	JB 4732《钢制压力容器——分析设计标准》 ASME Ⅷ-2《压力容器另一规程》 EN13445《非直接接触火焰压力容器》
2	规范历史（第一版或前身出版年代）	GB/T 150：1989 ASME：1925 EN13445：2002	JB 4732：1994 ASME：1968 EN13445：2002
3	设计压力（最高）	GB/T 150：35MPa ASME：20MPa EN13445：≥ 0.05MPa	JB 4732：100MPa ASME：不限定 EN13445：0.05MPa
4	设计温度	材料的允许使用温度 （可高于材料蠕变温度）	材料的蠕变温度以下
5	不适用工况	反复受载疲劳分析	高温蠕变
6	设计准则	弹性失效准则	塑性失效准则；疲劳失效准则
7	采用强度理论	第一强度理论	第三强度理论
8	应力分类	不分类	按应力性质不同分类
9	应力分析方法	材料力学，板壳力学	弹性有限元法，弹性理论和板壳理论解析法，实验应力测试法
10	计算复杂性	以薄膜应力为基础作计算，简单	各种应力均需全面计算，复杂
11	对热应力的考虑	通常与机械应力叠加	作为二次应力
12	应力评定判据	取相同判据	按应力分类取不同判据
13	材料设计系数（最小）	GB/T 150：n_b=2.7，n_s=1.5 ASME：n_b=3.5，n_s=1.5 EN13445：n_b=2.4，n_s=1.5	JB 4732：n_b=2.6，n_s=1.5 ASME：n_b=2.4，n_s=1.5 EN13445：n_b=2.4，n_s=1.5
14	材料控制（以钢板为例）	符合压力容器常规要求	相应要求比常规的更严格
15	制造与检验 制造资格	按压力容器常规要求 GB/T 150：要有压力容器制造许可证 ASME：获准"U"钢印	比前者要求严格 JB 4732：必须有相应的许可证，例如第三类压力容器制造许可证 ASME：获准"U2"钢印
16	综合经济性	一般结构的容器综合经济性好	大型、复杂结构的容器综合经济性好（用户需提出详细的设计任务书）

4.2 应力特性

一台实用的压力容器包括器身、各种开孔接管和支座。而压力容器的器身通常由筒体和封头（或平板端

盖）组成。这就使得一台整体容器在不同部位有不同的应力，而且各种机械载荷（包括介质压力、风载荷、地震载荷、自重等）与热载荷引起的应力亦是不同的。

4.2.1　中低压容器

由 2.1 节可知，对于承受均匀内压的中低压容器，筒体和凸形封头部位出现的应力（即二向薄膜应力）为：

经向应力
$$\sigma_{\varphi} = \frac{pr_2}{2\delta}$$

环向应力
$$\sigma_{\theta} = \sigma_{\varphi}\left(2 - \frac{r_2}{r_1}\right)$$

这种应力的特点是：

ⅰ．随组成容器的壳体形状而变化，即应力值决定于壳体各处的第一曲率半径 r_1 与第二曲率半径 r_2；

ⅱ．经向和环向应力在整个壳体上都普遍存在，而且沿壁厚均匀分布；

ⅲ．这种应力必须满足与外载荷的平衡条件，由静力平衡方程式得出；当其达到材料的屈服点时，整个壁厚同时屈服，出现大范围塑性变形；如果继续增大载荷，则应力不断增大，直至破坏，表现出无"自我约束"的特性，简称无自限性；无自限性的应力，显然对容器失效起主要作用；

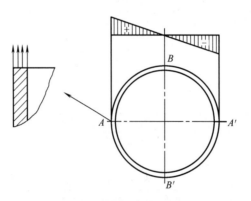

图 4-1　容器轴向弯曲引起横截面上的轴向应力

ⅳ．如果容器承受的不是内压，而是外压，则上述薄膜拉应力转变为薄膜压应力；容器受这种应力的失效分析，首先应考虑弹性失稳的临界应力。

至于承受自重的卧式容器或受风力的塔设备，其载荷并非轴对称，卧式容器犹如受均布载荷的简支外伸梁，塔设备犹如受分布载荷的悬壁梁，故在容器横截面上会产生弯曲应力，如图 4-1 所示。这种弯曲应力沿横截面的轴向是线性分布的，例如 A、A' 处应力为最大或最小，B、B' 处应力为零。但是沿壁厚应力梯度很小，可以视同均匀分布。

4.2.2　高压容器

由 2.2 节可知，承受均匀内压的圆筒形高压容器筒壁上的应力是三向应力，三向弹性应力为：

环向
$$\sigma_{\theta} = \frac{p}{K^2 - 1}\left(1 + \frac{R_o^2}{r^2}\right)$$

径向
$$\sigma_{r} = \frac{p}{K^2 - 1}\left(1 - \frac{R_o^2}{r^2}\right) \tag{4-1}$$

轴向
$$\sigma_{z} = \frac{p}{K^2 - 1}$$

应力沿半径变化如图 4-2 所示。

以环向应力 σ_{θ} 为例，它所在截面是纵截面，沿厚度分布是不均匀的。欲分析这种应力的性质，可将它视为由均匀分布、线性分布和非线性分布三种应力成分叠加而成，如图 4-3 所示。

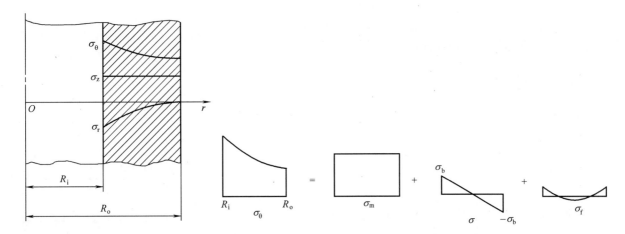

图 4-2 圆筒形高压容器筒壁三向应力沿半径的变化　　**图 4-3** 不均匀分布应力的分解

均匀分布的应力（即平均应力 σ_{m}）可按截面上的合力等效条件得出。因 σ_{θ} 所在纵截面是矩形，故合力等效条件为

$$\sigma_{m}\int_{R_{i}}^{R_{o}}\mathrm{d}r = \int_{R_{i}}^{R_{o}}\sigma_{\theta}\mathrm{d}r \tag{4-2}$$

将式（4-1）代入后积分得

$$\sigma_{m} = \frac{1}{R_{o}-R_{i}}\int_{R_{i}}^{R_{o}}\frac{p}{K^{2}-1}\left(1+\frac{R_{o}^{2}}{r^{2}}\right)\mathrm{d}r = \frac{p}{K-1} \tag{4-3}$$

实际应力与均匀分布的应力之差 $(\sigma_{\theta}-\sigma_{m})$ 称为应力梯度。将此应力梯度按照弯矩等效条件，可以得出线性分布的应力 σ。对于矩形截面，若令筒体内外表面的线性应力为 $\pm\sigma_{b}$，中间面处为零，则有

$$\sigma = \frac{\sigma_{b}}{K-1}\left(K+1-\frac{2r}{R_{i}}\right) \tag{4-4}$$

按截面上弯矩等效条件

$$\int_{R}^{R_{o}}\sigma r\mathrm{d}r = \int_{R_{i}}^{R_{o}}(\sigma_{\theta}-\sigma_{m})r\mathrm{d}r \tag{4-5}$$

其中 σ_{θ}、σ_{m} 与 σ 以式（4-1）、式（4-3）、式（4-4）代入，则得

$$\sigma_{b} = \frac{3pK}{(K-1)^{2}}\left(1-\frac{2K}{K^{2}-1}\ln K\right) \tag{4-6}$$

至于非线性分布的应力 σ_{f}，实际上就是应力梯度与线性分布的应力差值

$$\sigma_{f} = (\sigma_{\theta}-\sigma_{m})-\sigma \tag{4-7}$$

根据以上分解，即可按三个应力成分分析实际环向应力的特点：

ⅰ. 均匀分布的应力与薄壁容器中薄膜应力具有相同的性质，与内压力平衡，遍及整个筒体，无自限性；

ⅱ. 应力梯度实际上是由筒壁上各处的变形约束引起的，例如，若将厚壁圆筒视作由一个个薄壁圆筒组成，两个相邻的薄壁圆筒具有不同的半径，半径较小的圆筒的弹性自由变形（例如平行圆半径增量）小于半径较大

的圆筒；当二者结合在一起，变形小的被迫增大，即引起附加拉应力；变形大的被迫缩小，即引起附加压应力，于是就形成应力梯度，在截面上这种应力梯度的合力为零；由于应力梯度是由上述弹性变形受到约束引起的，一旦该处材料进入塑性，弹性变形的约束即行缓解，应力就不再增大，故这种应力梯度具有自限性；

ⅲ. 非线性分布应力即应力梯度中的非线性部分；由于它是实际应力梯度与线性应力之差，故与应力梯度有相同的属性；非线性分布应力只出现在局部小范围，对圆筒形高压容器（例如 $K=1.5$ ）来说这个应力差值不大，最大值约为实际应力的 4.5%。

4.2.3 平盖封头

由 2.3 知，受均匀压力的平盖封头存在二向应力。以周边固支的钢制圆平板为例，如图 4-4 所示。

环向应力 $\qquad \sigma_\theta = \mp \dfrac{3p}{8t^2}(1.3R^2 - 1.9r^2)$

经向应力 $\qquad \sigma_\theta = \mp \dfrac{3p}{8t^2}(1.3R^2 - 3.3r^2)$

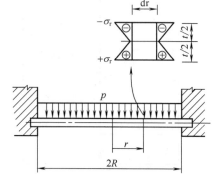

图4-4 周边固支受均布压力
圆平板的弯曲应力

式中，"−"号表示板的受压力一侧表面是压应力；"+"表示板的背压力一侧表面是拉应力。

这种应力有以下特点：

ⅰ. 需要满足与外载荷的平衡条件；应力无自限性，普遍存在于整个平板，随半径 r 不同而变化；

ⅱ. 属弯曲应力；沿板厚呈线性分布，最大值在板表面，上下表面的应力绝对值相等，板的中间面为中性面，应力为零；

ⅲ. 随着外载荷增加，板的上下表面首先开始屈服，而后塑性区逐渐向中性面扩展，使应力沿板厚重新分布，最后全板厚屈服致使平板封头塑性失效；这种由平衡外载荷产生的无自限性的弯曲应力，与容器的薄膜应力有所不同，由于从表面屈服到全域屈服有一个发展过程，塑性区扩展需不断加载，故板的极限载荷大于初始表面屈服的载荷；也就是说，这种弯曲应力的危害性不如薄膜应力。

4.2.4 壳体不连续区

由 2.1 节知，筒体与封头、法兰等连接，以及不同厚度的筒节连接，都将形成壳体的不连续区。这些容器上不连续区的应力，按照壳体理论可以由薄膜应力 σ^* 与边缘应力 σ^0 二者叠加得出：

经向应力 $\qquad\qquad\qquad\qquad \sigma_\varphi = \sigma_\varphi^* + \sigma_\varphi^0$

环向应力 $\qquad\qquad\qquad\qquad \sigma_\theta = \sigma_\theta^* + \sigma_\theta^0$

薄膜应力 σ^* 需要满足与外载荷的平衡条件，其性质和特点前已述及。边缘应力 σ^0 需要满足壳体边缘的连续条件，由壳体的有矩理论得出。以圆柱形筒体为例，边缘应力的形式为

$$\sigma_\varphi^0 = \sigma_x^0 = \frac{N_x^{(Q_0,\,M_0)}}{t} \pm \frac{6M_x^{(Q_0,\,M_0)}}{t^2}$$

$$\sigma_\theta^0 = \frac{N_\theta^{(Q_0,\,M_0)}}{t} \pm \frac{6M_\theta^{(Q_0,\,M_0)}}{t^2}$$

式中，Q_0 和 M_0 分别为边缘剪力和边缘弯矩；$N_x^{(Q_0,\,M_0)}$、$N_\theta^{(Q_0,\,M_0)}$、$M_x^{(Q_0,\,M_0)}$、$M_\theta^{(Q_0,\,M_0)}$ 是由 Q_0 和 M_0 产生的内力与内力矩，统称内力素；下标 x 和 θ 分别表示圆筒的轴向（亦即圆筒经向）和环向。

这些内力和内力矩都具有明显的衰减波特性，如图 4-5 所示。图中纵坐标表示与边缘上的相同内力素的比值，横坐标是 x 的无量纲量 k_1x。8 个随 k_1x 而变化的圆筒内力素为

$$N_x^{(Q_0,\,M_0)}=0$$

$$N_\theta^{(Q_0)}=-2k_1RQ_0\mathrm{e}^{-k_1x}\cos k_1x$$

$$N_\theta^{(M_0)}=2k_1^{\,2}RM_0\mathrm{e}^{-k_1x}(\cos k_1x-\sin k_1x)$$

$$M_x^{(Q_0)}=-\frac{1}{k_1}Q_0\mathrm{e}^{-k_1x}\sin k_1x$$

$$M_x^{(M_0)}=M_0\mathrm{e}^{-k_1x}(\cos k_1x+\sin k_1x)$$

$$M_\theta^{(Q_0,\,M_0)}=\mu M_x^{(Q_0,M_0)}$$

$$k_1=\sqrt[4]{3(1-\mu^2)}/\sqrt{Rt}$$

式中，R 为圆筒体的平均半径；t 为筒壁厚。对于钢制圆筒，$\mu=0.3$，$k_1=\dfrac{1.285}{\sqrt{Rt}}$。

壳体边缘的连续条件见图 4-6。在内压作用下，封头边缘的自由变形小于筒体边缘，二者连接必然产生 Q_0 和 M_0，使其自由变形协调。故这种边缘载荷要由变形协调关系即连续条件解出，是自平衡的力系，无须考虑与外载荷的平衡，其大小随自由变形不连续的程度而定。

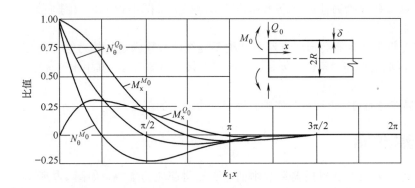

图 4-5　有筒体边缘载荷产生的内力与内力矩的衰减特性　　**图 4-6**　由边缘变形协调产生的边缘载荷

由此，边缘应力的特点可以归纳如下：

ⅰ. 仅存在于边缘附近的局部范围内，并非遍及整个容器；当 $k_1x=\pi$ 时，即在距离边缘 $x=\pi/k=2.5\sqrt{Rt}$ 处，边缘应力几乎完全衰减；

ⅱ. 与边缘载荷 Q_0 和 M_0 成正比变化；由于边缘载荷起因于弹性变形的不协调，材料一旦进入塑性，该处的弹性约束就会改变，这种载荷就不再增加了（假定材料符合理想塑性行为），因此边缘应力亦就自动限制增长，具有与上述高压厚壁容器中应力梯度相同的属性——自限性；

ⅲ. 在边缘应力中，由内力引起的应力是沿壁厚均匀分布的正应力；由内力矩引起的应力是沿壁厚呈线性分布的弯曲应力，最大绝对值在筒壁内外表面；当表面屈服以后，应力将重新分布；因此，就二者所起的危害作用而言，均匀分布的应力大于线性分布应力。

4.2.5　容器支座区

容器安装支座以后，其重力（自重与物料重）和支座反力即成为容器另一种不同于操作压力的机械载荷。对于直立容器裙式支座，重力使容器壁产生轴向压应力和切应力。如果安装耳式支座，如图 4-7，在支座区因支座反力的作用将产生局部薄膜应力、弯曲应力与切应力。对于卧式容器，如果安装鞍式支座，则鞍座区筒体还将发生轴向弯曲、环向弯曲与压缩，如图 4-8 所示。

支座区应力的特点：

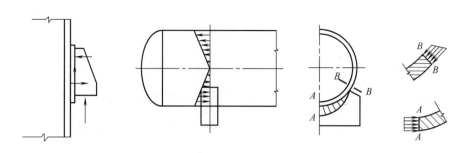

图4-7　耳式支座受载示意　　　　　图4-8　卧式支座区的应力

ⅰ.容器支座区的应力是由机械外载荷引起的另一种非自限性应力,需要满足与外力的平衡条件;

ⅱ.裙式支座在筒体上引起的轴向压应力是均匀应力,切应力很小;鞍式支座引起筒体纵向弯曲,支座处截面若有足够刚度,则其弯曲应力与图4-1所进行的分析相同;至于鞍座边脚处筒壁出现环向压应力和环向弯曲应力(图4-8中 B—B 截面处应力),以及鞍座处筒体最低点出现的环向压应力(图4-8中 A—A 截面处应力),都是局部应力;

ⅲ.耳式支座对于容器会形成支座区结构不连续,故除满足与外力的平衡外,还需要满足该区域变形连续条件;但是产生的应力只是局部应力,其中不连续应力具有自限性;

ⅳ.所有局部应力对容器强度的影响只限于一个较小的范围。

4.2.6　容器接管区

由2.4节可知容器开孔以后器壁被削弱,必然引起应力集中。如图4-9所示,球壳开孔以后,孔边的最大应力是其薄膜应力的2倍。当接管以后,容器因发生局部结构不连续,在连接边缘处即出现边缘载荷,如图4-10。若外部有接管,由接管承受的重力或其他外部载荷将产生接管力和(或)力矩,因此还需承受由此引起的机械载荷(非操作压力)。因此,分析容器接管区的应力,包含了薄膜应力、弯曲应力、切应力,以及不连续应力和节点应力集中。

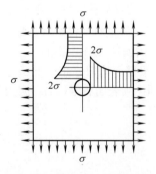

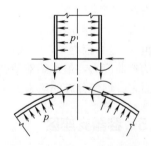

图4-9　球壳开小孔应力集中　　　　图4-10　球壳接管的边缘载荷

接管区的应力特点:就其性质来说既有自限性又有非自限性应力。但这些应力的影响范围是局部的,其中自限性应力是集中的。应力集中的范围与容器壁厚同一量级,应力沿截面非线性分布,其峰值并不贯穿全壁厚。例如受内压的球壳接管(图4-11),参数为 $R/\delta = 25.1$、$r/R = 0.27$、$t/\delta = 0.5$,在连接点处有明显的应力集中，内外表面的应力并不相等，经向（φ）与环向（θ）应力亦不相等，最大应力在节点根部表面。由于这种应力不会使节点明显变形，故对容器静强度破坏影响不大，只是可能成为疲劳裂纹源。这是应力集中的特性。

4.2.7　容器热应力

　　工作在较高温度下的容器，如果容器各部位的热膨胀不受约束而能自由伸缩，则不会引起任何热应力。当容器的热变形受到自身限制，或者因部件温度不同而受到共同的机械约束时，才产生热应力（或称温差应力）。前者，例如容器壁温分布不均匀，或复合板制容器复合层与基体的热膨胀系数不同，都将引起相应的热应力。后者，例如固定管板式换热器，管束与外壳共同固定在管板上，当壳壁和管束温度不同时，就会在壳壁和管壁上产生轴向热应力。

　　热应力的特点：

　　i．以温度梯度或膨胀差形成的载荷即热载荷，是一种自平衡力，不参与机械力与内力的平衡；故热应力与机械应力不同，是由变形不协调产生；一般在温度高处发生压缩，温度低处发生拉伸，并具有自限性；

　　ii．由于温度场不同，出现热应力的范围可能遍及容器总体，或只是局部；沿壁厚分布可能是均匀的，亦可能是非均匀的，呈线性或非线性分布；非线性分布的热应力，例如厚壁圆筒由径向温度梯度引起的环向应力，这种热应力可以按照净矩等效转化为线性应力 σ，如图 4-12 所示；其中实际热应力与线性应力之差值 F，如同局部结构不连续引起应力集中的峰值。

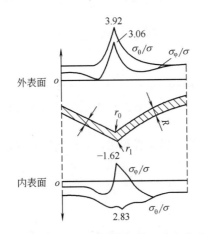

图 4-11　球壳接管受内压应力集中

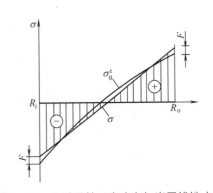

图 4-12　厚壁圆筒环向应力与当量线性应力

　　根据以上对容器各主要部位应力的简单分析，可以归纳出它们具有如下特性：

　　i．应力起因：由机械载荷或由热载荷引起；

　　ii．应力条件：满足与外载荷的平衡或满足变形协调；

　　iii．应力范围：总体的、局部的或集中的；

　　iv．应力沿厚度分布：均匀的、线性的或非线性的；

　　V．应力性质：非自限的或自限的。

　　就导致容器破坏所起的作用，同样大小的应力，由外载荷引起的无自限性应力大于由变形不协调引起的自限性应力；遍布容器总体上的应力大于局部区域应力；沿壁厚均匀分布的薄膜应力大于线性分布的弯曲应力；总体结构不连续应力大于局部结构不连续应力。因此遍布容器总体、由机械载荷引起、沿壁厚均匀分布的无自限性应力，即总体薄膜应力对容器失效所引起的作用最大。而由局部结构不连续引起的、沿壁厚非线性分布的自限性应力（例如应力集中），不会引起容器明显变形，对总体静强度失效作用很小。但是应力集中在循环载荷作用下，将萌生疲劳裂纹或发生塑性变形递增（例如热棘轮），这在疲劳分析中是不容忽视的，而裂纹又是脆性断裂源。

4.3 应力分类

根据现行压力容器分析设计规范，按应力的不同特性，即在机械载荷和热载荷作用下产生应力的原因与条件、应力性质和应力存在区域的大小，将容器上的应力分为一次应力、二次应力和峰值应力三类。

为下面分析方便，进一步明确以下几个术语。

（1）法向应力

法向应力是指垂直于截面的应力分量，亦称正应力。通常法向应力沿截面厚度分布是不均匀的，可视作由两个成分组成：其一是均匀分布的成分，即沿截面厚度的应力平均值；其二是随着沿厚度各点位置不同而变化的成分，这一成分在截面上的总和为零。

（2）切应力

切应力是指与截面相切的应力分量。

（3）薄膜应力

薄膜应力是指沿截面厚度均匀分布的法向应力分量，其值等于沿截面厚度的法向应力平均值。

（4）弯曲应力

弯曲应力是指沿截面厚度总和为零，线性分布的法向应力。在壁厚内外表面应力绝对值相等且最大，中间面应力为零。

线性分布的法向应力是由实际法向应力与其平均值之差按净弯矩等效条件得出，亦称当量（或等效）线性应力。

（5）结构不连续应力

结构不连续应力是指容器在几何形状、材料或载荷有突变的边缘区内，满足该区域变形协调即连续条件所产生的应力。

总体结构不连续应力，是指在较大范围内对结构总的应力分布与变形具有影响的不连续应力。例如封头与筒体连接，法兰与筒体连接，接管与壳体连接，不同直径或不等壁厚筒节连接等所引起的边缘应力。

局部结构不连续应力，是指存在于很小范围、发生应力集中现象的不连续应力。对于容器总体的应力分布，或对于整体结构的变形没有显著影响。例如在小的过渡圆角处、小附件与壳体的连接处、部分焊透的焊缝处引起的集中应力。

（6）热应力

热应力是指结构因温度不均匀分布或热膨胀受到拘束引起的自平衡力所产生的应力。或当温度发生变化，结构的自由热变形受到外部约束限制时所引起的应力。

热应力分为两种：

① 总体热应力 是指当约束解除以后，会引起结构显著变形的热应力。在不计应力集中的情况下，当这种应力超过材料屈服强度的 2 倍时，连续的热循环将引起塑性疲劳或递增的塑性变形失效。例如：筒体由轴向温度梯度引起的应力；壳体与接管之间的温度差引起的应力；厚壁圆筒由径向温度梯度引起的当量线性应力等。

② 局部热应力　是指当约束解除以后，不会引起结构显著变形的热应力。这种应力仅需在疲劳分析中加以考虑。例如：容器壁上小范围局部过热处的应力；厚壁圆筒中由径向温度梯度引起的实际热应力与当量线性应力之差值；复合钢板因复合层与基体金属膨胀系数不同，在复合层中引起的应力等。

4.3.1　一次应力

压力与其他机械载荷和内力、内力矩的平衡所产生的法向应力或切向应力称为一次应力（P）。它的基本特征是不具有自限性，即使应力达到材料的屈服点以后，随着载荷的增加，应力会不断增大，直至破坏。热应力不属于一次应力。一次应力又可分为如下三类。

（1）一次总体薄膜应力

一次总体薄膜应力（P_m）是指遍及整个结构，由压力或其他机械载荷所产生的薄膜应力，必须满足与外部机械载荷的平衡条件。这种应力不会因塑性流动引起应力的重新分布，而将非自限地直接导致结构破坏。例如：在各种壳体中由内压或分布载荷产生的、遍及壳体任何部位的薄膜应力。

（2）一次局部薄膜应力

一次局部薄膜应力（P_L）是指应力水平大于一次总体薄膜应力，但仅存在于结构局部区域的一次薄膜应力。当结构局部发生塑性流动时，这种应力将会发生重新分布。若不加限制，则当应力由高应力区"转移"到低应力区时，会产生过量的塑性变形而导致破坏。例如：在壳体的固定支座或接管处由外部载荷（力与力矩）引起的薄膜应力。在评价一次局部薄膜应力时，应同时考虑该区域内的一次总体薄膜应力。

总体结构不连续所引起的局部薄膜应力，虽然具有二次应力的性质，但从保守考虑仍归入一次局部薄膜应力。

结构的局部区域是指沿壳体经线方向的延伸距离不大于 $1.0\sqrt{R\delta}$，而在此范围内应力强度超过 $1.1S_m$ 的区域。若有两个应力强度超过 $1.1S_m$ 的区域，当它们之间的径向距离小于 $2.5\sqrt{R_m\delta_m}$ 时，则可认为每个区域都是局部的。以上 R 为所在区域壳体的第二曲率半径；δ 为该区域的最小壁厚；$R_m=(R_1+R_2)/2$，$\delta_m=(\delta_1+\delta_2)/2$，是两个区域 R 与 δ 的平均值；S_m 为材料的许用应力强度。

（3）一次弯曲应力

一次弯曲应力（P_b）是指存在于结构总体范围，满足压力或其他机械载荷平衡，沿截面厚度呈线性分布的且在内外表面处绝对值相等的应力。这种应力，当表面屈服以后，应力沿壁厚将重新分布。例如：平板封头由压力引起的弯曲应力。

4.3.2　二次应力

在外部载荷作用下，由于相邻部件的约束或结构自身的约束，需要满足变形连续条件而产生的法向应力或切应力称为二次应力（Q）。其基本特征是具有自限性，即局部屈服和小量塑性变形就可使变形连续条件得到部分或全部满足，从而塑性变形不再发展。只要不反复加载，二次应力不会导致结构破坏。例如：总体热应力；总体结构不连续产生的弯曲应力。

4.3.3　峰值应力

由局部结构不连续或局部热应力影响引起的，附加于一次和二次应力之上的应力增量称为峰值应力（F）。它同时具有自限性和局部性，其基本特征是不会引起明显的变形。对于非高度集中的局部应力，如果不会引起

显著变形时也归属于这一类。峰值应力的危害性，仅在于可能导致疲劳裂纹或脆性裂纹。例如：局部结构不连续引起的、沿厚度非线性分布的应力增量；局部热应力。

　　以上是现行分析设计规范中的应力分类方法。规范还给出了一些典型情况的应力分类，见表4-2。

表4-2　一些典型情况的应力分类

容器部件	位置	应力的起因	应力的类型	所属种类
圆筒形或球形壳体	远离不连续处的壳壁	内压	总体薄膜应力 沿壁厚的应力梯度	P_m Q
		轴向温度梯度	薄膜应力 弯曲应力	Q Q
	和封头或法兰的连接	内压	薄膜应力 弯曲应力	P_L Q
任何筒体或封头	沿整个容器的任何截面	外部载荷或力矩，或内压	沿整个截面平均的总体薄膜应力。应力分量垂直于横截面	P_m
		外部载荷或力矩	沿整个截面的弯曲应力，应力分量垂直于横截面	P_m
	在接管或其他开孔附近	外部载荷或力矩，或内压	局部薄膜应力 弯曲应力 峰值应力（填角或直角）	P_L Q F
任何筒体或封头	任何位置	壳体和封头间的温差	薄膜应力 弯曲应力	Q Q
碟形封头或锥形封头	顶部	内压	薄膜应力 弯曲应力	P_m P_b
	过渡区或和壳体连接处	内压	薄膜应力 弯曲应力	P_L Q
平封头	中心区	内压	薄膜应力 弯曲应力	P_m P_b
	和筒体连接处	内压	薄膜应力 弯曲应力	P_L Q
多孔的封头或壳体	均匀布置的典型管孔带	压力	薄膜应力（沿横截面平均）；弯曲应力（沿管孔带的宽度平均，但沿壁厚有应力梯度）；峰值应力	P_m P_b F
	分离的或非典型的孔带	压力	薄膜应力 弯曲应力 峰值应力	Q F F
接管	垂直于接管轴线的横截面	内压或外部载荷或力矩	总体薄膜应力（沿整个截面平均）。应力分量和截面垂直	P_m
		外部载荷或力矩	沿接管截面的弯曲应力	P_m
	接管壁	内压	总体薄膜应力 局部薄膜应力 弯曲应力 峰值应力	P_m P_L Q F
		膨胀差	薄膜应力 弯曲应力 峰值应力	Q Q F

续表

容器部件	位置	应力的起因	应力的类型	所属种类
复层	任意	膨胀差	薄膜应力 弯曲应力	F F
任意	任意	径向温度分布	当量线性应力 应力分布的非线性部分	Q F
任意	任意	任意	应力集中（缺口效应）	F

注：1. 必须考虑在直径与厚度比大的容器中发生折皱或过渡变形的可能性；

2. 应考虑热应力棘轮的可能性，热应力棘轮现象是指构件当经受热应力或同时经受机械应力的循环作用时，发生逐次递增的非弹性变形积累。

4.4　应力评定

4.4.1　应力强度

4.4.1.1　规范定义

应力强度是复杂应力的当量强度，即按所采用的强度（破坏）理论对复杂应力状态（二向或三向应力）组合为与单向应力可以比较的当量应力。

分析设计采用的是最大切应力理论，即第三强度理论。取最大切应力的 2 倍定义为应力强度，代号 S。这是一个规范用语，意即组合应力的当量强度。对于单向拉伸情况，这样定义的应力强度恰好等于拉伸应力，这就可以直接利用材料简单拉伸试验的结果作为强度判据。

根据各类应力及其组合对容器危害程度的不同，分析设计标准划分了下列五类基本的应力强度：一次总体薄膜应力强度 S_{I}；一次局部薄膜应力强度 S_{II}；一次薄膜（总体或局部）应力加一次弯曲应力的组合应力的强度 S_{III}；一次应力加二次应力的组合应力强度 S_{IV} 以及峰值应力强度 S_{V}。

4.4.1.2　计算方法

结构的应力强度计算首先要进行应力计算。对于简单的几何形状与加载情况，容器各部位的应力计算可以应用板壳理论和弹性理论的解析方法。对于复杂结构，通常要采用有限单元法，或部分区域采用有限单元法。

应力强度的计算方法可以分为点处理法和线处理法。如果是复杂的非轴对称三维结构，则可将线处理法推广为面处理法。

（1）点处理法

此法是将容器各计算部位，按各自一个点的应力值直接与规范规定的应力分类的强度条件进行比较判断。点处理法的计算步骤如下。

① 选取坐标　在所考虑部位的点上选取正交坐标系，其经向、环向和法向分别用下角 x、θ、z 表示。用 σ_x、σ_θ、σ_z 表示坐标方向的正应力分量，用 $\tau_{x\theta}$、$\tau_{\theta z}$、τ_{zx} 表示切应力分量。

② 应力计算与分类　根据所承受的各种载荷，计算出每种载荷在所考虑部位该点的各应力分量。根据应力分类的定义，将计算出的该点应力区分为 P_m、P_L、P_b、Q 和 F。这里每种应力类别均包括各自的应力分量。

③ 应力分量求和　根据评价应力强度的框图（表 4-4），先计算出由不同载荷产生的各应力分量，再按同方向的应力分量求代数和。这样，每种图框所表示的应力，在一般情况下就有 6 个分量，例如 σ_x、σ_θ、σ_z、

$\tau_{x\theta}$、　$\tau_{\theta z}$、　τ_{zx}。

④ 计算主应力　根据上述强度框图所要求的应力分量，计算它们的主应力 σ_1、σ_2 和 σ_3。如果坐标选取与主应力方向一致或接近，即切应力为零或可略去，则 σ_x、σ_θ、σ_z 即为三个主应力。对于复杂结构，若切应力不能略去，则须用弹性理论的公式计算主应力 σ_i（$i =1$、2、3）

$$\sigma_i^3 - A\sigma_i^2 + B\sigma_i - C = 0 \tag{4-8}$$

式中

$$A = \sigma_x + \sigma_\theta + \sigma_z$$

$$B = \sigma_x\sigma_\theta + \sigma_\theta\sigma_z + \sigma_z\sigma_x - (\tau_{x\theta}^2 + \tau_{\theta z}^2 + \tau_{zx}^2)$$

$$C = \sigma_x\sigma_\theta\sigma_z + z(\tau_{x\theta}\tau_{\theta z}\tau_{zx}) - (\sigma_x\tau_{x\theta}^2 + \sigma_\theta\tau_{\theta z}^2 + \sigma_z\tau_{zx}^2)$$

若是平面应力，$\sigma_z=0$，$\tau_{\theta z}=\tau_{zx}=0$，则得

$$\left.\begin{array}{c}\sigma_1 \\ \sigma_2\end{array}\right\} = \frac{1}{2}[(\sigma_x + \sigma_\theta) \pm \sqrt{(\sigma_x - \sigma_\theta)^2 + 4\tau_{x\theta}^2}] \tag{4-9}$$

对于轴对称问题，$\tau_{x\theta} = \tau_{\theta z} = 0$，环向应力 σ_θ 是一个方向已知的主应力，若令 $\sigma_1 = \sigma_\theta$，则另外两个方向的主应力与平面应力的计算方法相同，即

$$\left.\begin{array}{c}\sigma_2 \\ \sigma_3\end{array}\right\} = \frac{1}{2}[(\sigma_x + \sigma_\theta) \pm \sqrt{(\sigma_x - \sigma_\theta)^2 + 4\tau_{zx}^2}] \tag{4-10}$$

⑤ 确定应力强度　按下列计算式计算主应力差

$$\left.\begin{array}{c}\sigma_{12} = \sigma_1 - \sigma_2 \\ \sigma_{23} = \sigma_2 - \sigma_3 \\ \sigma_{31} = \sigma_3 - \sigma_1\end{array}\right\} \tag{4-11}$$

取其中绝对值最大者作为该点强度表达式（表4-4）的应力强度 S。

若已知 $\sigma_1 > \sigma_2 > \sigma_3$，则 $S = \sigma_1 - \sigma_3$。

这种点处理方法的局限性在于：如果所选点的应力能够代表该区域，则能有效地作出该区域的强度评价，例如对于总体薄膜应力区，一次弯曲应力的表面等。但若对于复杂的应力分布，则单凭一个点的应力就很难对区域强度进行全面评价。

（2）线处理法

对容器各计算部位应力，按选择的危险截面把各应力分量沿一条应力处理线进行均匀化和当量线性化处理，然后进行应力分类评价。均匀化处理后的平均应力，其值属薄膜应力；当量线性化处理后的线性部分应力属弯曲应力，剩余的非线性部分即为峰值应力。

计算步骤大致和点处理法相同，不同之处在于应力计算与分类，包括根据应力分布（一般用有限单元法计算得出）选择危险截面和应力沿线处理。

危险截面的选择即确定应力处理线的位置和走向，这是关系到计算沿线平均应力和当量线性应力大小的重要步骤。一般的方法：先根据表面的应力分布找出最大应力差的点，然后经此点划出可能产生最大平均应力的处理线。例如受内压的三通，最大应力通常发生在接头部位的内外表面的相贯线上。先找出相贯线上的最大主应力差的点，若该点在外相贯线上，则可沿壁厚划出二条应力处理线，如图4-13（a）所示；若该点在内相贯线上，则选择如图4-13（b）所示的应力处理线。

关于沿线的应力处理与分类，可采用以下方法：

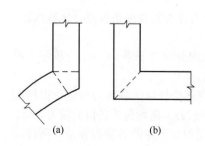

图4-13　结构的应力处理线

ⅰ.先按沿线各点的应力分量（有限元法计算结果）拟合出各自的应力

分量分布曲线。6 个应力分量拟合出 6 条分布曲线。例如经向正应力 σ_x，按二次曲线用最小二乘法拟合得出

$$\sigma_x = c_1\xi^2 + c_2\xi + c_3 \tag{4-12}$$

式中，ξ 为应力处理线上的无量纲坐标，即 $\xi = L_x/L$；L 为处理线全长；L_x 为处理线上含量纲的坐标。当 $L_x = 0$，$\xi = 0$，即为该线的一端；当 $L_x = L$，$\xi = 1$，即为该线的另一端。最大应力在处理线的端点。系数 c_1、c_2、c_3 为拟合曲线含应力量纲的常数。

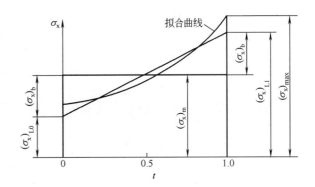

图 4-14 沿处理线上的应力分析

ⅱ. 根据拟合的曲线公式，沿处理线按合力等效可以得出平均应力 σ_m；再按净弯矩等效可以得出处理线端点的线性弯曲应力 σ_b 和其线性应力 σ_L。而拟合曲线的最大应力 σ_{max} 则在线的端点 $\xi = 1$ 或 $\xi = 0$ 处。现仍以式（4-12）为例，其结果如图 4-14 所示。

其中平均应力按合力等效

$$(\sigma_x)_m \int_0^1 d\xi = \int_0^1 \sigma_x d\xi \tag{4-13}$$

得

$$(\sigma_x)_m = \int_0^1 (c_1\xi^2 + c_2\xi + c_3)d\xi = \frac{1}{3}c_1 + \frac{1}{2}c_2 + c_3 \tag{4-14}$$

线性弯曲应力按净弯矩等效

$$(\sigma_x)_b \int_0^1 (2\xi - 1)\xi d\xi = \int_0^1 [\sigma_x - (\sigma_x)_m]\xi d\xi \tag{4-15}$$

得

$$(\sigma_x)_b = 6\int_0^1 [\sigma_x - (\sigma_x)_m]\xi d\xi = \frac{1}{2}(c_1 + c_2) \tag{4-16}$$

两端的线性应力为平均应力与线性弯曲应力之和，即 $\xi = 1$ 时

$$\sum \sigma_x = (\sigma_x)_m + (\sigma_x)_b = \frac{5}{6}c_1 + c_2 + c_3 \tag{4-17}$$

$\xi = 0$ 时

$$\sum \sigma_x = (\sigma_x)_m + (\sigma_x)_b = -\frac{1}{6}c_1 + c_3 \tag{4-18}$$

二次曲线拟合的最大应力，若 $c_1 + c_2 > 0$，则在 $\xi = 1$ 的一端，此时

$$\sigma_{max} = c_1 + c_2 + c_3 \tag{4-19}$$

ⅲ. 根据各应力分量的平均应力、最大线应力和曲线拟合的最大应力，计算出各自的主应力。

ⅳ. 计算出各自的应力强度。

平均应力的应力强度视其作用范围是总体的还是局部的，归属于 S_{I} 或 S_{II}。线性应力的应力强度归属于 S_{IV}。当操作工况要求进行疲劳分析时，则还需采用拟合应力最大值的应力强度，此即属于 S_{V}。

4.4.2　应力强度设计限制

（1）材料的设计许用应力强度

压力容器分析设计标准规定的材料许用应力强度（代号 S_m）是取以下 3 种情况的最小值

$$S_m = \min\left\{ \frac{\sigma_s}{n_s}, \frac{\sigma_s^t}{n_s^t}, \frac{\sigma_b}{n_b} \right\}$$

式中，σ_s 与 σ_b 分别是常温下材料的最低屈服点和最低抗拉强度，有上标 t 的是指在设计温度下的最低屈

服点；n_s、n_s^t 和 n_b 分别为相应的材料设计系数，可见表 4-3。我国标准规定的材料设计系数 $n_s \geqslant 1.5$，$n_b \geqslant 2.6$，是在总结以往使用经验和参考国外同类标准以后规定的。取上述最小值的意义，是既要保证 $\sigma_s / 1.5$ 时处于弹性状态、控制塑性失效，又需以 $\sigma_b / 2.6$ 防止发生断裂爆破。这既有利于提高设计许用应力强度，又不失其安全性。JB 4732 列出了钢板、钢管、锻件与螺栓材料的设计许用应力强度值可供选用。

表4-3　材料设计系数

标准	n_s	n_b
中国：JB 4732《钢制压力容器——分析设计标准》	1.5	2.6
美国：ASME Ⅷ.2《压力容器——另一规程》	1.5	2.4
欧盟：EN13445《非直接接触火焰压力容器》	1.5	2.4

（2）各种应力强度限制条件

在压力容器中通常是某个部位可能同时作用有 $P_L(P_m)$、P_b、Q、F，而另外一些部位则仅有 P_m 或 P_L，某种受纯弯的部件还可能仅有 P_b。至于 Q 与 F，一般总是和 $P_L(P_m)$ 或 $P_L(P_m) + P_b$ 同时存在。因此，对于分析设计可能需要评定下列各种应力强度。

ⅰ. 一次总体薄膜应力强度

$$S_I = P_m$$

ⅱ. 一次局部薄膜应力强度

$$S_{II} = P_L$$

ⅲ. 一次（总体或局部）薄膜应力加一次弯曲应力的组合应力强度

$$S_{III} = P_L(P_m) + P_b$$

式中，$P_L(P_m)$ 表示 P_L 或 P_m。P_m 是遍及容器总体的薄膜应力，各处都存在，在远离结构不连区仅有 P_m；而在不连续的局部区域内，除有 P_m 以外，还包含因结构不连续或受局部机械载荷所引起的薄膜应力，故在局部区域内以 P_L 表示。

ⅳ. 一次应力加二次应力的组合应力强度

$$S_{IV} = P_L(P_m) + P_B + Q$$

Ⅴ. 峰值应力强度

$$S_V = P_L(P_m) + P_B + Q + F$$

计算每一种应力强度时，先求其中各应力分量的代数和，再计算主应力，求出应力强度。

在 5 种应力强度中，前 3 种用于评价设计载荷下的一次应力，即在设计压力和给定的其他机械载荷下所引起的应力强度；第 4 种用于评价在操作载荷循环下与其他机械载荷循环，以及总体热效应下所引起的应力强度；第 5 种用于对疲劳分析做出评价，包括由操作压力、其他机械载荷、总体与局部结构不连续以及总体与局部热效应所引起的应力强度幅，它是沿截面厚度任意点上一次加二次与峰值应力的总和的最大应力强度幅。

各种应力强度的限制条件不大于材料许用应力强度 S_m 或其一定倍数。对于疲劳分析，不应大于材料疲劳曲线的许用应力强度幅 S_a。各种许用值详见表 4-4，其中系数 1.5 来源于极限载荷设计准则，系数 3 来源于结构安定性准则。设计载荷系数 k 见表 4-5。

表 4-5 中，若要评价 S_{III}，则应以 $S_I \leqslant kS_m$ 为前提；若在操作载荷下评价 S_{IV} 或 S_V，则应先满足设计载荷下 $S_I \leqslant 1.5kS_m$。

当 3 个主应力相等或大小接近时，按最大切应力理论确定的应力强度为零或很小。为了弥补这种理论上的缺陷，在作出应力强度评价时，还应限制 $\sigma_1 + \sigma_2 + \sigma_3 \leqslant 4S_m$。

表4-4 应力分类组合和应力强度限制

应力分类	一次应力			二次应力	峰值应力
	总体薄膜	局部薄膜	弯曲		
简单说明	仅由机械载荷引起的；沿实心截面均匀分布，即平均应力；不包括结构不连续和应力集中	仅由机械载荷引起的；存在于局部范围；沿实心截面均匀分布，即平均应力；不包括应力集中；考虑结构不连续的平均应力	仅由机械载荷引起的；与离实心截面形心的距离成正比的线性应力；不包括结构不连续和应力集中	由机械载荷或热膨胀差引起的；发生在结构不连续处，为满足连续条件所产生的应力；不包括应力集中；考虑结构不连续的弯曲应力	因应力集中（缺口）而加到一次或（和）二次应力上的增量；能引起疲劳，但不引起容器形状变化的某些热应力
符号	P_m	P_L	P_b	Q	F
应力分类组合与应力强度限制	P_m	P_L	$P_L + P_b$	$P_L + P_b + Q$ ┈┈ $P_L + P_b + Q + F$	
	$S_I \leqslant kS_m$	$S_{II} \leqslant 1.5kS_m$	$S_{III} \leqslant 1.5kS_m$	$S_{IV} \leqslant 3kS_m$	$S_V \leqslant S_a$

注：1. 符号 P_m、P_L、P_b、Q、F 表示应力分类的名称，每种符号在一般情况下均有 6 个应力分量，如 σ_x，σ_θ，σ_z，$\tau_{x\theta}$，$\tau_{\theta z}$，τ_{zx}，分类相加是指每种分类各自的相同分量代数叠加而后求出主应力，再计算应力强度。

2. 符号 Q 是指扣除一次应力后，由结构不连续与热梯度引起的应力；通常，给出的是一次与二次应力之和，而不单是二次应力 Q；同样，符号 F 亦不是单独给出的应力增量。例如，单向拉伸板的名义应力强度 S，有一缺口应力集中系数为 α，则 $P_m = S$，$P_b = 0$，$Q = 0$，$F = P_m(\alpha - 1)$，而峰值应力强度为 $P_L + P_b + Q + F = P_m + 0 + 0 + P_m(\alpha - 1) = \alpha P_m = \alpha S_0$。

3. S_a 为材料的许用应力强度幅，可由设计疲劳曲线查得：对于全幅度的循环应力强度范围（即应力强度幅的 2 倍）应为 $2S_a$。

4. 应力计算：细实线 "—" 表示按设计载荷计算；虚线 "…" 表示按操作载荷计算。

表4-5 设计载荷系数 k

载荷类别	载荷组合	k
A	设计压力、容器自重、内装物料重量、附加其上的附属设备重量及外部配件重量	1.0
B	A+ 风载荷[①]	1.2
C	A+ 地震载荷[①]	1.2

① 不需要同时考虑风载荷与地震载荷。

4.4.3　极限载荷设计概念

极限载荷法是塑性分析的基本强度设计方法。假定材料是理想塑性体，其应力 - 应变关系无应变硬化阶段，如图 4-15 所示。

在结构整体屈服或局部区域全域屈服形成"塑性铰"以后，变形将会在不增加载荷的情况下不断增加，从而丧失承载能力。这种状态称为塑性失效的极限状态，达到这种极限状态施加的外载荷（力或力矩）称为极限载荷。按极限载荷可以确定应力强度的塑性控制条件。

现以杆（梁）件说明在承受拉伸、弯曲和拉 - 弯组合作用时极限载荷设

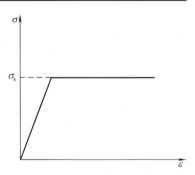

图 4-15 理想塑性材料的应力 - 应变关系

计准则的概念。

（1）拉伸应力强度限制

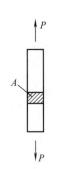

假设一条受简单拉伸的直杆，见图4-16，横截面积为A，受轴向外载荷为P，则平均应力为

$$\sigma = \frac{P}{A}$$

当此应力达到材料的屈服强度σ_s时，杆件即整体屈服，进入极限状态，其极限载荷为

$$P_s = A\sigma_s \qquad (4\text{-}20)$$

故极限载荷的设计准则，应使$P \leqslant P_s$；以平均应力表示，即$\sigma_1 \leqslant \sigma_s$。

直杆中的平均应力正如分析设计定义容器的一次总体薄膜应力P_m，若其极限值为σ_s，取材料设计系数n_s，则得限制条件为

图4-16 简单拉伸的杆

$$P_m \leqslant \frac{\sigma_s}{n_s} = S_m \qquad (4\text{-}21)$$

（2）弯曲应力强度限制

假设一受纯弯曲的梁，见图4-17（a），矩形截面宽为b，高为h，受外载荷为弯矩M。

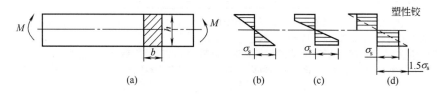

图4-17 受纯弯曲的梁和弯曲应力

这种梁在弹性状态下，沿截面高度的应力分布呈现线性；中间层即为中性层，应力为零；上下表面应力的绝对值最大，其值为

$$\sigma_{max} = \frac{M}{W} = \frac{6M}{bh^2} \qquad (4\text{-}22)$$

W为梁的截面模数，$W = (bh^2)/6$。当$\sigma_{max} = \sigma_s$，即表面层屈服〔图4-17（b）〕。此时表面层以内仍处于弹性状态，对应的载荷即为最大弹性承载能力

$$M_e = \frac{bh^2}{6}\sigma_s \qquad (4\text{-}23)$$

按照塑性失效的观点，出现这种情况并非破坏，还能继续承载。若继续加载，则塑性区向弹性区扩展，弹性区缩小〔图4-17（c）〕，最后全截面屈服〔图4-17（d）〕形成了"塑性铰"。此时，梁即变为"双杆机构"，可以任意转动，达到了极限状态。对应的载荷为梁的塑性失效极限载荷，其值可按塑性铰截面形成力矩得出

$$M_s = \frac{bh}{2}\sigma_s\left(\frac{h}{4}+\frac{h}{4}\right) = \frac{bh^2}{4}\sigma_s \qquad (4\text{-}24)$$

比较式（4-23）及式（4-24），可见$M_s = 1.5M_e$，即塑性失效的承载能力比最大弹性承载能力增大了50%。

为了便于与弹性状态的应力相比较，将极限弯矩M_s假想为弹性弯矩，计算出弹性弯曲应力，称为虚拟弯

曲应力

$$\sigma_\omega = \frac{M_s}{W} = 1.5\sigma_s$$

这种弯曲应力正如分析设计定义的一次弯曲应力 P_b，若其极限值为 $1.5\sigma_s$，取材料设计系数 n_s，则得限制条件为

$$P_b \leqslant 1.5\frac{\sigma_s}{n_s} = 1.5S_m \qquad (4\text{-}25)$$

（3）拉-弯组合应力强度限制

矩形截面的梁同时承受轴向力 P 和弯矩 M 的组合载荷，见图 4-18（a）。沿截面高度的弹性应力分布可以由平均应力与线性分布应力二者叠加得出 [图 4-18（b）]。其结果：中性层偏离中间层，偏离值 y 随轴向力大小而定。

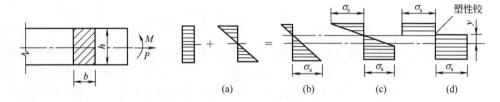

图 4-18　拉 - 弯组合载荷下的梁和应力

当载荷增大时，其中一个表面的应力首先达到屈服 [图 4-18(b)]，接着另一个表面达到屈服 [图 4-18(c)]，最终达到全域屈服 [图 4-18（d）]，出现"塑性铰"，进入极限状态。

由力的平衡，可得偏离值 y，即

$$P = b\left(\frac{h}{2}+y\right)\sigma_s - b\left(\frac{h}{2}-y\right)\sigma_s$$

$$y = \frac{P}{2b\sigma_s} \qquad (4\text{-}26)$$

由力矩平衡，可得极限载荷 M_s

$$M_s + Py = b\left(\frac{h}{2}+y\right)\sigma_s\left[\frac{1}{2}\left(\frac{h}{2}+y\right)\right] + b\left(\frac{h}{2}-y\right)\sigma_s\left[\frac{1}{2}\left(\frac{h}{2}-y\right)\right]$$

$$M_s = \frac{1}{4}\left(bh^2\sigma_s - \frac{P^2}{b\sigma_s}\right) \qquad (4\text{-}27)$$

变换式（4-27），即各项均乘以 $6/(bh^2\sigma_s)$，并代入拉伸平均应力 $\sigma = P/bh$ 和虚拟弯曲应力 $\sigma_w = (6M)/bh^2$，得

$$\frac{\sigma_w}{\sigma_s} = 1.5\left[1-\left(\frac{\sigma}{\sigma_s}\right)^2\right] \qquad (4\text{-}28)$$

再将（4-28）式两端各加一项 σ/σ_s，得

$$\frac{\sigma + \sigma_w}{\sigma_s} = 1.5\left[1+\frac{1}{1.5}\left(\frac{\sigma}{\sigma_s}\right)-\left(\frac{\sigma}{\sigma_s}\right)^2\right] \qquad (4\text{-}29)$$

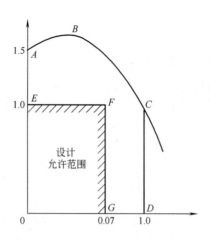

图 4-19 拉 - 弯组合极限应力与设计限制

式（4-29）的右端为 σ/σ_s 的二次方程。以 σ/σ_s 为横坐标，$(\sigma+\sigma_w)/\sigma_s$ 为纵坐标，可以画出一条拉 - 弯组合应力的极限状态曲线 ABC（见图 4-19）；因仅受拉伸载荷时极限状态为 $\sigma=\sigma_s$，即 $\sigma/\sigma_s=1$，亦画入图 4-19 中，则得直线 CD。当 $\sigma/\sigma_s=0$，即得纯弯曲的极限状态，$\sigma_w/\sigma_s=1.5$。

由此，如果 σ 代表分析设计定义的一次薄膜应力（P_L 或 P_m），σ_w 代表一次弯曲的应力（P_b），则式（4-29）和图 4-19 即表示二者组合达到极限状态。若取材料设计系数 $n_s=1.5$，则平均应力 $\sigma \leqslant \sigma_s/n_s=\sigma_s/1.5$，代入式（4-29），即可得拉伸与弯曲组合应力的极限为 $\sigma_1+\sigma_w=1.5\sigma_s$，故其组合的一次应力限制条件为

$$S_{\mathrm{III}} \leqslant 1.5\frac{\sigma_s}{n_s}=1.5S_m \tag{4-30}$$

以上便是由极限设计导出的拉伸、弯曲和拉 - 弯组合应力强度的许用值，由此说明了系数 1.5 的来由。应当指出，此系数仅来自矩形截面的直梁，当截面形状不同时，此系数并不都是 1.5，例如圆形截面该系数是 1.7。板壳结构的压力容器沿单位圆周长取出微元体，其截面形状可以视作矩形，故以矩形截面直梁导出的系数可以近似地用于压力容器，而且结果是偏安全的。这是因为对于直梁，只要出现一个"塑性铰"即进入极限状态；而对于板壳结构，只有出现多个"塑性铰"时才会导致塑性失效，故其承载能力显然大于直梁。

4.4.4　结构安定性概念

二次应力由变形不协调引起，一般总是和一次应力同时出现在局部范围，使该区域成为高应力区。由于二次应力具有自限性，如果一次应力满足强度条件，即

$$S_{\mathrm{I}} \leqslant S_m$$

$$S_{\mathrm{III}} \leqslant 1.5S_m$$

则二次应力对结构承受静载荷的能力并无明显影响。但若载荷过大，则在几次循环加载时可能导致结构丧失安定性，而进入塑性破坏过程。因此，对于含有二次应力的组合应力强度采用了结构安定性准则作为判据，即

$$S_{\mathrm{IV}} \leqslant 3S_m \tag{4-31}$$

结构安定性是指局部高应力区屈服以后，经过初始加载循环，塑性变形就不再发生，出现新的弹性行为，使结构进入安定状态。

结构处于安定状态的条件可以简单地由理想塑性材料在局部高应力区内的行为导出：

ⅰ. $\sigma_s<\sigma_1<2\sigma_s$ 的情况，即在高应力区内虚拟应力 σ_1 超过材料屈服强度 σ_s 而低于 2 倍屈服强度，如图 4-20（a）所示。此时，当初次加载时，高应力区即成为塑性区，实际应力 - 应变沿 OAB 线变化，按弹性计算的虚拟应力为 $\sigma_1=E\varepsilon_1$。接着卸载，则因周围低应力区弹性恢复，强迫塑性区沿 BC 线使塑性应变回缩到零，从

而该高应力区即变成一个"预"压缩区，留下残余压缩应力 $-\sigma$。如果第二次加同样大小的载荷，则需先克服"预"压缩应力沿 CB 路线变化。因为 $|-\sigma|=\sigma_1-\sigma_s$，故加载终了应力仅等于 σ_s，不再出现新的塑性变形。此后，若每次同样加载卸载，则原高应力区应力-应变始终沿 BC 线往返，始终保持新的弹性行为，处于结构安定状态。

ⅱ. $\sigma_1>2\sigma_s$ 的情况，即在高应力区内虚拟应力大于 2 倍材料屈服强度，如图 4-20（b）所示。此时首次加载以后接着卸载，应力-应变将沿 BC 与 CD 线返回，出现反向屈服现象。则加载时的拉伸屈服与卸载时的压缩屈服构成一个塑性变形循环，如此多次循环，则将引起塑性疲劳或塑性变形逐次递增而导致破坏，使结构处于不安定状态。

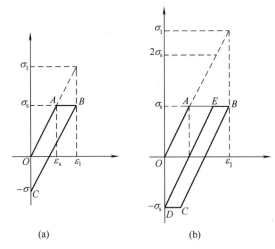

图 4-20 结构的安定性分析

由此可以推论，结构安定性的应力上限（对于理想塑性材料）应为 $\sigma_1=2\sigma_s$，亦即不发生反向屈服的极限应力。若取材料设计系数 $n_s=1.5$，则 $\sigma_s/1.5=S_m$，故 $2\sigma_s=3S_m$ 便成为安定状态的判据。由于实际材料并非理想塑性体，屈服以后尚有一定的强化效应，因此 $3S_m$ 是偏安全的。

以上就是应力强度 $S_{Ⅳ}$ 限制条件中系数 3 的由来。

由于上述极限值来源于加、卸载循环的应力范围，故 $3S_m$ 应取操作循环中最高与最低温度下材料 S_m 的平均值的 3 倍。在确定最大的应力强度 $S_{Ⅳ}$ 的变化的范围时，应该考虑各种不同来源的操作循环的重叠，因为叠加以后总的应力强度范围可能超出任一单独循环的范围。需要注意，由于每种操作循环或循环组合中对应的温度范围可以是不同的，相应的 S_m 平均值亦就不同，因此关于在这些操作循环或循环组合下，限定不超出 $3S_m$ 应当小心地进行。

对于结构在某种特定条件下，若采用简化的弹塑性分析方法，则允许应力强度 $S_{Ⅳ}$ 的变化范围超出 $3S_m$，其条件是：

ⅰ. 若不包括弯曲热应力，应力强度 $S_{Ⅳ}$ 的变化范围应小于 $3S_m$。

ⅱ. 进行疲劳分析时，若采用设计疲劳曲线上查得的 S_a 再乘以系数 K_e；K_e 的计算如下：

当 $3S_m<S_{Ⅳ}<3k_1S_m$ 时

$$K_e=1.0+\frac{1-k_2}{k_2(k_1-1)}\left(\frac{S_{Ⅳ}}{3S_m}\right) \tag{4-32}$$

当 $S_{Ⅳ}\geqslant 3S_m$ 时

$$K_e=\frac{1}{k_2} \tag{4-33}$$

式中，k_1、k_2 为与材料有关的参数，见表 4-6。

ⅲ. 不出现热棘轮现象（其定义见表 4-2 "注"）。

ⅳ. 使用温度不超过表 4-6 规定的最高温度。

ⅴ. 材料的屈强比 (σ_s/σ_b) 应小于 0.8。

表4-6 参数 k_1 与 k_2

钢的种类	k_1	k_2	最高使用温度 /℃	钢的种类	k_1	k_2	最高使用温度 /℃
碳钢	3.0	0.2	370	马氏体不锈钢	2.0	0.2	370
低合金钢	2.0	0.2	370	奥氏体不锈钢	1.7	0.3	425

4.4.5 疲劳分析设计准则

压力容器疲劳分析是分析设计的一个重要部分，已有专著和标准可供参考。现对含峰值应力的组合应力强

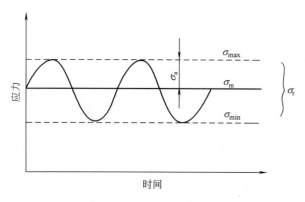

图4-21　交变应力循环

度的限制条件，即疲劳失效设计准则，作简单说明。

疲劳失效来源于交变循环应力，一种简单的交变循环应力如图4-21所示。图中：

应力变化的范围　　　　　　$\sigma_r = \sigma_{max} - \sigma_{min}$

交变应力幅　　　　　$\sigma_a = \dfrac{1}{2}\sigma_r = \dfrac{1}{2}(\sigma_{max} - \sigma_{min})$

应力交变的平均应力　　　$\sigma_m = \dfrac{1}{2}(\sigma_{max} + \sigma_{min})$

当$\sigma_{min} = 0$时，表示载荷由零至最大的加载应力循环，即脉动循环。

由应力幅与循环次数N标绘的设计疲劳曲线如图4-22所示。该曲线是以材料的疲劳试验为基础，考虑了平均应力修正，取应力幅安全系数为2，取循环次数安全系数为20得出的。纵坐标即表示$E=2.1\times10^5$MPa的许用应力强度幅

$$S_a = \frac{S_{max} - S_{min}}{2}$$

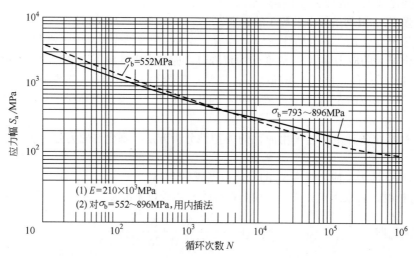

图4-22　温度低于375℃的碳钢、低合金钢、高强度钢的设计疲劳曲线

若实际设计温度下材料的弹性模量为E^t，则设计温度下许用应力强度幅为

$$S_a^t = \frac{E}{E^t}S_a$$

当含峰值应力的组合应力强度是以应力范围（S_{max}，S_{min}）表示时，则

$$S_{II} \leqslant 2S_a^t \tag{4-34}$$

其中系数2表示应力强度幅的2倍。

并非所有承受交变载荷的容器都需要进行疲劳分析，例如下列几种情况可以免除疲劳分析：

ⅰ.已有成功使用经验可资类比证明者；

ⅱ.常温抗拉强度$\sigma_b \leqslant 550$MPa的钢制整体结构，包括整体部件，各项循环次数总和不超过1000次者；

ⅲ.常温抗拉强度$\sigma_b \leqslant 550$MPa的钢制非整体结构，例如带有补强圈的接管及非整体连接件的各项循环次数总和不超过400次者。

各项循环次数的计算方法如下：

ⅰ.包括起动与停车在内的，整个操作过程压力循环的预计（设计）循环次数；

ⅱ.压力波动范围超过设计压力20%（对于非整体结构为15%）的操作压力波动循环的预计（设计）次数；压力波动不超过设计压力20%（对于非整体结构，为15%）的循环次数不计，大气压波动的影响不考虑；

ⅲ.包括接管在内的任意相邻两点之间金属温度差预期波动的有效次数，是将金属温差的预期波动循环次数乘以表4-7中的相应系数，然后将所得次数相加而得；例如相邻两点间金属温差 T_{12} 有以下预期波动循环次数：

| $T_{12}/℃$ | 25 | 50 | 250 |
| 循环次数 | 1000 | 250 | 5 |

则预期波动的有效次数为（1000×0）+（250×1）+（5×12）=310（次）

ⅳ.由热膨胀系数不同的两种材料焊接组成的部件（包括焊缝），当 $(\alpha_1-\alpha_2)\Delta T > 0.00034$ 时的温度波动循环次数，式中 α 为材料的平均热膨胀系数，ΔT 为操作温度（℃）波动的范围；此条件不适合复合材料情况。

由此，总循环次数即为上述四种循环次数之和。

表4-7 相邻两点①金属温度差波动系数

金属温度差波动/℃	系数	金属温度差波动/℃	系数
≤25	0	151~200	8
26~50	1	201~250	12
51~100	2	>250	20
101~150	4		

① 两点相邻的定义：
对于表面温差，回转壳经线方向相邻距离为 $L \leqslant 2.5\sqrt{R\delta}$，平板为 $L \leqslant 3.5a$；
对于沿厚度温差，为任何表面法线方向上的任意两点均认为是相邻点。
式中，R 为回转壳的第二曲率半径；δ 为所考虑点处的厚度，如果 $R\delta$ 之值是变化的，则用两点的平均值；a 为板的加热圆面积或热点的半径。

思考题

1.从设计载荷、应力分析和应力评定三方面，分析比较压力容器规范设计与分析设计的主要不同。

2.由于分析设计对应力分析与计算更为精细和准确，对应力评定更为合理，如果在常规设计中按分析设计进行应力分析和应力评定，这样设计的容器的安全性和经济性是否更高？

3.一次应力是如何产生的？它的基本特征是什么？一次总体薄膜应力和一次局部薄膜应力有何区别？

4.二次应力是如何产生的，它的基本特征是什么？为什么将总体结构不连续产生的薄膜应力部分归为一次应力，而由此产生的弯曲应力归为二次应力？

5.峰值应力是如何产生的，它的基本特征是什么？它对容器强度的影响主要体现于哪方面？

6.试以一典型压力容器为例，分析其上各部位应力的性质及类别。

7.分析设计为什么要定义5个应力强度？它们各有什么特点？对它们各采取了什么样的限制条件？

8.极限载荷设计思想是什么？纯弯曲时极限载荷是最大弹性承载能力的1.5倍，这种提高是通过什么样的方式实现的？

9.什么是虚拟应力？什么是结构的安定状态？为使结构处于安定状态，应对虚拟应力作何限定？

10.对承受交变载荷的压力容器，在什么情况下可免除疲劳设计？为什么？

5 高压容器设计

○○ ── ○○ ○ ○○ ──

👁 学习目标

○ 掌握高压容器结构和材料特点，区分各类典型的结构型式。

○ 能阐释高压容器自紧密封的原理。

○ 能应用自增强技术原理对提高高压厚壁容器弹性承载能力进行分析。

5.1 高压容器设计概述

工程上一般将设计压力在 10 ～ 100MPa 之间的压力容器称为高压容器，我国 TSG 21 中将高压容器划归为三类容器（除非体积特别小）。高压容器在过程工业中应用比较广泛，例如石油化工行业中的合成氨、合成尿素、合成甲醇、高压聚乙烯及重油加氢中的反应容器，高压压缩机的气缸，水压机的蓄力器，原子能工业的核反应堆，动力装置中高压锅炉汽包等都属于高压容器。第 3 章介绍的压力容器常规设计方法，主要用于中低压容器。高压容器在材料选用、筒体结构、密封结构、制造工艺、端盖与法兰等许多方面有其特殊性，设计方法与常规设计也不尽相同。

5.1.1 高压容器的结构特点

高压容器最显著的特点是压力高，壁厚大，所以制造困难；高强钢的应用，增加了应力集中及结构缺陷的敏感性；密封压力高，介质通过密封面的泄漏流动阻力很难大于密封压力等。因此，高压容器在结构上形成如下特点。

（1）一般采用细长的圆筒形结构

容器直径越大，壁厚也越大，这就需要大尺寸锻件和特厚钢板，材料来源比较困难；需要大型冶炼、锻造设备，大型轧机和大型加工机械，同时还给焊接缺陷控制、残余应力消除、热处理等造成困难。虽然球形容器比圆筒形容器承载能力高，但其制造相对圆筒形结构要困难，所以高压容器通常采用圆筒形结构。圆筒形结构的另一优点是，不需增加直径，只需增加筒体长度，就可增加容器容积，通过这个途径可以减小筒体壁厚。另外，采用细长圆筒结构还有一个优点：可以减小端盖所承受的轴向载荷，有利于端盖密封。因此，高压容器的长径比一般为 12 ～ 15，有的高达 28。这样制造较容易，密封也可靠。

（2）一般采用平盖或半球形封头

当高压容器直径较小时（例如小于 1000mm），常采用平盖封头，因为平盖封头密封结构简单，制造方便。但平盖封头受力条件差、耗材多、笨重，且大型锻件质量难保证，故目前大型高压容器趋向采用不可拆的半球形封头，这样的结构更为经济合理。

（3）一般采用自紧式密封结构

高压容器压力高，采用强制密封，其螺栓力和螺栓变形很大，难以满足密封要求，因此出现多种型式的自紧式密封结构，以借助介质压力来压紧密封元件。但无论如何，密封是高压容器的一个难题，要尽量避免可拆结构。不得不这样做时，应尽量减小密封直径。

（4）一般应避免在筒体上开孔

为了避免开孔削弱筒体强度，以前不允许在筒体上开孔，只允许将孔开在端盖或封头上，或只允许在筒体上开小孔（如测温孔）。目前，由于生产上的迫切需要，同时由于设计和制造水平的提高，允许在有合理补强的条件下在筒体上开较大直径的孔，开孔直径可达到筒体内径的 1/3。

5.1.2　高压容器的材料特点

高压容器所用钢材的要求除符合中低压容器用材的要求外，还有如下一些特殊的要求。

（1）强度与韧性

为了减小容器壁厚、降低材料消耗和制造成本，高压容器大多采用高强钢和中强钢。但材料强度提高，其韧性和可焊性一般会降低。因此，高强度、高韧性和高可焊的"三高"钢，是高压容器用钢的发展方向。

近年来，国外研究出了屈服点达 800MPa 左右的高强钢，其含碳量在 0.09% 以下，主要是通过添加锰、镍、铬等强化元素及各种细化晶粒的元素，并保证磷、硫杂质元素含量低于 0.004%，采用真空浇注等工艺脱除氧、氮、氢有害气体等措施，来达到提高强度、增加韧性、改善可焊性的目的。

（2）加工工艺性

对于整体锻造的高压容器用钢，必须具有良好的可锻性。对于焊接结构的高压容器用钢，必须具有良好的焊接性能，包括可焊性、吸气性、热裂及冷裂倾向、晶粒粗大倾向等。作为焊接容器用钢一般均具有较好的焊接性能，但仍应注意的是，强度越高、板材越厚时，产生延迟裂纹（冷裂纹）的倾向越大，通常应在焊前预热、焊后保温及排除氢气、焊后热处理等方面作充分考虑。

一般来说，焊接结构的高压容器用钢还需要有良好的塑性，以保证卷制成形时不产生裂纹。其塑性指标 δ_5 不应低于 16% ～ 18%，同时还需进行 180° 的冷弯试验，弯芯直径不应大于板厚的 3 倍。对于锻焊结构的高压容器，虽然不存在冷弯裂纹问题，但锻造筒节之后还需用深环焊缝进行焊接，因此仍要求钢材具有良好的可焊性。

（3）耐腐蚀性

在高压下，气体腐蚀问题变得较为突出。例如，氢、氮和硫化氢腐蚀等。氢腐蚀是氢在高压下沿晶界表面扩散而脱碳的腐蚀。在常压下氢脱碳的最低温度为 310℃，但在高压下该最低温度会明显下降，因此规定工作压力为 32MPa 的高压容器，壁温在 200℃ 以下时才可选用碳钢。氮的腐蚀是由于氮扩散到钢中与铁生成氮化铁，从而提高了钢材的硬度和脆性。硫化氢使钢脱碳后，钢中的镍与硫化合成硫化镍。此外，在甲醇合成设备中有一氧化碳的腐蚀，在尿素合成设备中有氨基甲酸铵及氰酸铵的腐蚀。所以，高压容器用钢要能耐高压下的各种腐蚀，一般用耐腐蚀材料做衬里来解决介质的腐蚀问题。

（4）其他要求

高压容器用钢在制造投料前对原材料的各种检验要求比中低压容器要严格得多。例如要复验钢材的化学成分和力学性能、冷弯与冲击性能、钢板厚度负偏差，还需要对钢板逐张进行 100% 超声波检验，以保证钢材的各项指标符合高压容器用钢的要求。

5.1.3　高压容器简体的结构型式

高压容器简体结构基本上可分为单层式和多层式两大类，每个大类又有不同的结构型式，如图5-1所示。

5.1.3.1　单层式

（1）整体锻造式

这是高压容器最早采用的结构型式，国外用得比较广泛。锻造时，先将钢锭放在大型水压机上锻成圆柱形，然后用棒形冲头把钢锭通心，再将其套在心轴上锻内径，使其接近设计内径。锻造完后，对内外壁进行切削加工，并车出端部连接法兰的螺纹，如图5-1（a）所示。

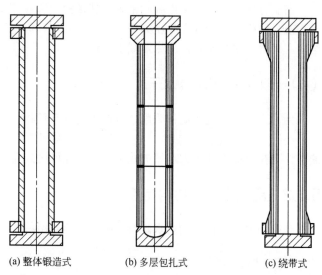

（a）整体锻造式　　（b）多层包扎式　　（c）绕带式

图 5-1　高压容器简体结构型式

整体锻造式高压容器的优点是结构简单，材料性质均匀，晶格致密，机械强度高，无须焊接和冷弯，对材料的可焊性和塑性要求可适当降低；缺点是制造过程需庞大的冶炼、锻造及热处理设备，生产周期长，锻造比大，金属切削量大，不能按内、外层的工作条件选用不同的材料以减小贵重金属的消耗，因而成本比较高。

这种结构型式一般适用于直径较小，压力较高的高压或超高压容器。德国和美国有较多的大型锻压设备，所以高压容器采用整体锻造式的较多，国内则较少采用。

（2）单层卷焊式

单层卷焊式简体是将厚钢板（例如厚度为 120mm）加热至 700～900℃ 后，在大型卷板机上卷成圆筒，然后焊接纵缝得到简节，通过环焊缝将简节连接成所需长度的简体，再将预先锻造好的法兰或端盖焊上，即可得到整个容器。

单层卷焊式高压容器的优点是加工工序少，工艺简单，因而周期短、效率高。其缺点是由于采用大型卷板机，若圆筒直径过小便无法卷筒，因此直径 400mm 以下时就难以成形。另外钢板厚度也受卷板机的能力限制，目前国内最大卷制厚度可达 110mm 而简体直径不小于 1000mm。

（3）单层瓦片式

将厚钢板加热后在水压机上先压成瓦片形板坯，然后将两块瓦片板坯组对在一起，通过纵缝焊接形成圆筒节，再将筒节组焊成筒体，此时每一筒节上至少有两条纵焊缝。它的生产效率要比单层卷焊式低，只是在卷板机能力不够大时才采用这种结构。

（4）无缝钢管式

单层厚壁高压容器也可用厚壁无缝钢管制造，效率高，周期短。中国小型化肥厂的许多小型高压容器都采用这种结构。

5.1.3.2　多层式

（1）多层包扎式

先由薄壁圆筒作为内筒（厚度一般为 14～20mm），在其外面逐层包扎上厚度为 4～8mm 的层板以达到所需的厚度，如图 5-1（b）所示。将层板卷成半圆（瓦片）形，在专用包扎机上，将其包在内筒的外表面。用钢丝索扎紧，点焊固定点，再松去钢丝索。焊接纵焊缝并磨平后，第一层板包扎完工。用同样的方法包扎第二层，但纵焊缝要错开 75° 左右，如图 5-2 所示。当包扎至厚度满足设计要求时，就构成了一个筒节。筒节两端车出环焊缝坡口，通过环缝焊接，把筒节连成筒体，每个筒节上应开设安全孔，如图 5-3 所示。法兰与端盖与单层容器一样。

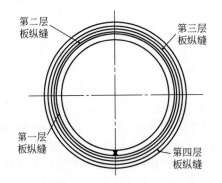

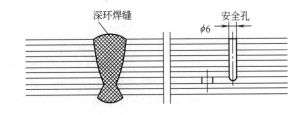

图 5-2　多层包扎筒节层板纵缝错开形式　　　　**图 5-3**　多层包扎筒节上深环焊缝及安全小孔

这种结构型式的主要优点是：

ⅰ. 只需薄板不需厚板，原料来源广泛，且薄板比厚板质量容易达到要求；

ⅱ. 制造条件要求不高，使用机具比较简单，不需要大型锻压装置，一般中小型机械厂都能制造；

ⅲ. 层板包扎与焊接过程中，由于钢丝索的拉紧及纵焊缝的冷却收缩，筒体沿厚度产生一定的压缩预应力，在承受工作内压时，此预应力可抵消一部分由内压产生的拉应力，改善了筒体的应力分布；

ⅳ. 筒体上纵焊缝互相错开，任何轴向剖面上均无两条以上焊缝，破裂时是逐层裂开，一般无碎片，安全性较单层好；

ⅴ. 层板上开有许多通气小孔，从小孔可以监察内筒工作时有无泄漏现象，同时这种小孔可使层间空隙中的气体在工作时因温度升高而排出；

ⅵ. 层板与内筒可用不同的材料，以适应介质的要求并节省贵重材料，使成本降低。

这种结构型式的主要缺点是：

ⅰ. 对钢板厚度的均匀性要求高，否则整个筒体的椭圆度大；

ⅱ. 包扎工艺要求高，否则层间松动面大；

ⅲ. 工序烦琐，生产效率低，生产周期长，不适合制造大型容器；

ⅳ. 层板下料后边角余料多，钢板利用率低；

ⅴ.因层间有间隙使导热性差，器壁不宜作传热之用。

这种结构型式一般用在直径为 $\phi500 \sim \phi3200mm$，压力 $\leqslant 50MPa$，温度 $\leqslant 500℃$ 的场合。过大的直径和过高的压力将使包扎层数太多，多层包扎结构便不适宜了。多层包扎式高压容器是国内中型高压容器所采用的主要结构型式，制造厂家较多。

（2）多层绕板式

为了克服多层包扎式焊缝多、效率低等缺点，发展了多层绕板式。这种结构是将薄板（通常 2 ～ 3mm 厚）一端与内筒相焊，然后将薄板连续地缠绕在筒体上，达到所需厚度后，将薄板割断并将薄板末端焊住，形成筒节。最外层往往再加焊一层套筒作为保护层。即多层绕板式筒体由三部分组成：内筒、卷板层和外筒。内筒长度决定于钢板的宽度，一般为 2.2m。

与多层包扎式相比，多层绕板式有如下特点：

ⅰ.生产效率高，无须一片一片地下料成型，无须逐层焊接，焊缝少；

ⅱ.材料利用率高，基本没有边角余料，材料成本较低；

ⅲ.机械化程度高，内筒制成后可在绕板机上一次绕制完毕。

我国早已形成一定的绕板容器生产能力。一般来说，绕板容器所用钢板太薄，不适合于绕制大型大厚度高压容器。

（3）多层绕带式

多层绕带式是通过在内筒外面绕上多层钢带以增大筒壁厚度。根据不同的钢带型号有两种不同的结构型式：槽形绕带式和扁平绕带式。

① 槽形绕带式　图 5-4 为槽形钢带的横截面形状，厚度一般为 6 ～ 10mm，宽度一般为厚度的 10 倍，钢带需由钢厂专门轧制，要求形状、尺寸准确。制造时先将内筒外表面车削成与槽形钢带形状相吻合的螺旋槽，再将钢带通过电热器加热，使之失去弹性，将钢带起点焊在内筒一端，接着向内筒外表面车制的槽中缠绕，使钢带的凸台与筒面的凹槽相啮合，绕至筒的另一端时切断钢带，并将钢带末端焊住。绕满一层后，按绕第一层的方法，使一、二层钢带的凹、凸相啮合。绕满第二层后，绕第三层，层层啮合，如此下去，直至达到所需厚度为止。端部法兰也可由钢带绕制而成，参见图 5-1（c）。

我国 20 世纪 60 年代曾试制过这种结构的容器，由于槽形钢带的来源及其制造问题，目前已不生产，但东欧一些国家则生产较多。

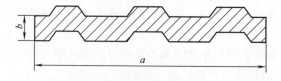

图 5-4　槽形钢带的横截面形状

② 扁平绕带式　扁平绕带式高压容器结构简单，内筒无须加工螺纹槽，也不采用需特殊轧制的槽形钢带，因而其制造要比槽形绕带式方便得多。所用扁平钢带一般厚 4 ～ 8mm，宽 40 ～ 120mm。缠绕时通过一个油压装置施加一定拉力，使内筒产生预压缩应力，从而使内筒在工作状态下的应力有所减少。钢带的起始端与筒的

端部焊牢，每层钢带按多头螺纹绕制，并与径向断面成 26°～31° 倾角，这样可以增加带间摩擦力以承受轴向力。每层钢带互相为左右螺旋错开，并使带层为偶数，避免筒壁产生附加扭矩，如图 5-5 所示。

这种结构型式的主要优点是：

ⅰ. 扁平钢带尺寸公差要求不高，结构简单，轧制方便，来源广，价格低；

ⅱ. 所用加工设备简单，绕带机精度要求不高，小型机械厂都能做到；

ⅲ. 绕带时机械化程度较高，可节省大量手工劳动，生产效率高，生产周期短；

ⅳ. 材料利用率高，制造成本低；

ⅴ. 整体绕制，无深厚环焊缝；

ⅵ. 内、外层材料可以不同，以适应介质的要求和节省贵重金属材料；

ⅶ. 内筒较薄，带层呈网状结构，爆破时不容易整个裂开，比较安全。

这种结构型式的主要缺点是：

ⅰ. 缠绕倾角 α 对带层及内筒承受轴向、周向应力的分配非常敏感，须选取一个合适的值，否则带层受力情况不好；

ⅱ. 绕带时导轨给钢带绕上圆筒的位置不够准确，常要人工纠正钢带的位置；

ⅲ. 钢带的拉力不够，带层有时松，不易产生对内筒的预应力；

ⅳ. 水压试验的残余变形量稍大，爆破压力稍低。

扁平钢带倾角错绕厚壁容器是我国首创，它在我国 20 世纪 60～70 年代大规模发展小型化肥工业中发挥了重要作用，也取得了重大经济效益。

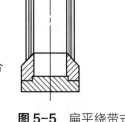

图 5-5 扁平绕带式高压容器

（4）多层热套式

大型高压容器的壁厚很大，常在 100mm 以上，层板（带）较薄时，要达到所需厚度很是费时，工程上迫切需要以较厚的板材组合成层数不多的厚壁筒，多层热套式厚壁筒便是其中之一。采用双层或更多层中厚板（30mm 以上）卷焊成直径不同但可过盈配合的筒节，然后将外层筒加热到计算好的温度，便可进行套合，冷却收缩后便配合紧密。如此逐层套合到所需厚度，套合好的筒节加工出环缝坡口再焊成筒体。

热套筒体需要较准确的过盈量，但又要力求配合面不进行机械加工，这就对卷筒的精度要求较高，而且套合时需选配套合。即使有过盈量，套合后也很难保证贴合均匀。如果在套合并组接成筒体后再进行超压处理，则可使其贴合紧密，这样可降低对过盈量及圆筒精度的要求。

多层热套式高压容器的主要优点是：

ⅰ. 采用中厚板，层数少（一般 2～3 层），生产效率高，明显优于层板包扎式；

ⅱ. 材料来源广泛且材料利用率高，中厚板的来源比厚板来源广，且质量比厚板好，材料利用率比层板包扎式高 15%～20%；

ⅲ. 焊缝质量容易保证，每层圆筒的纵焊缝均可分别探伤，且热套之前均可作热处理。

虽然热套时的预应力可以改善筒体受内压后的应力状态，但对一般高压容器来说这一点并不重要。而且这种热套筒体不是在经过精密切削加工后再进行套合的，因此热套后的预应力各处的分布很不均匀。所以在套合后或组装成整个筒体后再放入炉内进行退火处理，以消除套后或组焊后的残余应力。只是在超高压容器采用热套结构时才期望以过盈套合应力来改善筒体的应力分布状态。

（5）无深环焊缝的多层包扎式

上面所述的各种多层容器均先制成筒节，筒节与筒节之间就不可避免地需要采用深环缝焊接。深环焊缝的焊接质量对容器的制造质量和安全有重要影响，原因在于：

ⅰ. 探伤困难，由于环缝的两侧均有多层板，影响了超声波探伤的进行，仅能依靠射线检验；

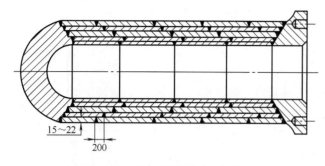

图 5-6   无深环焊缝的多层包扎式

ⅱ.有很大的焊接残余应力，且焊接晶粒极易变得粗大而韧性下降；

ⅲ.环缝的坡口切削工作量大，焊接也复杂。

无深环焊缝的多层包扎式高压容器，可以克服这些缺点。将内筒首先拼接到所需的长度，两端便可焊上法兰或封头，然后在整个长度上逐层包扎层板，待全长度上包扎好并焊好磨平后再包扎第二层，直至包扎到所需厚度。这种方法包扎时各层的环焊缝可以相互错开，至少可错开 200mm 的距离。另外每层包扎层还应将层板的纵焊缝也错开一个较大的角度，以使各层板的纵焊缝不在同一方位。这些做法均对保障结构的安全有好处。如图 5-6 所示。这种结构的高压容器完全避免了出现深环焊缝，连与法兰及封头连接的深环焊缝也被一般的浅焊缝所代替，使得焊缝质量较易保证，又简化了工艺，但需较大型的包扎机，我国近年来已进行了研制，并已取得了成功。

综上所述，各种结构型式的高压容器主要是围绕如何用经济的方法获得大厚度这一中心问题而逐步发展起来的。这些型式的高压容器我国都具有一定的设计生产能力。在设计选型时，应综合考虑材料来源，配用的焊条焊丝，制造厂的设备条件以及对特殊材料的焊接能力、热处理要求等。

5.2   高压圆筒的强度设计

5.2.1   高压圆筒强度设计准则

由 2.2 节的应力分析可知，高压圆筒形容器筒壁应力分布有两个重要特点：第一，沿壁厚的应力分布不均匀，弹性状态下内壁应力水平最高；第二，处于三向应力状态，径向应力 σ_r 不可忽略。因此，在进行筒体强度设计时，首先遇到的问题是，如何表达某点的应力强度（或应力水平），如何评定应力强度。也就是说，应采用什么样的强度理论和强度失效准则来处理三向应力。

针对强度失效的设计准则主要有三种：弹性失效设计准则、塑性失效设计准则和爆破失效设计准则。考虑三向应力状态的应力强度，一般可按第一、第二和第四强度理论求得。下面作简要介绍。

（1）弹性失效设计准则

认为筒体内壁的应力强度达到材料的屈服强度时，筒体便失效，这就是弹性失效准则，它应用比较普遍，我国高压容器设计基本采用此准则。

采用不同的强度理论，可得出不同的应力强度，因此所建立的强度条件也不同，例如：

第一强度理论（即最大主应力理论）所建立的强度条件为

$$\sigma_{\mathrm{I}} = \sigma_{\theta} \leqslant [\sigma] \tag{5-1}$$

第三强度理论（即最大切应力理论）所建立的强度条件为

$$\sigma_{\mathrm{III}} = \sigma_{\theta} - \sigma_r \leqslant [\sigma] \tag{5-2}$$

第四强度理论（即能量理论）所建立的强度条件为

$$\sigma_{\mathrm{IV}} = \sqrt{\frac{1}{2}[(\sigma_{\theta} - \sigma_z)^2 + (\sigma_z - \sigma_r)^2 + (\sigma_r - \sigma_{\theta})^2]} \leqslant [\sigma] \tag{5-3}$$

以上三式中，σ_r、σ_θ 和 σ_z 均指筒体内壁的应力值（下同）。

将表 2-3 中各应力值代入上述各式，可得表 5-1 的结果。相应于不同强度理论，按弹性失效设计准则计算时求得的不同筒体壁厚及其与实验结果的比较见图 5-7。由图 5-7 可见，按第一强度理论计算所得的壁厚偏薄，而按第三强度理论计算时偏厚，按第四强度理论所得结果与实验值吻合较好。

表5-1 相应于不同强度理论的应力强度和筒体壁厚

强度理论	应力强度	筒体径比 k	筒体计算壁厚 δ
第一强度理论	$\sigma_\mathrm{I} = \left(\dfrac{k^2+1}{k^2-1}\right)p$	$\sqrt{\dfrac{[\sigma]+p}{[\sigma]-p}}$	$\left(\sqrt{\dfrac{[\sigma]+p}{[\sigma]-p}}-1\right)R_\mathrm{i}$
第三强度理论	$\sigma_\mathrm{III} = \left(\dfrac{2k^2}{k^2-1}\right)p$	$\sqrt{\dfrac{[\sigma]}{[\sigma]-2p}}$	$\left(\sqrt{\dfrac{[\sigma]}{[\sigma]-2p}}-1\right)R_\mathrm{i}$
第四强度理论	$\sigma_\mathrm{IV} = \left(\dfrac{\sqrt{3}k^2}{k^2-1}\right)p$	$\sqrt{\dfrac{[\sigma]}{[\sigma]-\sqrt{3}p}}$	$\left(\sqrt{\dfrac{[\sigma]}{[\sigma]-\sqrt{3}p}}-1\right)R_\mathrm{i}$
中径公式	$\sigma_{eq} = \left[\dfrac{k+1}{2(k-1)}\right]p$	$\dfrac{2[\sigma]+p}{2[\sigma]-p}$	$\left(\dfrac{2[\sigma]+p}{2[\sigma]-p}-1\right)R_\mathrm{i}$

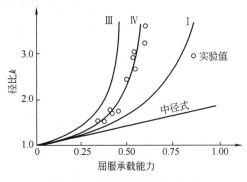

图5-7 各种强度理论的比较

因此，若要准确计算高压圆筒屈服压力 p_s，建议采用第四强度理论式

$$p_\mathrm{s} = \frac{k^2-1}{\sqrt{3}k^2}\sigma_\mathrm{s} \qquad (5\text{-}4)$$

另外，在壁厚较小，即压力较低时，各强度理论的计算结果相差不大。

（2）塑性失效设计准则

塑性失效准则认为筒体内壁屈服后，还可以继续承载，只有当塑性层扩展至外壁，即达到整体屈服时，筒体才会失效。筒体达到整体塑性失效时的载荷即为筒体的塑性极限载荷。

由 2.2 节对高压圆筒的弹塑性应力分析可知，对于理想塑性材料制成的筒体，塑性层半径 R_s 与所受内压 p 之间的关系由式（2-38）给出，即

$$p = \sigma_\mathrm{s}\left(0.5 - \frac{R_\mathrm{s}^2}{2R_\mathrm{o}^2} + \ln\frac{R_\mathrm{s}}{R_\mathrm{i}}\right)$$

令 $R_\mathrm{s} = R_\mathrm{o}$，即塑性层扩展至外壁时，由上式可得整体屈服压力 p_s，即

$$p_\mathrm{s} = \sigma_\mathrm{s}\ln\frac{R_\mathrm{o}}{R_\mathrm{i}} = \sigma_\mathrm{s}\ln k \qquad (5\text{-}5)$$

式（5-5）由 Tresca（特雷斯卡）屈服条件（相当于第三强度理论）推得，如果采用 Mises（米赛斯）屈服条件（相当于第四强度理论），可得出如下结果

$$p_\mathrm{s} = \frac{2}{\sqrt{3}}\sigma_\mathrm{s}\ln k \qquad (5\text{-}6)$$

将所得的屈服压力 p_s 除以安全系数 n，即可得许用压力 $[p]$。

（3）爆破失效设计准则

爆破失效准则认为筒体达到整体屈服后，由于材料的变形强化，还可以继续承载，只有当筒体因材料强化

使承载能力上升的因素，被因塑性失效大变形造成壁厚减薄使承载能力下降的因素抵消，使筒体达到其承载极限（即再增加载荷，筒体会爆破）时，筒体才失效。

非理想塑性材料的筒体爆破压力计算，涉及塑性大变形理论，早在20世纪50～60年代已有人做了理论分析，但较为繁杂。Faupel（福贝尔）对150个碳钢、低合金钢、不锈钢及铝青铜等材料制成的高压容器进行了模拟爆破试验，采用式（5-6）整理试验数据时，发现爆破压力介于下面二式的计算结果之间，即

爆破压力的上限值
$$p_{b\max} = \frac{2}{\sqrt{3}} \sigma_b \ln k$$

爆破压力的下限值
$$p_{b\min} = \frac{2}{\sqrt{3}} \sigma_s \ln k$$

因为容器的爆破压力随材料的屈强比 σ_s/σ_b 线性变化，所以有

$$p_b = p_{b\min} + \frac{\sigma_s}{\sigma_b}(p_{b\max} - p_{b\min}) \tag{5-7}$$

或
$$p_b = \frac{2}{\sqrt{3}} \sigma_s \left(2 - \frac{\sigma_s}{\sigma_b}\right) \ln k \tag{5-8}$$

这就是著名的 Faupel 公式。应用此式可简单地估计高压圆筒的爆破压力，也可作为高压圆筒爆破失效设计准则的基础。将由式（5-8）确定的爆破压力 p_b 除以适当的安全系数 n，即可得相应的许用压力 $[p]$。日本工业标准中的 JIS B8270 及日本有些企业标准，采用 Faupel 公式来设计高压圆筒，对爆破压力 p_b 所用的安全系数为 $n=3 \sim 3.2$。

5.2.2　单层高压圆筒的强度计算

（1）只受内压的情况

各国设计规范所采用的设计准则不同，强度计算式也不相同。美国 ASME 规范和我国 GB/T 150 均采用弹性失效设计准则，而且应力强度由第一强度理论确定，从而得出中径公式，用来进行高压圆筒的强度计算。

如果将高压圆筒所承受的内压 p_c 看成是由一个中径为 D、壁厚为 δ 的薄壁圆筒来承受，则由薄壁应力公式可得

$$\sigma_\theta = \frac{p_c D}{2\delta} \tag{5-9}$$

将 $D = D_i + \delta$ 代入上式，并采用第一强度理论和弹性失效设计准则，即得

$$\frac{p_c(D_i + \delta)}{2\delta} \leqslant \phi[\sigma] \tag{5-10}$$

或
$$\delta = \frac{p_c D_i}{2[\sigma]\phi - p_c} \tag{5-11}$$

式（5-11）即所谓的中径公式。

应该说，上面的推导是不够严密的，因为承受内压 p_c 的厚壁圆筒与中径为 D 的薄壁圆筒筒壁应力分布是有差别的。只有当径比 k 较小时，二者的差别才可忽略。

采用第三强度理论，可以较精确地推导出中径公式。推导过程详见3.1节，结果如式（3-6）所示。考虑到 $D = D_i + \delta$ 以及强度条件

$$\bar{\sigma}_{eq} = \frac{p_c D}{2\delta} = \phi[\sigma]$$

可得出与式（5-11）完全相同的结果。

考虑到式（5-10）分母的 $2\delta = D_o - D_i$，分子 $D_i + \delta = (D_o + D_i)/2$，则式（5-10）变为

$$\frac{p_c(D_o + D_i)}{2(D_o - D_i)} \leqslant [\sigma]$$

即

$$\frac{k+1}{2(k-1)} p_c \leqslant [\sigma] \tag{5-12}$$

该式即为表 5-1 中的中径公式。

（2）内压与温差同时作用的情况

当内压与温差同时作用时，就需要对高压圆筒进行强度校核。式（2-27）和式（2-45）分别给出了内压和温差单独作用时筒壁上的三向应力分布，当内压与温差同时作用时，按理应将两种因素引起的应力按叠加原理各向分量分别叠加（如表 2-6），然后按强度理论计算应力强度，进行强度校核。但这种做法很烦琐，工程上常分别计算内压和温差应力的应力强度，然后将两个应力强度相加，再作强度校核。

当考虑温差应力时，由内压产生的三向应力的应力强度通常按第四强度理论求得，而温差应力的应力强度则按式（2-46）确定，具体作强度校核时还要考虑是内加热还是外加热。内加热时叠加后的最大拉伸应力强度在外壁，外加热时则在内壁。由此强度校核条件为：

内加热

$$\frac{\sqrt{3}p_c}{k^2 - 1} + \sigma_o^t \leqslant 2[\sigma]^t \phi \tag{5-13}$$

外加热

$$\frac{\sqrt{3}p_c k^2}{k^2 - 1} + \sigma_i^t \leqslant 2[\sigma]^t \phi \tag{5-14}$$

式中，$\sigma_o^t = \sigma_i^t = m\Delta t$，$m$ 值由表 2-5 确定。

上述强度校核条件中允许应力强度达到 2 倍的许用应力，主要考虑温差应力属于二次应力，这里引入了分析设计的概念。

GB/T 150 规定，中径公式的适用范围为 $p_c \leqslant 0.4[\sigma]^t \phi$ 或 $p_c \leqslant 35$ MPa。当设计压力大于此值时，应采用前面介绍的塑性失效或爆破失效设计方法。

5.2.3 多层高压圆筒的强度计算

理论分析认为，多层高压圆筒在包扎、绕制或热套等制作过程中，外层对内层都会施加一定程度的预应力（或称残余应力），这些预应力会改善筒体在内压作用下的应力分布，使其由不均匀趋于均匀。但实际的多层容器要做到层间无间隙是困难的，间隙或大或小，难以均匀，因此应力分布是很复杂的。在容器制成后进行压力试验时，又有不同程度的贴紧而消除部分间隙，应力分布情况又会发生改变。另外，目前设计压力小于 35MPa 的高压容器采用多层结构的主要目的，不是利用预应力来增加筒体强度，而是解决厚壁容器的制造问题。例如热套容器在热套之后再作热处理，会使预应力消除。鉴此，在设计筒体厚度时不必考虑预应力对多层容器强度的增强作用。

目前，除热套容器外，对多层容器的强度设计计算仍按单层容器一样处理，厚度计算仍采用式（5-11），只是式中的许用应力由多层圆筒的组合许用应力代替。组合许用应力为

$$[\sigma]^t \phi = \frac{\delta_i}{\delta_n} [\sigma_i]^t \phi_i + \frac{\delta_0}{\delta_n} [\sigma_0]^t \phi_0 \tag{5-15}$$

式中　　δ_n——筒体的名义厚度；

δ_i，δ_0——内筒名义厚度和层板层总厚度；

$[\sigma_i]^t$，$[\sigma_0]^t$——内筒材料和层板层材料在设计温度下的许用应力；

ϕ_i，ϕ_0——内筒及层板层的焊接接头系数，对于内筒 $\phi_i = 1.0$，对于层板 $\phi_0 = 0.95$。

对于直径不太大的双层或多层热套高压容器，可以用机械加工的方法保证过盈量的精度，所得的预应力以及承压后的合成应力的理论值与实际值出入不大，这时可采用优化的设计方法，求得各层等强度情况下的最小总厚度。

5.3　高压容器的密封结构

高压密封，是高压容器设计的一个重要方面。密封结构的完善程度在很大程度上决定高压容器能否正常运行。在设计和选择高压密封结构时，应主要从如下几方面考虑：

ⅰ.密封可靠，在正常工作时能保证容器的密封性；

ⅱ.拆装方便，拆装时劳动强度小，密封元件能重复使用；

ⅲ.制造方便，加工精度要求不太高，制造费用低；

ⅳ.结构紧凑，密封构件占用较小的高压空间，所需紧固件简单轻巧，以减少锻件的尺寸。

上述几个方面也是评价一种密封结构优劣的依据。但在实践中很难找到一种密封结构能同时满足上述所有条件，在设计选用时应根据具体情况，确定需主要满足的条件。

高压密封从压紧密封元件的方式上可大致分为强制式和自紧式两大类。强制式密封需很大的螺栓力，连接系统结构庞大，只用于直径较小的场合。自紧式密封依靠它自身的结构特点，在工作压力升高后，密封元件与密封面间的密封比压会增大。工作压力越高，密封比压越大，密封越可靠。预紧螺栓力只是为了满足建立初始密封，这就使连接系统（端盖和螺栓）结构较强制密封轻便。在高压容器向大直径高压力方向发展时，强制式密封将被自紧式密封所代替。

下面介绍几种主要密封结构及其特点、适用场合。

5.3.1　强制式密封

（1）平垫密封

平垫密封即为 3.3 节介绍的法兰垫片密封。不同的是在高压场合下，密封元件采用金属垫片，一般采用延性好的退火铝、退火紫铜或软钢；密封面为窄面，窄面密封有利于提高密封比压，减小密封螺栓直径和整个法兰与封头的结构尺寸。

平垫密封结构见图 5-8，其主要优点是结构简单。缺点是主螺栓直径过大，法兰与平盖的外径也随之增大，变得笨重；拆装主螺栓极不方便；当温度和压力有较大波动时，难以保证密封。因此一般仅用于 200℃ 以下的场合，容器直径不宜大于 1000mm。

（2）卡扎里密封

这也是强制式密封。为了克服拆装困难，用螺纹套筒代替主螺栓，如图 5-9 所示。螺纹套筒与顶盖和法兰上的螺纹是间断的螺纹，每隔一定角度（10°～30°）螺纹断开，装配时只要将螺纹套筒旋转相应角度就可装好，而垫片的预紧力要靠预紧螺栓施加，通过压环传递给三角形截面的垫圈。由于介质压力引起的轴向力由螺纹套筒来承担，因而预紧螺栓的直径比平垫密封的主螺栓小得多。卡扎里密封的最大优点就是预紧方便。

图 5-10 为改进卡扎里密封结构，其主要目的是改善套筒螺纹锈蚀给拆卸增加的困难，仍旧采用主螺栓，预紧仍依靠预紧螺栓来完成，但主螺栓不需拧得很紧，从而装拆较为省力。

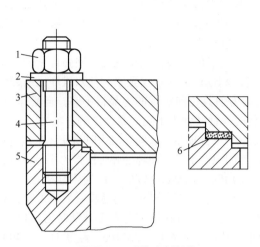

图 5-8 平垫密封结构

1—主螺母；2—垫圈；3—平盖；4—主螺栓；
5—筒体端部；6—平垫片

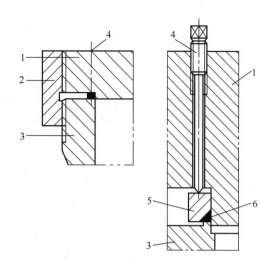

图 5-9 卡扎里密封结构

1—平盖；2—螺纹套筒；3—筒体端部；
4—预紧螺栓；5—压环；6—密封垫

卡扎里密封中的压环材料一般应采用强度较高硬度也较高的 35CrMo 钢或优质钢 35、45 钢。密封垫圈所用材料与金属平垫密封相同。卡扎里密封结构适用于平垫密封已不适用的较大直径的情况，例如直径在 1000mm 以上、压力在 30MPa 以上的情况，但设计温度在 350℃ 以下较为合适。

5.3.2　自紧式密封

（1）双锥密封

这是一种保留了主螺栓但属自紧式的密封结构，密封环（称为双锥环）具有两个 30° 的锥形密封面，密封面上垫有软金属垫，如退火铝、退火紫铜或奥氏体不锈钢等，其厚度一般为 1mm。双锥环的背面靠着平盖，但与平盖之间又留有间隙，以"g"表示（见图 5-11），预紧时让双锥垫的内表面与平盖贴紧。当内压升高平

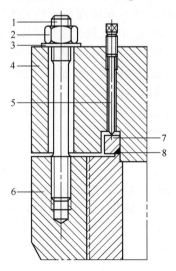

图 5-10 改进型卡扎里密封结构

1—主螺栓；2—主螺母；3—垫圈；4—平盖；5—预紧螺栓；
6—筒体端部法兰；7—压环；8—密封垫圈

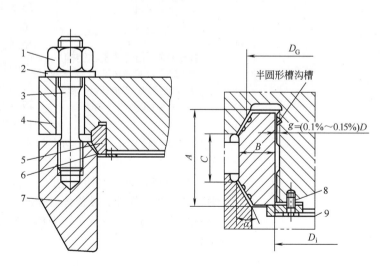

图 5-11 双锥密封结构

1—主螺母；2—垫圈；3—主螺栓；4—顶盖；5—双锥环；
6—软金属垫片；7—筒体端部；8—螺栓；9—托环

盖上浮时，一方面靠双锥环自身的弹性回弹而保持密封锥面仍有相当的压紧力，另一方面又靠介质压力使双锥环径向向外扩张，进一步增大了双锥密封面上的压紧力。因此双锥密封是有径向自紧作用的自紧式密封。

合理地设计双锥环的尺寸，使其有适当的刚性，保持适当的回弹自紧力，是很重要的。当双锥环的截面尺寸过大时，刚性过大，不仅预紧时使双锥环压缩弹性变形的螺栓力过大，而且工作时介质压力使其径向扩张的力显得不够，自紧作用小。若截面尺寸过小，刚性不足，则工作时弹性回弹力不足，从而影响自紧力。

双锥环与顶盖之间径向间隙的选取也十分重要。该间隙过大时易使环在预紧时被压缩屈服，从而使自紧回弹力不足。而间隙过小又会使环的弹性回弹力不足，也会影响自紧效果。一般应使间隙控制在 $g = (0.1\% \sim 0.15\%)D_i$ 较好，D_i 为环的内径。

双锥密封结构简单，加工精度要求不高，装拆方便，不易咬紧。双锥密封利用了自紧作用，因此主螺栓力比平垫密封小，而且在压力与温度波动时密封也可靠。我国采用双锥密封较为普遍，适合于设计压力为 6.4 ～ 35MPa、温度为 0 ～ 400℃、内径为 400 ～ 2000mm 的高压容器。

（2）伍德密封

伍德密封是一种最早使用的自紧式高压密封结构，如图 5-12 所示，端盖可稍作上下浮动，安装时先放入容器顶部，放入楔形密封垫圈，再放入由四块拼成一个圆圈的便于嵌入筒体顶部凹槽的四合环，并用螺栓将四合环位置固定，然后放入牵制环，再由牵制螺栓将浮动端盖吊起而压紧楔形垫圈，便可起到预紧作用。工作压力升高后压力载荷全部加到浮动端盖上，压力愈高，垫圈的压紧比压愈大，密封愈可靠。

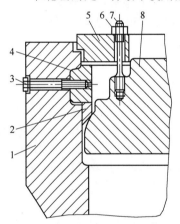

图 5-12　伍德式密封结构
1—筒体顶部；2—楔形垫圈；3—拉紧螺栓；4—四合环；5—牵制环；6—螺母；7—牵制螺栓；8—端盖

楔形垫圈是一关键零件。它与筒体端部接触的密封面略有夹角（$\beta = 5°$），另一个与端盖球形部分接触的密封面做成倾角较大的斜面，$\alpha = 30° \sim 35°$，这实际上是线接触密封。密封面均很光洁，需经研磨保证密封可靠。自紧时浮动端盖向上的作用力通过球面部分传递给楔形垫，楔形垫便得到向外扩张的径向压紧力。为了使楔形垫与筒体端部有更好的密封作用，将楔形垫的外表面加工出 1 ～ 2 道 5mm 左右深的环形凹槽，既增加了楔形垫的柔度，使楔形垫更易与密封面贴合，又减少了密封面的接触面积，提高了密封比压。

伍德密封的最大特点是：全自紧式，压力和温度的波动不会影响密封的可靠性；取消了主螺栓，使筒体与端部锻件尺寸大大减小，而拆装时的劳动强度比有主螺栓的密封结构，特别是比平垫密封低得多。其缺点是结构笨重，零件多，加工也麻烦。

（3）C形环密封

图 5-13 为钢质 C 形密封环的局部结构，环的上下面均有一圈突出的圆弧，这

是线接触密封部分。由紧固件预紧时 C 形环受到弹性的轴向压缩，甚至允许有少量屈服。工作时顶盖在压力作用下产生向上位移，一方面密封环回弹张开，另一方面由内压作用在环的内腔而使环进一步张开，使线接触处仍旧压紧，且压力越高越紧。因此 C 形环是自紧式密封环。

C 形环应具有适当的刚性，刚性大虽然可增大回弹力，但受压后张开困难而使自紧作用不够。同时，C 形环预紧时的下压量，即顶盖与筒体端部间放置 C 形环（自由状态）后形成的轴向间隙，也是一个重要的设计参数量。下压量过大会使 C 形环压至屈服，下压量过小将使 C 形环预紧力不足。

C 形环的优点是结构简单，无主螺栓，特别适合于快开连接，但由于使用大型设备的经验不多，一般只用于内径 1000mm 以内、压力 32MPa 以下及温度 350℃以下的场合。

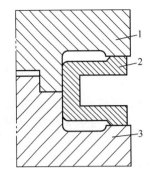

图 5-13　C 形密封环的局部结构
1—顶盖；2—C 形环；3—筒体端部

（4）空心金属O形环密封

空心金属 O 形环用外径不超过 12mm 的金属小圆管弯制而成，如图 5-14 所示。O 形环放在密封槽内，预紧时由紧固件将管子压扁，其回弹力即为 O 形环的密封面压紧力。如果在管内充以惰性气体或升温后气化的固体，可形成 3.5～10.5MPa 的压力，或者在环内侧钻若干小孔使环内与工作介质连通，可加强自紧密封作用。充气 O 形环工作时，升温后管内压力增加，补偿了由于温度升高而使材料回弹能力降低的影响，起到自紧作用。

O 形环密封结构简单，密封可靠，使用经验较丰富，可用于从中低压到超高压容器的密封，压力最高可达 280MPa，个别甚至达 350～700MPa；温度可从常温用到 350℃，充气环甚至用到过 400～600℃。为改善密封性能，常在 O 形环外表面镀银。

（5）楔形密封

图 5-15 所示的楔形垫密封又称 N.E.C. 式密封。工作时，浮动的端盖受内压作用而升高，将楔形垫压紧，达到自紧的目的。楔形垫有两个密封面，靠斜面受力所得径向分力将垫圈与筒体压紧。

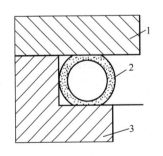

图 5-14　O 形环的局部结构
1—顶盖；2—O 形环；3—筒体端部

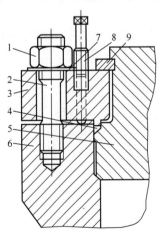

图 5-15　楔形垫自紧密封
1—主螺母；2—主螺栓；3—压环；4—密封垫；5—顶盖；6—筒体端部；
7—垫圈；8—顶起螺栓；9—卡环（由两个半圆环组成）

这种结构虽具有自紧作用，但仍有主螺栓，主螺栓不仅要提供预紧力，还要承受作用在浮动端盖上的介质压力。因此主螺栓较大，使法兰尺寸也较大，消耗金属多，拆卸也不大方便，并占有相当大的高压空间，因此近年来国内使用较少。

（6）三角垫、B形环、八角垫与椭圆垫密封

这些都是特殊形式的密封垫圈，如图 5-16 所示。三角垫和 B 形环均依靠工作介质的压力使密封圈径向压紧，从而产生自紧作用。它们的结构都比较精细，接触面小，加工要求高，特别是 B 形环要求在密封槽内有一定的过盈量，使制造与装配的要求都大大提高。B 形环密封在石油工业中较早采用，从中低压到高压以至在较高温度下都有较可靠的密封性能，但其自紧作用较小。金属的八角垫及椭圆垫是炼油与加氢装置中习惯采用的密封结构，简单可靠。

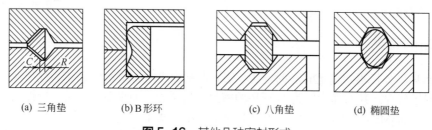

| (a) 三角垫 | (b) B形环 | (c) 八角垫 | (d) 椭圆垫 |

图 5-16　其他几种密封形式

5.3.3　高压管道密封

由于高压管道是在现场安装的，对连接的尺寸精度不可能要求过高，常出现强制连接的情况，这将带来很大的附加弯矩或剪力。因此高压管道的连接结构设计应给予特殊的考虑。其一是采用球面金属垫圈，形成球面与锥面之间的线接触密封。这种接触能自动适应两连接管道不同心的情况，即自位性好，而且线接触处可得到较高密封比压，使密封可靠。如图 5-17 所示，将管道加工成 $\beta=20°$ 的锥面作为密封面，垫圈则为带有两个球面的透镜式垫圈，一般用软钢制成，或用原管道材料车削而成。其二是管道与法兰的连接不用焊接，而用螺纹连接，这样法兰螺栓紧固时法兰对管道的附加弯曲应力就很小，尤其当安装管道不同心时法兰对管道的附加弯矩可大为减小。

高温高压管道的透镜垫常制成如图 5-17（c）所示的结构。这是考虑到高温下螺栓法兰可能因变形松弛使密封性能降低，若将透镜加工出一个环形空腔，介质的压力使垫圈有部分自紧作用，则有利于密封的可靠性。

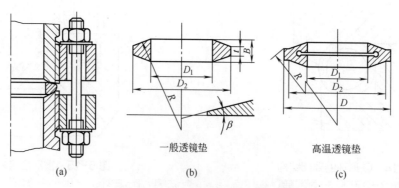

一般透镜垫　　　　高温透镜垫

(a)　　　　　(b)　　　　　(c)

图 5-17　高压管道的透镜式密封

5.4　高压容器的自增强技术

如前所述，对于多层厚壁圆筒，在包扎、绕制和热套过程中，会在层板（带）间形成预应力。该预应力能改善在工作压力下筒壁的应力分布，使其趋于均匀。对于单层厚壁圆筒，也可以利用预应力方法达到改善应力分布的目的，这就是通常讲的自增强处理。自增强技术出现于 20 世纪初，最早用于提高炮筒的强度，第二次世界大战后，开始应用于石油化工领域，特别是高压聚乙烯设备。从高压反应釜、超高压管道以及超高压压缩机的气缸等，都采用了自增强技术。

5.4.1　自增强技术原理

由 2.2 节对厚壁圆筒形容器的弹性应力分析可知，当厚壁圆筒承受的内压超过一定值后，筒体内壁处的材料就会首先发生塑性屈服，形成一个塑性层。随着压力的升高，该塑性层会不断向外扩展。此时，筒壁上的弹塑性应力分布如图 2-14 所示。如果将内压卸除，则弹性层的金属企图恢复弹性变形，而塑性层的金属因发生了不可恢复的塑性变形，就会阻止弹性层的恢复变形。正是由于弹性层对塑性层的弹性收缩作用，使得在靠近筒体内壁处的塑性层中形成了残余压应力，而在靠近外壁的弹性层中形成了残余拉应力。在工作压力下，筒体的弹性应力分布沿厚度存在梯度：最大拉应力在内壁处，最小拉应力在外壁处。因此，当对存在上述残余应力的筒体施加工作压力时，在工作压力下的弹性应力就会与残余应力叠加，结果使内壁的拉应力有所减少，外壁的拉应力有所增大，从而使筒壁的应力分布趋于均匀，使容器的弹性承载能力得到提高。这种利用器壁自身外层材料的弹性收缩来产生残余应力，从而提高容器的弹性承载能力的技术，称为高压容器的自增强技术。

5.4.2　自增强处理压力

使筒体产生一定塑性层（半径为 R_A）时所需施加的内压定义为自增强处理压力，用 p_A 表示。p_A 可由式（2-41）求得（注意 R_A 与式中 R_s 意义相同）

$$p_A = \frac{2\sigma_s}{\sqrt{3}}\left(0.5 - \frac{R_A^2}{2R_o^2} + \ln\frac{R_A}{R_i}\right) \tag{5-16}$$

5.4.3　自增强处理应力

（1）自增强处理压力 p_A 下的应力

在自增强处理压力 p_A 作用下塑性区的应力由式（2-42）确定，弹性区的应力由式（2-43）确定，只需将式中的 R_s 由 R_A 代替即可。

（2）自增强压力卸除后的残余应力

自增强压力 p_A 卸除后的残余应力计算，可按自增强处理时产生的应力与卸除压力时压力变化产生的应力之差求得。根据卸载定理，在卸载过程中，只有弹性变形可恢复，而塑性变形保持不变，如图 5-18 所示。当载荷增加到 p_1，则应力增长到 σ（A 点），然后将载荷卸到 p_2，则应力下降至 σ'（B 点），应力的下降量为 $\Delta\sigma = \sigma - \sigma'$，应变的恢复量由图可知为 $\Delta\varepsilon = \varepsilon - \varepsilon'$，它们之间保持弹性关系（弹性卸载）

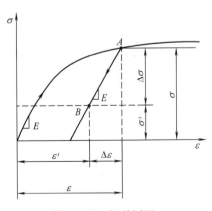

图 5-18　卸载过程

$$\Delta\varepsilon = \frac{\Delta\sigma}{E}$$

先以载荷改变量 $\Delta p(= p_1 - p_2)$ 为假想载荷，按弹性理论计算所引起的弹性应力，该应力实际上就是应力的改变量 $\Delta\sigma$。用卸载前的应力减去此应力改变量，就得到卸载后的残余应力。因卸载前的应力是弹塑性应力，而应力改变是弹性应力，故即使加载与卸载值相同，即完全卸载 ($p_2 = 0$)，二者的应力也不会相等。因此，自增强压力 p_A 卸除后的残余应力 σ_i'（下标 i 表示径向 r / 环向 θ / 轴向 z），应是在卸载前的弹塑性应力（即在 p_A 作用下的筒体弹塑性应力）与卸载压力 $\Delta p(= p_A - 0 = p_A)$ 作用下的弹性应力 $\Delta\sigma_i$ 之差。即

$$\sigma_i' = \sigma_i - \Delta\sigma_i \tag{5-17}$$

式中，塑性区的 σ_i 由式（2-42）确定，弹性区的 σ_i 由式（2-43）确定，$\Delta\sigma_i$ 由式（2-27）确定。将这些表达式分别代入式（5-17），并经整理后得：

塑性区的残余应力

$$\left.\begin{aligned}
\sigma_r' &= \frac{\sigma_s}{\sqrt{3}}\left[\frac{R_A^2}{R_o^2} - 1 + 2\ln\frac{r}{R_A} - \left(1 - \frac{R_A^2}{R_o^2} + 2\ln\frac{R_A}{R_i}\right)\frac{1}{k^2-1}\left(1 - \frac{R_o^2}{r^2}\right)\right] \\
\sigma_\theta' &= \frac{\sigma_s}{\sqrt{3}}\left[\frac{R_A^2}{R_o^2} + 1 + 2\ln\frac{r}{R_A} - \left(1 - \frac{R_A^2}{R_o^2} + 2\ln\frac{R_A}{R_i}\right)\frac{1}{k^2-1}\left(1 + \frac{R_o^2}{r^2}\right)\right] \\
\sigma_z' &= \frac{\sigma_s}{\sqrt{3}}\left[\frac{R_A^2}{R_o^2} + 2\ln\frac{r}{R_A} - \left(1 - \frac{R_A^2}{R_o^2} + 2\ln\frac{R_A}{R_i}\right)\frac{1}{k^2-1}\right]
\end{aligned}\right\} \tag{5-18}$$

弹性区残余应力

$$\left.\begin{aligned}
\sigma_r' &= \frac{\sigma_s}{\sqrt{3}}\left(1 - \frac{R_o^2}{r^2}\right)\left[\frac{R_A^2}{R_o^2} - \left(1 - \frac{R_A^2}{R_o^2} + 2\ln\frac{R_A}{R_i}\right)\frac{1}{k^2-1}\right] \\
\sigma_\theta' &= \frac{\sigma_s}{\sqrt{3}}\left(1 + \frac{R_o^2}{r^2}\right)\left[\frac{R_A^2}{R_o^2} - \left(1 - \frac{R_A^2}{R_o^2} + 2\ln\frac{R_A}{R_i}\right)\frac{1}{k^2-1}\right] \\
\sigma_z' &= \frac{\sigma_s}{\sqrt{3}}\left[\frac{R_A^2}{R_o^2} - \left(1 - \frac{R_A^2}{R_o^2} + 2\ln\frac{R_A}{R_i}\right)\frac{1}{k^2-1}\right]
\end{aligned}\right\} \tag{5-19}$$

自增强处理压力卸除后筒壁中残余应力的分布如图 5-19 所示。以上计算是以材料服从理想塑性行为为前提的，由于实际材料的变形强化，加载和卸载过程比较复杂，因此上述计算结果欠精确，但作为工程计算，其精度可满足要求。

（3）工作压力下筒壁的合成应力

经自增强处理的圆筒，在工作压力下的合成应力可用叠加法求得

$$\sum\sigma_i = \sigma_i^p + \sigma_i' \tag{5-20}$$

式中，$\sum\sigma_i$ 为合成应力；σ_i^p 为工作压力 p 作用下筒壁的弹性应力，由式（2-27）确定；σ_i' 为残余应力，由式（5-18）和式（5-19）确定。

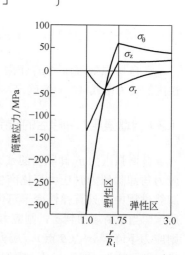

图 5-19 筒壁中的残余应力

5.4.4 自增强处理半径

进行自增强处理时，选择适当的自增强处理半径 R_A（即自增强处理压力 p_A 下的弹 - 塑性界面半径）十分关键。因为它决定了自增强处理压力 p_A [见式（5-16）]，进而决定残余应力，最终决定容器弹性承载能力的大小。

自增强处理半径 R_A 对自增强容器的影响是多方面的。取得小时，残余应力较小，容器的弹性承载能力的提高及疲劳寿命的延长效果不大；取得大时，容易引起筒体材料的反向屈服及塑性韧性的下降。因而，国内外学者对此问题有各种各样的考虑。

有的学者认为，选择 R_A 时首先要考虑材料的性能，其次是容器的径比，安全裕度，预期的疲劳寿命，应力集中可能出现的情况，以及现有的自增强处理的设备情况，经济性，对容器重量降低的要求是否重要等。从材料性能考虑，使 $R_A = R_o$，容器的弹性操作范围可以得到较大的扩展，但对变形强化材料，这样做虽然提高了屈服点，然而屈强比增高，韧性下降，也是不适宜的。

有的学者认为，采取过大的 R_A 进行自增强处理，卸压时容器发生反向屈服，特别是有鲍辛格效应行为的材料，以及径比 $k \geqslant 2.22$ 的容器。因此提出，选取 R_A 时应以自增强处理卸压后不发生反向屈服为原则。

国内学者在分析了各种因素后认为，主要考虑的因素及必须解决的问题有：

ⅰ.在给定径比 k 值下所取的 R_A 应在自增强处理卸压后不发生反向屈服；

ⅱ.容器在正常工作时，合成应力水平最低；

ⅲ.按 R_A 决定的自增强处理压力 p_A，处理系统的设备及管道能承受。

自增强处理半径 R_A 的理论计算，详见文献 [7]。

5.4.5 自增强处理方法

自增强处理的过程，是在圆筒的内壁上施加足够大的径向力使其产生超应变。根据获得径向力途径的不同，自增强处理方法可分为液压法和机械法两种。

（1）液压法

这种方法是利用液压直接作用于圆筒的内壁，使壁面产生超应变，这是自增强处理的常用方法。这种方法比较简单，操作容易，不需要特别复杂的装置，而且能使筒体壁面得到均匀的残余应力。缺点是产生超高压的设备及管道需要许多高强度钢，因此限制了这种方法的使用。目前在一些场合，这种方法正逐步被机械法所代替。

（2）机械法（型压法）

机械法是利用滑动的、有过盈量的锥形心轴通过圆筒内壁，使内壁受到挤压而产生塑性变形及残余应力，从而达到增强的目的。这种方法又称型压法。

目前用来推动心轴在圆筒内滑动的方法有三种：

ⅰ.用冲头和水压机把心轴压入；

ⅱ.用桥式起重机拉心轴；

ⅲ.用液压直接作用到心轴的一端来压迫心轴（又称间接液压法）。

图 5-20 为机械拉牵型压装置，拉牵型压用的心轴做成圆筒形，用缩套方法连接一条长的拉杆，头部有锁紧螺母，拉杆和心轴一起通过 1m 长的试验圆筒。也可将压力介质（甘油或水）直接导入心轴背面，利用液压推动心轴进行型压，装置如图 5-21 所示。

容器在进行自增强处理后，一般需要进行低温热处理，处理温度通常取 $300 \sim 350℃$，用以消除变形的滞回现象，稳定金属结构，稳定残余应力，称为"稳火处理"。热处理时，加热或冷却必须缓慢，以免破坏材料的显微结构。

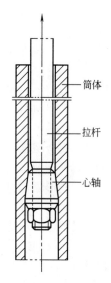

图 5-20　机械拉牵型压装置

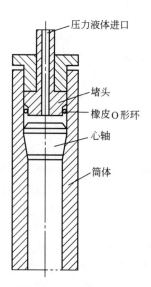

图 5-21　用液压推动的型压装置

✎ 思考题

1. 高压容器的整体结构和密封型式各有什么特点？高压容器材料为什么要突出"三高"（高强度、高韧性和高可焊性）？

2. 常见的高压容器筒体结构型式有哪些？各有什么特点？

3. 高压圆筒的强度设计准则有哪些？它们分别基于怎样的安全观点？

4. 按"中径公式"对高压圆筒进行强度设计是基于什么思想？为什么规定了"中径公式"的适用范围？超出此范围，应按何种设计准则进行强度设计？

5. 常见的高压自紧式密封结构有哪些？它们各有什么特点和共同点？设计时需考虑哪些主要因素？

6. 利用自增强处理技术可以提高容器的弹性承载能力，可否将自增强处理后的容器的总体应力水平作为强度设计计算的依据？为什么？

6 球形储罐设计

○○ —————— ○○ ○ ○○ —————————

学习目标

○ 能对球罐壳体结构和强度进行设计，并制定制造工艺和安装方案。

○ 能对不同形式的球罐支座进行分析比较，并根据支座的设计准则进行设计，确定球罐的安全保障措施。

○ 能制定球罐的人孔、接管及附件的设置方案，并能进行设计计算。

○ 了解球罐抗震结构的一般要求、设计方法和结构措施。

6.1 概述

球形储罐（简称球罐）作为大容量、有压储存容器，在过程工业中应用比较广泛。它可用于液化气体，例如液化石油气（LPG）、液化天然气（LNG）、液氧、液氮、液氢、液氨等产品或中间介质的储存；也可用于压缩气体，例如空气、氧气、氢气、城市煤气等的储存。球罐作为一种大型的压力容器，在结构和设计上有其特殊性。本章就此作简要的介绍。

6.1.1 球罐的特点

球罐作为大型储存容器，与常用的圆筒形容器相比，具有如下优点：

ⅰ.与同等容量的圆柱形容器相比，球形容器的表面积最小，故球罐板面积小；

ⅱ.球罐受力均匀，在相同直径和工作压力下，其薄膜应力仅为圆柱形容器的环向应力的二分之一，故板厚为圆柱形容器的二分之一左右，使得球罐用料省，造价低；

ⅲ.由于球罐的风力系数约为0.3，而圆柱的风力系数约为0.7，这样球的受风面积要小，所以就风载荷来说，球罐比圆柱形容器安全得多；

ⅳ.球罐基础简单、工程量小，且建造费用便宜；

ⅴ.球罐容积大，在总容积一定的情况下，球罐数量大大减少，这样，相应的工艺管线，阀门及附件的数量也相应减少，除节省投资外，给操作、管理带来极大的方便；

ⅵ.球罐的占地面积小，且可以向空间高度上发展，有利于地表面积的利用。

从上述球罐的优点来看可知，球罐建造得越大，优越性体现得越会明显。但是球罐也有它固有的缺点，从而限制了它进一步向大型化方向的发展，如：

ⅰ.受原材料供应（包括板材厚度、规格尺寸及性能等）的限制程度严格；

ⅱ.与圆柱形储罐比较，制造、安装均比较困难；

ⅲ.球罐几乎全是现场组装和焊接，条件差而技术要求高；

ⅳ.由于国内钢材品种少，规格尺寸偏小，球罐板幅小，使得焊缝多而长，增加了工作量；

ⅴ.现行规范多且不统一，检验工作量大，要求严格。

综上所述，我国在近期内建造的球罐要向大型化发展，还有许多方面的问题有待解决。

6.1.2 球罐分类

球罐可以有不同的分类方式。从用途上，按储存介质分为液体球罐、气体球罐和液化气体球罐三大类；从储存温度上，可分为常温球罐、低温球罐和深冷球罐三大类。

① 常温球罐 如储存液化石油气、氨、氧、氮、氢等气体的球罐，一般压力较高（例如 1 ~ 3MPa），其值取决于液化气的饱和蒸气压或气体压缩机的出口压力，常温球罐的设计温度大于 –20℃；

② 低温球罐 如储存液氨、乙烯、丙烯等介质的球罐，使用压力为 0.4 ~ 2MPa，使用温度为 –20℃ ~ –100℃；

③ 深冷球罐 如储存 –100℃ 以下液化气的球罐，使用压力极低，为了防止与大气间的热交换，达到保温效果，多数采用双重球罐。

从球罐结构上，对球罐可按外形分为圆球形和椭球形两大类；从壳板厚度上，分为单层、多层、双金属层和双重（两个单层）壳球罐；从壳板组合情况上，可分为桔瓣式 [图 6-1（a）]、足球瓣式 [图 6-1（b）] 和桔瓣 - 足球瓣混合式 [图 6-1（c）] 三大类。本章主要对常用的单层球罐作一介绍。

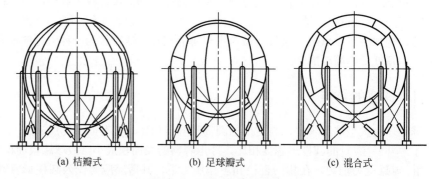

(a) 桔瓣式   (b) 足球瓣式   (c) 混合式

图 6-1 不同型式的球罐

6.1.3 球罐的设计内容

球罐的结构并不复杂，但它的制造和安装较其他型式储罐困难。主要原因是它的壳体为空间曲面，压制成形、安装组对及现场焊接难度较大。而且，由于球罐大多数是压力或低温容器，它盛装的物料又大部分是易燃、易爆物，且装载量大，一旦发生事故，后果不堪设想。因此，球罐的设计主要是围绕着如何保证安全可靠而实施的。

球罐结构的合理设计必须考虑各种因素：装载物料的性质，材质，制造技术水平和设备，安装方法，焊接与检验要求，操作方便和可靠、自然环境的影响（例如：

风载荷与地震载荷的作用、大气的自然侵蚀）等。要做到满足各项工艺要求，有足够的强度和稳定性，且结构尽可能简单，使其压制成形、安装组对、焊接和检验、操作、监测和检修容易实施。

球罐的结构设计应该包括如下主要内容：

ⅰ.根据工艺参数的要求确定球罐结构的类型及几何尺寸；

ⅱ.确定球罐的分割方法（分带、分片）；

ⅲ.确定球瓣的几何尺寸；

ⅳ.支撑结构的确定；

ⅴ.人孔和工艺接管的选定、布置以及开孔补强的设计；

ⅵ.球形容器附件，包括液位测量、压力测量、安全阀、检测设备（如内、外旋转梯和其他设施）设置；

ⅶ.工艺操作用的平台、爬梯设计；

ⅷ.隔热保冷结构设计；

ⅸ.对基础的技术要求；

ⅹ.其他：例如在地震设防地区建的球罐，需要设置的防震设施；为保证球罐安全性必须提出各项技术要求等。下面就其中一些重要内容作一介绍。

6.2　球罐壳体设计

球壳是球罐的主体，它是储存物料和承受物料工作压力和液柱静压力的构件。而且由于球壳几何尺寸较大，用材量大，它必须由许多瓣片组成。对球壳设计的要求是：

ⅰ.必须满足所储存物料在容量、压力、温度方面的要求，安全可靠；

ⅱ.受力状况最佳；

ⅲ.考虑压机（球瓣成形的加工机械）的开挡大小，尽量采用大的球瓣结构，使得焊缝长度最小，减少安装工作量；

ⅳ.考虑钢板的规格，尽量提高板材利用率。

球壳的分割方式通常有3种，下面分别介绍。

6.2.1　桔瓣式球壳的设计

将球壳按桔瓣结构（或称西瓜板）进行分割（图 6-2）的组合结构称为纯桔瓣球壳。这种球壳的特点是球壳拼装焊缝较规则，施工方便，组焊进度较快，便于采用自动焊。由于分块分带对称，因此装配应力及焊接内应力较均匀。可采用大瓣片设计，减少环带和焊缝，较易保证球罐质量。同时，这种球壳可按等强度设计，用不同的分带去承受不同液柱高的附加压力，产生不等厚的球瓣结构。

桔瓣式球壳结构由于有赤道带，而球罐支撑又大多数为赤道正切柱式支撑，所以只要对赤道带球瓣数加以限制，使其与支柱数成整数倍数关系，就能使球罐成为受力状态均匀、焊接质量易保证的合理结构形式。这也是桔瓣球壳的另一个优点。

此外，桔瓣式结构较灵活，按照原材料的大小及压机开挡的尺寸，可设计成不同球心夹角的分带和分块，以满足结构和制造工艺的要求。

桔瓣式分割的缺点是：球瓣在各带位置尺寸大小不一，只能在本带或在上、下对称的带之间进行互换；下料及成型较复杂，原材料利用率较低；球极板往往尺寸较小。由于球罐的接管及人孔一般设计在上、下极板上，因此往往造成球极板位置拥挤，焊缝不易错开。

桔瓣式球壳适用于任何大小的球罐，为世界各国普遍采用。目前，我国自行设计建造的球罐，以及近年来引进的绝大部分球罐，都是采用桔瓣式球壳。

桔瓣式球壳分带、分块、分角的形式多种多样，下面是一些典型的结构形式。

（1）90°型球壳

如图 6-3 所示，全球分成赤道和上下极三带，每带球心夹角 90°，上下极板各分成 3 块，赤道带对于丁烷球为 12 块板，对于戊烷球为 10 块板。

图 6-2　纯桔瓣式球壳

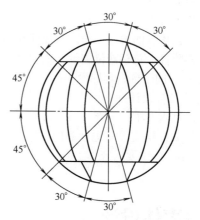

图 6-3　90°型球壳

（2）45°型球壳

如图 6-4 所示，全球分割为五带：上、下极带，上、下温带及赤道带，分带球心夹角为 45°。从日本引进的绝大部分乙烯、丙烯球罐是 45°型桔瓣式球罐，例如容量为 500m³ 和 1900m³ 的乙烯球罐、容量为 1000m³ 和 2200m³ 的丙烯球罐都是 45°型桔瓣式球罐。

（3）36°型球壳

如图 6-5 所示，全球在赤道线上切成两半球，因此有一条正赤道环缝，球壳分为六个带，即上、下赤道带，上、下温带，上、下极带，每带球心夹角为 36°。上、下极带各分成 4 块板，其他各带各由 32 块板组成，全球共有 136 块球瓣。8250m³ 液氨球罐即为此种结构型式。

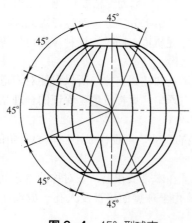

图 6-4　45°型球壳

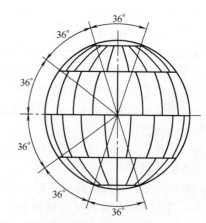

图 6-5　36°型球壳

（4）不对称型球壳

如图 6-6 所示的 5200m³ 液氨球罐，全球共分六带：即赤道带（40°夹角），上温带（30°夹角），上寒带（30°夹角），下温带（40°夹角）（以上 4 个带各 24 块板），上、下极带（40°夹角各 3 块板），全球共 102 块球瓣。1000m³ 乙烯球罐（见图 6-7），全球共分五带，上、下极带及赤道带球心夹角各为 60°，上、下温带球心夹角各为 30°，上、下极带为 3 块板，其余各带均由 16 块板组成，全球共 54 块球瓣。

在进行桔瓣球壳设计时，可参考国内外先进可行的经验，采用表 6-1 的球壳分带分角分片参数。可分五种型式：90°型球壳（见图 6-3）；不规则型球壳（见图 6-8）；45°型球壳（见图 6-4）；不对称型球壳（见图 6-6）；30°型球壳（见图 6-9）。大型球罐极板一般均由三块拼装而成。

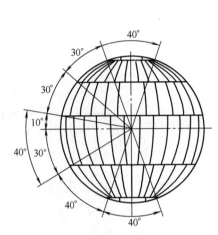

图 6-6　不对称型球壳（液氨球罐）

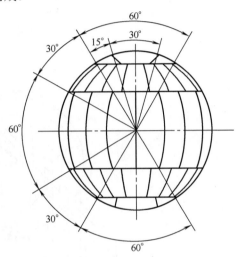

图 6-7　不对称型球壳（乙烯球罐）

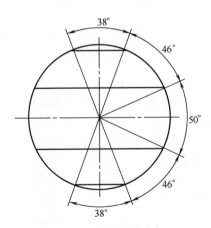

图 6-8　不规则型球壳

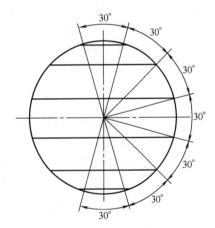

图 6-9　30°型球壳

表 6-1　推荐桔瓣球壳分带分角分片参数

类型	适用范围	分带	球中心分角	每带分瓣数[1]
90°型	200m³ 以下	3	90°	6～12 瓣
不规则型	200～1000m³	5	38°；46°；50°	8～24 瓣
45°型	1000～4000m³	5	45°	16～36 瓣
不对称型	4000～8000m³	6	40°；30°；10°	20～36 瓣
30°型	8000m³ 以上	7	30°	22～48 瓣

[1] 每带分瓣数是指除上、下极板外的各带，一般赤道带瓣片与上、下温带的瓣数相同，瓣数按钢板尺寸确定。

6.2.2　足球瓣式和混合式球壳与强度设计

（1）球壳设计

足球瓣式球壳（见图6-10）的优点是：球瓣的结构尺寸相同或者相近，制造开片（下料）较简单，省料。其缺点是：

ⅰ.焊缝交接处有Y形或T形焊缝，焊接难度较大，质量较难保证；

ⅱ.可能有部分支柱会搭在球壳的横焊缝上，造成该处焊缝应力较复杂；

ⅲ.组装较复杂（与纯桔瓣相比较）。

桔瓣-足球瓣混合式球壳（见图6-11）结构特点是：球体赤道带的球瓣按桔瓣式分割，上、下极带采用与赤道球瓣近似的尺寸分割成3块，上、下温带采用足球式球瓣（每带四块），五带拼装成球体。这种分割形式的优点在于：

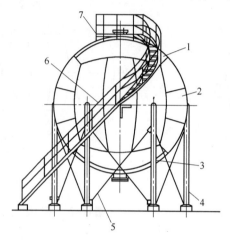

图6-10　足球瓣式球壳

1—顶部极板；2—赤道板；3—底部极板；4—支柱；
5—拉杆；6—扶梯；7—顶部操作平台

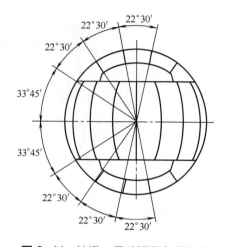

图6-11　桔瓣-足球瓣混合式球壳

ⅰ.以桔瓣为主，又克服了桔瓣式极板尺寸小及球板规格多的缺点（例如引进1000m³纯桔瓣式球罐分割极带所得最大球心夹角：对于45°型球壳为45°，对于不对称型球壳为60°；而混合式球罐分割极带所得最大球心夹角为67°30′），因此，在相同直径时，混合式的极带尺寸要比桔瓣式大，人孔及接管较容易配置；

ⅱ.球壳分块少，板材利用率高（例如引进1000m³混合式球罐，只有28块球瓣，而引进1000m³桔瓣式乙烯和丙烯球罐则都分为54块球瓣，国产某1000³m液化石油气球罐桔瓣结构甚至分为112瓣），同时，还具有制造工作量小、焊缝短、检验量小、施工进度快等特点，使球罐的施工质量易于保证；

ⅲ.由于采用桔瓣的赤道带结构，正切式支柱可以避开球壳主焊缝，使得球壳应力分布较均匀。

混合式球罐的缺点是：由于有两种球瓣，组装校正较为麻烦，制造精度要求高，且球壳主焊缝有Y形和T形接缝，该处焊接质量较难保证。

（2）强度设计

球壳的强度设计计算与前述的球形容器强度计算一致，只是当所受液柱静压较大（大于设计压力的 5%）时，计算压力中要考虑液柱静压力。

6.3 球罐支座设计

球罐支座是球罐中用以支撑本体重量和储存物料重量的结构部件。由于球罐壳体呈圆球状，给支座设计带来一定的困难，它既要支撑较大的重量（例如 8520m³ 液氨球，本体重 4630kN，最大操作重 57100kN，水压试验时重 87130kN，采用 16 根支柱支撑，每根支柱要承受 5445kN 的重力），又由于球罐设置在室外，需承受各种自然环境影响：如风载荷、地震载荷和环境温度变化的作用。为了应对各种影响因素，其结构型式比较多，设计计算也比较复杂。

支座可分为柱式支座和裙式支座两大类。柱式支座中又以赤道正切柱式支座用得最多，此外，还包括 V 形柱式支座、三柱合一形柱式支座，以及可胀缩式的支座。裙式支座包括圆筒裙式支座、锥形支座、钢筋混凝土连续基础支座、半埋式支座及锥底支座等。

6.3.1 赤道正切柱式支座设计

6.3.1.1 设计要求

设计赤道正切柱式支座时，要考虑满足如下要求：

ⅰ. 赤道正切柱式支座必须能够承受作用于球罐的各种载荷（静载荷包括壳体及附件重量、储存物料重量；动载荷包括风载荷和地震载荷），支撑构件要有足够的强度和稳定性；

ⅱ. 支座与球壳连接部分，既要能充分地传递应力，又要求局部应力水平尽量低，因此焊缝必须有足够的焊接长度和强度，并要采取措施减少应力集中；

ⅲ. 支座要能经受由于焊后整体热处理或热胀冷缩而造成的径向浮动；

ⅳ. 支座上部柱头的材质要选择得当；由于相当数量的球罐用于储存低温物料，低温球罐要求球壳材质能耐低温，因而同样要求柱头也采用耐低温材料；因此，赤道正切柱式支座就有分段结构问题；但如果不是特殊材质的球罐，则可采用不同材质制造支柱上的柱头及球壳；

ⅴ. 支柱必须考虑防火隔热问题，要设置防火隔热层，以保证在球罐区发生火灾场合下，球罐不至于在短时间内塌毁而造成更大的灾难。

6.3.1.2 支座结构

赤道正切柱式支座结构特点是：球壳有多根圆柱状的支柱在球壳赤道部位等距离布置，与球壳相切或近似相切（相割）而焊接起来。一般来说相割时，支柱的轴心线与球壳交点与球心连线与赤道平面的夹角为 10～20°。支柱支撑球的重量，为了承受风载荷和地震载荷，保证球罐的稳定性，在支柱之间设置拉杆相连。这种支座的优点是受力均匀，弹性好，安装方便，施工简单，调整容易，现场操作和检修方便；它的缺点主要是重心高，稳定性较差。

（1）支柱结构

支柱由圆管、底板、端板三部分组成，分单段式和双段式两种。图 6-12 为典型的支柱结构图。

① 单段式支柱　由一根圆管或圆筒组成，其上端加工成与球壳相接的圆弧状（为达到密切结合也有采用翻边形式），下端与底板焊好，然后运到现场与球瓣进行组装和焊接。单段式支柱主要用于常温球罐。

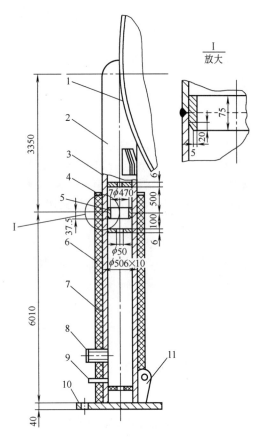

图 6-12　支柱结构图

1—球壳; 2—上部支柱; 3—内部筋板; 4—外部端板;
5—内部导环; 6—防火隔热层; 7—防火层夹子; 8—可熔
塞; 9—接地凸缘; 10—底板; 11—下部支耳

② 双段式支柱　适用于低温球罐的特殊材质的支座。按低温球罐设计要求，与球壳相连的支柱必须选用与壳体相同的低温材料。因此，支柱分成两段，上段采用与壳体同样的低温材料，其设计高度一般为支柱总高度的 30% ～ 40%，该段支柱一般在制造厂内与球瓣进行组对焊接，并对连接焊缝进行焊后消除应力热处理。上下两段支柱采用相同尺寸的圆管或圆筒组成，在现场进行地面组对。下段支柱可采用一般材料。

在常温球罐中，由于安装方面希望改善柱头部分支座与球壳连接的应力状况，而采用双段式支柱结构。这时，不要求上段采用与壳体相同的材质。

双段式支柱本身结构较为复杂，但它在与壳体相焊处焊缝的受力水平较低，这是一个显著的优点，故在国外得到广泛应用。

（2）支柱与球壳的连接

如图 6-13 所示，主要分为有垫板和无垫板两种类型，有垫板结构（又称加强板）可增加球壳板的刚性，但又增加了球壳上的搭接焊缝，在低合金高强度钢的施焊中由于易产生裂纹，探伤检查又困难，故应尽量避免采用垫板结构。

从图 6-13 和图 6-14 看出，支柱与球壳连接端部结构，也分为平板式及半球式两种，国内建造的球罐大多是平板式结构，引进球罐一般采用半球式结构。半球式受力较合理，抗拉断能力较强。平板式结构造成高应力的边角，结构不合理。支柱与球壳连接的下部结构，分为直接连接和有托板连接两种。有托板结构，可以改善支撑和焊接条件，便于焊缝检验。

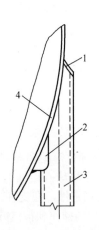

图 6-13　无补强板平板顶有托板结构的柱头

1—端板; 2—托板; 3—支柱; 4—球瓣

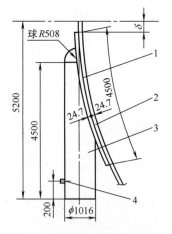

图 6-14　有补强板半球顶无托板结构的柱头

1—加强板; 2—赤道球瓣; 3—支柱; 4—可熔塞

（3）支柱的防火安全结构

支柱的防火安全结构主要是在支柱上设置防火层及可熔塞结构。当在罐区发生火灾时，为了防止球罐的支柱在很短的时间内被火烧塌，引起球罐破坏使事故加剧，除了对球罐采用防火水幕喷淋以外，对于高度为 1m 以上的支柱，用厚度 50mm 以上的耐热混凝土或具有相当性能的不燃性绝热材料覆盖（或用与储槽本体淋水装置能力相当的淋水装置加以有效的保护）。对于液化石油气或可燃性液化气球罐更为必要。这种防火隔热层的设置见图 6-15。防火隔热层不应发生干裂，其耐火性必须在 1h 以上。

每根支柱上开设排气孔，使支柱管子内部的气体在火灾时能够及时逸出，保护支柱。排气孔在支柱作严密性试验时可作为压缩空气接嘴，为了隔绝支柱管与外界接触，试压后在排气孔上采用可熔塞堵孔，可熔塞内填充以 100℃ 以下温度时能自行熔化的金属材料，易熔塞直径应在 6mm 以上。

支柱必须有较好的严密性，保证各处焊缝有足够的强度（尤其是在支柱与球壳接头处），组装施焊后的支柱必须进行 0.5MPa 压力的空气气密试验。

据资料介绍，球罐应按有关规定安装单个接地电阻为 20Ω，总和电阻为 10Ω 以下的接地设备。每台球罐至少应有两个接地凸缘。

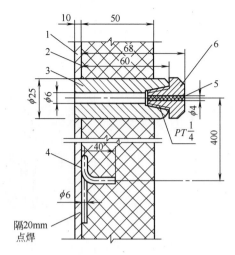

图 6-15 支柱防火隔热结构
1—支柱壁；2—防火隔热层；3—可熔塞接管；
4—防火层夹子；5—可熔塞；6—螺母

（4）拉杆结构

拉杆作为承受风载荷和地震载荷的部件，是为增加球罐的稳定性而设置。拉杆结构可分为可调式和固定式两种。

① 可调式拉杆　可调式拉杆分成长短两段，用可调螺母连接，以调节拉杆的松紧度。大多数采用高强度的圆钢或锻制圆钢制作。可调式拉杆结构形式有多种：单层交叉可调式拉杆（图 6-16）、双层交叉可调式拉杆（图 6-17）、可调式双拉杆或三拉杆、相隔一柱的单层交叉可调式拉杆（这种结构改善了拉杆的受力状况，见图 6-18）。目前，我国自行建造的球罐和引进球罐的大部分都是采用可调式拉杆。

② 固定式拉杆　固定式拉杆（见图 6-19）用钢管制作，拉杆的一头焊死在支柱的上、下加强筋上，另一端焊死在交叉节点的固定板上。管状拉杆必须开设排气孔。

固定式拉杆结构采用粗的钢管制造，不可调节，目前应用比较少。

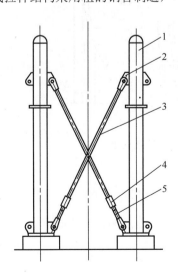

图 6-16 单层交叉可调式拉杆
1—支柱；2—支耳；3—长拉杆；4—调节螺母；5—短拉杆

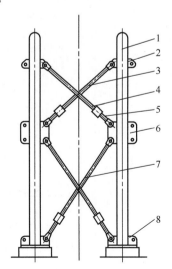

图 6-17 双层交叉可调式拉杆
1—支柱；2—上部支耳；3—上部长拉杆；4—调节螺母
5—短拉杆；6—中部支耳；7—下部长拉杆；8—下部支耳

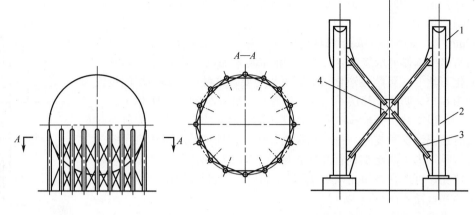

图 6-18 相隔一柱的单层交叉可调式拉杆   **图 6-19** 固定式拉杆

1—补强板；2—支柱；3—管状拉杆；
4—中心板

6.3.2　其他型式的支座结构

（1）V形柱式支座

V 形柱式支座（见图 6-20）结构特点是：每两根支柱成一组呈 V 字形设置，每组支柱等距离与赤道圈相连，柱间无拉杆联接。支撑的载荷在赤道区域上均布。支柱与壳体相切，相对赤道平面的垂线向内倾斜 2°～3°，因而在连接处产生一向心水平力。对球壳来说，影响不大；对基础来说，稳定性较好。这种形式结构承受膨胀变形较好。

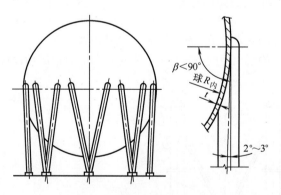

图 6-20　V 形柱式支座

（2）三柱合一形柱式支座

这种结构（见图 6-21）适用于球壳直径 ≤ 11m 的球形储罐。缺点是柱与球壳接触不均匀，支座在基础上的力较难控制。

（3）圆柱形裙式支座

圆柱形裙式支座（图 6-22）是一个用钢板卷制成圆筒形的裙架，把球壳支托住。

圆筒形裙架与球壳相交而造成的球壳下部球心夹角一般为60°～120°，裙式支座由连续或断开的圆环形垫板支撑在球罐的基础上，在裙式支座内部设置加强筋板加固。

裙式支座的特点如下：

ⅰ. 由于支座低，故球体重心低，支座较稳定；

ⅱ. 支座消耗的金属材料较少；

ⅲ. 支座较低，球罐底部配管较困难，工艺操作和施工与检修也不方便。

因此，裙式支座一般仅适用于小型球罐。

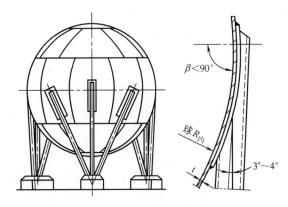

图 6-21　三柱合一形柱式支座

（4）混凝土连续基础支座

混凝土连续基础支座就是把球罐的支座和基础设计成一整体。用钢筋混凝土制成圆筒形的连续基础（见图6-23）。一般这种基础的直径近似地等于球罐的半径。为了设计出料管口，在基础上应预留出口。

这种支座的特点是：

ⅰ. 球罐重心低，支承很稳定；

ⅱ. 支座与球体接触面大，能承受很大的载荷；

ⅲ. 由于这种方法的基本概念是利用准确的球壳形状，显然严格的公差必须在制造过程中予以控制（公差需小于8mm），基础上表面的形状与要求的形状误差不能超过 ±1mm，这个公差比通常采用模板的土木工程及其最后整形的公差更为严格，而采用钢模板进行的组装也得极端留心才能达到这个要求；同时，球壳底盖（极板）上的形状误差也要求控制在 ±1mm；

ⅳ. 为了防止温度变化在基础上产生热应力，要允许球罐与基础间能产生相对位移；根据实践经验，可用几层通常的防潮纸和特殊的润滑脂以保证钢板不锈和具有的摩擦系数；因润滑油脂溶解防潮纸后形成一种特殊的防护层；据资料介绍用此法防护，一大尺寸球罐使用两年后在底盖表面上未发现腐蚀痕迹，绝缘层（包括润滑脂）也无损伤。

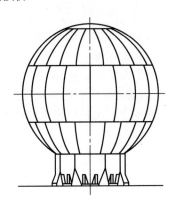

图 6-22　圆柱形裙式支座

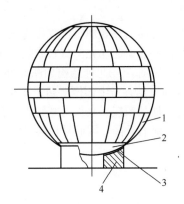

图 6-23　连续基础支承
1—球壳；2—底盖（极板）；3—绝缘层；4—钢筋混凝土连续基础

（5）锥形支座

这种支座由混凝土底座、支撑底板、筋板、护板，以及与壳体连接的圆锥壳组成，支撑着球壳（图6-24）。这种结构特点是简单、经济和稳定。

（6）锥底支座

这种结构（图6-25）的特点是把球壳的下部造成锥形（同时起支撑和储存作用）。由于球体和锥体连接处的几何不连接，该处将出现附加弯曲应力，要求交接附近壁厚增加。优点是与赤道正切柱式支撑球罐重量相比，总重可降低15%；缺点是稳定性较差。

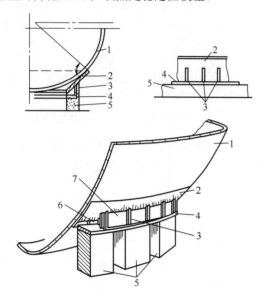

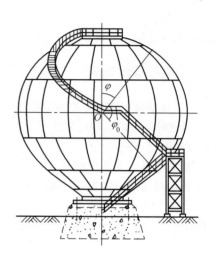

图6-24　锥形支座

1—球壳；2—圆锥壳；3—肋板；4—支承底板；
5—混凝土底座；6—内护板；7—外护板

图6-25　锥底支座

（7）可胀缩的支座

当球罐在做焊接后热处理时，或在内压试验时，或在正常充压与储液中，或用于储存深冷液体所遇到的较大温度交变时，都会引起球壳的膨胀或收缩。可胀缩的支撑结构能适应球壳的胀缩，同时它对球壳由于各种原因发生的摇动也能适应。此种结构如图6-26所示。球壳与若干个圆柱形接头焊接在一起，接头的底板由两块开孔竖式凸缘通过销钉与中部倒置角形支架铰接。中部倒置角形支架在两支底板上各有两块开孔的竖式凸缘，也是通过销钉与底架铰接。底架与螺钉固定在底板上，底板可放在陆上或船上。这种结构在胀缩过程中，壳体在竖直方向上会略有升降，因此设计接管时要注意这一点。

（8）高架式支座

高架式支座（图6-27）是用于储水用的球罐。它的架子可以是钢构架式，也可以造成塔状与球体贯通成一整体容器。

（9）半埋式支座

这是将部分球罐埋入地下的结构。它把全部入口和出口置于球体的上极，让泄漏的液体聚集在球罐下面的地下空间。这种支撑结构受力均匀，可节省支柱钢材，但增大了土建工程量，且在施工上牵涉到地下水位高低及辅助工程量。

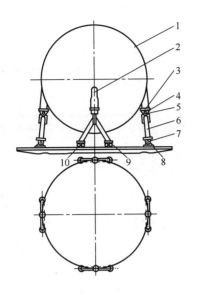

图 6-26　球罐可胀缩的支座

1—球壳；2—圆柱形接头；3—接头底板；4—竖式凸缘；5—销钉；
6—倒置角支架；7—支脚底板；8—竖式凸缘；9—销钉；10—底架

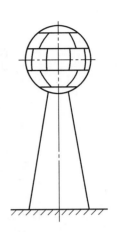

图 6-27　高架式支座

6.4　人孔、接管及附件设计

6.4.1　人孔结构

　　球罐人孔的作用在于：现场对球罐进行组焊后整体热处理时进风、燃烧及烟气排出用；正常使用时操作及维修人员进出球罐进行检验检修。因此，在设计人孔直径时要考虑操作人员携带工具进出球罐的方便性，以及热处理时工艺气流对人孔截面的要求，一般选用人孔直径为 DN500。人孔的数量通常是 2 个，分别设置在上、下极带上，人孔与球壳焊接部分应该选用和球壳相同或者相当的材质。

　　人孔的结构主要有两种形式：回转盖与水平吊盖，补强采用整体锻件凸缘补强和补强板补强，见图 6-28 ～图 6-30。在有压力的情况下，人孔的法兰一般采用带颈对焊法兰，密封面采用凹凸面的形式，也可采用平面密封的形式。采用整体锻件凸缘补强结构形式的人孔比较合理，既能够保证因开孔削弱的强度得到充分补强、节省材料，而且可以避免补强处壁厚的突变，降低应力集中的程度。焊缝采用对接形式，便于进行射线检测或超声波检测，从而保证焊缝的质量。采用补强板的人孔结构，由于与壳体焊缝采用角接，目前还没有可靠的检验手段，焊缝的质量不容易保证。

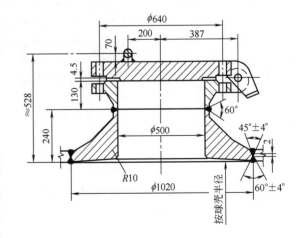

图 6-28　回转盖整体锻件凸缘补强人孔

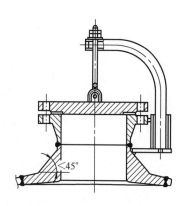

图 6-29　顶部水平吊盖补强人孔

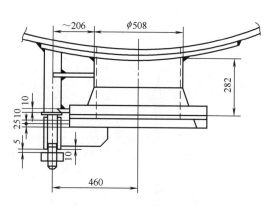

图 6-30　底部水平吊盖补强板补强人孔

6.4.2　接管结构

　　工艺操作需要球罐配有各种接管，而接管又是整个球罐强度相对比较薄弱的环节，因此，很多事故都是从接管与球罐的焊接处发生的。目前，很多国家的球罐都采用厚壁管或整体锻件凸缘等补强措施，也有接管上加焊筋条支撑等措施来提高刚度和耐疲劳性能的。

（1）接管材料

　　直接与球壳相焊接的接管最好选用与球壳相同的材料，低温球壳应选用低温用钢，保证在低温下具有足够的冲击韧性，接管的补强结构也要遵循相同的要求。

（2）开孔位置

　　开孔应该尽量集中在上、下极带上，以方便进行集中管理、控制，而且可以保证接管焊接在出厂时就已经完成，便于进行焊后消除应力的热处理，以保证接管焊接部分的质量。开孔要与焊缝错开，间距要大于 3 倍的球壳壁厚，且大于 100mm。在焊缝上尽量不要开孔，如果不得不开孔，则被开孔的中心两侧，各不少于 1.5 倍开孔直径的焊缝长度必须进行 100% 的检测合格才可以。

（3）开孔的补强尺寸

　　一般的压力容器规范都规定了不需要补强的最大接管开孔尺寸，但这不适宜用于球罐设计。球罐的体积比较大，球壳的壁厚往往比接管大好多，因此为了保证焊接的质量，接管应该采用厚壁管。即使小尺寸的接管，也要符合这样的要求。

（4）接管的补强结构

　　接管的补强结构一般有如下几种：补强圈补强的接管补强结构、厚壁管补强的结构、整体凸缘补强结构等。接管尽量采用厚壁管补强的结构形式，而少用补强圈补强结构。

（5）提高接管的抗疲劳性能措施

除了要考虑接管与球壳连接处的强度外，还要考虑具有抗疲劳的能力，以克服物料进出接管时引起的冲击、振动、操作压力的波动以及工艺配管应力等因素引起的疲劳破坏。措施如下：

ⅰ.接管的配管法兰面应该设计成水平或者垂直的，使工艺配管不产生附加的应力；

ⅱ.接管的补强元件与球壳的连接应该使补强元件的轴线垂直于球体的开孔表面，可以避免焊缝的咬边、未焊透、椭圆孔和打磨困难等缺陷保证焊缝的质量；

ⅲ.选用整体补强凸缘可以同时补强球壳和接管；

ⅳ.球罐上所有的接管都应该加设加强筋，对于小的接管群可以采用联合加强的方法，而单独的接管需要用3块以上的加强筋，将球壳、补强凸缘、接管以及法兰焊在一起，增强接管部分的刚性；

ⅴ.所有接管在制造中都应该按照需要进行无损检测，并且要进行焊后消除残余应力的热处理。

6.4.3 球罐附件

（1）梯子平台

球罐外部都要设有顶部平台、中间平台以及各种各样的梯子（斜梯、直梯和盘梯等）。球罐的工艺接管以及人孔大多数都设置在上极带，因此顶部平台就成了工艺操作时的操作平台；中间平台是为了操作人员上下顶部平台时休息的，也可以作为检查赤道板外部情况时使用。平台和梯子的结构与球罐的数量、现场的布局以及工艺操作条件有关。对于大型的球罐，一般采用一台球罐用一个单独的梯子的结构形式，梯子结构分为上部盘梯和下部斜梯两部分。

（2）水喷淋装置

球罐上设置水喷淋装置是为了球罐盛装的液化石油气、可燃性气体及毒性气体（氨、氯除外）的隔热，同时也可以起到消防作用。隔热与消防保护的要求不一样，淋水装置的结构一般为环形冷却水管或导流式淋水装置。对于隔热用的淋水装置，对液化石油气或可燃性液化气球罐进行隔热时，要求淋水装置可以向球罐整个表面均匀淋水，淋水量按球罐本体表面积每平方米淋水 2L/min 进行计算；对于消防用的淋水装置，要求也能够向球罐整个表面均匀淋水，淋水量按球罐本体表面积每平方米淋水大于 9L/min 进行计算，并且要求设置有能保证连续喷射 20min 以上的水源，能够在 5m 以外的地方安全操作。

（3）隔热和保冷措施

隔热措施可以采用水喷淋装置进行，也可采用不燃性绝热材料覆盖球罐。

对于球罐中必须保持低温的物料（如乙烯、液化天然气、液氨等），应该设置保冷措施。保冷结构应该防止外界热量传入球罐本体，由于一些储存物料的沸点很低，蒸发潜热相当低，因此要保持这些物料在液态是比较困难的。保冷结构还要考虑地震、风压力、雨、消防用水的压力影响，保证绝热的效果不受破坏。

保冷材料的厚度的确定，原则上以保证在外层材料表面不结露水为前提。

覆盖在最外层的保冷材料应该是不燃性或者自熄性的。对单层球罐的壳体，一般采用聚氨酯泡沫塑料，保冷性能比较好；对双重壳的球罐，一般在内外层之间用膨胀珍珠盐进行填充，或灌入聚氨基甲酸酯并固化，或用抽真空方法进行保冷。

对于有保冷设施的液化石油气、可燃性气体及毒性气体球罐，其保冷层表面采取如下的措施：用耐热材料覆盖在保冷材料的表面；外部装有喷淋水等有效防火装置时，耐热材料的要求可以降至具有 200℃ 保温 30min 的性能；不燃性保冷材料如具有 900℃、30min 以上的耐热性能时，可以只加适当的外部装饰，而不必另加耐热材料进行覆盖；不燃性或难燃性保冷材料如不具有 900℃、30min 以上的耐热性能时，表面应覆盖不燃性耐热材料，该不燃性耐热材料的厚度，按使用的要求进行考虑。

保冷材料有不燃性和难燃性的两种，不燃性材料主要有：珍珠岩、石棉、玻璃棉以及成型玻璃棉等；难燃性保冷材料主要有经过难燃处理的塑料成型板、塑料布以及发泡氨基甲酸乙酯。

（4）液位计

储存液体和液化气体的球罐中应该装设液位计。目前，球罐中采用的液位计主要有：浮子-齿带液位计、玻璃板式液位计、雷达液位计及超声波液位计等。

（5）压力表

球罐上应该装有压力表，以随时进行测量罐内的压力值。考虑到压力表可能由于某种原因不能够正常工作的可能性，应该在球壳的上部分和下部分各安装一个压力表。压力表的最大刻度应该为正常工作压力的1.5倍。压力表的表面直接应该大于150mm，以方便进行读数。压力表前应该安装截止阀，以便在仪表标校时可以取下压力表。

（6）安全阀

为了防止球罐运转异常造成罐内压力超过设计压力，要在气相部分设置一个以上的安全阀，以便能够及时排出部分气相物料，自动地将内压回复到设计压力以下。还要在气相部位设置一个以上的辅助的火灾安全阀，当由于火灾而使罐内物料温度及压力上升时，能够自动开启，排泄物料，确保球罐不超压。

（7）温度计

球罐上要安装一个以上的温度计，要能够测量比最低使用温度低10℃的温度值。温度计的外部要设置保护管，其强度应能够承受设计压力1.5倍以上的外压，并能够充分承受使用过程中所加的最大载荷。保护管的外径受强度限制，不能够太粗；保护管的插入长度要使温度计的敏感元件有效。对于低温的球罐或者在寒冷地区的球罐，要防止雨水、湿气等流入测温保护管内而结冰，从而影响正常的温度值。

6.5 球罐的抗震结构设计

由于球罐多用于储存易燃、易爆的物料，储量又大，如何防止它在地震中发生严重损坏及引起危及人身和生产安全的次生灾害，就显得非常重要。

赤道正切柱式支承的结构，由于在各相邻支柱之间设置了拉杆，故它除了能经受风力载荷作用外，还能经受地震水平载荷作用，因而具有一定的抗震能力。对赤道正切柱式支承的球罐，加强抗震能力主要是在提高拉杆的结构强度以及与拉杆连接结构的可靠性方面采取措施。

为了提高球罐抗震能力，还可采用多种结构措施：例如采用裙式支座或裙式状构架支脚，提高球罐支承的稳定性；在球罐壳体的下部装设油减震器或装设悬摆式防震装置，提高震动的衰减效果，大大地减少罐体对地面震动的幅度，保证球罐的安全；采用环形钢筋混凝土基础等。这些都起到良好抗震效果。

6.5.1 球罐抗震结构设计的一般要求

总的要求是保证球罐在设计允许烈度的地震时不致发生严重损坏、塌毁，易燃、易爆物料逸出，以免引起火灾或爆炸等次生灾害。具体要求如下：

ⅰ.金属结构构件的焊缝或铆接应牢固可靠，且无严重腐蚀和变形；设备和装置的连接（包括地脚螺栓、销钉）应无损伤、松动和严重锈蚀；

ⅱ.球壳与支柱、支柱与拉杆间的联结焊缝应饱满，拉杆的张紧程度应均匀，拉力不宜过大，拉杆交叉不应焊死；

ⅲ.球罐的支柱和拉杆要进行抗震校核，抗震能力不足者，可采用加粗拉杆或铰接处销钉，增加拉绳或拉杆的数量，加设增加衰减作用的设施等办法来加固；

ⅳ.球罐之间的联系平台，一端应采用活动支承；

ⅴ.设计烈度为7度、8度且场地为Ⅲ类或设计烈度为9度时，连接球罐的液相、气相管均应设置弯管补偿器或其他柔性接头；

ⅵ.除Ⅰ类场地外，球罐基础应做成环状整体结构。

6.5.2　球罐抗震设计的方法与措施

（1）球罐抗震设计的基本方法

地震的作用是一种外力强迫运动。由于地震使地壳产生位移，造成球罐的地基相对于球罐重心突然迁移，引起球罐自身的摆动。球罐的惯性限制了它随地基同时运动，产生惯性力，使球罐发生弹性（或塑性）屈曲，基底处出现最大剪力。当球罐本身的强度和稳定，以及与基础连接的螺栓不足以抵抗因地震而引起的外力时，就发生损坏，甚至发生倾倒等严重事故。

地震载荷与球罐结构和盛装物料的重量有关。由于地震时地壳发生水平方向和垂直方向的振动，因此就产生平行于地面的惯性力和垂直于地面的惯性力，把此惯性力用数学、力学理论的办法转换成反映地震作用的等效载荷，即为地震载荷。对于球罐，一般是把水平地震载荷看为附加作用在赤道平面的一种外载荷，以此作为计算各部位（支柱、拉杆）抗震能力的根据。对于垂直方向的地震载荷，考虑到地震力作用时间是短暂的（几十秒钟）且设备材料承受应力的强度较大，往往足以抵抗由垂直载荷所附加的内力；加上考虑水平与垂直载荷不会同时达到最大值，所以只有在高烈度区时（9度区）才考虑垂直载荷的影响（以设备总重的20%作为竖向地震载荷）。

图6-31是国外资料介绍的地震响应波谱线图。该图的纵轴是响应放大率，横轴为自然周期（秒），曲线是以构筑物的衰减因数 K 为参数的放大率为曲线。响应放大率为1.0时就意味着构筑物的振动与地震频率相同。构筑物的衰减因数增大时，即使自然周期相同，放大率也将下降。图中

$$响应放大率 = \frac{响应加速度}{输入加速度}$$

对焊接钢结构，$K=5\%$；对有弹性的塔器，$K=1\%$；对钢筋混凝土，$K=5\%\sim10\%$。

据对上述响应波谱分析，球罐抗震设计基本方法有三种：

ⅰ.使结构物的自然（固有）振动频率达到10Hz以上（即自然周期在0.1秒以上）的方法，即刚性结构法；

ⅱ.使结构物的自然振动频率达到1Hz以下（即自然周期在1秒以上）的方法，即弹性结构的抗震设计方法，这是近年来高层建筑物的抗震设计的基本方法；采用这个方法时，为了降低其自然振动数，要在弹性结构上特别下功夫；此外还考虑受到远方地震的长周期地震的影响和耐风力作用；

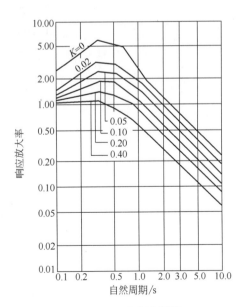

图6-31　响应波谱图

ⅲ.增加衰减、降低影响放大率的方法。

前两种方法在技术上是可行的，但经济上的问题多。对于新设计的球罐和现有球罐的抗震加固改造，第ⅲ种方法是很实用的。

（2）球罐抗震设计的结构措施

以下主要针对赤道正切柱式支承球罐进行介绍。

① 新建造球罐的抗震结构　对新建造球罐的抗震结构，应该采取如下措施：

ⅰ.按抗震设计计算方法选用足够强度的拉杆、拉杆翼板、销钉以及支柱；

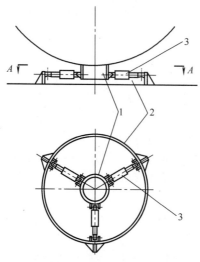

ⅱ.在球罐的下部装设油压减震器；考虑地震的方向性，要装三个以上；图 6-32 是在球罐下部和基础面间的水平面内，呈 120°分布的三个水平抗振动油压减震器的安装图；

ⅲ.设置悬摆式防震装置；悬摆式防震装置是在球罐下部罐体和支柱处设置一振动子棒，棒的下末端装有一重锤，再用一根连接棒将振动子棒上端连接到在地基上单独设置的支持台架上，利用振动子和杠杆作用，延长结构物的自然周期，达到减震效果；应用此法能以重锤质量和支持台架的刚性变化，控制共振振幅的变化；只要重锤质量选择适当，就能设计出在实用上具有充分减震效果的防震装置。

图 6-32　油压减震器的安装
1—罐侧圆筒；2—基础侧圆筒；3—油压减震器

② 现有球罐的抗震加固改造　在允许动火的场合下的改造，可在球罐上安设油减震器或悬摆式防震装置。而对于采用固定式拉杆结构的球罐，在进行按规范要求的防震验算后，可把原拉杆割下，换上能承受要求的地震载荷的拉杆。

在不允许动火时，不能采用油减震器或悬摆式防震装置，可以采用如下措施：

ⅰ.增设拉杆。图 6-33 是一种增设拉杆的加固方法，在支柱上部和下部相应的

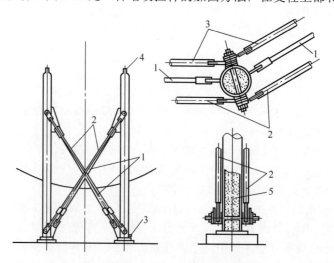

图 6-33　增设拉杆的加固方法
1—已有拉杆；2—新装拉杆；3—水泥砂浆浇注口；4—排气孔；5—填充水泥砂

地方各钻一孔（由于钻孔时可能发生火花，要注意隔离可燃爆的物料），穿以轴杆，分别在支柱的外面和里面各增加一拉杆；

　　ⅱ.支柱里充填水泥砂浆增加支柱的稳定度；用混凝土填满支柱内部的空间，同时在穿轴杆处起到承压加固作用；

　　ⅲ.对于固定式拉杆的球罐，由于拉杆也是用管子制造的，它的抗震加固可以往拉杆和支柱内同时充填水泥砂浆（见图6-34）；但是，不管往支柱里或是向拉杆管里充填水泥砂浆时，都要注意排出管内的空气和水泥砂浆凝固时析出的水分，保证混凝土能填满内部空间。

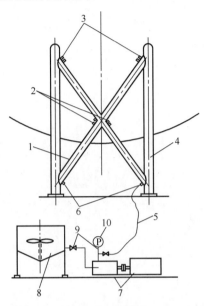

图6-34　固定式拉杆柱式支承加强施工
1—拉杆；2—25mm再浇注孔；3—排气管；4—支柱；5—25mm胶管；6—25mm浇注口；
7—水泥砂浆注入泵；8—水泥砂浆混合槽；9—阀；10—压力表

思考题

1.作为大型储存容器常选用球形储罐，而很少用圆筒形容器，为什么？

2.球形储罐设计的技术难点是什么？目前国内外在这一领域达到了什么样的技术水平？

3.常见的球壳分割方式有哪些？它们各自有何特点？

4.球形储罐支座的选型与设计应考虑哪些主要因素？常见的几种支座结构各有何特点？它们各自的适应场合和设计要点是什么？

5.球形储罐抗震设计的基本方法有哪些？它们各自基于何种原理？通过哪些结构措施来达到抗震设计的目的？

第二篇
过程机器

7　压缩机

学习目标

○ 能区分不同压缩机的种类和特点，并根据实际工况要求进行选型和性能评价。

○ 能分析往复活塞式压缩机的基本原理，制定往复活塞式压缩机的调节与控制方案。

○ 能对往复活塞式压缩机的典型结构和零部件进行设计。

○ 能分析离心式压缩机的基本原理和工作特性。

○ 能结合实例阐释离心压缩机主要零部件的结构特点和运行特性。

○ 理解螺杆压缩机、滑片压缩机等其他类型压缩机的工作原理和结构特点。

7.1　压缩机的类型及应用

7.1.1　压缩机的分类及比较

压缩机是一种能提高气体压力并能连续输送气体的机器，它把机械能转变为气体的能量。压缩机的排气压力一般大于 0.3MPa，当排气压力小于 0.3MPa 时，一般称为风机。

（1）压缩机的分类

① 按工作原理分类　压缩机的种类很多，按其工作原理大致可分为容积式压缩机和速度式压缩机两大类。容积式压缩机通过活塞、柱塞或各种形状的转子压缩密闭空腔内气体的体积来提高气体的压力，它又可分为往复运动式和回转运动式两种类型。速度式压缩机是利用高速旋转叶片的动力学作用给气体提供能量，而后部分气体动能再转变成压力能，它又可分为离心式、轴流式和混流式三种类型。压缩机的分类及结构形式见表 7-1。

表 7-1　压缩机按工作原理分类表

压缩机类型			结构特点	结构简图
压缩机	容积式压缩机	往复运动式	活塞式压缩机	具有曲柄连杆机构驱动，活塞在圆筒形气缸内作往复运动	
			膜式压缩机	具有穹形型面的盖板和弹性膜片组成膜腔，膜片上下挠曲变形改变膜腔容积	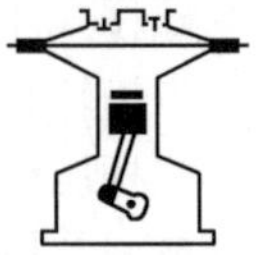
		回转运动式	滑片式压缩机	具有圆形工作腔和偏心转子，转子或缸体上开设若干个槽并装有自由滑动的叶片	
			螺杆式压缩机	具有 ∞ 字形气缸和一对相互啮合的螺旋形转子，转子齿间容积随螺杆的转动而改变	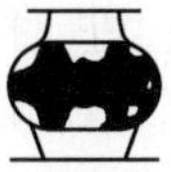
			转子式压缩机	气缸和转子其中之一的型线为摆线，另一型线为摆线的共轭包络线，转子在气缸内作行星运动改变气缸工作容积	
	速度式压缩机		离心式压缩机	具有高速回转的叶轮以及扩压器、弯道、回流器等固定元件	
			轴流式压缩机	具有高速回转的动叶栅以及起导流和扩压作用的静叶栅	
			混流式压缩机	前面几级采用大流量的轴流级，后面几级采用较小流量的离心级	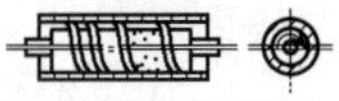

② 按结构分类　在工程上，按结构对压缩机进行分类也是经常使用的，其主要分类如下：

ⅰ.按照压缩机级数分：单级，两级，三级，……，多级。

ⅱ.按照压缩方法分：单作用（单动）和双作用（复动）。

ⅲ.按照气缸数量分：单缸，双缸，……，多缸。

ⅳ.按气缸轴线布置的相互关系分：卧式、立式、L 型、V 型、W 型、星型和对称平衡型。

ⅴ.按气缸壁的冷却方式分：空冷式和水冷式。

ⅵ.按压缩机的安装方式分：固定式、半移动式、移动式。

ⅶ.按排气量大小分：微型、小型、中型和大型。

ⅷ.按气缸部件的润滑方式分：有润滑油、无润滑油和非接触润滑。

（2）各类压缩机的特点及比较

工业上几种常用的压缩机的基本形式和优缺点介绍如下：

① 往复活塞式压缩机　往复活塞式压缩机是依靠气缸内作往复运动的活塞来压缩气体的，气缸上设有进气阀和排气阀，用来控制气体的进入或排出，根据实际需要，往复活塞式压缩机可以做成逐级压缩的形式，即为多级压缩。工业上应用的多级压缩机级数可达 6～7 级，级数越多，排气压力越高。

往复活塞式压缩机的主要特点是：

ⅰ.适用压力范围较广，其排气压力从低压到超高压均可，在压力较高的场合下显示出其他类型压缩机不可比拟的优越性。目前工业生产中，其排气压力已经达到 350MPa，实验室中可达到 1000MPa 的水平。

ⅱ.绝热效率较高，大型往复活塞式压缩机的绝热效率可达 80% 以上。

ⅲ.适应性较强，往复活塞式压缩机在小气量下工作也能保持较高的效率，而且排气压力对排气量的影响较小，气体的密度对压缩机的性能影响也不大，因此，往复活塞式压缩机的通用性非常好。

ⅳ.机器结构较复杂，易损件较多。此外，进气和排气是脉动不连续的，容易引起气流脉动及管路振动。

② 螺杆式压缩机 通常所说的螺杆式压缩机是指双螺杆压缩机，工业上也有单螺杆压缩机，两种压缩机均属于回转容积式压缩机。

双螺杆式压缩机是在一个"∞"形的气缸内配置一对阳、阴螺杆构成的，阳螺杆与原动机主轴相连，通过一对同步齿轮带动阴螺杆按一定的传动比转动。

单螺杆压缩机是由一个螺杆与几个星轮啮合而成的，单个螺杆的螺槽、气缸内壁和星轮的齿面构成了封闭的容积单元，原动机的主轴带动螺杆运转，螺杆带动星轮旋转。

螺杆式压缩机的主要特点是：

ⅰ.结构简单，没有易损件，运转可靠。

ⅱ.运动部件动力平衡好，机器转速较高，尺寸小，重量轻，占地面积少。

ⅲ.进、排气周期较短，压力脉动小。

ⅳ.适应性强，排气压力的变化几乎不影响排气量，在较宽的气量范围内能保持较高的效率，并能适应多种气体工质。

ⅴ.噪声低、振动小，单螺杆压缩机的噪声一般为 60 ~ 68dB（A）；双螺杆压缩机的噪声一般为 64 ~ 78dB（A）。

ⅵ.造价较高，加工难度大。不能用于高压场合，双螺杆压缩机的排气压力一般不超过 3MPa，单螺杆压缩机的排气压力一般低于 5.6MPa。此外，螺杆式压缩机一般不能用于排气量太小的场合。

③ 离心式压缩机 离心式压缩机是透平式流体机械的一种，它利用高速回转的一组叶轮对气体做功，使气体在离心力场中压力得到提高，同时也增加了气体的动能，在后面的流道中，部分气体的动能又转化为气体的静压能，从而使气体的压力进一步得到提高。

离心式压缩机的主要特点是：

ⅰ.转速高，处理气量大，单位排气量机器的体积较小。

ⅱ.易损件较少，机器的运转率较高。

ⅲ.排气无脉动，不需要储气罐；气体不受润滑油的污染，压缩后的气体一般不需要油气分离器。

ⅳ.不适用于流量太小和排气压力过高的场合，稳定工况范围较窄，虽然气量调节方便，但气量调节后机器的效率会明显下降。

ⅴ.操作技术要求较高，运转时噪声较大。

④ 轴流式压缩机 轴流式压缩机由旋转叶片（动叶）和固定在机壳内的导向叶片（静叶）所组成。动叶对气体做功，静叶使气体导流和扩压，气体在叶片上的流动是轴流方向。轴流式压缩机没有涡室，气流畅通，适用于用来处理压力较低、流量更大的气体，目前作为汽轮机用压缩机，已经被广泛采用。

与离心式压缩机相比，轴流式压缩机要获得同样的排气压力，叶轮的圆周速度约为离心式压缩机的 2 倍，因此，轴流式压缩机的噪声较大。此外，轴流式压缩机的稳定工况范围也受到喘振等现象的限制。

图 7-1 表明了各种形式压缩机容积流量和排气压力的应用范围，在几种形式重叠的范围内，应根据其他要求来确定压缩机的形式。

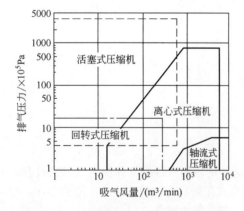

图 7-1 各种形式的压缩机的应用范围

7.1.2　压缩机的应用

压缩机作为一种重要的通用机械，在化工、石油化工、动力等各个领域均得到广泛的应用，压缩机的主要用途见表 7-2。

表7-2　压缩机主要用途一览表

用途		气体		工作压力（表）/MPa	用途		气体	工作压力（表）/MPa
化学工业	合成氨	氮、氢混合气		15, 20, 32, 60	石油炼制	催化裂化	裂解气	0.95
		循环气		升压 3～4			空气	0.25～0.4
		空气		3.5, 7.0		重整	烃	2.75
		氮气		2.5～3.5		脱硫	氢	7, 11, 16
				7.0～8.0		加氢精制	氢	2.6～3.6, 7～9
		氨气		1.5, 3.5				15, 32
	合成尿素	二氧化碳		15, 20	采油	钻井	空气	8
	合成甲醇	氮、氢、氧 二氧化碳		5, 32		油田注气	二氧化碳、空气	5～13
	制取乙烯、丙烯	裂解气		3.7	气体输送	气态管道输送	甲烷	7～9
		乙烯气		1.9			多种成分烃	1.6, 2.5, 4
		丙烯气		1.8			城市煤气	0.3, 0.5
	高压聚乙烯	乙烯	一次	15～25		气态装瓶	甲烷、稀有气体	22, 24
			二次	150, 320			氧、氮	15
	氯乙烯	乙烯、氧		1.0			二氧化碳	7～8
		合成气		0.5			乙炔	2.1
	丙烯腈	丙烯气		2.0			丙烷	1.6
		空气		0.2			氨	1.5
	合成橡胶	丙烯气		2.0			氯	1.2～1.5
		生成气		1.6	制冷	空调、冷冻 冷藏	氟里昂	0.8～1.8
	合成纤维	乙炔		1.2			氨	0.8～1.4
		空气		0.35～1.2	空气动力	水压机	空气	15, 35
		二氧化碳		0.4		风力器械	空气	0.7～1.2
	正丁醛	合成气		3		仪表控制	空气	0.4～0.6
		空气（脱钴）		3		车辆制动	空气	0.4～0.6
	乙酸乙烯 （乙烯气相法）	乙烯、氧		0.6～0.8		喷涂、喷雾	空气	0.1～0.3
气体分离	气体分离	空气		0.5～0.8, 2.5, 2.2		内燃机起动	空气	3.0～3.5
	焦炉气氢分	焦炉气		1.2		武器系统	空气	150～300

7.2　往复活塞式压缩机

7.2.1　往复活塞式压缩机基本原理

7.2.1.1　结构原理及工作循环

（1）总体组成

图 7-2 为一单作用往复活塞式压缩机的结构简图，往复活塞式压缩机主要由气缸、驱动机构（曲柄连杆机

构及活塞组件）和机身组成的，此外，压缩机还设有注油器、中间冷却系统、调节系统、滤清器、缓冲罐等辅助系统。

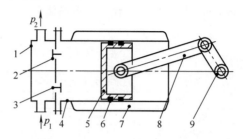

图7-2　往复活塞式压缩机简图

1—气缸盖；2—排气阀；3—进气阀；4—气缸；5—活塞；6—活塞环；7—冷却套；8—连杆；9—曲轴

（2）工作循环

往复活塞式压缩机的工作过程如下（参考图7-2）：活塞从气缸盖侧（也称"外止点"位置）开始向右运动时，缸内的工作容积逐渐增大，内部压力下降，外界气体顶开进气阀进入气缸，直到活塞运动到最右边的位置（也称"内止点"位置），吸气过程结束，进气阀关闭。然后，活塞开始向左运动，气缸内的工作容积减小，缸内的气体被压缩，此过程称为压缩过程。当缸内气体的压力达到并略高于排气管内气体的压力时，排气阀打开，缸内的气体被排出到排气管内，直到活塞运动到最左边位置时，排气阀关闭，此过程称为排气过程。当活塞再次向右运动时，重复上述循环过程，气缸内相继实现进气、压缩、排气等过程，即完成了一个工作循环。

在上述循环过程中，如果假设：

ⅰ.气缸内无余隙容积，排气终了时气体全部排出气缸；

ⅱ.气体通过进、排气阀时无压力损失，且进、排气压力没有波动；

ⅲ.气体压缩过程指数为定值；

ⅳ.气缸内气体在吸气、压缩和排气过程中不发生泄漏。

这样的压缩循环就称为理论压缩循环。往复活塞式压缩机的理论循环 p-V 指示图见图7-3。图中：$4 \rightarrow 1$ 为进气过程，是一条等压线；$1 \rightarrow 2$ 是压缩过程，是一条压缩过程指数为常数的凹曲线；$2 \rightarrow 3$ 是排气过程，也是一条等压线。

图7-3　往复活塞式压缩机理论循环 p-V 指示图

理论压缩循环的进气容积等于气缸的行程容积，气缸的行程容积是指气缸内活塞扫过的最大容积，即

$$V_1 = V_h = F \times s$$

单作用气缸

$$V_h = \frac{\pi}{4} D^2 s \qquad (7\text{-}1a)$$

双作用气缸

$$V_h = \frac{\pi}{4}(2D^2 - d^2)s \qquad (7\text{-}1b)$$

式中，V_1 为理论循环进气容积，m³；V_h 为行程容积，m³；F 为气缸的截面积，m²；s 为活塞的行程，m；D 为气缸内径，m；d 为活塞杆直径，m。

图 7-3 中理论压缩循环所包围的面积即代表理论循环的压缩功，外界对气体所作的压缩功也称为理论压缩循环的指示功，相对应的 p-V 图也称为示功图。理论压缩循环指示功的大小与压缩过程的性质有关，由热力学的知识可以导出各种过程的理论循环指示功分别为：

等温过程
$$W_i = p_1 V_1 \ln \frac{p_2}{p_1}$$

等熵过程
$$W_{ad} = p_1 V_1 \frac{k}{k-1} \left[\left(\frac{p_2}{p_1} \right)^{\frac{k-1}{k}} - 1 \right] \tag{7-2}$$

多变过程
$$W_{pol} = p_1 V_1 \frac{m}{m-1} \left[\left(\frac{p_2}{p_1} \right)^{\frac{m-1}{m}} - 1 \right]$$

式中，W_i、W_{ad}、W_{pol} 分别为等温、等熵和多变过程的理论循环指示功，J；p_1、p_2 分别为理论压缩循环的吸气压力和排气压力，Pa；V_1 为理论压缩循环的进气容积，m³；k、m 分别为气体的等熵过程指数和多变过程指数。

理论循环过程是一个简化的理想过程，实际循环比理论循环要复杂得多，实际循环指示图见图 7-4。实际工作循环由吸气（d → a）、压缩（a → b）、排气（b → c）、膨胀（c → d）四个过程组成。实际循环与理论循环有明显的区别：

ⅰ. 气缸内不可能完全消除余隙容积，余隙容积主要由气缸盖端面与活塞端面所留的间隙而形成的容积，进、排气阀通道所形成的容积，以及活塞与气缸在第一道活塞环之前形成的容积等几部分构成。排气过程终了时，余隙容积内残存少量高压气体，这部分高压气体在活塞开始返程时有一个膨胀过程，直至气缸内气体膨胀至压力略低于进气管内名义进气压力时，才开始吸气过程。

ⅱ. 进、排气阀使气体进出阀门时产生阻力损失，从而导致气缸内的实际吸气压力低于进气管内的名义进气压力；气缸内的实际排气压力高于排气管内的名义排气压力。此外，由于气缸吸、排气过程的间断性，实际的进、排气压力会产生压力波动。

ⅲ. 在压缩和膨胀过程中，气体的温度不断变化，气体和缸壁之间存在着不稳定的热交换过程，所以压缩过程和膨胀过程的过程指数不是定值。

ⅳ. 气阀、填料函和活塞环等部位总会有气体泄漏，泄漏无法在 p-V 指示图上直观表示，但泄漏会影响压缩过程线和膨胀过程线，并影响进气量和排气量。

比较图 7-3 和图 7-4 的不同特点，可以明显看出理论循环和实际循环的差别。

此外，实际气体和理想气体的差别也会影响压缩机的工作循环，理想气体和实际气体的状态方程和过程方程分别表示为：

理想气体状态方程
$$pV = MRT$$

实际气体状态方程
$$pV = ZMRT$$

理想气体过程方程
$$p_1 V_1^k = p_2 V_2^k$$

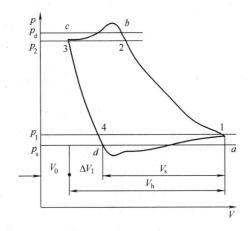

图 7-4　往复活塞式压缩机实际循环 p-V 指示图
V_0—余隙容积；ΔV_1—余隙容积中高压气体存在导致的吸进气体减少量；V_s—实际进气量；p_s、p_d—气缸内实际进气压力和排气压力

实际气体过程方程

$$
\begin{cases}
p_1 V_1^{k_{V1}} = p_2 V_2^{k_{V2}} \\
\dfrac{T_2}{T_1} = \left(\dfrac{p_2}{p_1}\right)^{\frac{k_T-1}{k_T}}
\end{cases}
\tag{7-3}
$$

$$
R = \frac{8314}{\mu}
$$

式中，M 为气体的质量，kg；Z 为压缩性系数，可由通用压缩性系数图查取；p 为压力，Pa；V 为体积，m³；T 为温度，K；k 为理想气体的等熵过程指数；k_T 为温度等熵指数，受温度和压力的影响相对较小，对于双原子气体，可以用 k 代替 k_T；k_V 为容积等熵指数，受温度和压力的影响较大；R 为气体常数，J/(kg·K)；μ 为气体的分子量，kg/kmol。

因此，实际气体的容积为

$$
V = V_1 \frac{Z}{Z_1} \left(\frac{p_1}{p}\right)^{\frac{1}{k_T}}
\tag{7-4}
$$

（3）实际循环的进气量

实际循环的进气量是指名义进气状态下的进气量，它比理论循环的进气量要小。实际循环的进气量可表示为：

$$
V_s = \lambda_V \lambda_p \lambda_T V_h n
\tag{7-5}
$$

式中，V_s 为实际进气量，m³/min；λ_V 为容积系数；λ_p 为压力系数；λ_T 为温度系数；n 为压缩机转速，r/min。

① 容积系数 λ_V　反映了由于气缸余隙容积的存在，使气缸行程容积被膨胀气体所占有，从而导致吸气量减少的程度，是表征气缸行程容积有效利用程度的系数。结合图 7-4 所示的 p-V 指示图，容积系数可表示为

$$
\lambda_V = \frac{V_h - \Delta V}{V_h} = 1 - \frac{V_0}{V_h}\left[\left(\frac{p_d}{p_s}\right)^{\frac{1}{m}} - 1\right] = 1 - \alpha\left(\varepsilon^{\frac{1}{m}} - 1\right)
\tag{7-6}
$$

式中，α 为相对余隙容积，其大小主要取决于气阀在气缸上的布置方式以及压缩的级次等，一般 α 在下列范围内：低压级 0.07～0.12，中压级 0.09～0.14，高压级 0.11～0.16；ε 为级的实际压力比，一般情况下用名义压力比来代替，对 λ_V 的误差也不会太大，单级压力比一般在 3～4，压力比过大，会使 λ_V 降低，也会使排气温度升高；m 为膨胀过程指数，主要取决于气体的性质以及余隙气体在膨胀过程中与缸壁的热交换情况，一般 $m<k$，高压级时，m 接近于 k。

② 压力系数 λ_p　反映了由于进气阀阻力的存在致使实际进气压力 p_s 小于名义进气压力 p_1，从而造成进气量减少的程度。压力系数主要取决于进气阀处于关闭状态时的弹簧力以及进气管中的压力波动。对于低压级 λ_p=0.95～0.98；高压级 λ_p=0.98～1.0。压力系数可近似地表示为

$$
\lambda_p = \frac{p_s}{p_1} = 1 - \frac{\Delta p_s}{p_1}
\tag{7-7}
$$

式中，Δp_s 为进气阀阻力，Pa。

③ 温度系数 λ_T　表示进气过程中气体从缸壁等部件吸收热量造成体积膨胀，从而造成进气量减少的程度。温度系数与气缸的冷却状况和级的压力比的大小有关。气体在进气过程中得到的热量越多，温度系数越小。

（4）多级压缩过程

单级压缩的压力比是有限的，当要求气体的压力较高时，就要采用多级压缩。多级压缩时将气体的压缩过

程分成几级来进行，级与级之间设置冷却器和油水分离器等，每一级的工作循环过程与单级压缩相同。图 7-5 是一个三级压缩的示意图和三级压缩的 $p\text{-}V$、$T\text{-}s$ 图。

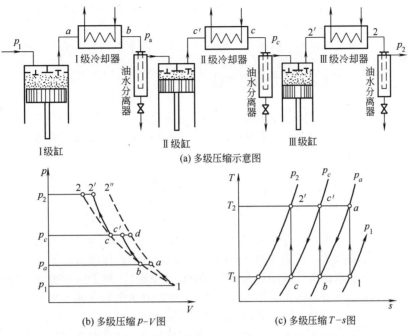

(a) 多级压缩示意图

(b) 多级压缩 $p\text{-}V$ 图

(c) 多级压缩 $T\text{-}s$ 图

图 7-5 多级压缩示意图及其 $p\text{-}V$、$T\text{-}s$ 图

多级压缩有如下优点：

ⅰ. 多级压缩可节省功率消耗。从图 7-5（b）中可以看出：级数越多，压缩过程越接近等温过程，而等温压缩过程循环指示功最小。

ⅱ. 多级压缩可降低排气温度。从图 7-5（c）中可以看出：多级压缩过程在进入每一级之前都使气体等压冷却降温，从而控制了最终排气温度的升高。

ⅲ. 多级压缩可提高容积系数。从式（7-6）可以看出：压力比越大，λ_v 越小，而多级压缩各级的压力比可以降低，因而容积系数增大。

ⅳ. 多级压缩可以降低活塞力。活塞力的大小与活塞面积成正比，当所要求的压力比相同、活塞行程也相同时，多级压缩高压级气体的容积减小，活塞面积比单级压缩时活塞的面积减小，所以活塞上所受的气体力减小，从而可以使运动机构轻巧些。

尽管多级压缩有以上诸多优点，但随着级数的增加，压缩机结构的复杂性也增加，各种摩擦阻力损失也增大，压缩机制造和运行成本都增大，因此，合理地选择压缩机的级数是很重要的，级数的选择应根据压缩机大小、重量和安装方式等具体情况来确定。表 7-3 列出了往复活塞式压缩机级数的选择和最终排气压力的对应关系。

表 7-3 往复活塞式压缩机级数与最终排气压力间的关系

最终排气压力 /10^5Pa	5～6	6～30	14～150	36～400	150～1000	200～1000	800～1500
级数（z）	1	2	3	4	5	6	7

多级压缩过程的级数确定后，至于各级压力比的分配，一般以压缩机总功耗最小为原则。按这一原则，各级的压力比 ε_i 应相等，即

$$\varepsilon_i = \sqrt[z]{\frac{p_d}{p_s}}$$

（7-8）

多级压缩过程各级压力比在实际分配时往往会做一些调整，例如：为了满足工艺条件，有时需要调整各级压力比；为了平衡活塞力，有时需要调整各级压力比；为了保证第一级的进气量，往往把第一级的压力比取小些；为了使最末一级的排气温度不超过允许值，往往把最末一级的压力比取小些。当各级压力比不相等时，会使总指示功有所增加，但各级压力比的乘积仍等于总压力比。

7.2.1.2 热力性能参数

① 排气量 压缩机的排气量是在名义进气状态下压缩机排出的气量，排气量等于第一级的进气量减去所有各级的外泄漏气量。对于单级压缩机而言，排气量可以表示为

$$V_d = V_s - V_1 = V_s\left(1 - \frac{V_1}{V_d + V_1}\right) = V_s\left(\frac{V_d}{V_d + V_1}\right) = \frac{V_s}{1 + \frac{V_1}{V_d}} = V_s\left(\frac{1}{1+\nu}\right) = \lambda_V\lambda_p\lambda_T\lambda_1 V_h n \quad (7-9)$$

式中，V_d 为排气量，m^3/min；V_1 为泄漏气量，m^3/min；ν 为各泄漏点的相对泄漏气量，对于气阀 $\nu = 0.01 \sim 0.04$，对于单作用气缸的活塞环 $\nu = 0.01 \sim 0.05$，对于双作用气缸的活塞环 $\nu = 0.003 \sim 0.015$，对于填料函 $\nu = (0.0005 \sim 0.0010)j$，$j$ 是填料函所在的等效级次，即压缩机在大气压下进气时而压缩到该级排气压力一般所需的级数；λ_1 为泄漏系数，$\lambda_1 = 1/(1+\nu)$。

对于多级压缩机而言，排气量和第一级气缸各运行状态参数和行程容积以及压缩机转速之间的关系可以表示为

$$V_d = \lambda_{VI}\lambda_{pI}\lambda_{TI}\lambda_{1I} V_{hI} n \quad (7-10)$$

多级压缩机中间某 k 级气缸的行程容积与排气量的关系如下

$$V_{hk} = \frac{\mu_{ok}\mu_{\varphi k}}{\lambda_{Vk}\lambda_{pk}\lambda_{Tk}\lambda_{1k}} \frac{V_d}{n} \frac{p_{1I}T_{1k}Z_{1k}}{p_{1k}T_{1I}Z_{1I}}$$

$$\mu_{ok} = \frac{V_d - V_{ok}}{V_d} \quad (7-11)$$

$$\mu_{\varphi k} = \frac{V_d - V_{\varphi k}}{V_d}$$

式中，λ_{VI}、λ_{pI}、λ_{TI}、λ_{1I} 分别为第一级气缸的容积系数、压力系数、温度系数、泄漏系数；λ_{Vk}、λ_{pk}、λ_{Tk}、λ_{1k} 分别为第 k 级气缸的容积系数、压力系数、温度系数、泄漏系数，λ_{1k} 应包含第 k 级的泄漏气量和第 k 级以前所有各级的外泄漏气量；V_{hI}、V_{hk} 分别为第一级和第 k 级气缸的行程容积，m^3；p_{1I}、p_{1k} 分别为第一级和第 k 级气缸的名义进气压力，Pa；T_{1I}、T_{1k} 分别为第一级和第 k 级气缸的名义进气温度，K；Z_{1I}、Z_{1k} 分别为第一级和第 k 级气缸名义进气状态下的压缩性系数；μ_{ok} 为第 k 级气缸的抽（加）气系数；V_{ok} 为按工艺需要从第 k 级前所有各级所需要抽（加）的气量（折算到第一级名义进气状态下），抽气时 V_{ok} 为正值，μ_{ok} 小于1，加气时 V_{ok} 为负值，μ_{ok} 大于1；$\mu_{\varphi k}$ 为第 k 级气缸的凝析系数；$V_{\varphi k}$ 为第 k 级前所有各级间的凝析气量（折算到第一级名义进气状态下）。

从式（7-9）～式（7-11）可以看出：压缩机的排气量是由第一级气缸尺寸和运行状态参数决定的，不论是单级压缩还是多级压缩，每一台压缩机只有一个排气量，当排气量一定时，各级气缸的行程容积可以用式（7-11）来计算。

排气量随着压缩机进气状态而变化，不能反映压缩机所排气体的物质数量，工艺计算往往需要知道供气量的大小，所谓供气量是把排气量折算到标准状态下（0 ℃、1.01325×10⁵Pa）的干气容积量。

② 排气温度 压缩机的排气温度是指压缩机末级排出气体的温度，一般按绝热压缩过程考虑，压缩机各级的绝热排气温度 T_2 用下式进行计算

$$T_2 = T_1 \varepsilon^{\frac{k-1}{k}} \qquad (7\text{-}12)$$

式中，T_1 为级的进气温度，K。

压缩机的排气温度是有严格限制的。排气温度过高，不但会影响压缩机润滑油的润滑性能，而且还会使润滑油分解出挥发组分并在气阀或管道中形成"积碳"，高温下的积碳容易被氧化而引发压缩机爆炸事故。压缩机各级的排气温度要比润滑油的闪点低 30 ～ 50℃，一般控制在 160 ～ 180℃以下。

对于在高温下易发生聚合或分解的气体介质，要严格限制压缩机的排气温度，不能超过允许值。对于无油润滑压缩机，高温下自润滑材料会产生流变，此时，也要限制排气温度，不能过高。

③ 排气压力 压缩机的排气压力是由排气系统压力（也称"背压"）决定的。虽然在压缩机铭牌上都标明了额定排气压力，但压缩机工作时的排气压力往往取决于压缩机和排气系统之间的气量平衡关系，只有压缩机的排气量和系统的用气量之间达到供求平衡时，才能保证压缩机排气压力稳定。

多级压缩机级间的排气压力也需要达到各级间的供求平衡，即前一级排出的气体在一定温度和压力下能为后一级所吸进，否则压缩机的级间压力就会发生改变。压力的变化归根到底还是反映了压缩机和系统之间或压缩机级与级之间气量供求关系的变化。

④ 循环功、功率及效率 实际循环指示功是由四条过程线所围成的图形面积（参考图 7-4）。在计算循环指示功时，一般用平均的进、排气压力来代替实际波动的进、排气压力；用等熵指数 k 来代替膨胀或压缩过程的过程指数 m，这样的近似计算是能够满足工程要求的。按这一原则，单级压缩机实际循环指示功的计算式为

$$W_i = p_s \lambda_V V_h \frac{k}{k-1} \left[\left(\frac{p_d}{p_s} \right)^{\frac{k-1}{k}} - 1 \right] \qquad (7\text{-}13)$$

单级压缩机的循环指示功率为

$$N_i = p_s \lambda_V V_h \frac{k}{k-1} \left[\left(\frac{p_d}{p_s} \right)^{\frac{k-1}{k}} - 1 \right] \frac{n}{60} \qquad (7\text{-}14)$$

多级压缩机的指示功和功率为各级指示功和功率的总和。

压缩机的轴功率为

$$N_z = \frac{N_i}{\eta_m} \qquad (7\text{-}15)$$

式中，η_m 为压缩机的机械效率，对于带十字头的大中、型压缩机：η_m=0.90 ～ 0.95；对于小型不带十字头的压缩机：η_m=0.85 ～ 0.92；对于高压循环压缩机：η_m=0.80 ～ 0.85；无油润滑压缩机的机械效率更低些。

压缩机的效率是衡量机器工作完善性的重要指标。压缩机的效率有指示效率和轴效率之分。指示效率又分为等温指示效率和等熵指示效率，等温指示效率是等温压缩理论循环指示功与实际循环指示功的比值；等熵指示效率是等熵压缩理论循环指示功与实际循环指示功的比值 [参见式（7-2）和式（7-13）]。压缩机的轴效率又分为等温轴效率和等熵轴效率，等温轴效率是等温压缩理论循环指示功与轴功的比值；等熵轴效率是等熵压缩理论循环指示功与轴功的比值。大多数压缩机的多变指数接近于等熵指数，一般多用等熵效率来衡量压缩机效率的高低。

单位排气量所消耗的轴功称为压缩机的比功，它是表达压缩机效率的另一种方式，反映了同类压缩机在相同的进、排气条件下，其能量消耗指标的先进性，也是动力用空气压缩机的重要指标。

7.2.1.3　动力性能参数

（1）作用力

压缩机的运动部件是比较典型的"曲柄连杆"机构。压缩机正常运转时，主要产生三种作用力：曲柄连杆机构加速或减速运动时的惯性力，气缸工作容积内气体作用在活塞上的气体力，运动部件和其相接触的表面之间的摩擦力。

① 惯性力　惯性力的大小取决于运动构件的质量和加速度。运动构件的质量一般简化成两类：一类是往复运动质量，其质量集中在质心 A 点；另一类是旋转惯性质量，其质心集中在 B 点［见图7-6（a）］。活塞组件（包括活塞、活塞杆和十字头等）是往复运动质量，其质量总和为 m_p，可以简单地认为其质量集中在质点 A 上。连杆作往复摆动，其质量为 m_l，可根据"转化前后总质量不变，连杆的质心位置也不变"的原则把其转化为 m_l' 和 m_l''，其中 m_l' 质心在 A 点，作往复运动；m_l'' 质心在 B 点，作旋转运动［见图7-6（b）］。在无法实测连杆质心的情况下，工程上根据已有连杆的统计数据，设计时可取

$$\left.\begin{array}{l} m_l' = (0.3 \sim 0.4)m_l \\ m_l'' = (0.7 \sim 0.6)m_l \end{array}\right\} \tag{7-16}$$

旋转运动质量是指曲柄（或曲拐）及曲柄销对于曲轴旋转中心线不对称部分的质量，可以根据"惯性力相等"的原则把不平衡的质量转化到 B 点［见图7-6（c）］，由此曲柄造成的不平衡质量 m_k 为

$$m_k = m_k' + m_k'' \frac{\rho}{r} \tag{7-17}$$

根据以上转化原则，压缩机运动机构作往复运动的总质量 m_s 和作旋转运动的总质量 m_r 分别为

$$\left.\begin{array}{l} m_s = m_p + m_l' \\ m_r = m_k + m_l'' \end{array}\right\} \tag{7-18}$$

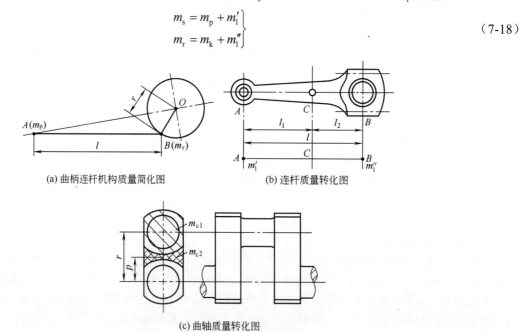

(a) 曲柄连杆机构质量简化图　　　(b) 连杆质量转化图

(c) 曲轴质量转化图

图 7-6　压缩机运动机构的质量简化图

压缩机运动机构部件的质量转化完成后，可以根据其运动部件的加速度来确定惯性力。压缩机的惯性力可以分解为往复惯性力 I_s 和旋转惯性力 I_r 两种，往复惯性力为往复运动质量和往复运动加速度的乘积，即

$$I_s = -m_s a = -m_s r\omega^2(\cos\alpha + \lambda\cos 2\alpha)$$
$$= -(m_s r\omega^2\cos\alpha + m_s r\omega^2\lambda\cos 2\alpha)$$
$$= -(I_{s\mathrm{I}} + I_{s\mathrm{II}}) \tag{7-19}$$
$$I_{s\mathrm{I}} = m_s r\omega^2\cos\alpha$$
$$I_{s\mathrm{II}} = m_s r\omega^2\lambda\cos 2\alpha$$

式中，ω 为压缩机的旋转角速度，rad/s；r 为曲柄的回转半径，m；α 为压缩机的曲柄转角；λ 为曲柄回转半径与连杆长度之比；$I_{s\mathrm{I}}$ 为一阶往复惯性力，N；$I_{s\mathrm{II}}$ 为二阶往复惯性力，N。

式（7-19）中的负号表明往复惯性力的方向与加速度的方向相反，通常规定使活塞杆或连杆产生拉应力的惯性力的方向为正方向，在以后的讨论中，可以不顾及式（7-19）的正负号。一阶往复惯性力是周期变化的，其变化周期为 2π；二阶往复惯性力也是周期变化的，其变化周期为 π。往复惯性力的方向始终作用于气缸的轴线方向上，其大小随曲柄转角周期地变化。

旋转惯性力 I_r 为

$$I_r = -m_r r\omega^2 \tag{7-20}$$

其作用方向始终沿曲柄半径方向外指，所以其方向随曲柄的旋转而发生变化，但其大小不变。

② 气体力　气体力 P 等于气缸工作容积内气体的瞬时压力 p 与活塞面积 F 的乘积。活塞处于止点位置时气体力称为活塞力。一列上如果有两个或两个以上工作容积，则该列气缸的气体力为所有气缸轴侧工作容积和盖侧工作容积在同一瞬时气体力的代数和。如果活塞的一侧与大气相通或是平衡缸，则大气压力或平衡缸内的气体压力所产生的作用力也要考虑。

气体力也随着曲柄转角 α 的变化而变化，其变化规律可由 $p\text{-}V$ 指示图转化求得，即先找出工作容积 V 与活塞位移 x 的关系，再把 $p\text{-}V$ 指示图中的横坐标 V 转化成活塞位移 x，纵坐标 p 转化成气体力 P，而 x 随 α 的变化而变化，所以，一般把气体力 P 表示成 α 的函数 $P(\alpha)$。

③ 摩擦力　摩擦力有往复摩擦力 R_s 和旋转摩擦力 R_r 之分，往复摩擦力所消耗的功率一般占总机械摩擦功率的 $60\% \sim 70\%$，旋转摩擦力所消耗的功率一般占总机械摩擦功率的 $30\% \sim 40\%$，摩擦力的方向始终与部件的运动方向相反。摩擦力一般也随 α 的变化而变化，但其值相对于惯性力和气体力要小得多，可作为定值处理。

④ 综合活塞力　当压缩机正常运转时，其往复惯性力、气体力和往复摩擦力都同时存在，它们的方向都是沿着气缸中心线的方向，它们的代数和称为压缩机列的综合活塞力 P_Σ，即

$$P_\Sigma = P + I_s + R_s \tag{7-21}$$

综合活塞力沿着压缩机曲柄连杆机构的各个部件依次传递，就可得到各个部件所受的力和力矩的情况（见图 7-7）。

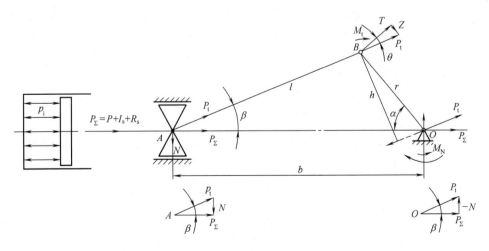

图 7-7　压缩机曲柄连杆机构的各个部件的作用力分析

十字头滑道处的侧向压力为

$$N = P_\Sigma \text{tg}\beta = \frac{P_\Sigma \lambda \sin\alpha}{\sqrt{1-\lambda^2 \sin^2\alpha}} \qquad (7-22)$$

连杆所受的连杆力为

$$P_{\text{t}} = \frac{P_\Sigma}{\cos\beta} = \frac{P_\Sigma}{\sqrt{1-\lambda^2 \sin^2\alpha}} \qquad (7-23)$$

连杆力 P_{t} 沿着连杆轴线方向传到曲柄销处，它对曲轴产生两个作用：一个作用是使曲轴的主轴承处受到一个力，其大小等于 P_{t}；另一个作用是连杆力相对于曲轴的主轴中心构成一个力矩 M_{t}，这个力矩与曲轴旋转方向相反，故称为阻力矩，阻力矩 M_{t} 可表示为

$$M_{\text{t}} = P_{\text{t}}h = P_\Sigma r\left(\sin\alpha + \frac{\lambda \sin 2\alpha}{2\sqrt{1-\lambda^2 \sin^2\alpha}}\right) \qquad (7-24)$$

作用在主轴承处的力 P_{t} 可以分解成沿水平方向和垂直方向上的两个分力，垂直方向的分力与滑道处的侧向力大小相等；水平方向的分力与 P_Σ 大小相等。主轴承还受到离心惯性力的作用，其大小等于 I_{r}。

以上各力传至机身后，会使机身受到力和力矩的作用。其中作用在机身气缸盖处的气体力与往复运动部件作用于机身接触表面的往复摩擦反力之和，等于机身主轴承处水平方向的分力，可以互相抵消；但机身主轴承处水平方向的分力中所包含的往复惯性力部分不能抵消，并通过机身传到机器外面。

此外，机身十字头滑道处的滑道反力与机身主轴承处垂直方向的分力大小相等、方向相反，于是在机身内部构成一个力矩，对立式压缩机而言，该力矩顺着机器旋转方向，有使机器倾倒的趋势，故该力矩称为倾覆力矩。倾覆力矩 M_{N} 的大小为

$$M_{\text{N}} = Nb = N(l\cos\beta + r\cos\alpha) = P_\Sigma r\left(\sin\alpha + \frac{\lambda \sin 2\alpha}{2\sqrt{1-\lambda^2 \sin^2\alpha}}\right) = M_{\text{t}} \qquad (7-25)$$

倾覆力矩的大小虽然与阻力矩的大小相等，但作用在不同的物体上，所以不能互相抵消，倾覆力矩的数值也是周期变化的。

压缩机机身上所受的自由力和自由力矩有：往复惯性力 I_{s}、旋转惯性力 I_{r}、旋转摩擦力矩 M_{r}、倾覆力矩 M_{N}。

压缩机基础所受到的力和力矩有：压缩机的重力、驱动机的重力、机身传给基础的力和力矩、驱动机外壳传给基础的驱动反力矩；驱动反力矩与机身传给基础的力矩方向相反，可以互相抵消一部分，所以基础所受到的净力矩比机身所受到的力矩要小一些。

（2）惯性力平衡

惯性力和惯性力矩的平衡问题是往复活塞式压缩机动力学特性计算的重要内容之一。惯性力和惯性力矩的平衡通常有两种方式：一种是在曲柄反方向上设置平衡重；另一种是通过合理配置各列曲柄的错角和气缸中心线的夹角，使惯性力或惯性力矩互相抵消。

旋转惯性力可以通过在曲柄反方向上加装平衡质量来平衡（见图 7-8），所需加设的平衡质量的大小用下式计算

$$m_0 = m_r \frac{r}{r_0} \tag{7-26}$$

单列往复活塞式压缩机的往复惯性力不能用平衡重的方法平衡（见图7-9，m_s 为往复运动质量）。单列压缩机在曲柄反方向上加装平衡质量后，只能把一阶往复惯性力转到90°方向，而其二阶往复惯性力不能用加装平衡重的方法平衡。

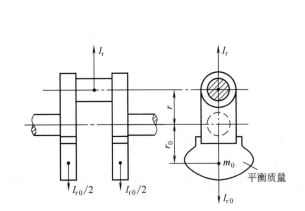

图7-8 旋转惯性力的平衡方法

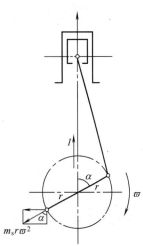

图7-9 单列往复活塞式压缩机往复惯性力的转向

下面通过对 L 型角度式压缩机往复惯性力平衡情况的分析，来说明多列压缩机的惯性力和惯性力矩的平衡问题。

图7-10是 L 型往复活塞式压缩机的示意图，选取第 1 列为基准列，第 1 列和第 2 列共用一个曲柄，故第 2 列与基准列之间的曲柄错角 δ_2 为 0，第 2 列和基准列气缸中心线的夹角 ν_2 为 $\pi/2$（注：规定曲柄错角和气缸中心线夹角的方向以顺着曲柄旋转方向为正值，下同）。以基准列活塞处于本列气缸外止点位置时，该列曲柄转角等于 0 作为曲轴回转的起始位置，当基准列曲柄处于任转角 α_1 时，第 2 列相对于基准列的曲柄转角 $\alpha_2 = \alpha_1 + (\delta_2 - \nu_2) = \alpha_1 - \pi/2$。第 1 列和第 2 列气缸中心线与 x 坐标轴的夹角分别为 $\pi/2$ 和 0。

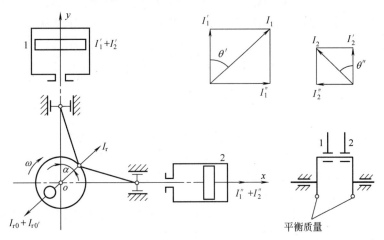

图7-10 L 型往复活塞式压缩机惯性力的平衡

第 1 列和第 2 列的一阶和二阶往复惯性力 [上角（1）和（2）分别表示第 1 列和第 2 列、下标 I 和 II 分别表示一阶和二阶往复惯性力] 分别为

$$I_{sI}^{(1)} = m_s^{(1)} r\omega^2 \cos\alpha_1$$
$$I_{sII}^{(1)} = m_s^{(1)} r\omega^2 \lambda \cos 2\alpha_1$$
$$I_{sI}^{(2)} = m_s^{(2)} r\omega^2 \cos(\alpha_1 - \pi/2)$$
$$I_{sII}^{(2)} = m_s^{(2)} r\omega^2 \lambda \cos 2(\alpha_1 - \pi/2)$$

（7-27）

第 1 列和第 2 列的一阶和二阶往复惯性力沿 x 轴和 y 轴的分量分别为

$$I_{sIx}^{(1)} = I_{sI}^{(1)} \cos\pi/2 = 0$$
$$I_{sIy}^{(1)} = I_{sI}^{(1)} \sin\pi/2 = m_s^{(1)} r\omega^2 \cos\alpha_1$$
$$I_{sIIx}^{(1)} = I_{sII}^{(1)} \cos\pi/2 = 0$$
$$I_{sIIy}^{(1)} = I_{sII}^{(1)} \sin\pi/2 = m_s^{(1)} r\omega^2 \lambda \cos 2\alpha_1$$
$$I_{sIx}^{(2)} = I_{sI}^{(2)} \cos 0 = m_s^{(2)} r\omega^2 \cos(\alpha_1 - \pi/2) = m_s^{(2)} r\omega^2 \sin\alpha_1$$
$$I_{sIy}^{(2)} = I_{sI}^{(2)} \sin 0 = 0$$
$$I_{sIIx}^{(2)} = I_{sII}^{(2)} \cos 0 = m_s^{(2)} r\omega^2 \lambda \cos 2(\alpha_1 - \pi/2) = -m_s^{(2)} r\omega^2 \lambda \cos 2\alpha_1$$
$$I_{sIIy}^{(2)} = I_{sII}^{(2)} \sin 0 = 0$$

（7-28）

第 1 列和第 2 列的一阶和二阶往复惯性力在 x 轴和 y 轴的各个分量叠加后可得总的一阶和二阶往复惯性力沿坐标轴的分量

$$I_{sIx} = I_{sIx}^{(1)} + I_{sIx}^{(2)} = m_s^{(2)} r\omega^2 \sin\alpha_1$$
$$I_{sIy} = I_{sIy}^{(1)} + I_{sIy}^{(2)} = m_s^{(1)} r\omega^2 \cos\alpha_1$$
$$I_{sIIx} = I_{sIIx}^{(1)} + I_{sIIx}^{(2)} = -m_s^{(2)} r\omega^2 \lambda \cos 2\alpha_1$$
$$I_{sIIy} = I_{sIIy}^{(1)} + I_{sIIy}^{(2)} = m_s^{(1)} r\omega^2 \lambda \cos 2\alpha_1$$

（7-29）

总的往复惯性力沿 x 轴和 y 轴的分量叠加后（并设 $m_s^{(1)} = m_s^{(2)} = m_s$）可得

$$I_{sI} = \sqrt{I_{sIx}^2 + I_{sIy}^2} = m_s r\omega^2 = \text{const}$$
$$I_{sII} = \sqrt{I_{sIIx}^2 + I_{sIIy}^2} = \sqrt{2} m_s r\omega^2 \lambda \cos 2\alpha_1$$

（7-30）

总的一阶往复惯性力 I_{sI} 和二阶往复惯性力 I_{sII} 与 y 轴的夹角 θ_{sIy} 和 θ_{sIIy} 分别为

$$\theta_{sIy} = \text{arctg}\frac{I_{sIx}}{I_{sIy}} = \alpha_1$$
$$\theta_{sIIy} = \text{arctg}\frac{I_{sIIx}}{I_{sIIy}} = -\frac{\pi}{4}$$

（7-31）

由式（7-30）和式（7-31）可以看出：L 型压缩机的一阶往复惯性力的大小不变，方向与压缩机的曲柄转角相同，可以通过在曲柄反方向上加装平衡质量的方法来平衡；二阶往复惯性力的大小随曲柄转角的变化而变化，但其方向恒定，所以 L 型压缩机运行较平稳。此外，L 型压缩机的结构比较紧凑，其阻力矩曲线也比较均匀，是我国目前推广使用的中型压缩机机型之一。

其他形式的压缩机，如双列立式、对动式（多列对动式也称对称平衡式）、对置式和其他角度式等，其惯性力和惯性力矩平衡问题，可按 L 型压缩机的分析步骤来确定。

（3）阻力矩曲线和飞轮矩

压缩机列的阻力矩曲线可由式（7-24）分别作出，总阻力矩曲线应该是各列阻力矩曲线以及摩擦阻力矩曲线的叠加。叠加时同样需要选定基准列，并以基准列活塞处于本列气缸外止点位置时，该列曲柄转角等于 0 作为曲轴回转的起始位置，确定其他各列相对于基准列的曲柄转角，在用式（7-24）计算各列的阻力矩时，所用的曲柄转角均应是各列相对于基准列的曲柄转角，然后再进行叠加。考虑旋转摩擦力矩 M_r 后，把旋转摩擦阻力矩 M_r 与总阻力矩加和，或各列叠加后的总阻力矩曲线图形的横坐标下移 M_r 的距离，便可得到压缩机的总阻力矩曲线图，M_r 为旋转摩擦力 R_r 和曲柄半径 r 的乘积，即

$$M_r = \frac{(0.4 \sim 0.3)N_i\left(\dfrac{1-\eta_m}{\eta_m}\right) \times 60}{2\pi n}$$ （7-32）

图 7-11 是压缩机总阻力矩曲线的示意图，从图中可以看出：总阻力矩随曲柄转角 α 是波动的，总阻力矩是曲柄转角 α 的周期性函数，函数周期是 2π。平均阻力矩 M_m 和驱动机的驱动力矩 M_d 是相等的。在某一时刻，驱动力矩大于总阻力矩时，驱动机提供的能量盈余，机器要加速转动；当驱动力矩小于总阻力矩时，驱动机提供的能量不足，机器要减速运行。因此，压缩机在转动过程中角速度是不断变化的，一般用旋转不均匀度 δ 来表示旋转角速度的变化幅度，即

$$\left.\begin{aligned}\delta &= \frac{\omega_{max} - \omega_{min}}{\omega_m} \\ \omega_m &\approx \frac{\omega_{max} + \omega_{min}}{2}\end{aligned}\right\}$$ （7-33）

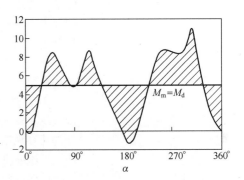

图 7-11 压缩机总阻力矩曲线示意图

式中，ω_{max} 为转动过程中最大的角速度，rad/s；ω_{min} 为转动过程中最小的角速度，rad/s；ω_m 为转动过程中平均的角速度，rad/s。

旋转不均匀度直接影响压缩机的运转性能，并直接影响到电机供电网的稳定性。根据驱动机的类型和传动方式的特点，旋转不均匀度限定在下列范围内：皮带传动时，$\delta \leqslant 1/40 \sim 1/30$；弹性联轴器传动时，$\delta \leqslant 1/80$；异步电动机经刚性联轴器驱动时，$\delta \leqslant 1/100$；同步电动机直接驱动时，$\delta \leqslant 1/200 \sim 1/150$。

为了使压缩机转速比较均匀些，减小电机供电电网电流和电压的波动幅度，在压缩机曲轴、电机转子或传动皮带轮等转动部件的转动惯量不足时，经常要加设飞轮来增加转子的转动惯量，一般用飞轮矩 MD^2 来表示飞轮的转动惯量

$$MD^2 = \frac{3600\Delta E}{\pi^2 n^2 \delta}$$ （7-34）

$$\Delta E = \frac{1}{2}J(\omega_{max}^2 - \omega_{min}^2) = J\omega_m^2\delta$$

式中，M 为飞轮的轮缘部分的质量，kg；D 为飞轮轮缘截面质心所在圆的直径，m；ΔE 为压缩机一转中最大的动能变化值，J。

7.2.2 往复活塞式压缩机的调节与控制

7.2.2.1 排气量调节及控制

（1）排气量调节的方法

压缩机在设计条件下运行的工况称为额定工况，当生产用气量发生变化时，压缩机的排气量需要作相应的调节，排气量调节后，压缩机的性能参数也会发生相应的变化，从而破坏了压缩机各级之间原有的协调平衡关系，直到建立起一种新的协调平衡关系为止。

排气量的调节方法很多，在选择排气量调节方法和调节装置时，一般以符合气量调节范围、能量损失小、结构简单、操作方便为原则。常用的方法有：

① 旁路调节　将压缩机排气管与进气管用旁路连接起来，使排出的气体经旁路流回到进气管。旁路调节一般可分为自由连通和节流连通两种方法：自由连通将旁通阀完全打开，排出气体全部流回进气管；节流连通将旁通阀部分打开，根据旁通阀开度的大小来调节排气量。一般在大型压缩机启动时采用旁路调节方法。

② 进气管节流调节　在压缩机进气管上设置减荷阀，当排气量大于用气量时，减荷阀通道减小直至关闭，使进气量减小，从而调节排气量。这种调节方法结构简单、经济性较好，主要用于中、小型压缩机气量的间歇调节，对于排气温度有限制或不允许空气漏入的场合不宜采用。

③ 顶开进气阀调节　此方法依靠增加气缸的外泄漏来调节压缩机的排气量，有完全顶开进气阀和部分顶开进气阀两种调节方法。完全顶开进气阀调节装置使进气阀处于完全开启状态，气体可以自由地进出进气阀，气缸的排气量接近于零；部分顶开进气阀调节利用电磁、液压或气动装置使进气阀在部分压缩过程中处于顶开状态，在其余压缩行程中气阀被关闭。顶开进气阀调节方法比较方便，功耗较小，但阀片频繁受冲击，气阀寿命会下降，一般只用于转速较低的压缩机。

④ 补充余隙调节　通过增加气缸的余隙容积从而减小容积系数的方法可以调节排气量。补充余隙容积的方法可分为固定容积式和可变容积式两种，其调节方式也分为连续调节和分级调节两种。补充余隙容积调节基本不增加功耗，结构较简单，是大型压缩机气量调节经常采用的方法。

压缩机转速调节：降低压缩机转速，可以使排气量成比例地减小，功率也基本按比例降低，在驱动机转速可调的情况下，转速调节是比较经济和方便的调节方法。

（2）气量调节后各级压力比的分配

压缩机气量调节后会使得气量供求关系发生变化，从而引起各级压力比的重新分配。当进气量减小时，由于第 2 级气缸以及第 2 级气缸以前的管路和冷却器的容积不变，因此，第 2 级的进气压力和气量会相应地减小，如果第一级进气压力能保持不变，那么第一级的压力比会减小；后面各级间的压力和气量都会相应减小，所以中间各级的压力比变化不大；但最末一级的排气压力是由排气系统的压力决定的，而排气系统的压力一般不会很快发生较大幅度的变化，所以最末一级的压力比升高，排气温度也随之升高。在压缩机设计时，往往把末级压力比取小一些，有时也在末级气缸再接上一个补充余隙容积，以防止气量调节时末级压力比变化太大。

7.2.2.2　调节系统和调节器

往复活塞式压缩机容积流量的调节系统有手动调节和自动调节两种，在不常调节的场合厂用手动调节，如果容积流量调节比较频繁，一般采用自动调节系统。自动调节系统由指令机构、传递机构和执行机构三部分组成。指令机构（调节器）发出调节命令；传递机构将调节命令传递给执行机构；执行机构包含服务器和调节机构。图 7-12 是两级压缩机调节系统示意图。当供气量大于用气量时，储气罐内的压力升高，升高压力的气体打开调节器阀门 1 并进入细导管 3，气体经过细导管 3 分别进入服务器 B 和 C 中，服务器 C 在高压气体的推动下关闭第一级气缸的进气阀使进气量为零；服务器 B 顶开第二级气缸的进气阀使第二级气缸的排气量为零。当储气罐内的压力降低到额定值时，调节器阀门 1 复位，细管内的高压气体泄放到大气中，服务器 B 和服务器 C 复位，压缩机正常工作。

调节器是指令机构，按调节特性可分为双位调节器和多位调节器两种，双位调节器只有一开一关两个位置，多在间断调节气量时使用，应用比较广泛；多位调节器一般用于分级调节，如几个气缸同时需要补充余隙调节时就需要使用多位调节器。图 7-13 是电力传动双位调节器的简图。

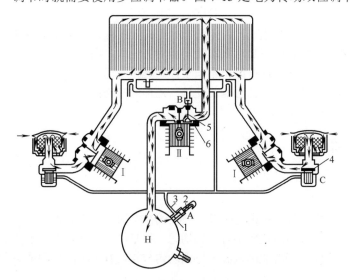

图 7-12　两级压缩机调节系统示意
A—调节器；B,C—服务器；H—储气罐；
1—调节器阀门；2—调节器弹簧；3—细导管；4—卸载阀；
5—压叉；6—进气阀片

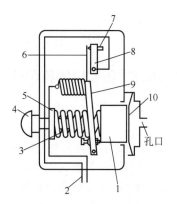

图 7-13　电力传动双位调节器简图
1—滑块；2—电线；3—弹簧；4—调节螺钉；5—指示片；
6,7—接触器；8—接线板；9—跳板；10—膜片

7.2.2.3　石油化工用往复活塞式压缩机的参数控制

石油化工用压缩机与空压机的基本原理和结构类似，但由于所压缩气体的物性参数和热力学参数等与空气有所不同，所以石油化工用压缩机的设计、操作、维护、试车以及故障处理等都有不同的要求。

① 物性参数和热力学参数的控制　石油化工压缩机所压缩气体的等熵指数可能与空气有所区别，对多原子气体而言，其等熵指数一般小于空气的等熵指数，压缩多原子气体时，其排气量、功率和排气温度都比压缩空气时低一些，因此，在用空气试车时，有可能出现功率超载和排气温度升高的现象。

气体的密度不同会使气流流经压缩机时的阻力损失不同，气体密度大时，阻力损失增大，压缩机的指示功率增大，指示效率降低。低密度气体压缩机用空气试车时，要注意防止电机超载。

气体的压缩性系数不同，压缩机的排气量及功率也将不同，石油化工压缩机所压缩气体在高压时一般需要按实际气体考虑，在压缩机热力学参数计算时应计入压缩性系数所产生的影响。

气体的导热系数不同也影响压缩机工作循环的热交换情况，导热系数高的气体，其温度系数较低，排气量较小。

② 气体毒性、易燃性和易爆性的控制　严格控制和防止压缩气体漏出机外或机外空气进入气缸；压缩机应有防止产生或消除静电的措施；防止容易形成爆炸混合物的油污带入气缸；严格控制压缩机各级的排气温度；驱动机及有关电器应选用相应等级的防爆或隔爆设备。

③ 介质的腐蚀性控制　当气体具有腐蚀性时，与气体接触的压缩机零部件材质应具有耐腐蚀性能，如：氧气压缩机的气缸常用不锈钢制造；二氧化碳气体压缩机的气缸除了选用耐腐蚀材料外，在压缩机停车时，还应使用空气进行置换，以防止缸内温度降低到二氧化碳露点温度以下时，产生碳酸腐蚀。

④ 气体在压缩过程分解、聚合和积碳的控制　石油化工所处理的一些气体在高温、高压下易于分解或聚合，例如：乙烯气体在高温、高压下易分解；石油气一般为多组分混合气体，其中一些多碳不饱和烃在一定温度和压力下会发生聚合，聚合物会堵住气阀或卡住活塞环，聚合物在高温下还会脱出硬质碳粒及焦化物，产生"积碳"，积碳在高温下被氧化可能发生燃烧或爆炸现象，为控制这些现象的发生，一般需要控制压缩机的排气温度。

⑤ 气体发生凝析的控制   石油气中的一些气体组分临界温度较高、临界压力较低，有时在气缸内压缩时也会发生凝析现象，可能会引起撞缸事故。因此，要求石油气压缩机的气缸余隙容积要比空压机气缸的余隙容积取得大些；排气阀尽量布置在气缸的下方；级间冷却器应有一定的储液空间，并要定期排放；压缩机气缸的冷却水温度要适度，不应过低。

⑥ 超高压压缩机参数控制   在高压聚乙烯生产中，往往要用到十字头框架对置式压缩机。在超高压条件下，乙烯气体已经接近于液态性质，膨胀过程不很明显，气缸的余隙容积取值可相对大一些；高压下乙烯的压缩性很小，其温升较小，压缩机的级数可相对减少些；超高压乙烯压缩机不但要控制其排气温度，也要控制其吸气温度，因为吸气温度的降低对压力比和活塞力的变化会有较大的影响。此外，乙烯的流动性较差，为减小阻力损失，要控制压缩机的转速不能太高。

7.2.3 往复活塞式压缩机的典型结构及零部件

（1）典型的结构形式

① 立式压缩机   图 7-14 为三列立式氮氢气压缩机结构图。立式压缩机气缸轴线在空间呈直立布置，活塞重量不作用在气缸镜面（即气缸工作表面）上，活塞和气缸的磨损较小且比较均匀。往复惯性力垂直作用于基础，基础受力条件好，机身主要承受拉压载荷，比较轻便。润滑油沿气缸摩擦面均匀分布，有利于改善润滑条件。此外，立式压缩机结构紧凑，占地面积较小。

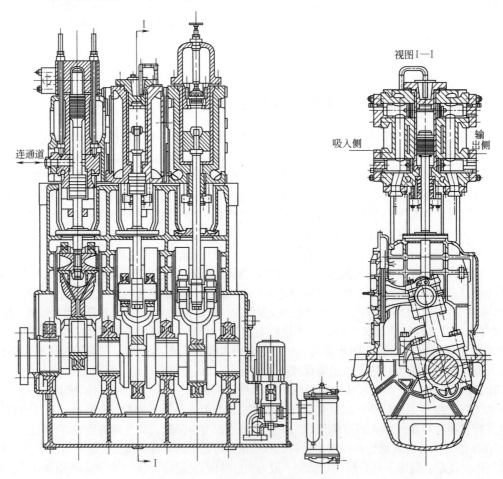

图 7-14 三列立式氮氢气压缩机结构图

立式压缩机的主要缺点是：整个机器空间高度较高，曲轴箱及传动机构位于机器下部，列与列的间距较小，气阀及管道布置比较拥挤，不利于维修操作。

② 卧式压缩机 卧式压缩机分为一般卧式压缩机、对称平衡型压缩机和对置式压缩机三种。

一般卧式压缩机气缸均在曲轴一侧，惯性力平衡较差，转速一般为 100 ~ 300r/min，现在很少生产，只在小型高压场合被采用。

对称平衡型压缩机气缸分布在曲轴两侧，相对列的曲柄错角为 180°，在大中型压缩机中，此机型是比较先进的，图 7-15 是六列对称平衡型氮氢气压缩机的总布置图。对称平衡型压缩机的主要优点是：往复惯性力

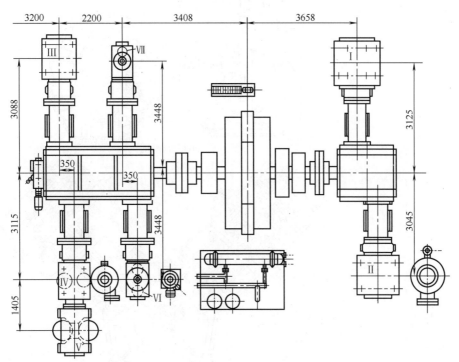

图 7-15 六列对称平衡型氮氢气压缩机总布置图

可以完全平衡，往复惯性力矩很小，转速可达 250 ~ 1000r/min，机器和基础尺寸相对较小；其主要缺点是：运动部件及填料数量较多，气体泄漏部位较多，机身和曲轴箱的结构复杂，此外，双列对称平衡型压缩机（也称"对动式压缩机"）还存在着阻力矩曲线不均匀的缺点。

对置式压缩机各列气缸轴线同心地布置在曲轴的两侧，但两列往复运动质量并非对动，该机型主要针对超高压压缩机的特点，有其独特的优越性。图 7-16 为 F8 型对置式超高压压缩机组布置图。对置式压缩机可以使气体力得到较好的平衡，而且阻力矩曲线比较均匀，但往复惯性力一般不能完全平衡掉。

③ 角度式压缩机 角度式压缩机各列气缸的轴线呈一定角度布置，主要包括 V 型、W 型、L 型、S 型等不同形式，其特点介于立式压缩机和卧室压缩机之间，结构比较紧凑，各列气缸共用一个曲拐，曲轴结构比较简单，惯性力平衡情况较好。图 7-17 分别为 L 型压缩机的结构图和 V

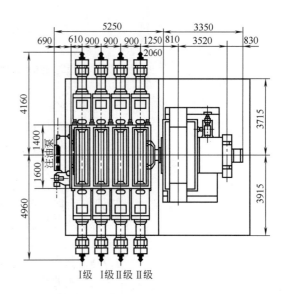

图 7-16 对置式超高压压缩机组布置图

型压缩机的结构图。

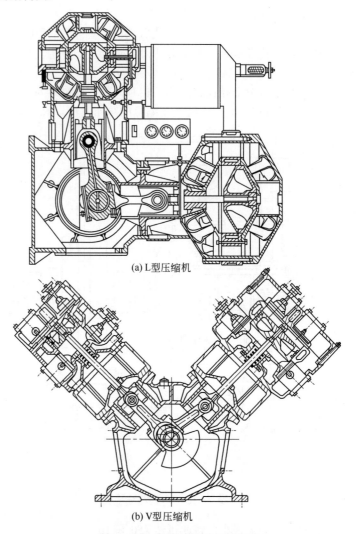

(a) L型压缩机

(b) V型压缩机

图7-17　角度式压缩机结构图

（2）主要零部件组成

①气缸组件　气缸有多种形式，按气缸的容积利用方式可分为单作用、双作用和级差式气缸；按气缸的冷却方式可分为水冷式和风冷式气缸；按气缸材料和制造方法可分为铸铁、铸钢和球墨铸铁铸造气缸以及优质碳钢或合金钢锻制气缸。

气缸工作表面（又称"气缸镜面"）的加工精度和装配精度要求较高，气缸镜面的长度应使第一道和末道活塞环处于行程终点时能伸出气缸工作面外 1～2mm，以免形成台阶。图7-18表示出了几种气缸的结构。

许多压缩机的气缸预先装有缸套，便于磨损过量后更换。缸套分为湿式缸套和干式缸套两种，湿式缸套直接与冷却水接触，适用于低压级气缸；干式缸套外侧不与冷却水接触，只是在气缸内附加一层耐磨衬套。缸套材料应具有良好的耐磨性，常用高质量的铸铁制造。

②活塞组件　活塞组件包括活塞、活塞环、活塞杆等。

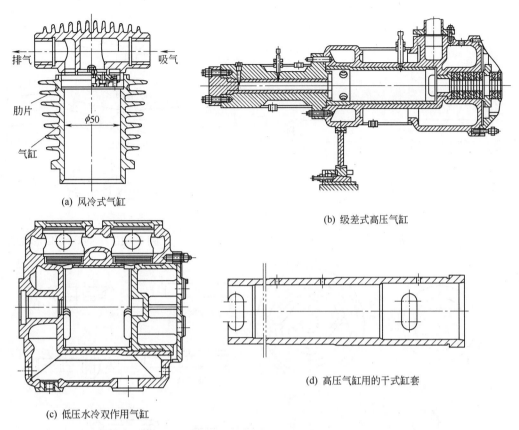

(a) 风冷式气缸

(b) 级差式高压气缸

(c) 低压水冷双作用气缸

(d) 高压气缸用的干式缸套

图 7-18 气缸结构图

　　活塞可分为筒形活塞、盘形活塞、级差式活塞、组合式活塞和柱塞等多种形式。筒形活塞用于无十字头的单作用低压压缩机中，形状如筒形；盘形活塞用于有十字头的双作用气缸；级差式活塞主要用于两个以上不同直径、不同级次的气缸；组合式活塞的每一个活塞环槽是由直径不同的两个隔距环组成，活塞环与隔距环一起依次装入，主要用于高压级直径较小的气缸；柱塞是不带活塞环的圆柱结构，适用于高压级小直径气缸。活塞常用的材料有铸铝、灰铸铁和碳钢等。为保证活塞可靠工作，必须保证其制造精度和表面粗糙度符合使用要求。

　　活塞杆与活塞的连接有螺纹连接、凸肩和卡箍连接、锥面连接等方式。螺纹连接时应采用细牙螺纹。活塞杆的材料一般用渗碳处理的 20 钢、表面淬火的 35 钢或 45 钢、表面氮化处理的低合金钢等。图 7-19 为盘形活塞和活塞杆连接的结构图。

　　活塞环是压缩机的主要易损件之一。活塞环是一个带开口的圆环，截面为矩形，开口形式有直切口、斜切口和搭切口三种形式（见图 7-20）。活塞环的材料一般采用铸铁或合金铸铁制造，其表面硬度一般比气缸工作表面的硬度高 10% ～ 15%。

　　③ 气阀组件　气阀是重要的易损件之一。压缩机的气阀有环状阀、网状阀、碟形阀、条状阀、直流阀和多层环状阀等（见图 7-21）。

　　气阀的主要参数有气流速度、阀片升程、弹簧力以及气阀零件的结构尺寸等。

　　气流速度的合理选择对气体能量损失以及阀片的寿命有较大影响，气体通过阀隙通道的阀隙速度根据其工作压力的不同而变化，一般阀隙速度的推荐值为 15 ～ 45m/s，工作压力较大时，阀隙速度应取较低值。

　　阀片升程同样也会影响气体能量损失以及阀片的寿命。升程较大时，阀片受到的冲击力较大，阀片的开启不完全；升程较小时，能量损失增大。当压缩机转速和压力较低时，可取较大的升程。弹簧力是影响气阀启闭、气流阻力和气阀寿命的重要因素，一般选取的原则是：当气阀的工作压力、压缩机转速，阀中的气流速度较高时，选用的弹簧力较大。排气阀的弹簧力大于吸气阀的弹簧力（约大 2 倍）；气阀全闭时的弹簧力为全开时的 30% ～ 70%。

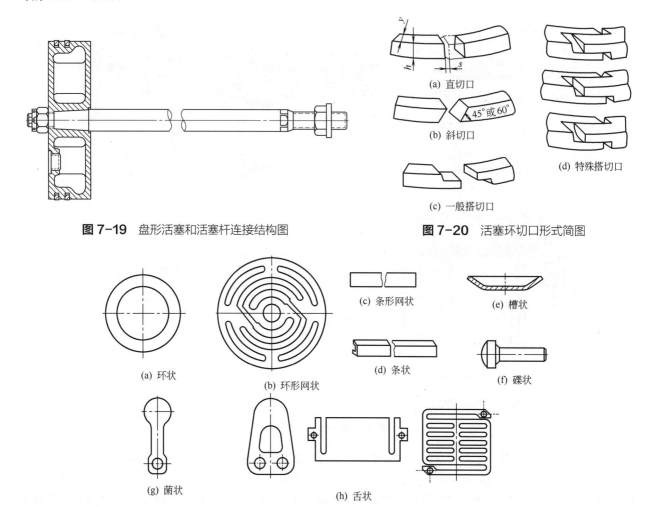

图 7-19　盘形活塞和活塞杆连接结构图　　　　图 7-20　活塞环切口形式简图

(a) 直切口

(b) 斜切口　45°或60°

(c) 一般搭切口

(d) 特殊搭切口

(a) 环状

(b) 环形网状

(c) 条形网状

(d) 条状

(e) 槽状

(f) 碟状

(g) 菌状

(h) 舌状

图 7-21　气阀的结构图

阀片的厚度一般为 0.8 ～ 3mm，密封口宽度一般为 0.75 ～ 2.5mm。

气阀阀座和升程限制器的材料一般采用灰铸铁、合金铸铁、不锈钢等；阀片材料常用 30CrMnSiA、12Cr13、06Cr19Ni10 等；气阀的弹簧一般采用碳素弹簧钢、合金弹簧钢及不锈钢等材料。

④ 密封组件　在活塞杆穿出气缸处的密封填料也是压缩机的易损件之一。在压缩机中一般不采用软质密封材料，常用的材料有金属或金属与硬质填充塑料。常用的填料有平面填料和锥形填料两种。平面填料一般用于中、低压场合，其材料一般采用灰铸铁或锡青铜、轴承合金、高铅青铜、聚四氟乙烯等；锥面填料一般用于高压场合，其材料一般常用锡青铜、锡锑轴承合金、聚四氟乙烯等。

⑤ 曲柄 - 连杆机构　压缩机的曲柄 - 连杆机构与其他机器的曲柄连杆机构类似，包括曲轴、连杆和十字头等部件。

曲轴要具有较高的疲劳强度和耐磨性，一般采用 40 钢或 45 钢锻造，或用稀土球墨铸铁铸造而成。

连杆包括连杆体、连杆大头和连杆小头三部分组成，其材料一般采用 35 钢、45 钢、球墨铸铁或优质合金钢。连杆大头孔内衬有耐磨的巴氏合金或铝基合金薄轴瓦；连杆小头与十字头销相配合，小头孔内常用带油槽的整体锡青铜套瓦。

十字头是把回转运动转变为往复直线运动的关节，它可分为整体式和可拆式两种。其材料多用 20 钢，表面要进行渗碳和淬火处理，并进行磨削加工。

（3）辅机系统

① 润滑系统 压缩机的润滑方式可分为飞溅润滑和压力润滑两种。飞溅润滑多用于小型无十字头的压缩机中，依靠连杆上的甩油杆将油甩起飞溅到各润滑部位进行润滑，气缸内带油量较大。压力润滑多用于大、中型带十字头的压缩机中，气缸和填料部分用注油器供给润滑油，其他运动部件的润滑依靠油泵连续供给。

压力润滑系统的主要设备有注油器、油泵、滤油器和油冷却器等。

应用较普遍的注油器是单柱塞真空滴油式注油器，目前真空滴油式注油器已标准化，按压力可分为低压注油器（压力小于 16MPa）和高压注油器（压力在 16～32MPa 之间）两种类型。

曲柄连杆运动机构的润滑油是由油泵供给的，常用的油泵有齿轮油泵和转子泵等，油泵的结构简图见图 7-22。

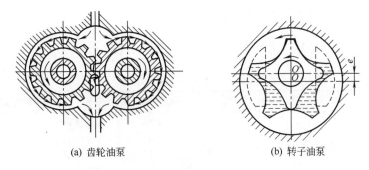

(a) 齿轮油泵　　　　　　　　(b) 转子油泵

图 7-22 油泵的结构简图

滤油器可滤除油中的杂质，使润滑油保持清洁。滤油器可分为粗网式滤油器、网式滤油器、线隙式滤油器、片式滤油器、纸质滤油器、离心式滤油器等多种形式，滤油效果依次较好。

油冷却器一般多用蛇管式冷却器，油量较大时也采用管壳式、螺旋板式、翅片式等冷却器，油冷器的结构及要求与一般工业用换热器相同。

② 冷却系统 压缩机气缸的冷却分为风冷式和水冷式两种，大多数风冷式气缸采用轴流式风扇或采用带有肋片的列管式冷却器或板式冷却器；水冷式气缸冷却水夹套中的水温一般不低于 30℃。

多级压缩机级间冷却器的好坏对压缩机的性能有较大的影响，常见的冷却方式有串联式、并联式和混联式三种，这三种冷却方式的流程简图见图 7-23。

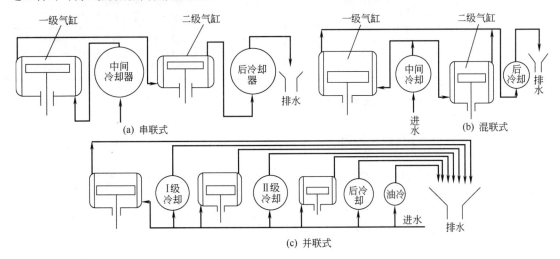

(a) 串联式　　　　　　　　(b) 混联式

(c) 并联式

图 7-23 冷却系统流程简图

③ 管路系统　管路系统包括进气管到排气管之间的设备、管道、管件及安全装置、气量调节装置、放空管路等。管路系统应连接可靠，阻力较小，振动较小，便于拆装和维护。

一般来说，压缩机进、排气的周期性会产生气流脉动，为了缓和气流脉动的作用，往往在管路系统中靠近脉动源部位设置一个容器（即缓冲器）把气流压力波动限制在某一规定范围内。有的管路系统设置声学滤波器，但声学滤波器结构比较复杂，不如缓冲器用得普遍。

管路系统中的安全阀是防止系统超压的安全保护装置，一般采用弹簧微启或全启式安全阀。

7.2.4　往复活塞式压缩机的选型

7.2.4.1　分类及形式

往复活塞式压缩机的分类及形式见表 7-4。

表7-4　往复活塞式压缩机的分类及形式

分类	型式名称	参数范围或结构特点
按排气量（吸气状态）/（m³/min）	微型 小型 中型 大型	排气量 <1 1 ~ 10 10 ~ 60 >60
按排气压力 /MPa	低压 中压 高压 超高压	排气压力 0.3 ~ 1.0 1 ~ 10 10 ~ 100 >100
按气缸排列方式分	立式 卧式 对动式 对置式 角式	气缸中心线垂直于地面 气缸中心线平行于地面 气缸分布在曲轴两侧，且两侧活塞运动两两对称 气缸分布在曲轴两侧，但两侧活塞运动不对称 气缸中心线互成一定角度
按压缩机级数分	单级 双级 多级	气体仅经一次压缩即达到排气压力 气体经二次压缩达到排气压力 气体经三次以上压缩达到排气压力
按气缸容积的利用方式分	单作用式 双作用式 级差式	仅活塞一侧的气缸容积进行压缩循环 活塞两侧的气缸容积交替进行同一级次的压缩循环 气缸中各级由一个具有不同直径的级差式活塞形成

7.2.4.2　选型依据

（1）压缩机型号

根据 JB/T 2589《容积式压缩机　型号编制方法》标准中的规定，活塞式压缩机型号由大写汉语拼音和阿拉伯数字组成，表示方法见图 7-24，图中有关活塞压缩机的结构代号和特征代号分别见表 7-5 和表 7-6（注：原动机功率小于 0.18kW 的压缩机不标注排气量与排气压力值）。

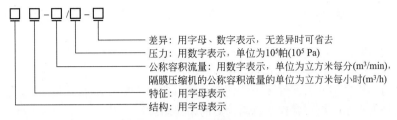

差异：用字母、数字表示，无差异时可省去
压力：用数字表示，单位为10⁵帕(10⁵ Pa)
公称容积流量：用数字表示，单位为立方米每分(m³/min)，隔膜压缩机的公称容积流量的单位为立方米每小时(m³/h)
特征：用字母表示
结构：用字母表示

图7-24 容积式压缩机型号编制

表7-5 活塞压缩机的结构代号

结构代号	结构代号的含义	代号来源
V	V 型	V——V
W	W 型	W——W
L	L 型	L——L
S	扇型	S——SHAN（扇）
X	星型	X——XING（星）
Z	立式（气缸中心线均与水平面垂直）	Z——ZHI（直）
P	卧式（气缸中心线均与水平面平行，且气缸位于曲轴同侧）	P——PING（平）
M	M 型	M——M
H	H 型	H——H
D	两列对动型	D——DUI（对）
DZ	对置型	D——DUI（对），Z——ZHI（置）
ZH	自由活塞型	Z——ZI（自），H——HUO（活）
ZT	整体摩托型	Z——ZHENG（整），T——TI（体）
MG	迷宫型	M——MI（迷），G——GONG（宫）

表7-6 活塞式压缩机的特征代号

特征代号	含义	来源	特征代号	含义	来源
W	无油润滑	W-WU（无）	F	风冷	F-FENG（风）
D	低噪声罩式	D-DI（低）	Y	移动式	Y-YI（移）

（2）选型原则

① 明确生产任务　根据生产任务要求确定总的供气量，对于新建厂只需核算压缩机的热力参数符合生产要求即可；对于扩建厂要考虑更换大气量的压缩机或再并联几台相同型号或不同型号的压缩机，但要核算并联后引起各台压缩机相关的热力参数的变化；对于老厂的技术改造任务，要对原有压缩机在新的工艺条件下重新进行热力学参数和动力学参数的校核性计算。

② 热力参数和动力参数的计算步骤如下：

ⅰ.根据工艺条件并结合有关配置方案的设计原则，由总压力比按最省功的原则并考虑实际情况，确定压缩机级数和各级的压力比，初步确定该压缩机的配置方案；

ⅱ.估算各级的绝热排气温度；

ⅲ.确定各级的容积系数、压力系数、温度系数、泄漏系数、凝析系数、抽（加）气系数；

ⅳ.计算各级气缸的行程容积和气缸直径（对于校核性计算，要根据气缸直径计算行程容积和排气量），气缸直径要按标准中规定的公称直径进行圆整，圆整后各级气缸的级间压力会有所变化，需要对级间压力等参数进行修正；

　　ⅴ. 计算各列的最大活塞力，确定或校核活塞杆直径；

　　ⅵ. 计算总指示功率、轴功率和总效率，并选择驱动机；

　　ⅶ. 计算往复惯性力、旋转惯性力、气体力、往复摩擦力和旋转摩擦力等，并做出综合活塞力曲线；

　　ⅷ. 计算各列的连杆力和阻力矩，并作出总阻力矩的曲线图；

　　ⅸ. 计算平均阻力矩，并确定压缩机一转中最大的动能变化值；

　　ⅹ. 计算或校核旋转不均匀度，并确定飞轮矩。

　　③ 考虑压缩气体的特性　确定所压缩气体在进、排气条件下的热力学参数，压缩的气体不同，对压缩机的要求也有所不同。

　　④ 兼顾综合技术经济指标　对压缩机的制造、安装、运转、维护管理等方面要进行综合考虑。

　　⑤ 保证运转可靠　压缩机要有较高的运转率，确保生产安全可靠运行。

（3）主要结构参数的选择

　　① 活塞平均线速度　活塞平均线速度 C_m 与机器转速 n 和活塞行程 s 有关，即

$$C_m = \frac{ns}{30} \tag{7-35}$$

　　活塞平均线速度直接影响压缩机的尺寸、运动部件的磨损、气阀的工作状况、气流阻力的大小和机器的效率等，它是衡量压缩机是否先进的重要参数。活塞平均线速度具体的选择范围如下：

　　大中型工艺用压缩机：C_m=3.5～4.5m/s；

　　移动式压缩机：C_m=4～5m/s；

　　无油润滑、迷宫式密封的压缩机：$C_m \geqslant$ 4m/s；

　　活塞环和填料为非金属自润滑材料的压缩机：$C_m \leqslant$ 3.5m/s；

　　爆燃危险性气体压缩机：C_m=1m/s。

　　② 转速　选定转速时，不能使最大气体力小于最大往复惯性力，否则，运动机构的设计要以空载为设计依据，而在满载工作时不能得到充分利用，机器比较笨重。通常情况下，压缩机的转速范围如下：

　　微型压缩机：n=1000～3000r/min；

　　小型压缩机：n=600～1000r/min；

　　中型压缩机：n=500～1000r/min；

　　大型压缩机：n=250～500r/min。

　　③ 行程　转速和活塞平均线速度选定后，行程也就随之确定了。但行程的数值还必须与排气量和活塞力的大小相适应，在允许的活塞平均线速度范围内，行程和第一级气缸直径 D_1 适宜的比例关系如下：

　　$n<$500r/min 时，s/D_1=0.40～0.70；

　　$n>$500r/min 时，s/D_1=0.32～0.45。

　　对于立式和角度式压缩机，行程应取小一些；对于卧式压缩机，行程可取大一些。

7.2.4.3　选型指南

（1）压缩机形式选择

　　ⅰ. 小型或移动式压缩机一般选择立式或角度式。

　　ⅱ. 大型压缩机一般选择对称平衡型，对称平衡型压缩机按驱动方式可分为 M 型和 H 型两种，M 型压缩机的电机配置在曲轴一端，H 型压缩机的电机配置在列与列的中间。大型压缩机多用 H 型，M 型压缩机曲轴

相对较长，机身也相对较长，多用于中型压缩机。

ⅲ. 中型压缩机一般用 L 型压缩机或 M 型对称平衡型压缩机。

（2）结构布置方案

① 列数选择　活塞力在 35kN 以下时，一般设置两列。活塞力较大时，可选择多列布置。对于大排气量的压缩机，有时需要把第一级气缸分成两列气缸并联操作。对称平衡型压缩机可达到六列或更多。

② 各列曲柄错角　一般卧式和对称平衡型压缩机，曲柄错角应选择 180°；但对于两列双作用气缸压缩机，曲柄错角为 180°不如 90°的阻力矩均匀，一般大型卧式压缩机曲柄错角应选择 90°；四列对称平衡型压缩机，相对列的曲柄错角应选择 180°，但两对曲柄平面错角应布置成 90°；六列对称平衡型压缩机，相对列的曲柄错角为 180°，但三对曲柄平面错角应布置成 120°。

③ 级在列中的配置　级的配置应力求各列活塞力相等，同一列中活塞往返行程的最大活塞力相等或接近；低压级应靠近轴侧。此外，级的配置应保证制造、安装、维护和操作方便。

7.3　离心式压缩机

7.3.1　离心式压缩机基本原理

（1）工作原理

离心式压缩机的结构见图 7-25。它主要由定子和转子两大部分组成，转子包括转轴及固定在转轴上的叶轮、轴套、联轴节及平衡盘等；定子包括气缸及固定在缸体上的各种隔板和轴承等零部件。

离心式压缩机利用高速回转的叶轮对气体做功，使气体的动能大为增加，同时，气体在离心惯性力以及在叶轮叶道中降速的共同作用下，其静压能也得到大幅度提高，在叶轮后面的扩张流道（即扩压器）中部分气体动能又转变为静压能，而使气体压力进一步提高，经过几级压缩后，被压缩的气体排出机外，这就是离心式压缩机的工作原理。

离心式压缩机的"级"是最基本的压缩单元（见图 7-26），每一级一般由叶轮、扩压器、弯道和回流器等组成，几个级串联在一起组成一段。经过一段压缩后，往往要把气体引出机外进行冷却，再进入下一段进行压缩。第一级一般设有吸气室，其作用是把气体从进气管均匀地导入叶轮的入口。在每一段的最后一级一般不设回流器，有时也不设置扩压器，但却设有蜗壳，蜗壳的作用是把扩压器或叶轮出来的气体有序地汇集起来并引出机外。

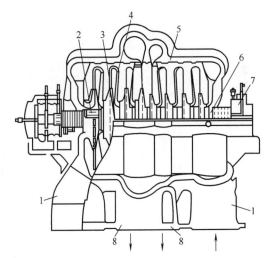

图 7-25　离心式压缩机结构图
1—吸入室；2—轴；3—叶轮；4—固定部件；5—机壳；
6—轴端密封；7—轴承；8—排气蜗室

（2）级中的能量转换

① 流体在叶轮中的流动及速度　流体在叶轮内的流动情况十分复杂，在一元定常流动的假设条件下，可

把流体在叶轮中的绝对速度 c 分解成随叶轮一起旋转的牵连速度 u 和流体沿叶轮叶道流出叶轮的相对速度 w，即

$$c = u + w \tag{7-36}$$

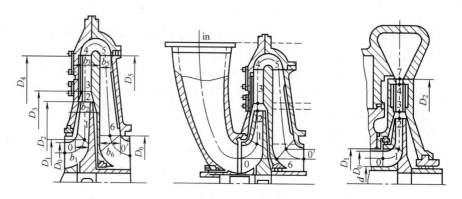

图 7-26　离心式压缩机的级及其关键截面

0—叶轮进口截面；0′—本级出口（或下一级进口）截面；1—叶道进口截面；2—叶轮出口截面；
3—扩压器进口截面；4—扩压器出口截面；5—回流器进口截面；6—回流器出口截面

它们之间的关系可以用速度三角形来表示，图 7-27 表示出了无限多叶片叶轮进、出口处的速度三角形。其中，绝对速度 c 又可分解为径向分速 c_r、周向分速 c_u 和轴向分速 c_z，在一元流动的假设条件下，轴向分速度忽略不计。

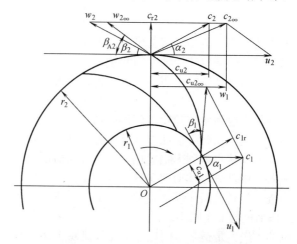

图 7-27　叶轮进、出口处速度三角形

② 连续性方程　级中任意截面上气体的容积流量应满足连续性方程。由连续性方程可得叶轮出口截面上的容积流量为

$$
\left.
\begin{aligned}
Q_2 &= c_{r2}F_2 = c_{r2}\pi D_2 b_2 \tau_2 = \frac{Q_j}{k_{v2}} \\
\tau_2 &= \frac{\pi D_2 - \dfrac{z\delta_2}{\sin\beta_{A2}}}{\pi D_2} = 1 - \frac{z\delta_2}{\pi D_2 \sin\beta_{A2}} \\
k_{v2} &= \frac{Q_j}{Q_2} = \frac{v_j}{v_2}
\end{aligned}
\right\}
\tag{7-37}
$$

式中，Q_j、Q_2 分别为压缩机进口法兰面处和叶轮出口截面处的容积流量，m³/s；c_{r2} 为叶轮出口截面处气体的径向分速度，m/s；F_2 为叶轮出口截面的面积，m²；D_2 为叶轮的外直径，m；b_2 为叶轮出口处叶片的宽度，m；τ_2 为叶轮出口处的叶片阻塞系数；k_{v2} 为叶轮出口处气体的比容比；z 为叶片数；δ_2 为叶轮出口处叶片厚度，m；β_{A2} 为叶轮叶片的出口安装角；v_j、v_2 分别为压缩机进口法兰面处和叶轮出口截面处的比容，m³/kg。

③欧拉涡轮方程　欧拉涡轮方程是一切叶轮机械的基本方程，它解决了流体与叶轮之间的能量转换问题。单位质量的流体经过回转叶轮后理论上（不计叶轮内的阻力损失）获得的能量等于叶轮对单位质量气体所做的功（称为叶轮的理论功），即

$$h_{th} = L_{th} = u_2 c_{u2} - u_1 c_{u1} \tag{7-38}$$

或表示为

$$h_{th} = L_{th} = \frac{u_2^2 - u_1^2}{2} + \frac{w_1^2 - w_2^2}{2} + \frac{c_2^2 - c_1^2}{2} \tag{7-39}$$

式中，h_{th} 为单位质量流体理论上所获得的能量（习惯上也称为"理论能量头"），J/kg；L_{th} 为叶轮对单位质量流体所做的功，J/kg。

式（7-38）称为欧拉第一涡轮方程，式（7-39）称为欧拉第二涡轮方程。欧拉涡轮方程表明：叶轮对单位质量流体所做的功只与流体在叶轮进、出口处速度相关，与流体的种类和性质无关。

当流体无预旋地进入叶轮时，流体在叶轮进口处的周向分速度 $c_{u1}=0$，式（7-38）变为

$$h_{th} = u_2 c_{u2} = u_2(u_2 - c_{r2} \operatorname{ctg} \beta_2) = u_2^2(1 - \varphi_{r2} \operatorname{ctg} \beta_2) = u_2^2 \varphi_{u2} = u_2^2 \left(1 - \frac{Q_j}{\pi D_2 b_2 \tau_2 k_{v2} u_2} \operatorname{ctg} \beta_2 \right) \tag{7-40}$$

式中，β_2 为流体流出叶轮叶片时的气流角，当叶轮叶片为无限多时，$\beta_2 = \beta_{A2}$；φ_{r2} 为叶轮的径向分速系数（也称流量系数）；φ_{u2} 为叶轮的周向分速系数；其他符号意义同前。

对于无限多叶片叶轮，叶轮的理论功 $h_{th\infty}$ 为

$$h_{th\infty} = u_2^2(1 - \varphi_{r2} \operatorname{ctg} \beta_{A2}) = u_2^2 \left(1 - \frac{Q_j}{\pi D_2 b_2 \tau_2 k_{v2} u_2} \operatorname{ctg} \beta_{A2} \right) \tag{7-41}$$

对于有限叶片的叶轮，在叶道内流体本身的惯性作用使流体在旋转的叶道中出现了与叶轮旋转方向相反、旋转次数相同的环流现象，称为"轴向涡流"现象，从而使流体在叶轮出口处产生了附加的滑移速度，即 $c_{u2} < c_{u2\infty}$，$\beta_2 < \beta_{A2}$。有限多叶片叶轮的理论功 h_{th} 可以用无限多叶片叶轮的理论功 $h_{th\infty}$ 乘以滑移系数 μ 求得，滑移系数的计算公式可参考有关文献。

由式（7-39）可以看出：单位质量流体理论上所获得的能量分为三部分：第一部分是流体离心惯性力引起的静压能的增量；第二部分是由于流体降速而引起的静压能的增量；第三部分是流体动能的增量。为了表明流体在叶轮中压力升高的程度，引入"反作用度"的概念，叶轮的反作用度 Ω 定义为

$$\Omega = \frac{\dfrac{u_2^2 - u_1^2}{2} + \dfrac{w_1^2 - w_2^2}{2}}{h_{th}} = \frac{h_{th} - \dfrac{c_2^2 - c_1^2}{2}}{h_{th}} \tag{7-42}$$

④ 伯努利方程　叶轮提供的机械能转化为流体的动能、压力能和位能以及流体的流动损失，可以用伯努利方程式表达

$$L_{th} = \int_1^2 v \mathrm{d}p + \frac{c_2^2 - c_1^2}{2} + g(Z_2 - Z_1) + h_{hyd1-2} \tag{7-43}$$

应用以上这些基本方程时，需要考虑以下几点：

ⅰ. 对于气体而言，可忽略位能项，即 $g(Z_2 - Z_1) \approx 0$。

ⅱ. 在叶轮内部应用式（7-43）时，叶轮对流体做的机械功为 L_{th}，但在扩压器等其他固定元件应用该式时，则 $L_{th}=0$，式（7-43）变为

$$\int_1^2 v \mathrm{d}p = \frac{c_1^2 - c_2^2}{2} - h_{hyd1-2} \tag{7-44}$$

也就是说，在某一固定流道中，动能和压力能可以互相转化。

ⅲ.反作用度越大，流体压力能越高，叶轮效率越高，叶轮后面各部分流道内的流动损失越小。

ⅳ.应限制叶轮出口处流体的速度，这可以减小流体在其后面流道的流动损失。

ⅴ.为了提高叶轮的效率，还应尽可能减小流体在叶轮内的流动损失 h_{hyd1-2}。

ⅵ.为了提高叶轮的反作用度，往往采用出口安装角较小的叶轮，但叶轮的理论功也相应变小。为了保证叶轮的效率，离心式压缩机通常采用后弯型叶片叶轮，其中 $\beta_{A2}=30°\sim60°$ 称为一般后弯型叶轮或压缩机型叶轮；$\beta_{A2}=15°\sim30°$ 称为强后弯型叶轮或水泵型叶轮。

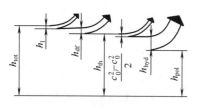

图7-28　级的功耗分配图

⑤ 级的总耗功、压缩功及功率　离心式压缩机的级中除了流体的理论能量头外，还存在着泄漏损失和轮阻损失，这些都会增加级的总功耗，级的功耗分配图见图7-28。

泄漏损失主要是指气体流出叶轮后从叶轮轮盖密封处漏回到叶轮入口处所造成的损失，这种漏气属于内部漏气，仅造成内漏气损失；而轮阻损失主要指叶轮两侧表面和叶轮外缘与气体之间的摩擦损失。在一般计算时，通常引入内泄漏损失系数 β_l 和轮阻损失系数 β_{df} 来计算总耗功 h_{tot}，即

$$h_{tot} = (1 + \beta_l + \beta_{df})h_{th} \tag{7-45}$$

对于水泵型叶轮：$\beta_l+\beta_{df}=0.045$；对于压缩机型叶轮：$\beta_l+\beta_{df}=0.03$；对于闭式径向叶片叶轮（即叶轮叶片出口安装角 $\beta_{A2}=90°$）：$\beta_l+\beta_{df}=0.016$。通常 β_l 比 β_{df} 大得多。

气体的压缩功与级内的压缩过程有关，离心式压缩机的压缩过程一般均为多变过程，且由于压缩机处理的气量很大，气缸表面积相对很小，机内的各种损失均转化为热能存储在气流中，这使得其多变过程指数 m 一般都大于等熵过程指数 k。

在级的进、出口截面间用伯努利方程，可得级的压缩功 h_{com}（即为多变过程功 h_{pol}）为

$$h_{com} = h_{pol} = h_{th} - \frac{c_2^2 - c_1^2}{2} - \sum h_{hyd} = \frac{m}{m-1}RT_0\left[\left(\frac{p_{0'}}{p_0}\right)^{\frac{m-1}{m}} - 1\right] \tag{7-46}$$

叶轮是离心式压缩机唯一的做功元件，因此级的功率（即级的内功率）也就是叶轮的总功率 N_{tot} 可用下式计算

$$N_{tot} = \dot{m}h_{tot} = (1 + \beta_l + \beta_{df})\dot{m}h_{th} \tag{7-47}$$

式中，$\dot{m}$ 为单位时间内叶轮排出的有效气体量，kg/s。

⑥ 扩压器中能量的转换　叶轮出口处的气速为 200～300m/s，甚至更高，扩压器的作用就是把气体的这部分动能尽可能有效地转变为静压能。扩压器一般分为三种：无叶式扩压器、叶片式扩压器和直壁型扩压器，比较常见的形式是前两种（见图7-29）。扩压器的扩压原理可由式（7-44）来解释。

无叶式扩压器是两个平壁隔成的环形通道，随着扩压器半径的增大，气体的流通面积也逐渐，气体的速度就可逐渐降低。无叶式扩压器的外径对扩压起着决定性的作用，一般其外径和内径之比为 1.5～1.7。其优点是结构简单，但气体流动路线长，沿程摩擦损失增大。

叶片式扩压器在环形通道中装有叶片，叶片的安装角随扩压器直径逐渐增大，叶片对气流有引导作用，使气流轨迹大致和叶片形状一致。其优点是效率较高，但结构较复杂，在偏离设计工况时，会产生附加的冲击损失。

（3）级中的状态参数

① 气流温度　从压缩机的进口截面到第一级叶轮叶道入口截面 1（参见图7-26）之间没有外功加入，气流的滞止温度保持不变，即 $T_{stj}=T_{st1}$。气体从截面 1—1 到叶轮出口截面 2—2 时，外界通过叶轮对气体做的功为 h_{tot}，则根据能量方程，叶轮出口处的滞止温度 T_{st2} 为

$$T_{st2} = T_{st1} + \frac{h_{tot}}{R\dfrac{k}{k-1}} \tag{7-48}$$

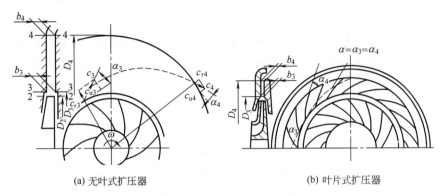

(a) 无叶式扩压器 (b) 叶片式扩压器

图7-29 离心式压缩机扩压器结构示意图

从叶轮出口截面 2—2 到级的出口截面 0′—0′ 之间，气体与外界不再有热、功交换，各个截面的滞止温度与截面 2—2 的滞止温度相同，均等于 T_{st2}。各个截面的气流温度 T 和滞止温度 T_{st} 之间的关系是

$$T = T_{st} - \frac{c^2}{2R\dfrac{k}{k-1}} \tag{7-49}$$

② 气流压力　为了简化计算，级中气流的多变压缩过程指数一般用平均多变过程指数来表示，根据过程方程，任意一截面与进口截面的压力比 ε_i 和温度之间的关系是

$$\varepsilon_i = \frac{p_i}{p_j} = \left(\frac{T_i}{T_j}\right)^{\frac{m}{m-1}} = \left(1 + \frac{h_{tot}}{RT_j\dfrac{k}{k-1}} - \frac{c_i^2 - c_j^2}{2RT_j\dfrac{k}{k-1}}\right)^{\frac{m}{m-1}} \tag{7-50}$$

对于一级而言，级的进出口速度差别不大，即 $c_o \approx c_j$，整级的压力比 ε 可近似地由下式得出

$$\left.\begin{aligned}
\frac{p_o - p_j}{p_j} &= \varepsilon - 1 \approx \frac{\sigma h_{tot}}{RT_j\dfrac{k}{k-1}} \\
\sigma &= \frac{m}{m-1}
\end{aligned}\right\} \tag{7-51}$$

式中，σ 为指数系数；p_o 为级出口气体压力，Pa；p_j 为级进口气体压力，Pa；R 为气体常数，$R = 8314/\mu$，$J \cdot kg^{-1} \cdot K^{-1}$；$\mu$ 为气体的摩尔质量，kg/kmol；k 为等熵指数；m 为多变过程指数。

从式（7-51）可以看出：

ⅰ. 级中气体的增压比与叶轮的总功基本成正比关系。

ⅱ. 在其他条件相同的情况下，指数系数 σ 增大（多变过程指数减小），级的增压比增大。

ⅲ. 在其他条件相同的情况下，气体常数 R 增大（气体分子量减小），级的增压比减小；如果要求达到的压力比相同时，压缩较轻气体需要的级数较多。

ⅳ. 在其他条件相同的情况下，进气温度升高时，得到的增压比降低。因此气体经过几级压缩后，温度升高到一定程度时，要引出到机外进行冷却。

③ 气流比容　根据过程方程，级中任意截面的比容比 k_{vi} 为

$$k_{vi} = \frac{v_j}{v_i} = \left(\frac{p_i}{p_j}\right)^{\frac{1}{m}} = \varepsilon_i^{1/m} \qquad (7\text{-}52)$$

④ 级效率 级效率表示级中传给气体机械能的有效利用程度。级效率可分为多变效率 η_{pol}、等熵效率 η_{ad} 和等温效率 η_{is} 三种。

ⅰ. 多变效率：多变效率等于多变压缩过程功与叶轮总功耗的比值，对于理想气体，在不计气体位能的情况下，从流道截面 a 到流道截面 b 之间的多变效率为

$$\eta_{pol} = \frac{h_{pol}}{h_{tot}} = \frac{\dfrac{m}{m-1}R(T_b - T_a)}{(i_b - i_a) + \dfrac{1}{2}(c_b^2 - c_a^2)} = \frac{\dfrac{m}{m-1}R(T_b - T_a)}{\dfrac{k}{k-1}R(T_b - T_a) + \dfrac{1}{2}(c_b^2 - c_a^2)} \qquad (7\text{-}53)$$

式中，i_a、i_b 为分别为截面 a 和截面 b 的焓值，J/kg。

离心式压缩机级的进、出口动能相差不大，式（7-53）变为

$$\eta_{pol} \approx \frac{m/(m-1)}{k/(k-1)} \qquad (7\text{-}54)$$

式（7-54）只对理想气体在流动过程中与外界无热交换，而且进、出口动能差忽略不计的情况下才成立。该式表明了级的多变效率、级的多变过程指数和气体等熵指数之间的关系。对于一种气体而言，级的多变效率与级的多变过程指数一一对应。级的多变效率一般为 0.70 ～ 0.84。

ⅱ. 等熵效率：假设从流道截面 a 到流道截面 b 之间是一个绝热等熵过程，其等熵压缩功与叶轮总功耗的比值，即

$$\eta_{ad} = \frac{h_{ad}}{h_{tot}} = \frac{\dfrac{k}{k-1}RT_a\left[\left(\dfrac{p_b}{p_a}\right)^{\frac{k-1}{k}} - 1\right]}{\dfrac{k}{k-1}R(T_b - T_a) + \dfrac{1}{2}(c_b^2 - c_a^2)} \qquad (7\text{-}55)$$

在忽略级的进、出口动能差的情况下，式（7-55）变为

$$\eta_{ad} \approx \frac{T_b' - T_a}{T_b - T_a} \qquad (7\text{-}56)$$

式中，T_b'、T_b 分别为从压力 p_a 经等熵过程压缩到 p_b 的气体温度和从压力 p_a 实际压缩到 p_b 时的气体温度，K。

由于级的压缩过程一般为多变过程，且多变过程指数大于等熵过程指数，故 η_{pol} 一般总大于 η_{ad}，二者相差越大，表明级内的损失越大。

ⅲ. 等温效率：假设从流道截面 a 到流道截面 b 之间是一个等温压缩过程，其等温压缩功与叶轮总功耗的比值，即

$$\eta_{is} = \frac{h_{is}}{h_{tot}} = \frac{RT_a \ln \dfrac{p_b}{p_a}}{h_{tot}} \qquad (7\text{-}57)$$

等温效率通常用来衡量有中间冷却的多段压缩机的工作好坏，表示该类型压缩机的整个压缩过程（包括段间冷却的完善程度）与等温过程的接近程度。

除了以上三种效率外，还有用来评价级中气体流动情况好坏的效率，称为流动效率，其定义式为

$$\eta_{hyd} = \frac{h_{pol}}{h_{th}} = \frac{\eta_{pol}h_{tot}}{h_{th}} = \eta_{pol}(1+\beta_l+\beta_{df}) \tag{7-58}$$

根据式（7-58）和式（7-40），可以把压缩功与压缩机叶轮的结构参数联系起来，即

$$h_{pol} = \eta_{hyd}h_{th} = \eta_{hyd}\psi_{u2}u_2^2 = \psi u_2^2 \tag{7-59}$$

式中，ψ 为能量头系数，与级的几何尺寸、元件加工质量、流量大小以及级内流动损失等综合设计特性有关，其值一般为 $0.45\sim0.70$，平均值为 0.55。

（4）多级压缩

①段数和级数的确定　离心式压缩机一般需由多级组成，而且在压缩过程中需要分段进行中间冷却。一个 z 段压缩机有 $z-1$ 次段间冷却，每段由一级或若干级串联而成。

离心式压缩机段数的确定要考虑以下原则：

ⅰ.尽可能使总耗功最小，段数越多，总功耗越小。

ⅱ.要考虑排气温度的限制，段数少，每段的排气温度较高，尤其是对排气温度有要求的压缩过程，首先要考虑气体排气温度的限制。

ⅲ.段数的确定要考虑压缩机的具体结构、级的形式以及冷却器的布置方式等具体方案。以空气压缩机为例，当压力比为 $3.5\sim5$ 时，以采用两段压缩为宜；当压力比为 $5\sim9$ 时，以采用三或四段为宜；当压力比为 $10\sim20$ 时，一般分四至六段进行压缩；当压力比为 $20\sim35$ 时，一般采用五至八段进行压缩。

压缩机各段压力比的分配以总耗功最小为原则，在这一原则下，各段的压力比应该相等，实际上各段压力比的分配不能完全满足这一原则，但当各段压力比与最佳压力比的差异不超过 $\pm15\%$ 时，压缩机总耗功的增加量一般不会超过 1%。

每段的级数主要取决于各段需要的总压缩功和每一级叶轮提供给气体的压缩功。而每级叶轮提供给气体的压缩功，主要取决于叶轮的圆周速度，但叶轮的圆周速度一般受到叶轮材料的强度限制，例如，对于普通合金钢制造的叶轮，其圆周速度一般不能超过 $300\sim320\text{m/s}$。此外，对于某些重气体，叶轮的圆周速度主要取决于叶轮入口处的气体马赫数。

②离心式压缩机气动热力学计算　离心式压缩机气动热力学的计算有设计性计算和校核性计算两种类型，其计算方法有效率法、流道法和模化法。效率法是用级的平均多变效率来计算多变过程指数，然后计算压缩机各通流部分的几何尺寸，计算比较方便，但有一定的近似性；流道法是以流道中流动损失的实验数据为基础，逐级进行计算，得到各元件的几何尺寸，这在理论上是合理的，但很难得到全面的实验数据，也无法考虑各元件之间的相互影响；模化法是以相似理论为基础，以效率较高、性能较好的离心式压缩机或试验模型级作为原型，用相似换算法设计类似的离心式压缩机，此方法比较可靠，应用也较普遍。

（5）能量损失

离心式压缩机的效率是一个重要的经济技术指标，即使效率提高百分之一，节能也是相当可观的。离心式压缩机级中的能量损失一般有四种，即流动损失、波阻损失、轮阻损失和泄漏损失。

①流动损失　大致可分为：沿程摩擦损失、边界层分离损失、二次流损失、尾迹损失，此外，在变工况条件下还存在着冲击损失。

沿程摩擦损失主要是由流体的黏性作用所引起的。

边界层分离损失是发生在扩张流道中的一种压力损失（见图 7-30），可以采取适当增加叶轮叶片数，并使流道截面均匀变化等措施来减小边界层分离损失的产生。

二次流损失主要发生在叶轮叶道、弯道及吸气室等有急剧转弯的地方，是由于流道内同一截面中存在压力差所造成的。如：叶轮内"轴向涡流"现象可引起叶道内同一截面流体压力的变化，可产生与主流方向大致相

垂直的"二次流"（见图7-31），干扰了主流体的流动，从而造成了能量损失。

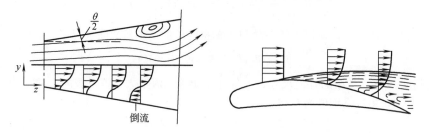

图 7-30　边界层分离示意图

尾迹损失主要是由于叶片尾缘具有一定的厚度，致使气体流出叶道时流通截面突然扩大，造成叶片两侧流出的气流边界层突然发生分离，在叶片尾缘处形成气流旋涡区而造成的损失（见图7-32）。

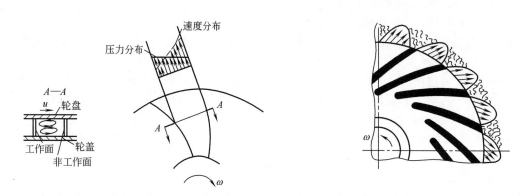

图 7-31　叶轮叶道中的二次流示意图　　　　**图 7-32**　叶轮叶片出口尾迹示意图

冲击损失是发生在变工况条件下一种附加的边界层分离损失。当压缩机的流量偏离设计流量时，其叶轮（或叶片扩压器）的进口气流方向角 β_1 与其叶片的安装角 β_{A1} 不一致，造成进气冲角 i（$i=\beta_1-\beta_{A1}$）大于零或小于零，就会产生气流对叶片的冲击，使叶片进口附近的一段甚至叶片的某一面产生严重的边界层分离而带来很大的损失，这就是冲击损失（见图7-33）。理论分析和试验表明：流量减小时产生的冲击损失远大于流量增大同样程度时产生的冲击损失。在选择压缩机时，应尽量使操作流量与设计流量相差不要太大。

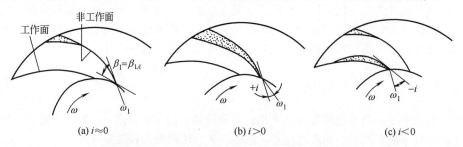

图 7-33　不同冲角下叶道中的边界层分离示意图

②　波阻损失　当流道内某一点的气流速度与该点音速的比值（马赫数 M）大于1时，即为超音速流动。超音速气流遇到固体，或通流截面突然缩小，或背压突然升高时，就会产生激波。气体通过激波是一个熵增的过程，有能量损失，这种损失就称为波阻损失。在设计压缩机时，气体的马赫数应该受到严格的限制，以避免激波及波阻损失在流道内产生。

③　轮阻损失　叶轮高速旋转时，轮盘和轮盖的外侧面以及叶轮的外缘要与周围的气体发生摩擦，所消耗的摩擦功即为轮阻损失。借助于等厚圆盘的理论分析和旋转实验数据，可对轮阻损失进行计算，具体的计算方

法可参考有关书籍或手册。

④ 泄漏损失 离心式压缩机在轮盖、隔板、平衡盘、油封和轴封等位置处采用的密封一般为迷宫密封（又称梳齿密封）。迷宫密封的原理就是通过多次节流和阻塞作用给气体的流动以压差阻力，从而减小气体向外界的通流量。迷宫密封漏气量的计算一般要先判断密封间隙中的气流是否达到音速，当气流分别处于亚音速和音速时，其漏气量的计算有所不同。一般轮盖密封处的漏气属于内漏气损失，在轮盖密封间隙处的气流一般不会达到音速，可以在亚音速条件下计算压缩机的内泄漏损失系数（即式 7-45 中的 β_1）。具体的计算原理及计算方法可参考有关书籍或手册。

7.3.2 离心式压缩机的工作特性及调节

（1）工作特性

① 性能曲线及变化规律 离心式压缩机的性能参数，如：压力比 ε（或排气压力 p、增压量 Δp 或能量头 h）、轴功率 N 和多变效率 η_{pol} 等参数都会随压缩机容积进气量 Q_j 的变化而发生变化，常以曲线的形式来表示压缩机性能曲线的变化关系，如：$\varepsilon\text{-}Q_j$ 曲线、$N\text{-}Q_j$ 曲线及 $\eta\text{-}Q_j$ 曲线等（见图 7-34）。也有采用无因次数表示的通用性能曲线，如：能量头系数 ψ 和流量系数 φ 的曲线等。

某一级的性能曲线一般需要通过实验测得。级性能曲线形成过程的定性分析见图 7-35。冲击损失为零的工况点即为设计工况点，此时的流量为设计流量。

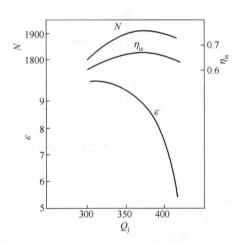

图 7-34 某压缩机的性能曲线

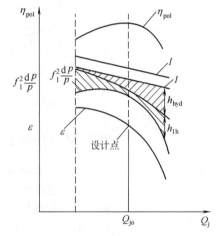

图 7-35 级的性能曲线的形成

离心式压缩机性能曲线有如下特点：

ⅰ. 离心式压缩机的流量和压力比之间是一一对应的关系，当压缩机的背压升高后，其流量是自动减小的。

ⅱ. 离心式压缩机有最大和最小两个极限流量工况，对应的排气压力也有最大值和最小值。

最大流量工况有两种情况：一种是流道某喉部处气体达到临界状态，气体的容积流量达到最大值，即所谓的"阻塞"工况；另一种情况是级内流动损失很大，所提供的压力比近似等于 1，这也是最大流量工况。

对应的最小流量工况一般称为"喘振"工况，当级的流量大幅度减小时，几乎在所有的叶道内都发生严重的边界层分离，使来流受阻，能量损失严重，压力比大大下降，致使气体不能向后排出，级后的高压气体将发生倒流，当级后的气体压力降低到级的零流量所对应的排气压力时，倒流停止，压缩机恢复排气，使得级后气体的压力再次逐渐升高，级的排气压力也相应升高，其流量对应减少，达到一定程度时，再次发生级后气体倒流的现象，这种不稳定的现象称为"喘振"。造成喘振的内因是级的流量太小，叶道内产生的严重的气体分离；外因是级后积蓄着高压气体。

离心式压缩机的稳定工作范围见图 7-36。

ⅲ. 离心式压缩机的效率曲线存在最高点，效率最高点即为设计工况点，偏离设计工况点时，压缩机的效率下降很快。

离心式压缩机的功率一般随着流量的增大而增大。

多级离心式压缩机的性能曲线是由若干个级串联而成的，其性能曲线显得更陡一些，稳定工况范围更窄一些。多级离心式压缩机中的任何一级达到最大流量工况或喘振工况时，都会直接影响整机的正常工作，尤其是后面级的性能曲线对整机的影响较大，设计时往往加宽后面级的稳定工况范围。

② 与管网系统联合工作　压缩机总是与管网联合工作的，压缩机的工作点不只是取决于其本身的性能曲线，还与管网的性能曲线密切相关。这里所说的管网是指压缩机后面的管路及全部装置，管网的始端压力（等于压缩机出口的排气压力）与其进气量之间的性能曲线随管网的压力和阻力的变化而变化，图 7-37 表示出了管网的性能曲线。

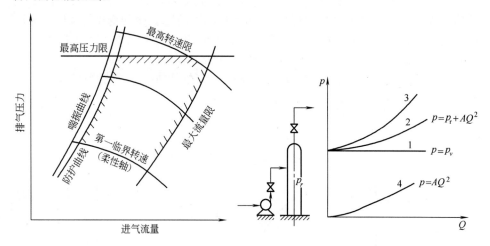

图 7-36　离心式压缩机的稳定工作范围　　　图 7-37　管网的性能曲线

压缩机与管网系统协调稳定工作的条件是：压缩机的排气量等于管网的进气量；压缩机的排气压力等于管网需要的始端压力。这个稳态的工作点一定是压缩机性能曲线和管网性能曲线的交点（见图 7-38）。不论是压缩机的性能曲线还是管网的性能曲线发生变化，都会使离心式压缩机的工作点发生改变。如果这个工作点落在压缩机的喘振区，压缩机将发生喘振。

③ 串联与并联操作　压缩机串联可以增大排气压力，两台压缩机串联的性能曲线是在同样质量流量下把它们各自的压力比相乘而得到的，其性能曲线比单台的要更陡一些，稳定工况范围更窄一些。压缩机并联操作主要是增加排气量，两台压缩机并联的性能曲线是在相同压力比的条件下把它们各自的流量相加而得到的。压缩机串联或并联后，每台压缩机的工作点是由串联或并联后的性能曲线、管网的性能曲线以及每台压缩机的性能曲线三者联合决定的。压缩机串、并联操

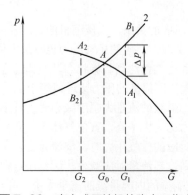

图 7-38　离心式压缩机的稳态工作点

作用于气体输送时，串联操作不适合于管网阻力较低的系统，因为其中的一台压缩机可能达到最大流量；并联操作不适合于管网阻力较高的系统，因为其中的一台压缩机可能达到喘振流量。

（2）工况调节

生产上的工艺参数经常会发生变化，因此离心式压缩机也需要经常进行调节，以适应变工况下操作，并保持生产系统稳定。离心式压缩机的调节方法一般有两种：一是保证背压不变调节流量，二是保证流量不变调节压缩机的排气压力。调节的原理主要是改变压缩机的性能曲线或改变管网的性能曲线。常见的调节方法见表7-7。

表7-7 离心式压缩机工况调节方法

调节方法	调节原理	优缺点	性能曲线变化简图
出口节流调节法	在压缩机出口安装调节阀门，通过调节该阀改变管网的性能曲线，从而改变压缩机的运行工况点	调节方法简单，但经济性差，尤其是当压缩机的性能曲线较陡峭而需要调节的流量又较大时，经济性更差	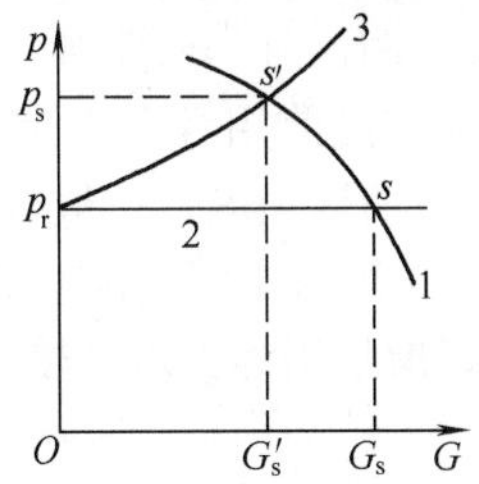
进口节流调节法	在压缩机的进口管路上安装蝶形调节阀门，调节该阀门可使压缩机的进气压力发生改变，改变了压缩机的性能曲线，从而改变压缩机的运行工况点	调节方法简单，经济性比出口节流调节方法好些。关小进口阀后，会使压缩机的性能曲线向小流量区移动，使得压缩机的喘振流量变小，有利于压缩机稳定工作。但也存在一定的节流损失，且对压缩机的效率会产生影响	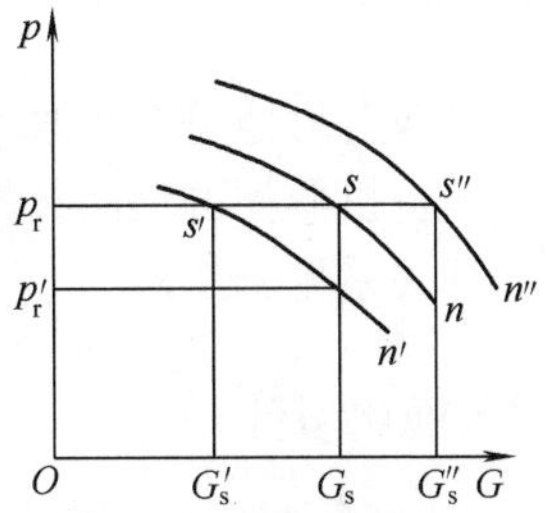
转动进口导叶调节法	在叶轮叶片入口或叶片式扩压器叶片入口处安装可绕本身轴转动的小导叶，使气体进入叶道前产生预旋绕，改变了压缩机叶轮的理论功，从而改变了压缩机的性能曲线，进而改变压缩机的运行工况点	调节效果比较明显，但可转动导叶机构较复杂，会造成一定的冲击损失，在压缩机上用得较少	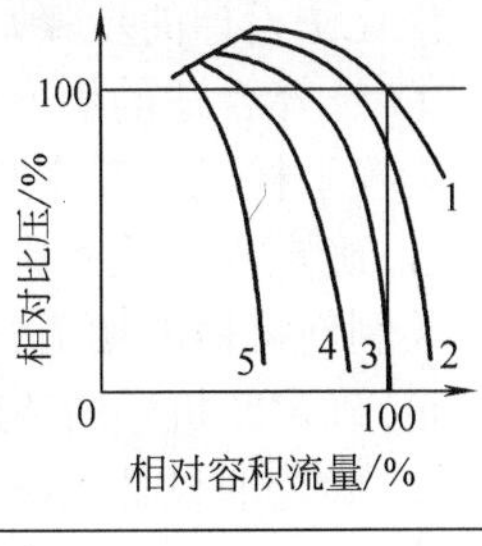
改变转速调节法	改变转速可以改变压缩机的性能曲线，从而改变压缩机的运行工况点	调节范围很大，也不会引起其他的附加损失，只是影响压缩机的运行效率，经济性较好，但需要考虑增加转速后转子的强度、临界转速和轴承寿命的问题，同时，要求驱动机是可调速的	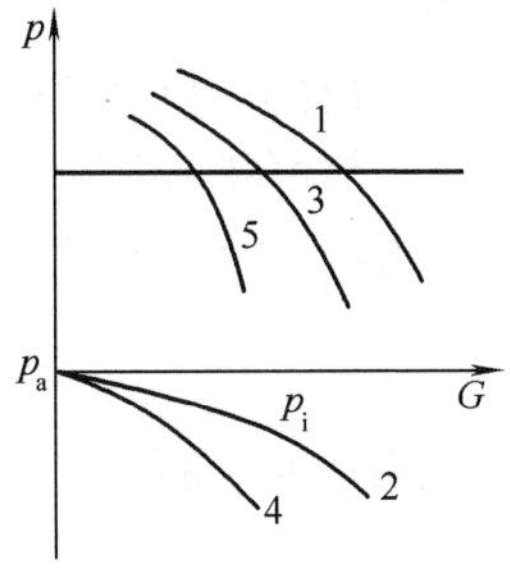

7.3.3 相似理论在离心式压缩机中的应用

相似理论是从几何学上建立起来的概念，它在离心式压缩机的模化设计和性能换算两个方面具有重要的意义，按照性能良好的模型级或机器，可以快速地设计出性能良好的新机器，也可将模化实验得到的结果，换算成设计条件或使用条件下的机器性能。

（1）相似条件

两台离心式压缩机流动相似必须具备以下相似条件：

① 几何相似　保证两机的全部尺寸和几何形状相似，即任何对应长度之比应相等，且为同一常数，对应的角度应相等，叶片数和叶轮的阻塞系数也对应相等。

② 运动相似　保证两机内部的流型相似，即对应的速度大小成比例，且为一常数，速度的方向也相同。一般而言，只要满足叶轮入口的速度三角形对应相似就可以满足运动相似的要求。如果叶轮入口流量系数相等，也意味着入口速度三角形相似。

③ 动力相似　保证两机内部的流道中各种力在空间所有的对应点上分布相似，即所有对应点同类力的大小成比例，且为一常数，并且力的方向也对应相同。实际上，只要考虑离心式压缩机的"特征雷诺数相等"和"特征马赫数相等"就能满足动力相似的条件，而离心式压缩机的特征雷诺数往往都非常大，机内的流动已经进入自动模化区，一般可不要求特征雷诺数相等这一条件。

④ 热力相似　离心式压缩机中气体的压缩过程是热力过程，气体状态参数的变化与其等熵指数密切相关，"等熵指数相等"这一热力相似条件是保证两机流动过程相似的先决条件。

（2）相似换算

当两台机器符合相似条件时，可根据一台机器的性能参数，采用相似换算的方法得到另一台机器的性能参数，两台机器间的性能参数，如转速、容积流量、质量流量、压力比、多变过程功、总功、功率、效率间的相似换算关系见表 7-8。

（3）模化设计

模化法设计的步骤如下：

ⅰ.选择合适的模型化样机：根据新机器的设计条件，寻找合适的经过实践证明性能良好、效率较高的机器作为模型样机，在模型样机性能曲线上选取效率较高的模化工作点。

ⅱ.确定几何尺寸比例常数：按模型样机尺寸，根据尺寸比例常数进行放大或缩小，就可得到新机器的尺寸，绘制新机器的加工图纸。

ⅲ.确定新机器的转速：按表 7-8 根据模型机的转速确定新机器的转速。

ⅳ.确定非设计工况点的性能参数：根据表 7-8 进行性能参数换算，即可得到新机器在变工况条件下的性能曲线。

ⅴ.带有中间冷却的补充条件：带有中间冷却的多段压缩机，各段的转速和质量流量均应相同，各段的尺寸比例常数也应相同，因此，各段的进气温度之比必须相等。

模化法设计除了用于整机外，也可按需要的级或段进行模化，也可把不同模型机的级或段用于同一台新机器的设计中。

（4）通用性能曲线

几何相似的级或压缩机，或者不同运行工况条件下的同一个级或机器，在输送介质的等熵指数相等的条件下，若能保证叶轮入口流量系数 φ_{r1} 和出口马赫数 M_{u2} 相等，就能满足相似条件。以 φ_{r1} 和 M_{u2} 或与二者相关的组合参数以及其他无因次参数来表示的性能曲线，与级或压缩机的运行条件无关，具有通用特性，这种曲线称为通用性能曲线，图 7-39 为某级和某压缩机的通用性能曲线图。

表7-8 两台压缩机完全相似的性能换算

性能参数	模型机	相似机	性能参数	模型机	相似机
叶轮外径	D_2'	D_2	压力比	ε'	$\varepsilon = \varepsilon'$
气体常数	R'	R	多变过程功	h_{pol}'	$h_{pol} = \dfrac{RT_j}{R'T_j'} h_{pol}'$
温度	T'	T			
压力	p'	p	总功	h_{tot}'	$h_{tot} = \dfrac{RT_j}{R'T_j'} h_{tot}'$
转速	n'	$n = i_1 \sqrt{\dfrac{RT_j}{R'T_j'}} n'$			
容积流量	Q_j'	$Q_j = \dfrac{1}{i_1^2} \sqrt{\dfrac{RT_j}{R'T_j'}} Q_j'$	功率	N_{tot}'	$N_{tot} = \dfrac{1}{i_1^2} \dfrac{p_j}{p_j'} \sqrt{\dfrac{RT_j}{R'T_j'}} N_{tot}'$
			效率	η'	$\eta = \eta'$
质量流量	G'	$G = \dfrac{1}{i_1^2} \dfrac{p_j}{p_j'} \sqrt{\dfrac{R'T_j'}{RT_j}} G'$	尺寸比例常数	$i_1 = \dfrac{D_2'}{D_2}$	

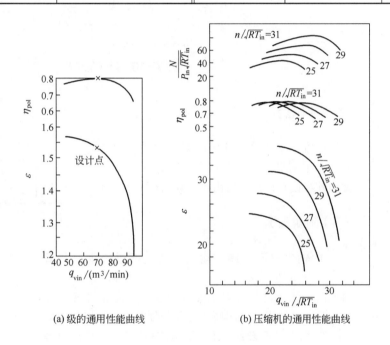

(a) 级的通用性能曲线　　(b) 压缩机的通用性能曲线

图 7-39　通用性能曲线图

7.3.4　离心式压缩机主要零部件

（1）叶轮

　　叶轮是对气体做功的重要元件，离心式压缩机大都采用后弯型闭式叶轮（见图7-40）。叶轮的制造大都采用铆焊结构，轮盘和轮盖材料一般为低合金钢，如：34CrNi3Mo，叶片材料常用 20MnV 或 30CrMnSi。叶轮进出口处的叶片必须削薄，以减小冲击损失和尾迹损失。

　　叶轮的设计参数一般用无因次数表示，主要设计参数有：叶片进、出口安装角，出口流量系数，叶轮相对宽度（即叶轮出口处的宽度和叶轮出口直径之比），轮径比（即叶轮进口处直径和叶轮出口处直径之比）以及叶片数，设计时要综合考虑各参数之间的制约关系。

叶轮加工完成后必须逐个进行超速试验，超速试验合格后，叶轮和轴及其他转子组装在一起，进行整体转子系统的动平衡试验。

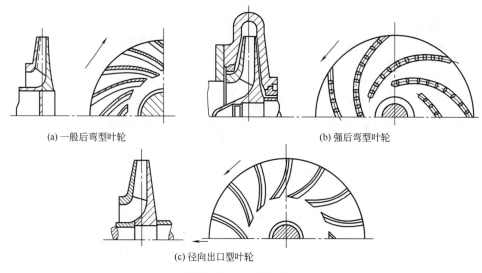

(a) 一般后弯型叶轮　　　　　　　　　(b) 强后弯型叶轮

(c) 径向出口型叶轮

图 7-40 叶轮的结构

（2）平衡盘

设置平衡盘是平衡轴向力最常采用的措施之一，平衡盘一般安装在末级叶轮后面。平衡盘的外缘设有迷宫密封齿片，其结构见图 7-41。

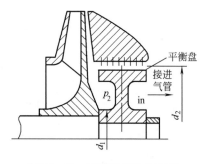

图 7-41 平衡盘结构示意图

（3）附属系统

① 输气管网系统　输气系统包括进气管道、排气管道、阀门、过滤器、消声器等，管网系统的阻力降特性对压缩机的进气压力和排气压力有一定的影响。设计或选型时，需要计算设计工况或变工况条件下输气管网的阻力降。

② 增、减速设备　驱动电机的转速是固定的，为达到压缩机的设计转速，通常需要齿轮变速箱来增速（个别需要减速），有时为了调节压缩机性能，也需要采用必要的调速装置。

③ 油路系统　压缩机、驱动机及齿轮变速箱中的轴承、密封、齿轮等需要油路系统提供一定温度、压力和流量的润滑油，油路系统包括油泵、高位储油箱、过滤器、冷却器和油路管道等，可以直接选用。

④ 水路系统　水路系统包括泵、冷却器、阀门、管道等，冷却器分为段间气体冷却器和油路系统冷却器。冷却水循环使用时，还需要设置水泵及冷却水塔。

⑤ 检测系统　检测系统主要包括压缩机和蒸汽透平驱动机等进出口气体的压力、温度、流量、机器的转速和功率等参数性能的检测；也包括压缩机振动、转子轴向位移及密封部位油温等安全性能的检测。检测系统是离心式压缩机调节控制和故障诊断的基本保证。

7.3.5 离心式压缩机的选型

7.3.5.1 机型示例

离心式压缩机应用范围较广，低压、中压和高压均采用。由于离心式压缩机的性能与气体介质密切相关，不同的介质、不同的操作条件所采用的机型不一样。

按机型的特征分类，离心式压缩机主要分为水平剖分型和垂直剖分型两大类，垂直剖分型主要用于高压压缩机。

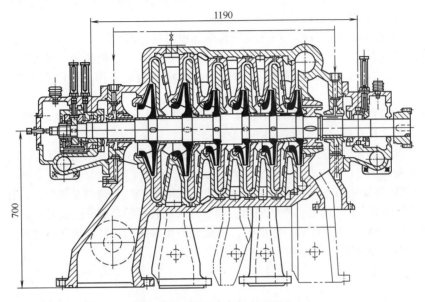

图 7-42 丙烯气压缩机结构图

图 7-42 是丙烯气压缩机结构图，气缸为水平剖分型，主要用于石油化工厂中石油气深冷分离系统。该机转速为 12000r/min，功率为 1226kW，进气压力为常压，整机的压力比为 16.64。由于级间需要补充冷的气体，所以整机没有进行分段冷却。

图 7-43 为氮氢气压缩机低压缸的纵剖面图，是年产 30 万吨合成氨厂使用的高压离心式压缩机。该压缩机分为三个缸：低压缸、中压缸和高压缸。进气压力为 2.6MPa，出口压力可达 22.2MPa。

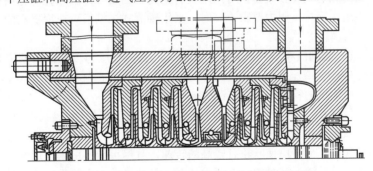

图 7-43 高压圆筒形氮氢气压缩机低压缸剖面图

7.3.5.2 选型依据

（1）选型原则

离心式压缩机选型时，须遵循以下原则：

① 明确工艺生产的技术指标　包括流量、压力比、效率、功率、变工况条件参数以及安全性能参数等技术指标。流量要指明是质量流量还是供气量；压力比应该是压缩机出口法兰处压力和进口法兰处压力之比；效率要指明为何种效率及其数值大小；功率应指出具体数值，也可按以上参数计算出来；变工况条件参数应明确压缩机稳定工作的范围，也可指明压缩机运行时大流量和小流量各自可能占的比例，在提交选型参数时，通常把设计流量加大 1%～3% 的裕量作为选型流量，把设计任务中的进出口增压量加大 2%～5% 的裕量作为选型增压量。必须指出的是：使用单位选型时，必须给生产厂家提供机器经常运行的最佳工况的流量和压力比，并说明所提交的选型数据加了多少裕量，这对保证机器的高效稳定运行是非常必要的。此外，使用单位应该和生产厂家合理商定主要零部件的材料、转子动平衡允许的不平衡度、临界转速、主要零部件的尺寸及机器的振动值等参数，这些参数对机器的安全运行是非常重要的。

② 合理确定机器的经济指标　离心式压缩机的价格都很昂贵，例如：年产 18 万吨乙烯的某生产厂，总投资为 7716.12 万美元，其中设备投资为 3468.68 万美元，各种离心式压缩机和透平机械为 624.75 万美元，占设备投资的 18% 左右。因此，合理比较压缩机厂商的价格是非常重要的工作，确定价格的同时，一定要以产品的质量为前提。

确定合理的供货时间也很必要，离心式压缩机一般都是单件或小批量生产，确定交货期要和使用单位的开工生产时间相匹配，延期交货或提前交货都是不合适的。

离心式压缩机的使用寿命一般应保证在 10～15 年的期限，选择过长的使用寿命，不利于技术的更新，也会使机器的价格相应提高。

③ 合理选择机器的性能调节方式　实际生产过程中，压缩机的气量调节是难免的。压缩机选型时，应按表 7-7 中所提到的各种调节方法及特点，对压缩机的调节方式及其相配套的辅助装置予以确定。

④ 合理配置机器的附属设备及仪表　选型时，压缩机附属系统的选择也应予以考虑，相应设备及仪表的型号及供货商均需要相应地确定下来。

（2）选型比较

压缩机选型时，根据各种机器的结构形式及特点，进行综合比较，最终确定合适的机器型号。

① 流量选型方案比较　离心式压缩机适合于流量较大的场合，一般适用于流量在 50～5000m³/min 的气量范围。考虑流量的大小时，除了要综合比较流量的大小外，也要考虑与机器类型和结构相对应的几何尺寸的大小。流量较小时，选择窄叶轮的离心式压缩机。对于小流量、高压力比的压缩机，为了获得较宽的稳定工况范围，后面各级叶轮应更窄些。叶轮越窄，其加工难度越高，效率也越低。较大流量的压缩机或级，可选用双面进气的叶轮结构。当叶轮的相对宽度较大时，可选用具有空间扭曲型叶片的三元叶轮结构，三元叶轮具有较高的效率。如果流量进一步增大而排气压力要求不高时，采用轴流式压缩机可获得更高的效率，此时不推荐采用离心式压缩机。

② 压力选型方案比较　通风机和鼓风机大多为离心式，其排气压力较低，详见第 8 章内容。在压力比较低（例如：排气压力小于 1MPa 或压力比小于 10）而流量要求更大时（例如：流量达到 20000m³/min），应选用轴流式压缩机，轴流式压缩机的特点详见 7.4 节内容。

③ 工作介质选型方案比较　工作介质的改变往往给离心式压缩机的性能参数带来很大的变化，例如：同一台压缩机压缩轻气体所获得的压力比一般小于压缩重气体所获得的压力比。在选择气体常数较大的轻气体压缩机时，为了使机器结构紧凑，应考虑使叶轮有较高的转速，且尽可能不采用强后弯型叶片叶轮，叶轮也要采用优质材料来制作，以保证其高速运转时的强度要求。对于气体常数较小的重气体压缩机，应注意叶轮的转速不能太高，否则气体的马赫数较大，机器的效率会下降，并且机器的稳定工况范围变窄。

当工作介质是易燃、易爆、有毒、贵重的气体时，如果机器的排气压力较高，就需要对压缩机轴封提出特别要求。同时，要考虑限制各级气体的温度。必要时，需要采用多段压缩机对气体进行中间冷却。

如果气体中可能含有固体颗粒或液滴，选型时，应给压缩机制造商提供气体中含有液滴的浓度、大小等参数，并要求机器的设计制造部门按两相流理论进行设计制造。同时，要考虑所有过流部件材料的耐磨性和耐腐蚀性，必要时要对过流元件的表面进行喷涂硬质合金等特殊处理。

④ 机器结构特点选型方案比较 当工作介质为重气体或所要求的压力比不高时，应尽可能选用结构简单的单级离心式压缩机。为了提高压力比，可选用半开式的径向叶片叶轮，这种类型的叶轮可以提供较大的理论功和压力比。

多级离心式压缩机为了保证各级叶轮具有相同的结构和较高的效率，可采用多轴结构，依靠各轴转速的不同来满足各级叶轮相对宽度的要求。

当压力比要求较高或压缩轻气体需要的理论功较大时，需要较多级完成压缩任务，如果把这些叶轮都安装在同一根轴上，会使转子轴系的临界转速值过低，有可能接近一阶临界转速，这时，需要选用多缸压缩机。另外，当压缩机各级叶轮采用不同的转速时，往往也需要进行分缸。

气缸的结构分为水平剖分型和垂直剖分型两种，有时也采用筒形气缸。水平剖分型气缸适用于多级离心式压缩机，拆装方便；垂直剖分型气缸一般适用于单级压缩机；筒形气缸适用于高压的场合。

为了降低叶轮叶道的扩压度，减小边界层分离损失，提高叶轮做功的能力，又减少叶轮进口区的叶片堵塞，可选用长、短叶片相间排列结构的叶轮结构（见图7-44）。

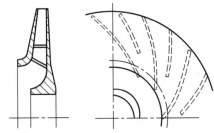

图7-44 长、短叶片相间排列的叶轮

多级离心式压缩机一般采用无叶式扩压器，单级离心式压缩机和少数多级离心式压缩机选用叶片式扩压器。

⑤ 驱动机选型方案比较 离心式压缩机常用副产蒸汽驱动工业汽轮机作为动力，这为大型化工厂的热能综合利用提供了可能。为了适应压缩机高转速和变工况的要求，尽可能选用具有可变速的高速工业汽轮机或燃气轮机。

交流电动机作为压缩机的驱动机，可以从电网输电，运转维护较方便，但往往需要增速齿轮箱，且不能采用改变转速的方法来进行工况调节。

可变转速的电动机需要增加可控硅整流装置把交流电变为直流电，通过改变电阻的方式来调节转速；或者需要增加变频装置来改变交流电机的转速，这一方面增加了电机的造价，另一方面也限制了电机的输出功率，一般较少采用。

7.3.5.3 选型方法

ⅰ.根据用户的使用条件和要求，直接查找压缩机生产厂的产品目录来选型。

ⅱ.用户根据工艺计算的结果，按以上选型依据，确定合适的机器类型、型式、结构和级数等，与压缩机制造厂协商选型。

ⅲ.用户提出已知条件，委托制造厂利用现成的设计和选型软件进行产品优化设计、选型和性能计算，以便选择合适的机型。

7.4 其他压缩机

随着科学技术的发展，压缩机的新机型不断出现，这些新机型在不同的领域有很好的应用前景，本节介绍几种其他类型的压缩机。

7.4.1　螺杆式压缩机

（1）基本结构和原理

螺杆式压缩机属于回转容积式压缩机，它可以制成单螺杆式，也可以制成双螺杆式，二者的结构是截然不同的，所谓的螺杆式压缩机一般指双螺杆压缩机，它在化工、制冷及空气动力等领域应用越来越广泛。

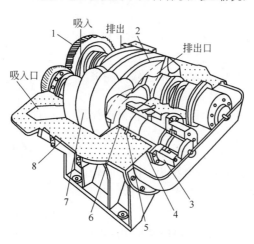

双螺杆压缩机的结构见图7-45。其基本工作原理是：具有凸齿的阳螺杆与具有凹齿的阴螺杆在"∞"字形缸体内互相啮合，在轴端设有同步齿轮带动阴阳螺杆旋转。气体由一端进入，充满在两转子的齿槽间，当两齿相互楔入凹槽时，气体开始受压缩，随着转子的旋转，齿槽容积逐渐减小，使气体压力上升，阴阳螺杆和缸体之间的空间与排气口相连通，气体就从排气口排出机外。

图7-45　双螺杆压缩机
1—同步齿轮；2—阴转子；3—推力轴承；4—轴承；5—挡油环；6—轴封；7—阳转子；8—气缸

（2）性能参数

螺杆式压缩机的流量范围在 $2 \sim 800m^3/min$，压缩终了压力一般小于1.2MPa。

① 排气量　螺杆式压缩机的排气量一般指容积流量，即单位时间内转子转过的齿间容积之和。排气量用下式表示

$$q_V = C_a C_\varphi lD^2 n\eta_V \tag{7-60}$$

式中，q_V 为容积流量，m^3/min；C_a 为面积利用系数，与螺杆的型线种类和参数有关，一般取 $0.4 \sim 0.5$；C_φ 为扭角系数，一般取 $0.97 \sim 1.0$；l 为螺杆长度，m；D 为阳螺杆直径，m；n 为压缩机转速，r/min；η_V 为容积效率，反映了气体被加热的程度、进气阻力损失以及泄漏的综合影响，主要取决于压力比、齿顶与机壳之间的间隙、啮合部分间隙、齿顶圆周速度以及是否喷油等因素，其值一般为 $0.75 \sim 0.95$。

② 排气压力　螺杆式压缩机气体在螺杆内的压缩称为内压缩，内压缩完成后的压力称为压缩终了压力，终了压力与初始压力之比称为内压缩比。

螺杆式压缩机的排气压力是由压缩机的背压决定的，也就是压缩机后面系统的压力，排气压力与进气压力之比称为压力比。

压力比随着背压的变化而变化，而内压缩比一般为定值，当压力比和内压缩比不相等时，会产生附加的功耗。在螺杆式压缩机的设计和运行过程中要注意二者的协调关系。

③ 功率和效率　螺杆式压缩机分为干式和湿式两种，干式螺杆压缩机在其工作腔内不喷液；湿式螺杆压缩机在其工作腔内喷入润滑油或其他液体。干式螺杆压缩机的绝热效率一般在80%以上；湿式螺杆压缩机由于存在油的阻塞作用，其齿顶圆周速度较低，容积效率较高，单机压力比可以达到 $\varepsilon=7$，且排气温度较低。

螺杆式压缩机功（或功率）的计算与往复活塞式压缩机理想循环指示功（或功率）的计算方法相同，考虑到高压齿槽内气体向低压齿槽内泄漏的影响，压缩过程指数可能大于绝热过程指数。

7.4.2 单螺杆式压缩机

单螺杆压缩机具有一个螺杆，其结构简图见图 7-46。它主要由两个星轮和一个螺杆组成，螺杆螺槽、机壳内壁和星轮齿顶面构成封闭的压缩容积单元。运转时，驱动机带动螺杆，由螺杆驱动星轮旋转，气体对称地由轴一端的两侧分别吸进，随着螺杆的旋转，压缩基元容积逐渐减小，气体被压缩后，分别从轴另一端的两侧排出。

单螺杆压缩机结构较合理，螺杆的轴向力完全平衡，没有余隙容积，容积效率较高。在动力工程及其他过程工业中有很好的应用前景。

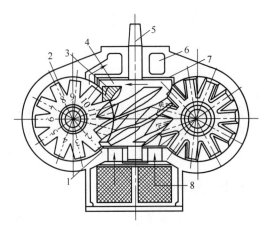

图 7-46 单螺杆压缩机结构简图

1—机壳；2—星轮；3—排气口；4—螺杆；5—主轴；
6—排气腔；7—气缸；8—进气腔

7.4.3 滚动活塞式压缩机

滚动活塞式压缩机是一种小型的制冷压缩机，一般仅限于 3kW 以下，它在冰箱和家用空调中应用前景很好。

滚动活塞式压缩机也是回转容积式压缩机的一种。滚动活塞式压缩机无进气阀，其进气阻力较小，也没有余隙容积，其容积效率较高。其结构简图见图 7-47。

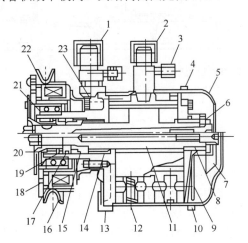
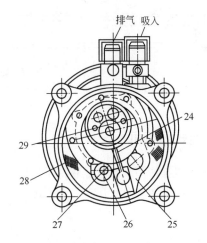

图 7-47 滚筒活塞式压缩机结构简图

1—进气接头；2—排气接头；3—接头；4—机脚；5—机壳；6,9,15—滚针轴承；7—轴向止动螺钉；8—平衡块；10,14—端盖；
11—吸油孔；12—偏心轮轴；13—滑板弹簧；16—轴封；17—带轮；18—O形环；19—离合器衔铁；20,22—弹簧卡圈；
21—油封；23—离合器线圈；24—止推密封；25—滑板；26—气缸；27—排气阀；28—防雾装置；29—滚动活塞

滚动活塞式压缩机的工作原理是：由弹簧压紧的挡板把气缸分成两侧，其中一侧吸进气体，另一侧压缩或排出气体。整个吸气过程从开始到结束，滚动活塞转子旋转了大约 360°，接下来吸气腔开始压缩，再旋转 360° 完成压缩和排气。同时，另一侧也完成了吸气过程。两个腔交替吸、排气，转子每转一周会有一次气体的吸进和排出过程。

7.4.4 滑片式压缩机

滑片式压缩机属于回转容积式压缩机的一种，其结构示意图见图 7-48。机壳中的偏心转子上开有若干个槽，槽内设有滑片，相邻的两滑片之间和机壳内表面形成一个容积基元，每个容积基元的体积随着转子的旋转而发生变化，每个基元容积旋转到进气口时吸气，接着基元体积逐渐变小，气体被压缩，旋转到排气口部位时排出气体。滑片式压缩机的各个滑片与机壳产生摩擦，滑片磨损严重，机器的机械效率较低。

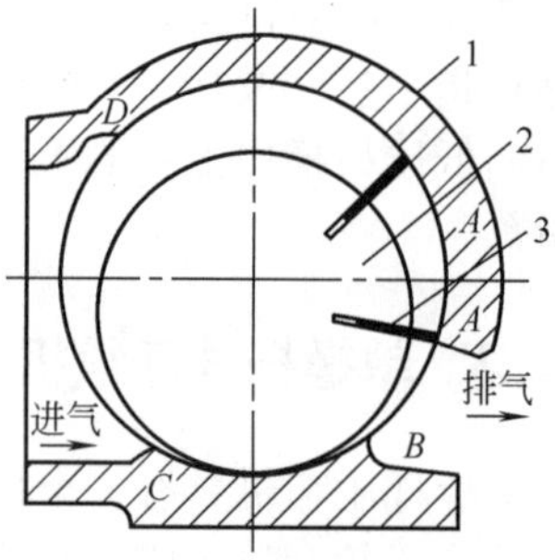

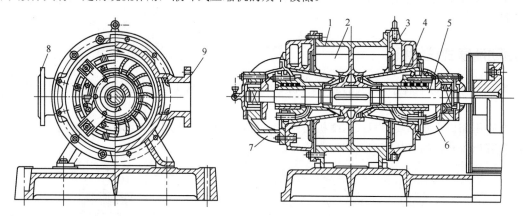

图 7-48 滑片式压缩机结构简图
1—气缸; 2—转子; 3—滑片

7.4.5 液环式压缩机

液环式压缩机的结构图见图 7-49。在圆筒形的机壳里偏心地配置带有若干个固定叶片的转子，机壳内充有一定量的液体。当转子旋转时，液体被固定叶片带动环布于壳体的四周，并与相邻的两叶片形成容积可变的容积单元。在机壳端面的盖板上开有月牙形的进、排气口，当每一个容积单元经过进、排气口时，就完成吸气或排气。由于液体具有一定的绕流作用，液环式压缩机的效率较低。

图 7-49 液环式压缩机简图
1—机壳; 2—叶轮; 3—端盖; 4—锥形进排气分配器; 5—主轴; 6,7—轴承支架; 8—进气接管; 9—排气管

7.4.6 涡旋式压缩机

涡旋式压缩机在小型制冷行业获得了很好的应用。它由一个定子（定涡旋）和一个转子（动涡旋）组成，定涡旋和动涡旋的型线均为渐开线。动涡旋以一定的半径绕中心作平面回转运动，定涡旋的中心与动涡旋的回转中心相重合，动涡旋回转时便与定涡旋形成变化的容积。图 7-50 为涡旋式压缩机的工作原理图，图中左上方开始位置表示 0°时，涡旋两侧开始吸气；表示 90°时，涡旋两侧吸气开口达到最大值；表示 270°时，吸气开口闭合，吸气结束。随着动涡旋的继续回转，被吸进的气体逐渐被挤压至中心部位，直至 450°的位置，这部分气体与中心的排气孔相通，并一直延续到 810°时，排气完毕。

涡旋式压缩机不设进、排气阀，进、排气时间较长，因此气速较低，阻力较小，噪声非常低。但涡旋的加工精度要求较高，动涡旋需要设置防自转机构，而且在动涡旋上需要选定合适的位置开设背压孔，以便平衡轴向力。

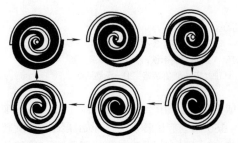

□静涡盘 ■动涡盘 □一对月牙形容积及其历程

图 7-50 涡旋式压缩机工作原理图

7.4.7　轴流式压缩机

轴流式压缩机的结构简图见图7-51。它是依靠高速旋转的叶片对气体做功，属于速度式压缩机的一种，它与离心式压缩机的不同之处在于气体的流动方向与主轴轴线平行。

装在转鼓上的动叶片对气体做功，装在壳体上的静叶片起导流和扩压作用，一组动叶片和一组静叶片构成一个基元级。

轴流式压缩机进口的截面积比离心式压缩机叶轮进口的截面积要大得多，气体进入第一级的流速也比离心式压缩机第一级进口气速大一些，所以，轴流式压缩机处理的气量要比离心式压缩机处理的气量要大得多。

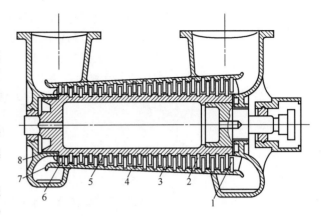

图 7-51　轴流式压缩机简图

1—进口导流叶片；2—动叶片；3—静叶片；4—机壳；5—转鼓；6—整流叶片；7—出口扩压器；8—密封

轴流式压缩机的基元级中气流方向基本平行于轴线，径向分速度为零，基元级前后动叶片外缘处的圆周速度相等，因此，由式（7-39）可得动叶片所提供的理论功为

$$h_{th} = \frac{w_1^2 - w_2^2}{2} + \frac{c_2^2 - c_1^2}{2} \tag{7-61}$$

由此可以看出：轴流式压缩机基元级中所提供的理论功比离心式压缩机级中所提供的理论功少，这意味着轴流式压缩机不适用于压力比较高的场合。

轴流式压缩机基元级中气流轴向流动，流经动静叶片的流线弯曲小，路程短，并且轴流式压缩机的动静叶片是机翼型叶片，其流动损失较小，效率很高。

轴流式压缩机基元级中的动静叶片对气体的来流方向非常敏感，流量变化时，级内会造成很大的冲击损失，因此，轴流式压缩机对变工况条件的适应能力较差。

7.4.8　轴流离心混合式压缩机

离心式压缩机中前几级的容积流量很大，随着气体逐级被压缩，后面几级的容积流量相对较小，如果这些级位于同一根轴上，离心式压缩机的性能会受到很大的影响。

轴流离心混合式压缩机中的前面几级采用大流量的轴流级，后面几级采用较小流量的离心级，这种混合式的压缩机兼备轴流式压缩机和离心式压缩机各自的优点，性能较好，效率较高。例如：德国德马克公司生产的一种空分机，其前8级采用轴流式级的结构，后2级采用离心式级的结构。

📝 思考题

1. 实际气体与理想气体有何不同，什么情况下可按理想气体进行计算？
2. 利用对比压力和对比温度来求实际气体的可压缩性系数有何优点？
3. 等温或接近等温的压缩循环为何比绝热压缩循环省功？
4. 如图 7-52 所示的气缸，其行程容积如何求得（气缸直径为 D，活塞杆直径为 d，活塞行程为 S）？
5. 等端点法求容积系数时，为何可以不考虑膨胀过程的变化，而取过程线指数为定值？
6. 膨胀系数为何小于绝热指数？膨胀过程中若气缸壁、盖传给气体的热量多，其膨胀指数大还是小？
7. 膨胀过程终了时，残留气体之温度与新吸入气体之温度不尽相同，传热引起的气

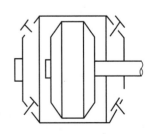

图 7-52　思考题 4 图

体体积变化，对实际进气量有无影响？

8. 为什么压力比变化后会影响温度系数之值？

9. 示功图上能否表示出实际进气量和排气量？

10. 求指示功时，其过程线是怎样简化的？其过程指数为何与等端点法的不相等？

11. 实际气体的指示功率与理想气体的指示功率的关系为

$$N_{iT} = N_i \frac{Z_d + Z_s}{2Z_s}$$

其修正项是怎样得出的？

12. 多级活塞式压缩机，若设计的总压力比小于实际总压力比，会出现什么问题？反之，若总压力比大于实际总压力比，则又如何？

13. 多级活塞式压缩机，当实际总压力比发生变化时，哪一级的压力比变化得最大？若背压（等于末级排气压力）发生变化，末前各级的压力比是否变化，若变化由何原因所致？假设第 i 级的余隙容积趋于零，在第一级进气压力不变的条件下，第 $i-1$ 级及以前各级的排气压力能否基本固定不变（当背压变化时）？

14. 何为外泄漏？何为内泄漏？内泄漏影不影响排气量，怎样影响？

15. 气缸直径圆整后的级间压力修正是在假定什么不变的前提下进行的？其修正值为精确解还是近似解？

16. 变工况计算求解级间压力，为什么得不到解析解？

17. 惯性力做不做功？活塞往复一次，其惯性力做功为多少？

18. 通常情况下，往复惯性力的存在使活塞杆的受力值大于还是小于最大活塞力值？

19. 气体力作不作用于基础，怎样作用，直接还是间接？气体力大小变化对基础有无影响？

20. 基础所受的倾覆力矩为何等于阻力矩？若阻力矩（切向力）波动较大，可否用增加飞轮矩的方法使倾覆力矩均衡？

21. 为什么两列压缩机当各曲柄转角相差90°或270°时的阻力矩曲线比各曲柄转角相差0°或180°时要均匀得多？若两列的运动质量同时增加，则哪种结构的压缩机飞轮矩须大幅度增大？

22. 求盈亏功时，若不考虑旋转摩擦阻力（定值），则求得的飞轮矩增大还是减小？

23. 设计高速短行程压缩机，与低速长行程相比，其运动质量应取大些还是小些？相对余隙容积取大些还是小些？

24. 在做气量调节时，为什么第Ⅰ级以后各级的进气压力会降低？

25. 设置平衡缸的主要目的为何？平衡缸中的压力要依据什么准则和条件来定，其压力一般能否任意取值？加平衡缸以后带来的缺点是什么？

26. 补充余隙法调节气量，当将余隙增大以后，p-V图上的压缩线和膨胀线都变得平坦了，这是否意味着过程指数也产生了相当大的变化？若非如此，试解释。

27. 当进气压力下降时，压缩机的总压力比就得增大，但是否该压缩机的功耗也一定增大？有没有相反的情况，试举一例。同样，当进气压力上升引起容积系数减小而使进气量增加时，尽管此时的总压力比减小，但压缩机的功耗会不会呈增大的趋势而使电机过负荷（可根据示功图面积的变化情况进行考察）？

28. 根据下列示功图的变化情况，找出故障所在（虚线表示为正常时的情况）。

29. 离心压缩机的工作原理是什么？

30. 影响级的理论能量头的因素有哪些？各有怎样的影响？

31. 什么是反作用度？设计叶轮时，如何考虑反作用度的大小？

32. 欧拉第二方程中各项的物理意义是什么？

33. 后弯叶片式叶轮的能量头随流量的变化曲线为何是下降的？

34. 对于后弯叶片式叶轮的叶片，哪面是工作面？哪面是非工作面？

35. 有限叶片叶轮的理论能量头为何小于无限多叶片叶轮的理论能量头？

36. 离心压缩机级的总功耗都包括哪些功耗？

37. 离心压缩机压缩过程的多变指数与绝热指数相比，哪个大？为什么？

38. 压缩合成气（氮氢比为1∶3）用离心压缩机，用空气试车时，压力比如何变化？

39. 压缩空气用离心压缩机从周围大气中吸入气体，相同流量下，冬天和夏天所获得的增压比相同吗？为什么？

40. 离心压缩机的多变效率与什么参数有关？

41. 在计算级中各截面的温度、压力比及比容时，为何要先假设比容比？

42. 级中的流动损失分为哪几类？简述各类损失产生的原因及减小损失的方法。

43. 在级的性能曲线中，为何多变能量头曲线（h_{pol}-Q_j 曲线）会出现最高点？

44. 何为"阻塞"工况？何为最大流量工况？何为"喘振"工况？各在什么情况下发生？如何避免？

45. 两台同样型号的离心压缩机能否进行串、并联？如果能，其串、并联后的性能曲线将如何变化？

46. 设计多级离心压缩机时，为获得较宽的稳定工况区域，一般采取哪些措施？为什么？

47. 离心压缩机的稳定工作点需要具备哪两个条件？

48. 欲减小离心压缩机的流量，可通过增大背压或降低压缩机的转速的方法来实现，哪种方法更可取？为什么？

讨论题

1. 查阅有关资料，了解电冰箱用压缩机的类型、结构特点和性能要求。某电冰箱厂有一批往复活塞式冰箱制冷压缩机，某些性能不能达到冰箱的性能指标。厂家想把这批产品改造成实验室用小气量空气压缩机，要求能连续排气。结合所学的往复活塞式压缩机内容，请提出具体的改造方案，分析所提方案的合理性。

2. 1972年，日本东洋公司和中国技术进出口总公司签订了某厂30万吨乙烯成套装置的建造合同。该厂年产18万吨低密度高压聚乙烯（LDPE）装置有三条工艺生产线。其中的一次压缩机是对称平衡型六级乙烯气体压缩机，结构如图7-53所示，性能参数见表7-9。

表7-9　讨论题2中乙烯压缩机主要性能参数

项目级次			吸气温度 t_1/℃	排气温度 t_2/℃	吸气压力 P_1/×10²kPa	排气压力 P_2/×10²kPa	排气量（设计/正常）t/h
低压侧	I	设计	40	111	0.3	3.5	3.7/2.3～3.5
		正常	32～40	89～111	0.37～0.42	2.6～3.6	
	II	设计	40	105	3.3	12.2	
		正常	25～40	92～105	2.4～3-4	9.4～11.5	
	III	设计	40	105	12.0	35	
		正常	24～40	87～105	9.2～11.3	26～30	
高压侧	IV	设计	40	97	33.4	78.5	13.7/8.2～12.5
		正常	12～27	80～108	27～28	55～65	
		故障				73～75	
	V	设计	40	72	76	133	
		正常	22～32	53～60	59～67	95～115	
		故障	35～42			150～180	
	VI	设计	45	75	125	230～260	
		正常	21～36	56～78	87～96	230～260	
		故障	40～47			130～120	

该装置于 1976 年投产，运行八年后一直比较稳定。但从 1984 年 2 月开始，该装置高压侧压力出现了大幅度、周期性（20～30min 变化一次）异常波动，主要是四级、五级出口压力超高。五级尤为严重，出故障时排气压力为 15～18MPa，造成五级出口安全阀动作并结霜，不能复位，六级出口压力随之降低，甚至降为 13.12MPa，难以维持正常生产，造成紧急停车。两条生产线三个月被迫累计停车 21 天，损失产量 4000 余吨，造成严重的经济损失。

请结合所学的知识，查阅有关资料，分析研究故障发生的原因和对策，并提出消除故障的措施。

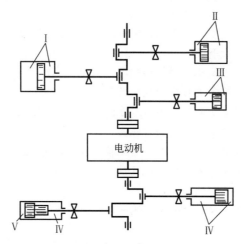

图 7-53 讨论题 2 图

3. 某啤酒厂平底矩形浸麦槽的浸麦容量可达 300t（见图 7-54）。大麦在槽中浸渍吸水，麦粒的呼吸作用逐渐恢复并增强，需要消耗大量氧气，所以使用压缩机通过铺设于槽底的管道和喷嘴向槽中输送空气供氧并起搅拌和洗涤作用。图 7-55 是压缩机供气系统的示意图，该系统配备了两台完全一样的离心压缩机。投入生产时正值冬季，啤酒销量少，槽中的大麦量较少，使用任意一台压缩机单独供气即可满足要求，压缩机工作很正常。随着夏季的来临，啤酒产量逐渐增加，用两台压缩机同时供气，但当产量增加至一定值时，其中一台压缩机发生喘振，保护装置动作使其自动停机，而另一台压缩机仍能正常工作。但一台压缩机供气量远远不够，不能保证啤酒的质量。重新开启发生喘振故障的压缩机若干分钟后，两台压缩机又会有一台发生喘振。哪一台发生喘振具有随机性。由于压缩机频繁发生喘振，严重影响该厂夏季啤酒生产的产量和质量，迫切需要解决此问题。结合所学的离心压缩机知识，分析压缩机发生喘振的原因，提出经济合理的解决方案。

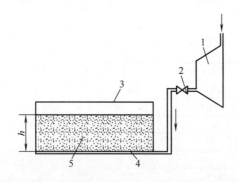

图 7-54 讨论题 3 图（浸麦槽供气系统示意图）
1—离心压缩机；2—阀门；3—浸麦槽；4—输气管道及喷嘴；5—水及麦粒

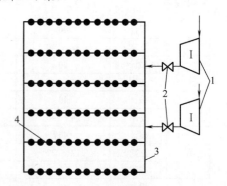

图 7-55 讨论题 3 图（槽底供气系统示意图）
1—离心压缩机；2—阀门；3—输气管道；4—喷嘴

8 风机

○○ ——— ·○○ ○ ·○○ ———

▶ **学习目标**

○ 能对不同类型的风机进行分析、比较和选型，并能说明不同类型风机的性能参数和运行特点。

○ 能分析离心风机的基本结构及工作原理，测试离心风机的工作特性曲线，制定离心风机性能调节方案。

○ 能对离心风机的主要零部件进行设计。

○ 能阐释轴流风机的结构特点和工作原理，能制定其工作特性曲线的测试方案。

○ 能对轴流风机的主要零部件进行设计。

○ 能根据轴流风机的工作特性曲线制定其性能调节方案。

○ 能描述罗茨风机、冷流风机、筒形离心风机等不同形式风机的结构特点、工况条件和适用场合。

8.1 风机的类型及性能参数

风机是利用叶轮或其他形式转子的高速旋转来提升气体压力并输送气体的设备。随着工业技术的发展，风机在品种、规格和结构等方面发展较快，可以满足输送不同气体以及各种压力和流量范围的需要。风机已成为广泛应用于国民经济各个行业的通用机械。

8.1.1 风机的类型

（1）按结构特征分类

风机按结构特征的不同可分为叶片式（也称透平式、叶轮式或涡轮式）和转子啮合式两大类（见图8-1）。

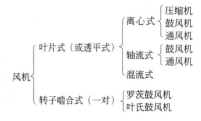

图 8-1 风机按结构分类

（2）按压力分类

按机器内工作介质排出压力和吸入压力比值 ε 的大小，风机可分为压缩机、鼓风机和通风机三种类型，其中：$\varepsilon>4$ 为压缩机；$\varepsilon=1.1 \sim 4$ 为鼓风机；$\varepsilon<1.1$ 为通风机。一般所说的风机是指鼓风机和通风机。

按出口介质压力增加的程度，通风机又可分以下几种类型：

① 高压离心通风机　标准状态下，气体压力增加值（全压）为 2940 ～ 14700Pa。

② 中压离心通风机　标准状态下，气体压力增加值（全压）为 980 ～ 2940Pa。

③ 低压离心通风机　标准状态下，气体压力增加值（全压）低于 980Pa。

④ 高压轴流通风机　标准状态下，气体压力增加值（全压）为 490 ～ 4900Pa。

⑤ 低压轴流通风机　在标准状态下，气体压力增加值（全压）低于 490Pa。

（3）按气流运动方向分类

对于工业上常见的叶片式风机，按气流运动方式的不同可分为以下几类：

① 离心式鼓（通）风机　气流由轴向进入风机叶轮后，沿叶轮径向流动，最后气流由径向排出。这种类型的风机也称为径向流式鼓（通）风机。

② 轴流式鼓（通）风机　气流由轴向进入风机叶轮后，沿风机轴线方向流动。

③ 混流式鼓（通）风机　气流进入风机的叶轮后，其流动方向介于轴流式和离心式之间，近似地沿锥面流动，这种类型的风机也称为斜流式鼓（通）风机。

此外，风机还可按用途（或使用场合）分为数十种不同的风机。

8.1.2　风机的性能参数

风机的主要性能参数有流量（排气量或送风量）、压力（全压、静压、动压）、工作介质类型、轴转速、功率、效率、特性曲线等。此外，设计或选用风机时，还需考虑无因次性能参数及其他相关系数。

（1）风机的主要性能参数

① 风机入口的标准状态　中国规定的风机入口标准状态参数：工质为气体；入口处压力为一个大气压（760mmHg 或 101325Pa）；温度为 20℃；相对湿度为 50% 的湿空气状态；气体密度为 1.2kg/m³。

各国风机标准对进口状态的规定是不完全相同的，例如：日本风机标准规定的压力、温度和密度参数与我国相同，但日本规定的相对湿度为 75%。

② 风机流量 Q　是指单位时间内流经风机的气体容积流量或质量流量，亦称风量。工程上常用容积流量，单位为 m³/s，m³/min，m³/h。通风机的样本和名牌上常用 m³/h，而鼓风机的样本中常用 m³/min，但风机的设计计算和性能计算中一般均采用 m³/s。

③ 风机压力　风机的压力亦称风压，是指单位容积工作介质流过风机时所获得的能量，其单位与压力单位相同。风机压力又可分为静压、动压和全压三种形式。

单位容积气体在风机中获得的动能所表征的压力，即为动压 p_d。设某点或某截面气体流动速度为 c，气体的密度为 ρ，则该截面的动压为 $\rho c^2/2$。

气流在某点或某一截面上的静压与动压之和称为该截面的总压。风机出口截面

与进口截面上总压之差称为全压，全压代表风机叶轮对单位容积气体所做的有效功，全压 p 的表达式为

$$p = p_2 - p_1 = \left(p_{st2} + \frac{\rho c_2^2}{2}\right) - \left(p_{st1} + \frac{\rho c_1^2}{2}\right) = p_{st2} - p_{st1} + \frac{\rho(c_2^2 - c_1^2)}{2} \tag{8-1}$$

风机为克服管道阻力而需要的压力称为静压 p_{st}，是气体作用在与气流方向平行的物体表面上的压力，风机的静压等于风机的全压与动压之差，即

$$p_{st} = p - p_d = p_{st2} - p_{st1} - \frac{\rho c_1^2}{2} \tag{8-2}$$

由式（8-2）可以看出：风机的静压既不是风机出口截面上测得的静压 p_{st2}，也不等于风机出口与进口截面上的静压差（$p_{st2}-p_{st1}$）。当风机进口为大气压力时（即没有进气管道），风机出口的静压即为风机的静压。当风机进口有管路系统时，由于进口管路系统存在阻力损失，故风机进口截面处的总压通常低于一个大气压，此时风机的静压小于风机出口截面处的静压。在选用风机或现场测试风机性能时，应该考虑静压、动压和全压三者之间的关系。

风机的全压、静压及动压的关系可用图 8-2 表示。

④ 风机转速　风机转子的转速直接影响风机的流量、压力、效率，而且对轴功率影响更大。例如：某风机的主轴转速增加 10%，其风量也会增加 10%，但其轴功率的增加幅度为 30%。同样，轴功率也会随转速和风量的降低而大幅度下降，因此，可通过降低风机转速的方法达到节能的目的。

⑤ 风机的功率　风机的有效功率是指单位时间内风机输送的气体所获得的有效能量。用全压表示的有效功率称为风机的全压有效功率 N_e；用静压表示的有效功率称为风机的静压有效功率 N_{est}，在很多场合下（如矿山风机等），要求用静压或静压有效功率作为风机性能的评价指标。

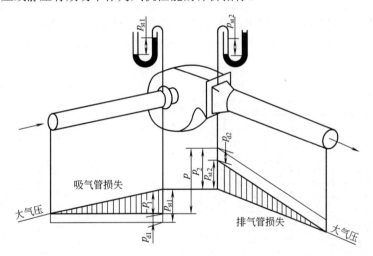

图 8-2　风机的全压、静压及动压的关系图

风机的内部功率 N_i 是指风机的全压有效功率 N_e 与其内部流动损失功率 ΔN_i 之和。

风机的轴功率 N_z 等于风机的内部功率 N_i 与风机的机械损失功率 ΔN_m 之和。

⑥ 风机的效率　风机的全压内效率 η_i 是指全压有效功率与内部功率的比值；风机的静压内效率 η_{ist} 是指风机静压有效功率与内部功率的比值，这两种内效率表征风机内部流动状况的好坏，是风机气体动力学设计的主要指标。

风机的全压效率 η 是指风机全压有效功率与轴功率的比值；风机的静压效率 η_{st} 是指风机静压有效功率与轴功率的比值。

风机的机械效率 η_m 是指风机内部功率与轴功率的比值，它表征风机轴承损失和传动损失的大小，是风机机械传动系统设计的主要指标。

⑦ 风机的特性曲线　风机的主要性能参数可用其特性曲线表示，这种曲线比较直观地描述了风机在一定转速条件下，其风量与全风压、静风压、轴功率、效率之间的关系。图 8-3 为某离心通风机的特性曲线。

（2）风机的主要无因次参数

风机的系列产品一般是利用一台研制好的模型样机，按几何相似原理放大或缩小尺寸来生产的，因此，某一系列的风机中各种型号的性能均可用无因次性能参数来表示。

① 压力系数　风机的压力系数表达式为

$$\bar{p} = \frac{p}{\rho u_2^2} \tag{8-3}$$

式中，u_2 为风机叶轮外缘处的圆周速度，m/s。

② 流量系数　风机的流量系数表达式为

$$\bar{Q} = \frac{Q}{\frac{\pi D_2^2}{4} u_2} \tag{8-4}$$

式中，D_2 为叶轮外径，m。

③ 功率系数　风机的功率系数表达式为

$$\bar{N} = \frac{1000 N_z}{\frac{\pi}{4} \rho D_2^2 u_2^3} = \frac{\bar{p}\bar{Q}}{\eta} \tag{8-5}$$

以上无因次参数是根据风机的相似原理推导而来的，要保证气体流动过程相似必须满足几何相似、运动相似、动力相似、热力相似等相似条件，具体可参见第 7 章相关内容。图 8-4 是某通风机的无因次参数特性曲线。

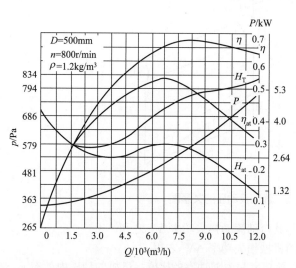

图 8-3　离心通风机的特性曲线

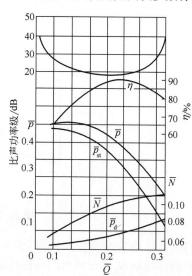

图 8-4　通风机无因次参数特性曲线

由式（8-3）至式（8-5）可以分别确定风机的全压、风量及轴功率如下

$$p = \bar{p}\rho u_2^2 = \bar{p}\rho \left(\frac{\pi}{60}\right)^2 D_2^2 n^2 = 0.00274 \bar{p}\rho D_2^2 n^2 \tag{8-6}$$

$$Q = \bar{Q}\frac{\pi}{4}D_2^2 u_2 = \bar{Q}\frac{\pi}{4}D_2^2 \frac{\pi}{60}D_2 n = 0.04108 \bar{Q} D_2^3 n \tag{8-7}$$

$$N_z = \bar{N}\frac{\pi}{4}D_2^2\rho u_2^3/1000 = 1.127\times10^{-7}\bar{N}\rho D_2^5 n^3 \tag{8-8}$$

从式（8-6）～式（8-8）可以看出：在相同的转速 n 及叶轮直径 D 下，输送同一种气体时，压力 p、流量 Q 和功率 N_z 分别与压力系数 $\bar{p}$、流量系数 $\bar{Q}$、功率系数 $\bar{N_z}$ 成正比。

④ 比转数　风机的比转数是反映不同类型风机的流量、压力和转速之间的综合特性参数。同一台风机在不同的工况点时有不同的比转数，为了表达各种不同类型风机的特性，一般是把风机全压效率最高点的比转数作为该风机的比转数值。比转数可作为风机分类、系列化和相似设计的依据，在风机的设计和选型中广泛应用。比转数的表达式为

$$n_s = n\frac{Q^{1/2}}{p^{3/4}} \tag{8-9}$$

不同类型的风机，其比转数的大小不同，例如：

罗茨风机或其他回转式风机	$n_s \leqslant 1.8 \sim 2.7$	(8-10)
前弯型叶片离心通风机	$n_s = 2.7 \sim 12$	(8-11)
后弯型叶片离心通风	$n_s = 3.6 \sim 16.6$	(8-12)
单级双进气或并联离心通风机	$n_s \geqslant 16.6 \sim 17.6$	(8-13)
轴流式通风机	$n_s = 18 \sim 36$	(8-14)

在设计参数给定时，可先计算比转数 n_s，再根据比转数大小决定采用哪种类型的通风机。

比转数的大小也间接地反映了叶轮的几何形状。通常情况下，在同类风机中，比转数越大，流量系数越大，即叶轮的出口宽度与叶轮直径的比值越大。此外，比转数也用于风机的相似设计。

8.2　离心式风机

8.2.1　离心式风机的工作原理

（1）基本结构及工作原理

离心式风机按工作介质排出压力的大小可分为离心式鼓风机和离心式通风机。离心式鼓风机的基本结构与离心式压缩机的结构基本类似，它是由叶轮、轴和平衡盘等组成的转子以及扩压器、弯道、回流器、吸气室和蜗壳等组成的定子两大部分构成。

工业上广泛应用的离心式通风机的结构见图 8-5 所示，它主要由叶轮、机壳、传动部件、支持部件和通流部件组成。叶轮主要由轴盘、后盘、前盘和叶片组成；机壳主要包括蜗壳、进风口和出风口三部分；传动部件主要由主轴、轴承以及皮带轮组成；支撑部件是指轴承座和底座；通流部件是指进风口、叶轮、蜗壳和出风口等部件。

离心式鼓风机的叶轮及机壳多采用铸造结构，过流部分形状复杂。离心式通风机的叶轮和机壳多采用钢板焊接或铆接结构，过流部分形状相对简单，其速度相对较低。一般情况下转速小于 3000r/min 的风机，设计中大都选用滚动轴承。

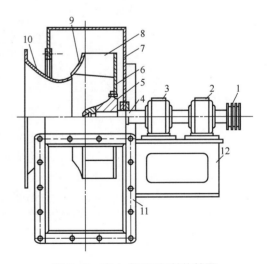

图 8-5　离心式通风机结构简图

1—皮带轮；2—轴承座；3—轴承座；4—主轴；5—轴盘；
6—后盘；7—蜗壳；8—叶片；9—前盘；10—进风口；
11—出风口；12—底座

离心式通风机的工作过程如下：通风机工作时，叶轮高速旋转，气体经过进风口沿轴向吸入叶轮，在叶轮内折转 90°流经叶道，最后由蜗壳将叶轮甩出的气体集中并导流后从风机出口排出。

离心式通风机的工作原理是：气体在离心式风机中的流动先为轴向，后转变为垂直于风机轴的径向运动，当气体通过旋转叶轮的叶道时，由于叶片对气体做功，气体获得能量，气体的压力提高、动能增加，当气体获得的能量足以克服其阻力时，可将气体输送到高处或远处。

（2）基本方程式

离心式风机是旋转的叶轮机械，与离心式压缩机相似，描述离心式风机叶轮对气体所做的功大小以及动能和压力能之间相互转换的基本方程式仍然离不开连续性方程、欧拉涡轮方程、伯努利方程等，在此不再赘述。

离心式风机的叶轮形式一般也是按其叶片出口安装角的大小区分为前弯型叶片、后弯型叶片和径向叶片叶轮。大功率的通风机一般采用后弯型叶片叶轮；当风机的压力要求较高而转速又受到一定限制时，一般采用前弯型叶片叶轮；从减小磨损和积垢的角度来看，选用径向叶片叶轮更为有利。

8.2.2　离心式风机的工作特性及调节

（1）管网的特性曲线

风机一般都与管网连在一起工作。所谓管网是指与风机连在一起的气流通风管道（包括隧道、井巷、峒室、房间、设备等）以及管道上的阀门、除尘器、消声器等附件的总称。图 8-6 是风机在管网中工作的示意图。安装在风机进风口前的管网称为进口管网，装在出风口后的管网称为出口管网。

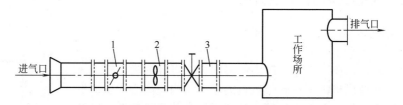

图 8-6　通风机在管网中的工作
1—进口管网；2—通风机；3—出口管网

管网阻力与管网的结构、尺寸和气流速度有关。风道、闸门、弯管的阻力损失与流量的平方成正比。而换热器、过滤器和分离器等部件的阻力与流量的 n 次方成正比，n 一般比 2 稍小些，但这部分局部损失只占整个管网阻力的一小部分，故可认为整个管网的阻力与流量的平方成正比，即与气流速度平方成正比。此外，与管网连通的工作场所也需要一定的工作压力，同时，还要保持在管网的出口有一定的排气速度，因此管网所需的总压力为

$$p_e = p_r + \Delta p_s + \Delta p_d + \frac{\rho}{2} c_d^2 = p_r + \sum_{i=1}^{n} \xi_i \frac{\rho}{2} \left(\frac{Q}{F_i} \right)^2 + \frac{\rho}{2} \left(\frac{Q}{F_d} \right)^2 = p_r + KQ^2 \qquad (8\text{-}15)$$

式中，p_e 为管网所需的总压力，Pa；p_r 为与管网连通的工作场所所需要的压力，

Pa；ΔP_s 为吸气管的压力损失，Pa；ΔP_d 为排气管的压力损失，Pa；c_d 为排气管出口的气流速度，m/s；ξ_i 为各节管道和部件的总阻力系数；F_i 为各节管道和部件的截面面积，m²；F_d 为排气管出口的截面积，m²；Q 为风量，m³/s；K 为管网的总阻力系数（也称管网特性系数）。

当管网不变时（即管网系统、管内径和管长不变；管路的阀门开度、管内壁相对粗糙度以及风道中障碍物等也不变），管网的总阻力系数 K 就是一个定值。管网改变后，K 值也随之改变。式（8-15）表明风机的管网特性曲线是二次曲线（见图8-7）。不同的管网，K 值不同；K 值越大，表明管网阻力的损失越大，曲线越陡。

设计时，应制作管网特性曲线作为选用风机的依据。也就是在给定的风量以及给定的管网结构尺寸条件下，计算出管网中的流动阻力。若选定的风机在管网要求的风量下所能达到的全压等于管网的总阻力，风机就能稳定地工作。在无法计算已有管网特性的情况下，应进行实测。

（2）风机与管网联合工作

风机总是要和管网联合工作的，气体在风机中获得外功时，其压力与流量之间的关系是按风机的性能曲线变化的。而当气体通过管网时，其中风机的 p-Q 关系又要遵循管网的特性曲线。如果风机产生的风量等于管网中通过的风量（不考虑管网的漏风量），风机产生的压力与管网系统所需要的压力相等，就能保证风机连续稳定地工作，此时风机的工作点称为稳定运行工况点（见图8-8），这个点 A 是由风机特性和管网特性共同决定的，在这个稳定工况点下，风机的效率和功率等参数也是确定的。

要使风机正常合理地运转，必须保证在整个工作期间，使风机运行工况处于最佳工作区域，这个区域是由风机工作的稳定性和经济性来决定的。

为了满足风机工作稳定性的要求，必须保证风机压力特性曲线与管网特性曲线的交点只有一个，且这个交点位于风机压力曲线最高点的右边。如果风机的压力特性曲线与管网特性曲线出现了两个交点，就破坏了稳定性，可能发生"喘振现象"。即使两条特性曲线只有一个交点，但如果这个交点位于风机压力曲线最高点的左下部时，随着流量的增加，压力也在上升，其运行状态也是不稳定的。

一般情况下，高压风机比低压风机容易产生喘振，轴流风机比离心风机容易发生喘振。

为了满足风机工作的经济性，通常希望风机在效率最高点工作，效率最高点的工况称为额定工况，效率最高点的流量和压力分别称为额定流量和额定压力。图8-9表示出了风机的经济工作区，图中 N 点为额定工况点。一般规定：风机经济工作区的效率应维持在最高效率的 85%～90% 以上，根据此效率值确定的流量范围即为所规定的风机经济工作区。

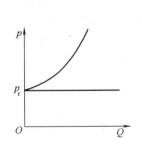

图8-7 管网特性曲线

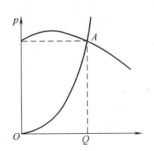

图8-8 风机的稳态工作点

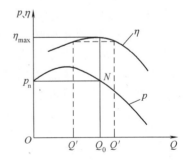

图8-9 风机的经济工作区

（3）风机的联合运行

所谓联合运行，就是把数台风机并联或串联在一起使用。因为联合工作破坏了风机的经济使用条件，在技术和经济上都是不合理的。只有当一台风机的风量或压力不能满足管网系统特别大的风量或比较高的压力要求时，才考虑采用两台以上的风机并联或串联在同一管网上工作。

叶轮双侧进气的风机，是两台单吸风机并联工作的型式之一；多级风机则是单级风机串联的型式之一。

①风机的并联工作   并联使用的风机主要目的是加大流量，两台风机并联后总特性曲线的全压等于每台风机的全压 $p = p_{\mathrm{I}} = p_{\mathrm{II}}$，流量等于每台风机流量之和 $Q = Q_{\mathrm{I}} + Q_{\mathrm{II}}$，功率为每台风机所耗功率之和 $N_z = N_{z\mathrm{I}} + N_{z\mathrm{II}}$，效率 $\eta = \dfrac{pQ}{1000N_z}$。

两台性能相同的风机并联工作时，总性能曲线见图8-10。从图可以看出，风机并联使用后，在阻力较小的管网系统中工作时（如 R_{A} 管网系统），流量增加较大；而在阻力较大的管网系统中工作时（R_{B} 管网系统），几乎只起到一台风机的作用。

两台性能不同的风机并联工作时，按全压相等，流量相加的原则所作出的总性能曲线见图8-11。从图中可见，在阻力小的 R_{A} 管网系统中，并联起到了增大流量的作用，且压力也有所增大；在管网阻力稍大的 R_{B} 系统中，两台风机的总流量等于Ⅰ号风机的流量，压力也等于Ⅰ号风机的压力，Ⅱ号风机所消耗功率没有发挥作用；在管网阻力较大的 R_{C} 系统中，两台风机并联后的总流量小于Ⅰ号风机的流量，说明Ⅰ号和Ⅱ号风机并联的结果，不但没起到增加流量的作用，反而还阻碍了Ⅰ号风机的工作，使Ⅰ号风机性能下降。

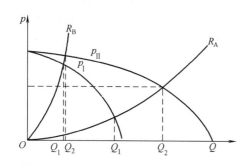

图8-10 两台相同性能风机的并联工作情况

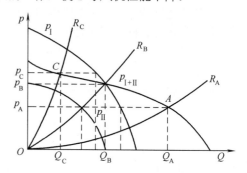

图8-11 两台不同性能风机的并联工作情况

综上所述，要在某一管网中采用几台风机并联时，首先要将几台风机的特性曲线、并联时的总特性曲线以及管网的特性曲线绘制在同一坐标图中，通过分析比较工况点的情况后，来判断并联运行是否有利，并不是所有并联都增加流量，且一般并联操作运行只能增加20%～30%的流量。

② 风机的串联工作   串联使用的风机主要目的是增大压力。两台性能相同的风机串联工作，它们在吸气、排气管中的流量是相同的，压力是叠加的。由图8-12可见，两台风机串联后，若在阻力较大的管网系统 R_{B} 中工作时，获得了较大的压力增值；而在阻力较小的 R_{A} 管网系统中，压力增值很小，几乎接近一台风机的压力。

两台性能不同的风机串联工作时总的特性曲线见图8-13。由图可见，串联的风机在阻力较大的管网系统 R_{C} 中工作时，串联后获得的压力大于每台风机单独工作的压力，即串联获得了压力增量，且流量也比单台风机略有增加；在阻力较大的 R_{B} 管网系统中工作时，串联后的压力等于Ⅰ号风机的压力，串联结果与Ⅰ号风机单独工作时相同，Ⅱ号风机不起任何作用；在阻力较小的 R_{A} 管网系统工作时，串联后的压力小于Ⅰ号风机的压力，且流量也小于Ⅰ号风机的流量，此时，风机的串联是有害的。

③ 并联与串联运行的比较   图8-14为两台性能相同的风机，分别采用串联和并联后的性能曲线，R_{A}、R_{B}、R_{C} 分别为三种情况管网阻力曲线。当阻力为 R_{B} 时，无论采取并联还是串联，都可以达到增加流量、提高压力的目的，这时 B 点是串联与并联总特性曲线的交点，在 B 点运行时，采用并联或串联对管网的工作效果是一样的，但所耗功率却有所差别，并联比串联可节省功率。当阻力曲线变为 R_{A} 时，串联运行工况点 F 的压力和流量均小于并联运行工况点 A 的压力和流量，此时，选用风机并联操作是合理的。当管网阻力曲线变为 R_{C} 时，串联运行的工况点为 C，其流量和压力均大于并联时的流量和压力，此时，尽管选用串联的总功率消耗仍然很大，但它能保证管网的工作效果，所以应选择风机串联操作。

在实际工程上，应尽可能地避免风机的并联或串联使用。如果两台风机必须串联或并联使用时，应尽可能选择性能相同的风机；同时应注意并联和串联的性能比较。

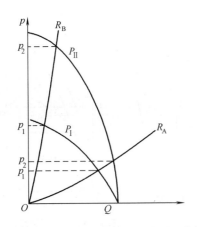

图 8-12　两台性能相同风机的串联工作状况

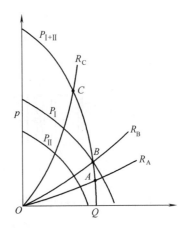

图 8-13　两台性能不同风机的串联工作状况

（4）风机的调节

风机调节的目的是改变风机和管网中的流量，使之能满足实际工作的要求。调节的方法一般分为两种：一是改变管网特性曲线，二是改变风机的压力特性曲线。

① 改变管网特性曲线调节法　在风机的吸气口或排气口上放置节流阀或风门，通过调节节流阀或风门开度的大小来改变管网的性能，就可改变风机的运行工况点（见图 8-15）。此种调节方法结构简单，操作容易，但经济性较差。从节能观点看，一般不推荐采用这种调节方法，特别是大型风机中更不宜采用，只在调节范围较小的小型风机中常采用这种调节方法。

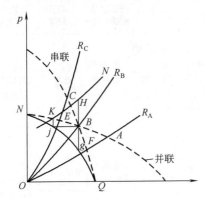

图 8-14　并联与串联联合运行的比较

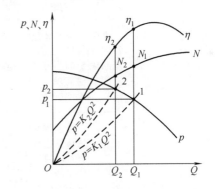

图 8-15　改变管网阻力的特性曲线

② 改变风机压力特性曲线调节法　从原理上讲，改变风机压力特性曲线的调节方法有以下几种：

ⅰ. 改变风机进口处导流器叶片角度调节法：在离心式风机中，一般采用进口导叶调节方法。此方法可提高风机在低负荷、小流量情况下的经济性能。常见的导流器有轴向和径向导流器两种（见图 8-16）。一般中、小型单面进气的悬臂叶轮风机大多使用轴向式进口导叶；大型双支承双面进气的风机可以采用轴向导叶，也可以采用径向导叶；如果风机进口设有进气箱，通常采用径向导流器。

导流器的结构比较简单，使用可靠，可以在不停车的条件下进行调节，并能实现自动控制。调节效率虽比改变转速调节差一些，但却比在管网中用阀门调节优越。因此目前在离心式风机设备上，广泛采用导流器调节。但在气体中灰尘较多，气温过高时不宜采用进口导流器调节。

ⅱ. 改变风机转速调节法：从空气动力学理论讲，改变风机转速的调节方法是最合理的。在转速变化范围为 ±20% 时，效率基本保持不变，但风机的功率则由于流量和压力的降低而显著下降（见图 8-17）。

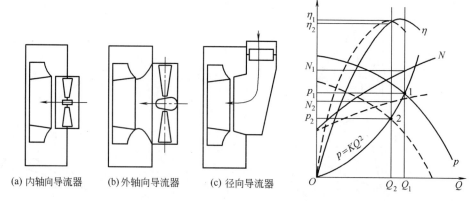

(a) 内轴向导流器　(b) 外轴向导流器　(c) 径向导流器

图8-16　导流器装置示意图　　　**图8-17**　改变风机转速的特性曲线

改变风机转速的方法很多，如改变原动机的转速或改变传动机构的传动比等均可实现风机的性能调节。

ⅲ. 改变叶片宽度调解法：在离心式风机的设计中，把一个活动后盘套在叶片上，装于叶轮前、后盘之间，在运行时调节其叶片的宽度，从而改变风机的特性曲线。

此外，在轴流式风机中也采用动叶调解机构对风机的性能进行调解。

③ 各种调节方法的比较　各种调节方法的比较见表8-1。

表8-1　各种调节方法比较

种类	吸入气体的影响	设备费	调节原理	流量变化	调节时性能稳定性	调节效率	轴功率变化	维修保养
改变管网性能曲线（调节阀）	与气体直接接触，有影响，但结构简单，一般问题不大	便宜	增加管网阻力，改变管网性能曲线，使工况点移动	与阀的角度不成比例，在全开附近灵敏，从全开至半开，流量几乎不变	愈调节性能愈恶化	最差	沿全开时的功率曲线移动	极容易
进口导流器	直接接触气体，结构复杂。只适用于清洁的常温气体	比阀门费用高，比改变转速费用低	改变进入叶片的气流方向，从而改变压力曲线	同上	愈调节性能愈好	流量在70%～100%范围内最高	沿着比全开时功率更低的曲线移动	稍为麻烦
改变转速	与吸入气体无关	高	改变叶轮转速，以改变风机压力曲线	与转速成正比例变化	调节时不影响性能稳定	70%～100%流量范围比进口导流器略低，80%以下很好	与转速三次方成正比变化	麻烦
动叶可调	与无调节一样	高	改变动叶安装角，使压力曲线变化	变化范围广	调节性能好	最佳	最省功	麻烦

8.2.3 相似理论在离心式风机中的应用

在离心式风机的相似设计和性能的相似换算中，相似理论的应用是非常重要的。要保证两台风机相似，需要保证气体在风机中的流动过程满足几何相似、运动相似和动力相似。一般情况下，两台风机的气流过程相似的条件可归结为：几何相似、叶片进出口速度三角形相似、雷诺数相等。

两台相似的风机，其压力系数、流量系数、功率系数和效率都是相等的。两台相似的风机可进行性能换算，即从一台风机的性能可以推算另一台与之相似的风机的性能参数。表 8-2 为风机性能换算综合表（表中带下标 M 的变量为模型机的参数）。

表8-2 风机性能换算综合表

项目	换算条件			
	$D_2 \neq D_{2M}$ $n \neq n_M$ $\rho \neq \rho_M$	$D_2 = D_{2M}$ $n = n_M$ $\rho \neq \rho_M$	$D_2 = D_{2M}$ $n \neq n_M$ $\rho = \rho_M$	$D_2 \neq D_{2M}$ $n = n_M$ $\rho = \rho_M$
压力换算	$\dfrac{p}{p_M} = \dfrac{\rho}{\rho_M} \left(\dfrac{D_2}{D_{2M}}\right)^2 \left(\dfrac{n}{n_M}\right)^2$	$\dfrac{p}{p_M} = \dfrac{\rho}{\rho_M}$	$\dfrac{p}{p_M} = \left(\dfrac{n}{n_M}\right)^2$	$\dfrac{p}{p_M} = \left(\dfrac{D_2}{D_{2M}}\right)^2$
流量换算	$\dfrac{Q}{Q_M} = \dfrac{n}{n_M} \left(\dfrac{D_2}{D_{2M}}\right)^3$	$Q = Q_M$	$\dfrac{Q}{Q_M} = \dfrac{n}{n_M}$	$\dfrac{Q}{Q_M} = \left(\dfrac{D_2}{D_{2M}}\right)^3$
功率换算	$\dfrac{N}{N_M} = \dfrac{\rho}{\rho_M} \left(\dfrac{D_2}{D_{2M}}\right)^5 \left(\dfrac{n}{n_M}\right)^3$	$\dfrac{N}{N_M} = \dfrac{\rho}{\rho_M}$	$\dfrac{N}{N_M} = \left(\dfrac{n}{n_M}\right)^3$	$\dfrac{N}{N_M} = \left(\dfrac{D_2}{D_{2M}}\right)^5$
效率	$\eta = \eta_M$			

8.2.4 离心式风机的主要零部件

（1）叶轮

① 叶轮的结构形式　风机的叶轮一般是板式结构，后盘均是圆形平板并与轴盘（轮毂）用铆钉连接起来。叶轮结构形式的区别主要在于叶轮中的叶片和前盘的结构形式有所不同（见图 8-18 所示）。从制造的观点看：平形前盘最简单，锥形前盘次之，弧形前盘较复杂。从流动情况看：平形前盘叶轮因叶片进口转弯后分离损失较大，其效率较低，而弧形前盘叶轮的效率较高。

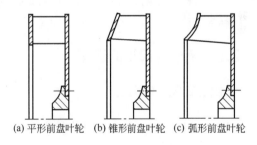

(a) 平形前盘叶轮　(b) 锥形前盘叶轮　(c) 弧形前盘叶轮

图 8-18 叶轮结构形式示意图

叶轮的叶片形式有三种：后向叶片、径向叶片和前向叶片。表 8-3 给出三种叶片形式风机的特点比较。

表8-3 三种叶片形式风机的特点比较

项目	后向叶片	径向叶片	前向叶片	项目	后向叶片	径向叶片	前向叶片
效率	高	中等	差	耐磨性	中等	好	差
成本	高	中等	低	耐蚀性	好	很好	一般
尺寸	大	中等	小	噪声	低	高	低
工作范围	广	广	窄	工作温度	中等	高	中高
叶轮周速	高	中等	低	电机易超载	不	一般	是

② 叶轮主要结构参数的确定　叶轮主要结构参数（见图 8-19）主要有：叶轮外径 D_2；叶轮进口直径 D_0；

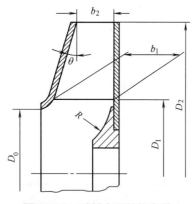

图 8-19　叶轮主要结构参数

叶轮叶片进口直径 D_1；叶片出口宽度 b_2；叶片进口宽度 b_1；叶片出口安装角 β_{2A}；叶片进口安装角 β_{1A}；叶片数 z；叶轮前盘倾斜角 θ。这些结构参数的计算或选取要根据风机的具体使用情况来定。

（2）离心式风机的进气装置

① 集流器（进气口）　集流器的作用是保证气流均匀地充满叶轮进口截面，以降低流动损失并提高叶轮的效率。常用的集流器有四种基本形式，见图 8-20 所示。

一般情况下，集流器中流速不大，管长也较短，故它本身的流动损失都不大。集流器的主要问题是：在满足叶轮进口速度的前提下，保证叶轮进口速度场均匀，以保证叶轮的工作效率。

② 进气室（进气箱）　进气室一般应用在大型离心风机上，如果在风机进口之前需接弯管，此时因气流需要转弯，将使叶轮进口截面上的气流不均匀，因此在进风口之前需设进气室，以改善流动状况。同时，对双吸入离心风机或烟气引风机，进气室便于安装维护和改善轴承工作条件。图 8-21 为进气室示意图。

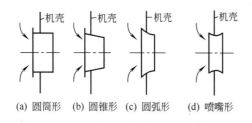

(a) 圆筒形　(b) 圆锥形　(c) 圆弧形　(d) 喷嘴形

图 8-20　集流器基本形式

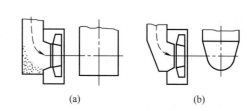

(a)　　　　　　　(b)

图 8-21　进气室示意图

③ 蜗壳主要参数确定　目前离心式风机普遍采用矩形截面的蜗壳。设计蜗壳型线有两种方法：等环量法和平均速度法，这两种方法得出的对数螺旋线和阿基米德螺旋线作图较麻烦，工程上习惯用作图法，以圆弧来绘制蜗壳型线。

8.2.5　离心式风机的选型

（1）离心式风机的命名

JB/T 8940 规定：离心风机的型号编制包括名称、型号、机号、传动方式、旋转方向和出风口位置等六部分内容（见图 8-22）。

机型示例：KT11-74 No5C——该风机用于空调通风上，压力系数 2.2，比转速为 74，机号为 5，即叶轮直径 500mm，传动形式为 C 型。

（2）离心式通风机的选型原则

对于风机的选用，不仅要考虑机型与规格，使风量和压力等参数满足基本要求，还要考虑其他可选参数，例如：冷却方法、润滑方法、风量调节装置以及这些装置是油压驱动还是其他形式驱动等。在满足流量和压力要求的同时，还要充分考虑风机必须有一定的适应能力，例如：风机必须对管网系统中压力波动的频度和幅度大小有一定的适应性。

一般情况下，首先根据需要的升压情况，确定风机类别是鼓风机还是通风机，若选用在通风机范围，还要进一步确定需要高、中、低哪一种。根据通风机产品的性能参数的介绍资料，可选出许多可用产品。其次根据各种通风机的特点，在综合比较离心式、轴流式、罗茨式、叶氏式等各种机型的基础上，选定其中一种形式。如最终确定选用离心式风机，还要从以下几个方面来考虑：

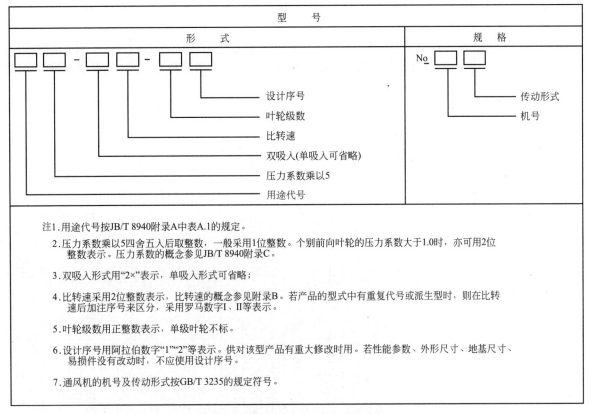

图 8-22　离心式通风机的型号

ⅰ．选型前，应了解国内外风机生产和产品质量情况，例如：生产的风机品种规格和各种产品的特殊用途，以择优选用。

ⅱ．根据风机拟输送气体的物理、化学性质不同，选择不同用途的风机及相应的风机材料。如输送爆炸和易燃气体的风机应选防爆风机；排尘或输送粉体的风机应选排尘或粉体风机；输送有腐蚀性气体的风机应选防腐风机；在高温场合下工作或输送高温气体的风机应选高温风机。

ⅲ．如果在风机的选择性能图上查得两种以上风机可供选择时，应优先选择效率较高，调节范围较大的风机。

ⅳ．若选定的风机叶轮直径比原有风机叶轮直径偏大很多时，为了利用原有的电机轴、轴承以及轴承座等，必须对电动机的启动时间、风机原有部件的强度以及轴的临界转速等重新进行核算。

ⅴ．当选用离心式通风机时，当其配用的电机功率小于或等于 75kW 时，可不装设启动阀门。但排送高温烟气或空气的离心锅炉引风机，应设启动阀门，以防冷态运行时造成过载。

ⅵ．对有消声要求的通风机系统，应首先选择效率较高，叶轮圆周速度较低的通风机，且使其在最高效率点工作；还应根据通风机系统产生的噪声和振动传播方式，采取相应的消声和减振措施。通风机电机的减振一般可采用减振基础，如弹簧减振器或橡胶减振器等。

ⅶ．在选用风机时，尽量避免采用并联和串联工作。不可避免时一般要选同型号、同性能的风机联合工作。采用串联时，前面的风机与后面的风机之间应有一定长的管路连接。

（3）离心式风机的型号选择

① 按无因次特性曲线选型　按无因次特性曲线选型，首先要确定所需风机的比转数，查找各种类型的

风机的无因次特性曲线，尽可能多地查找与计算的比转数相近且效率较高的风机，再进一步找出各类型风机在该比转数下的无因次特性参数，然后根据风量和风压计算出所需风机的叶轮直径。要求按风量和压力分别计算出的叶轮直径应十分接近。

确定了风机叶轮直径以后，还要进一步核算风机是否能达到所要求的风量和压力。根据计算结果，可能同时有几种型号的风机满足要求，这就要求按前面提到的选型原则，全面比较，择优选用。

② 按性能选择曲线选型　把同一系列、不同型号的风机的压力、功率、转速等参数与风量的关系曲线配置在同一张对数坐标图上，就形成了风机的性能选择曲线（见图8-23），为风机的选型提供了很大的方便。

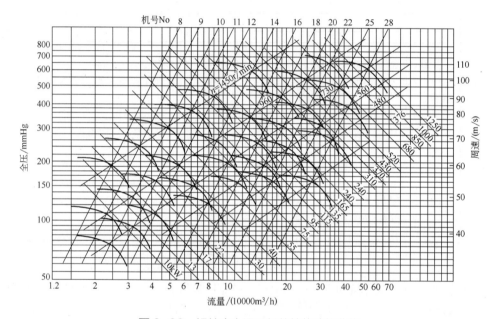

图 8-23　锅炉离心通风机的性能选择曲线

③ 按有因次特性曲线或特性表选型　把无因次参数换算成有因次参数，见式（8-6）～式（8-8）。再根据有因次参数，在风机的有因次特性曲线或性能表中选取合适的风机。有因次特性曲线或性能表，通常都是在某种特定的进气状态下，输送某种特定的气体为条件进行制作的，选型时需要进行换算。

④ 按管网阻力选型　选用风机首先要满足流量要求，其次要有足够的压力去克服管网的总阻力。当管网确定后，管网的总阻力系数 K 也就确定了，然后按确定的参数来选择风机。由于离心式风机的特征参数通常都是以风机在最高效率工况下的压力系数和比转数来表征的，所以可利用所需流量、管网阻力系数、压力系数和比转数来确定所需风机的转速、叶轮直径和叶轮圆周速度等，再同时选用其他几个型号的风机进行比较，最终选定的风机就能保证其在最高效率点运行。

⑤ 风机的材料选择　风机使用的材料，应根据风机的用途和使用条件来选择。在选择材料时应考虑介质腐蚀性、介质温度、输送气体的含尘量、防爆性以及选材经济性等要求。

8.3　轴流式风机

轴流式风机广泛应用于通风换气、矿井、纺织、冶金、电站、隧道、冷却塔等各个领域中，一般高压轴流式风机的升压范围为 490～4900Pa，低压轴流式风机的升压范围在 490Pa 以下，轴流式风机的流量范围在 10～1000m³/min 之间。

8.3.1　轴流式风机的结构及工作原理

（1）工作原理

轴流式风机是依靠高速旋转的叶轮推动气体，使其获得能量，从而达到输送气体的目的。在轴流式风机中，气体沿叶轮轴向流动。轴流式风机的结构虽然简单，但其工作原理涉及孤立翼叶的升力理论和叶栅理论等较复杂的空气动力学知识，本章不作重点介绍。

图 8-24 为轴流风机结构图。

轴流式风机主要由叶轮、导翼或调节门、扩散器（筒）、机壳、集风器（吸风口与收敛器）等组成。叶轮是轴流式风机对气体做功的唯一部件，在叶轮上将机械功传给气体，使气体的静压能和动能得到提高。叶轮前方设有调节门，可对风机进行性能调

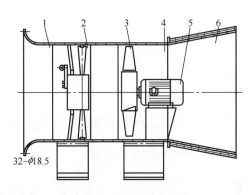

图 8-24　轴流风机结构图
1—集风器；2—调节门；3—叶轮；4—机壳；
5—电动机；6—扩散器

节。扩散器（筒）的作用是把气体的动能转换为静压能，使风机流出的气体的静压力得到进一步提高。由于风机的风压较小，因而轴流式风机的扩压结构仅为一个直径稍大的圆筒。集风器（吸风口和收敛器）的作用是把气体均匀地导入叶轮。有的轴流式风机在其叶轮后设置导流器，其作用除了进一步提高静压力外，主要是把气流按轴向导出风机。

相对离心式风机而言，轴流式风机具有流量大、体积小、压头低的特点。目前轴流式风机最大叶轮直径可达 20 多米，流量可达 $1.5 \times 10^7 \text{m}^3/\text{h}$。

轴流式风机的性能常以主轴转速 n、叶片数量和角度、叶轮级数、压力 p、主轴功率 N、风量 Q 等参数来表示。

（2）结构特点

轴流式风机的布置形式有立式、卧式和倾斜式三种。轴流风机多数采用电机直联传动，也有通过其他装置进行变速传动的，其轴承多采用滚动轴承。

轴流式风机的叶轮通常采用机翼形叶片，如图 8-25 所示。

轴流式风机的动叶或导叶通常做成可调节的，即其安装角可调，这种可调的结构可扩大风机运行工况的范围，而且能显著地提高其在变工况下的运行效率，因此，轴流式风机的使用范围和经济性均比离心式风机要好一些。目前单级轴流式风机的全压效率可达 90% 以上，带有扩散筒的单级风机的静压效率可达 83%～85%。但由于叶轮强度和噪声等限制，轴流式风机叶轮外径的圆周速度一般应小于 30m/s。

轴流式风机集流器的作用是使进气速度场均匀，以提高风机的效率，集流器的外形一般为圆弧形。为了使进气条件得到改善，并减小风机的噪声，在叶轮前必须设置与集流器相适应的整流器（见图 8-26）。

出口扩压器（扩散器）的作用是将出口气体的动能进一步转化为压力能，提高风机的静压和静压效率，其主要形式见图 8-27。

在大型轴流式风机中，为了提高风机的效率，往往把整流器与扩压器芯筒做成一个流线形体，采用流线型体后，扩压器效率可提高到 0.8～0.85。

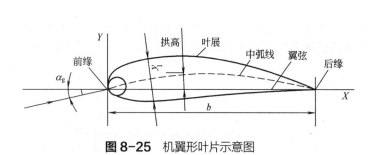

图 8-25 机翼形叶片示意图

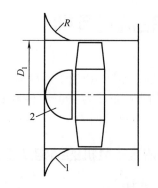

图 8-26 集流器和整流器
1—集流器；2—整流器

8.3.2 轴流式风机的特点及性能曲线

（1）轴流式风机的性能特点

与离心式风机一样，轴流式风机的性能曲线也可表示为在一定转速条件下，风压 p、功率 N 及效率 η 与流量 Q 之间的关系。图 8-28 是轴流式风机的性能曲线。从图中可以看出轴流式风机的性能特点如下：

ⅰ. p-Q 曲线：轴流式风机是按照最佳工况点设计的。图 8-28 中压力性能曲线右侧相当陡峭，而左侧呈马鞍形，左侧是风机处于小流量情况下的运行性能，表现为非稳定状态。

ⅱ. N-Q 曲线：对一般机翼形叶片的风机，小流量时的功率特性变化平稳，最大功率位于最高效率点附近。圆弧板形叶片的风机随着流量的减小，其功率反而增大，当 $Q=0$ 时，N 达到最大值，因此，这种风机不宜在零流量下启动。

ⅲ. η-Q 曲线：轴流式风机效率最高点的位置，与 p-Q 曲线右侧的峰值比较接近，因此，当轴流式风机的流量减小时，不但会引起效率下降，而且还会使风机很容易到达不稳定工况区。

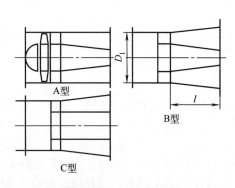

图 8-27 出口扩压器

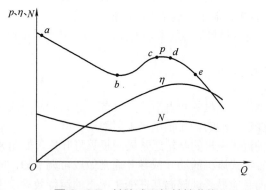

图 8-28 轴流式风机特性曲线

轴流式风机的性能特点与不同工况条件下叶轮内部气体的流动状况有很大的关系。在设计工况条件下，气流沿叶片高度均匀分布；在超负荷运行工况条件下，叶顶附近形成一小股回流，使压力下降；在气流流量较小的工况条件下，p-Q 特性曲线到达峰顶位置时，在动叶背面会产生气流分离，形成旋涡，挤向轮毂，并逐个传递给后续相邻的叶片，形成旋转脱流，这种脱流现象是局部的，对流经风机总流量的影响不大，但旋转脱流容易使叶片疲劳断裂造成破坏；在 p-Q 特性曲线左侧最低点的位置，轮毂处的涡流不断扩大，同时又在叶顶处形成新的涡流，这些旋涡阻塞了气流的通道，表现为气流压力有所提高；在气流流量等于零的位置，其进口和出口均为旋涡充满，涡流的不断形成和扩展，使压力上升。轴流式风机在不稳定区工作时，会出现流量和压力脉动等不正常现象，流量和压力的大幅波动会使机器噪声增大，甚至引起风机和管道的强烈振动，这就是所谓的"喘振"。

（2）轴流风机的无因次系数

与离心式风机相类似，轴流风机的无因次系数主要有流量系数 $\bar{Q}$、压力系数 $\bar{p}$、功率系数 $\bar{N}$ 和比转数 n_s 等，这些系数的计算方法同离心式风机一样，只需将离心式风机的叶轮外径 D_2 用轴流式风机的叶片外径 D_t 代替即可。

8.3.3 轴流式风机的调节

轴流式风机是一种大流量、低压头的风机，它的压力系数比离心风机要低一些，比转数比离心式风机要高一些。从特性曲线上看，轴流式风机还有一个大范围的不稳定工况区，在风机的操作运行或性能调节时应尽量远离这个区域。

轴流式风机的调节方法主要主要有：动叶调节、前导叶调节、转速调节和节流挡板调节。

（1）动叶调节

动叶调节是利用调整动叶角度的方法来调节气量的变化。当动叶角度改变时，效率变化不大，功率则随动叶角度的减小而降低；风量的调节范围很大，可以使风机在设计工况点附近有较大范围的调节度。这种调节方法比较理想，调节效果最佳。

（2）前导叶调节

前导叶调节又称导向静叶调节。当导向叶片角度关小时，进入叶轮的气流会产生预旋，使气流对叶片的冲角减小，气流压力降低。压力特性曲线基本上是平行下移的，其与管网特性曲线的交点也随之下移，起到了调节气量和压力的作用。改变导叶角度，可在风机运行中通过机械调节的方法进行，调节装置比较简单。

（3）转速调节

这种调节方法与离心式风机方法相同。当转速降低时，叶片圆周速度降低，气流压力随之降低，调节后风机的压力特性曲线基本上是平行下移的。

（4）节流挡板调节

利用调解风机进口挡板开度的方法，可以改变管网系统的阻力特性曲线，达到气量调节的目的。但这种调节方法，必须要求选择的风机参数比较合适，即风机不稳定工作区的最小流量应小于系统所需的最小流量，然后增大挡板的开度，可降低管网阻力系数，从而增加流量。这种方法调节的范围很小，只能作为一种辅助的调节手段。

8.3.4 轴流式风机的选型

（1）轴流式风机的型号编制

轴流式风机系列产品的型号编制规则见图8-29，选型时可参考有关厂家的产品样本和已有的生产实际运行效果。

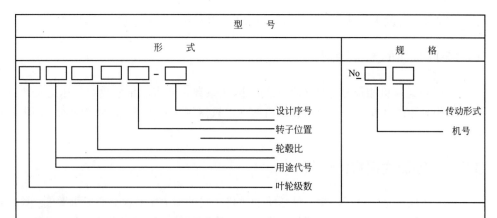

注1.叶轮级数代号（指叶轮串联级数），单级叶轮可不表示，双级叶轮用"2"表示。

2.用途代号按JB/T 8940附录A中表A.1的规定。

3.轮毂比为轮毂的外径与叶轮外径之比的百分数，取2位整数。

4.转子位置代号卧式用"H"表示(可省略)，立式用"V"表示。

5.设计序号用阿拉伯数字"1"·"2"等表示。供对该型产品有重大修改时用。若性能参数、外形尺寸、地基尺寸、易损件没有改动时，不应使用设计序号。若产品的型式中有重复代号或派生型时，则在设计序号前加注序号来区分，采用罗马数字I、II等表示。

6.通风机的机号及传动型式按GB/T 3235的规定符号。

图 8-29　轴流式风机的型号编制

机型示例：HQ30 No8A 表示用在化工气体排送，轮毂比为0.3，机号为8，即叶轮直径800mm，传动形式为 A 型。

（2）选型指南

轴流式风机在结构方案上的选型主要根据风机的比转数或压力系数来进行。选型时要考虑如下具体原则：

ⅰ．当 $\bar{p} < 0.15$ 或 $n_s > 32.5$ 时，一般采用单独叶轮的级单元；

ⅱ．当 $\bar{p} = 0.15 \sim 0.25$ 或 $n_s = 20.8 \sim 32.5$ 时，可采用叶轮加后导叶的级单元；

ⅲ．当 $\bar{p} > 0.25$ 或 $n_s = 14.5 \sim 20.8$ 时，可采用前导叶加叶轮再加后导叶的级单元。

8.4　其他风机

8.4.1　罗茨鼓风机与叶氏鼓风机

（1）罗茨鼓风机

① 工作原理及结构特点　罗茨鼓风机属于容积式鼓风机。其工作原理是：在"8"字形的气缸内配置一对"8"字形断面的啮合转子叶轮，通过一对同步齿轮作用，使两转子等角速度作相反方向的旋转，并在进气口交替不断地与机壳形成封闭气室。该气室将其内部的工作气体，沿机壳内壁向出气口方向移送，到达出气口时，

将气体释放，从而达到鼓风或通风的目的。在两转子与机壳内壁形成封闭气室的同时，它们之间始终保持啮合状况，将进气口与出气口隔开。两转子间啮合部位以及各转子与机壳内壁之间均有配合间隙，因而在间隙部位难免有微量内部泄漏。

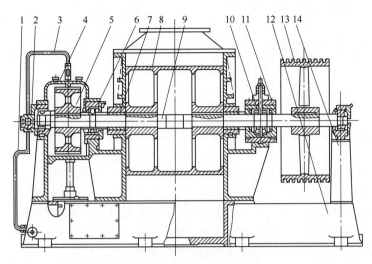

图 8-30 罗茨鼓风机

1—进油管；2—油泵；3—出油管；4—齿轮箱；5—齿轮；6—支承轴承箱；7—机壳；8—叶瓣；9—主轴；
10—滚动轴承；11—止推轴承；12—底座；13—V 带轮；14—轴承支架

罗茨风机的结构见图 8-30。其主要部件是转子。转子的叶数通常为两叶，也可以做成三叶或多叶。两个转子的叶数可以不相等，但为了便于制造，一般两个转子的叶数均相等，形状也相同。转子的线型大多采用渐开线形、圆弧形或圆弧与摆线组合形。转子的形状有直叶与扭叶之分，直叶类似于啮合的直齿轮，扭叶类似于一对啮合的斜齿轮。扭叶转子可使气流均匀，噪声降低，但制造工艺较复杂。

②运行参数　如果罗茨风机的转子、气缸及缸端盖之间材质不同，则需要根据压力比算出工作时的温升，再分别计算各元件的热膨胀量，并预留膨胀间隙。提高转子转速对减少气体泄漏是有利的，但转子的最大圆周速度一般取为 20～50m/s。

罗茨风机的实际排气量计算式为

$$\left.\begin{aligned} Q &= \frac{\pi}{2}D^2 L C_\mathrm{u} n \lambda \\ C_\mathrm{u} &= 1 - \frac{4S}{\pi D^2} \end{aligned}\right\} \tag{8-16}$$

式中，Q 为排气量，m³/min；D 为转子直径，m；L 为转子长度，m；n 为转速，r/min；λ 为排气系数，一般取 0.6～0.9；C_u 为面积利用系数，m²；S 为转子截面积，m²。

罗茨鼓风机的轴功率 N_z（kW）的计算式为

$$N_\mathrm{z} = \frac{Q(P_\mathrm{d} - P_\mathrm{i})}{60000 \lambda \eta_\mathrm{m}} \tag{8-17}$$

式中，P_i、P_d 分别为吸气、排气压力，Pa；η_m 为机械效率，一般取为 0.87～0.94；其他符号意义同前。

（2）叶氏鼓风机

叶氏鼓风机形成封闭气室的原理及完成工作气体的移送过程与罗茨风机完全相同。这两种风机的主要区别是转子结构有所不同（见图 8-31）。因此，它们具有相似的特点。

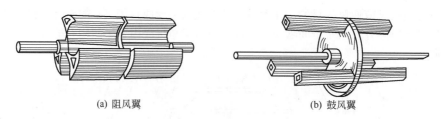

(a) 阻风翼　　　　　　　　　　　(b) 鼓风翼

图 8-31　叶氏鼓风机转子构造

（3）罗茨鼓风机和叶氏鼓风机的特点

罗茨鼓风机和叶氏鼓风机具有排气量稳定，流量变化范围大等特点。由于风机的排气量与转子转速近似成正比，因此这种类型机器具有强制输气的特征。罗茨鼓风机和叶氏鼓风机具有压力自适应性，即当运行阻力增大时，风机的强制输送特性使其能够自行提升排气压力，而排气量基本不会减少，因此这种类型的风机在粉体输送等方面优于其他风机。此外，罗茨鼓风机转速较高，结构紧凑，占地面积较少。

罗茨鼓风机和叶氏鼓风机内的工作气体不与机器润滑油系统接触，因此不易被污染。机器也不存在余隙容积，其容积效率较高。但这种类型的风机噪声大，转子的加工精度和耐磨性要求都较高，安装调整的要求也较高。带动转子的同步齿轮的加工精度、耐磨性及表面工艺处理都有较高的要求。

8.4.2　横流式通风机

横流（贯流）式通风机与轴流式或离心式通风机不同。横流式风机具有一个筒形的多叶叶轮转子，工作介质由叶轮最外侧的圆周吸入，横穿叶轮转子内部后，第二次通过转子另一侧的叶栅将气流排出，其工作原理见

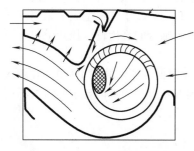

图 8-32　横流式通风机原理图

图 8-32。为了保证鼓风机有足够的效率，无论是用成型叶片组还是非成型的叶片组，都要受到流过介质的两次冲击，这时在叶轮轮毂筒内部会形成一个旋涡区，致使叶轮流动的压力侧和吸入侧互相隔离，由于存在第二次吸入，使得鼓风机特性曲线变得比较稳定。

横流式通风机具有安装尺寸适宜，运转噪声低，结构简单等优点，且具有薄而细长的出口截面，不必改变气体流动方向的特点，因此，该类型风机更适宜安装在各种扁平形或细长形的设备里。此外，与其他风机相比，横流式通风机的动压高，可获得无紊流、扁平而高速的气流，且气体能被输送到较长的距离，因而其工况范围较宽。

横流式通风机广泛应用于低压通风换气、空调气帘、车辆等通风换气、环卫用机器、冷冻、光学、电子仪器、家用电器以及其他各种干燥器、燃烧器等需要供暖和通风的场合。

8.4.3　筒形离心式风机

筒形离心式风机采用后弯型叶片叶轮，气体排出叶轮后，不经径向出口引出，而是通过圆筒和轴向导流叶片整流后，由轴向出口排出（见图 8-33）。

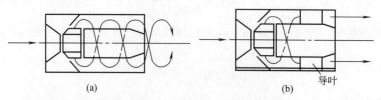

(a)　　　　　　　　　　　　　　(b)　　　导叶

图 8-33　筒形离心风机气流简图

筒形离心式风机没有蜗壳，结构简单，气流方向与叶轮轴心相同，结构紧凑，体积较小。这种风机兼备离心式和轴流式风机的优点，性能曲线平坦，风压较高，效率也较高，压力曲线和功率曲线均比离心式和轴流式风机的性能曲线平滑，且随流量的增加，压力降低幅度较小，功率几乎不会增加。筒形离心式风机适用于空调系统、各种换气设备和干燥设备的送风、机器的冷却以及各种炉子的送风等工程应用领域。

思考题

1. 风机和压缩机有何不同？分别用于哪些场合？
2. 离心式风机和离心式压缩机的结构有何异同点？如何调节它们的工作性能？
3. 轴流式风机和轴流式压缩机的结构有何异同点？轴流式风机的喘振工况是由什么引起的？如何避免喘振现象？
4. 叶片式风机有哪几种不稳定运行工况？如何判断和预防？
5. 管路中所需的扬程（或全压）如何计算？
6. 风机运转时的工作点如何确定？为什么不用数学方法而只能用作图法确定工作点？
7. 风机串并联工作的目的是什么？串并联后，其流量或全压有何变化？
8. 风机在长期运行中，如果容量过大，一般采用什么办法解决？
9. 风机内有哪些损失？分别对哪个性能参数产生影响？如何降低这些损失？
10. 我国新建的电厂中多采用轴流式风机作为送风机而较少采用轴流风机作为引风机，分析其中的原因。

8

9 制冷机

○○ —— ○○ ○ ○○ ————

👁 学习目标

○ 能分析不同类型制冷机的工作原理，并能进行选型分析和计算。

○ 理解制冷机的循环过程，说明载冷剂和润滑油的作用。

○ 能区分不同形式的活塞式制冷机压缩循环过程，计算活塞式制冷循环的工作参数，并根据制冷量要求对活塞式制冷机进行选型计算。

○ 能说明活塞式制冷机的换热设备及油水分离器、集油器、高压贮液器等其他辅机系统的结构特点、设计要点和运行功能。

○ 能描述离心式制冷机的组成、特点及应用场合，能根据制冷量要求对离心式压缩机进行选型计算。

○ 能理解吸收式制冷的循环过程及其特点，能阐释溴化锂和氨吸收制冷机的组成和热力计算过程。

○ 能描述斯特林、维勒米尔、磁制冷、吸附、气波制冷等制冷方法的工作原理和特点。

9.1 概述

制冷机是过程工业应用较普遍的一类机器，在空气调节、食品冷冻冷藏、医疗卫生及日常生活等各个方面均得到广泛的应用。在化工和石化工业中，气体的液化和分离、燃料油的脱蜡、盐类的结晶及某些工艺过程的冷却等都离不开制冷机。

9.1.1 制冷机的基本原理及分类

制冷原理及过程遵循热力学第一定律和热力学第二定律。由热力学第二定律可知：为实现热量从低温向高温转移，必须对系统做功。理想的制冷循环是逆向卡诺循环。制冷效率定义如下

$$E = \frac{T_1}{T_2 - T_1}$$

（9-1）

式中，T_1 为吸收热量的温度，K；T_2 为排放热量的温度，K。

实际的制冷过程是不可逆的，所以实际的制冷效率要小于逆向卡诺循环效率。

根据制冷原理的不同，制冷机可分为压缩式制冷机和吸收式制冷机两大类。压缩式制冷机根据所采用的压缩机形式不同，又可分为活塞式、螺杆式、离心式、涡旋式等四类；吸收式制冷机根据所采用的吸收剂种类不同又可分为溴化锂吸收式制冷机、氨吸收式制冷机等不同类别。制冷机根据制冷系统所采用载冷剂的种类不同又可分为盐水机组、乙二醇机组、丙三醇机组等不同类别。

水冷式冷水机组适宜按制冷量范围确定机组类型，在单机名义工况制冷量 ≤ 116kW 时，适合选用涡旋式；116 ~ 1054kW 时，适合选用螺杆式；1054 ~ 1758kW 时，适合选用螺杆式或离心式；≥ 1758kW 时，适合选用离心式。经性能价格综合比较后确定机组类型。

9.1.2　制冷剂和载冷剂

（1）制冷剂

制冷剂是制冷机内完成热力循环的工质，也称"制冷工质"。可作为制冷剂的物质有几十种，但常用的不过十几种。目前压缩式制冷机广泛使用的制冷剂是氨、氟利昂和碳氢化合物。

氨（编号为 R717）是使用最广泛的一种制冷剂，单位容积制冷量大，价格低廉，但氨有毒，有刺激性气味，遇水时对铜及其合金有腐蚀作用，与空气混合后有爆炸危险，高温下还会发生分解。

碳氢化合物，如乙烷（编号为 170）、正丁烷（编号为 R600）等制冷剂，临界温度较低，与水不发生作用，且难溶于水，对金属无腐蚀，价格低廉，但易燃，且溶于润滑油，与空气混合后有爆炸危险。

氟利昂是卤代烃类化合物，如：二氟二氯甲烷（编号为 R12）、四氟乙烷（编号为 R134a）、二氟乙烷（编号为 R152a）等作为制冷剂，大都是无毒无味的，热稳定性较好，但其单位容积制冷量小，价格昂贵，遇火焰时会分解成为有毒气体。

制冷剂的选择一般根据制冷机的用途、大小、形式及工作条件等全面技术经济指标来确定。要尽可能使机器结构紧凑、轻便、运行安全。

制冷剂的一般适用范围见表 9-1。

表9-1　制冷剂的一般适用范围

制冷剂	温度 /℃	制冷机形式	特点和用途
R717	10 ~ −60	活塞式、回转式、离心式	压力适中，用于制冰、冷藏、化学工业及其他工业，由于有毒，人多的地方最好不用
R11	10 ~ −5	离心式	沸点较高（23.7℃），无毒、不燃烧，用于大型空调及其他工业
R12	10 ~ −60	活塞式、回转式、离心式	压力适中，压缩终温低、化学稳定、无毒、用于冷藏、空调、化学工业及其他工业，从家用冰箱到大型离心式制冷机
R13	−60 ~ −100	活塞式、离心式	沸点低、临界温度低、低温下蒸气比容小，无毒、不燃烧，用于低温化学工业和低温研究。
R14	−60 ~ −120	活塞式	作复叠式制冷机的低温部分
R21	10 ~ −20	活塞式、回转式、离心式	即使在 70℃ 时的冷凝压力也不高。用于空调、化学工业小型制冷机，特别适于高温车间、起重机控制室的风冷式降温设备
R22	0 ~ −80	活塞式、回转式、离心式	压力和制冷能力与 R717 的相同、制冷能力比 R12 高，排气温度比 R12 高。广泛用于冷藏、空调、化学工业及其他工业
R113	10 ~ 0	离心式	分子量大，运输和储存方便（可装在铁桶中）。主要用于小型空调离心式制冷机
R114	10 ~ −20	活塞式、回转式、离心式	沸点为 3.6℃，比 R21 低，介于 R12 和 R11 之间，主要用于小型制冷机。当用作高温车间或起重机控制室的风冷式降温设备时，其电气性能比 R21 优越
R500	10 ~ −60	活塞式、离心式	它是氟利昂的共沸混合物，无毒、不燃烧，制冷能力比 R12 高。用于空调，冷藏
R502	0 ~ −80	活塞式、离心式	它是氟利昂的共沸混合物，热力学特性比 R12 好，压力和制冷能力和 R22 差不多，电气性能和 R12 一样优良，排气温度比 R22 低，无毒、不燃烧，是一种良好的制冷剂，特别适用于密封式制冷机

制冷剂	温度/℃	制冷机形式	特点和用途
R50			
R170	≤ -60	活塞式、离心式	可燃烧，有爆炸危险，用于低温化学和低温研究，作复叠式制冷机的低温部分
R1150			
R290	-40 ~ -60	活塞式、离心式	可燃烧、有爆炸危险，用于低温化学和低温研究
R1270			

（2）载冷剂

水是一种很理想的载冷剂，在水适应的温度范围内，广泛采用水作载冷剂，尤其是在空调系统中采用较多。但在工业制冷工程中由于水的凝固点为0℃，所以用水作载冷剂受很大的限制。

盐水适用于温度较低的制冷系统，常用作载冷剂的盐水有：氯化钙水溶液和氯化钠水溶液，氯化钠水溶液一般用在蒸发温度高于 -16℃的制冷系统中，氯化钙溶液可用在蒸发温度不低于 -50℃的制冷系统中。盐水作载冷剂对金属有腐蚀作用。

乙二醇水溶液、丙三醇水溶液、三氯乙烯、乙醇、二氯甲烷、丙酮等均可作为载冷剂。一般乙二醇水溶液和丙三醇水溶液仅用于蒸发温度高于 -30℃的制冷系统中，在它们适用温度以外，可采用三氯乙烯、二氯甲烷等物质。

9.1.3　润滑油

制冷机的润滑油（也称冷冻机油）在制冷机中起着非常重要的作用，其主要作用如下：

① 润滑作用　润滑油对制冷机相互摩擦的零部件进行润滑。

② 密封作用　润滑油对运动的零部件进行润滑的同时，对零件之间的间隙起着密封作用，从而减少气体的泄漏，保证制冷机的制冷能力。

③ 冷却作用　润滑油能带走摩擦热及气体压缩过程中产生的部分热量，也可降低排气温度，提高机器效率。

④ 消声作用　润滑油能阻挡声音的传播，降低机器运行中产生的噪声。

⑤ 动力作用　利用油压作为多缸制冷压缩机中能量调节机构的动力，控制其卸载装置，从而控制气缸投入运行的数量。

不同的制冷机必须选用不同的润滑油，制冷剂的不同及工作温度的不同也需选用不同的润滑油。

制冷机用润滑油的黏度要适当，低温下流动性能要好，黏温性能也要好，绝缘性能及抗腐蚀性能必须满足要求，应具有足够的化学稳定性及抗氧化安定性，并能保证长期使用不变质；润滑油中不应含有水分和灰分，其闪点要比制冷压缩机的排气温度高15 ~ 30℃。

9.2　活塞式制冷机

活塞式制冷机是由活塞式制冷压缩机、冷凝器、蒸发器、节流机构及其他辅助设备和附件组成的成套机械设备，它具有效率高，使用温度范围广等优点，在工业上应用十分广泛。

活塞式制冷机有各种专用机组，如：空调机组、冷水机组、盐水机组、供冷及供热两用热泵机组、除湿机组、压缩空气冷冻干燥机组及氯气液化机组等。在选用活塞式制冷剂时，应优先考虑选用专用机组。

9.2.1　活塞式制冷机的压缩循环

活塞式压缩制冷循环有三种形式：单级压缩循环、双级压缩循环和复叠式循环。

（1）单级压缩循环

图 9-1 是单级压缩制冷循环的两种形式。

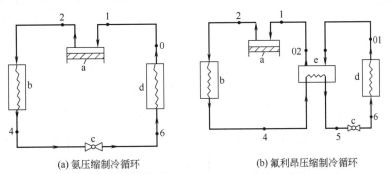

(a) 氨压缩制冷循环　　　　　　(b) 氟利昂压缩制冷循环

图 9-1　单级压缩制冷循环

a—压缩机；b—冷凝器；c—节流阀；d—蒸发器；e—气 - 液交换器

单级压缩制冷循环由蒸气压缩过程、冷却冷凝过程、液体节流过程和蒸发吸热过程等四个过程组成。图 9-1 中（b）为带回热的单级压缩制冷循环。

（2）双级压缩循环

双级压缩循环把压缩过程分两个阶段进行，在压缩机的高压级和低压级之间设置了中间冷却器。图 9-2 为实际制冷工程中经常应用的两种双级压缩循环的形式。

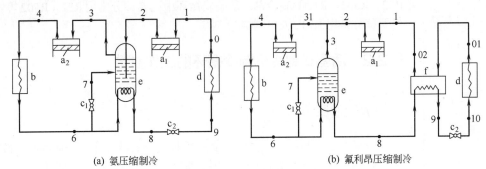

(a) 氨压缩制冷　　　　　　(b) 氟利昂压缩制冷

图 9-2　双级压缩制冷循环

a_1—低压级压缩机；a_2—高压级压缩机；b—冷凝器；c_1—第一节流阀；c_2—第二节流阀；d—蒸发器；e—中间冷却器；f—气 - 液交换器

双级压缩制冷要计算并确定高压级与低压级之间的中间压力。另外，双级制冷剂循环量可能不再相等，要分别计算。

（3）复叠式循环

常用的复叠式循环有二元复叠式和三元复叠式两种。二元复叠式由高温和低温制冷循环两部分组成；三元复叠式由高温、中温和低温三个部分组成，每个部分均使用单一的制冷剂系统，各个部分之间用一个"冷凝 -

蒸发器"联系起来。图9-3为复叠式循环的原理图。

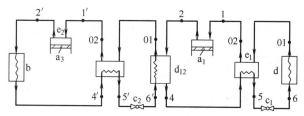

(a) 两个单级压缩组成的二元复叠式制冷循环

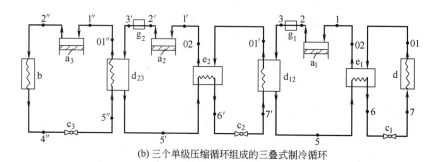

(b) 三个单级压缩循环组成的三叠式制冷循环

图9-3　复叠式制冷循环原理图

a_1—低温部分压缩机；a_2—中温部分压缩机；a_3—高温部分压缩机；b—冷凝器；c_1、c_2、c_3—节流阀；d—蒸发器；d_{12}、d_{23}—冷凝-蒸发器；e_1、e_2—气-液交换器；g_1、g_2—过热冷却器

　　单级压缩循环最低制冷温度通常只能达到 -40℃，为了获得比较低的温度，就要采用双级压缩循环或复叠式制冷循环，双级压缩循环最低制冷温度可达 -40 ～ -70℃，复叠式制冷循环最低制冷温度可达 -70 ～ -120℃。

　　单级压缩循环通常采用 R717、R12、R22 等制冷剂；双级压缩循环通常采用 R22、R502、R12 等制冷剂；复叠式循环中高温部分常用 R22、R502 等制冷剂，中、低温部分常用 R13、R14 等制冷剂。

9.2.2　活塞式制冷机制冷循环的工作参数

（1）冷凝温度

　　冷凝温度 t_k 与所在地区的水文地质和气象条件及冷却介质种类、冷凝器形式有关。对于管壳式冷凝器和套管式冷凝器等，其冷凝温度按下式计算

$$t_k = \frac{1}{2}(t_1 + t_2) + \theta_m \tag{9-2}$$

　　式中，t_k 为冷凝温度，℃；t_1 为冷却水进口温度，℃；t_2 为冷却水出口温度，℃，一般比冷却水进口温度高 2 ～ 5℃，立式管壳式冷凝器取低些，卧式管壳式及套管式冷凝器取高些；θ_m 为冷凝器中平均传热温差，一般取 4 ～ 7℃，当 $t_1 \leqslant 25$℃时，取高值，$t_1 \geqslant 30$℃时取低值。

（2）蒸发温度

　　蒸发温度 t_0 与所需制冷温度、被冷却介质种类及蒸发器形式有关。蒸发温度的

确定方法见表 9-2。

表9-2 蒸发温度的确定方法

序号	蒸发器形式	蒸发温度计算式	说明
1	冷却液体载冷剂，直立管式和螺旋管式蒸发器	$t_0 = t_{s2} - \Delta t$	t_{s2}——载冷剂出口温度，℃，由生产工艺条件取定 Δt——载冷剂出口温度与蒸发温度差，℃。当载冷剂为水时取 4 ~ 6℃，当载冷剂为盐水时取 2 ~ 3℃
2	冷却液体载冷剂，卧式管壳式蒸发器（包括满液式和干式）	$t_0 = \dfrac{1}{2}(t_{s1} + t_{s2}) - \theta_m$	t_{s1}——载冷剂进口温度，℃ t_{s2}——载冷剂出口温度，℃，由生产工艺条件确定。载冷剂进出口温差（$t_{s1} - t_{s2}$）的取值一般为：氨制冷剂 3 ~ 5℃，氟利昂制冷剂取 4 ~ 6℃ θ_m——蒸发器中平均传热温差，氨蒸发器取 4 ~ 6℃，氟利昂蒸发器取 6 ~ 8℃
3	冷库或环境试验装置用的冷却排管或冷风机	$t_0 = t_n - \Delta t$	t_n——室内温度，℃。由生产工艺条件决定 Δt——室内温度与蒸发温度之差。一般 Δt=10℃。对环境试验装置用的冷风机，当室内温度较低（−50℃以下）时，Δt=4 ~ 8℃，温度越低，取值越小。在冷库中起冷藏作用的冷风机，室内相对湿度为90%时，Δt=5 ~ 6℃；室内相对湿度为80%时，Δt=6 ~ 7℃；室内相对湿度为75%时，Δt=7 ~ 9℃
4	空气调节用直接蒸发式表冷器	$t_0 = t_2 - \Delta t$	t_2——表冷器出口空气（干球）温度，℃，根据空气调节要求确定 Δt——空气出口温度与蒸发温度之差，一般取 8 ~ 10℃ 为防止表冷器传热面结冰，蒸发温度不得低于按进口空气干球温度决定的最低蒸发温度
5	压缩空气除湿装置用管壳式蒸发器	$t_0 = t_b - \Delta t$	t_b——压缩空气压力露点温度，℃，由工艺条件决定 Δt——压力露点温度与蒸发温度之差，一般取 8 ~ 10℃

（3）压缩机吸气温度

压缩机吸气温度一般比蒸发温度高一些。吸气温度与蒸发温度的差值称为过热度。氨压缩机允许的吸气温度见表 9-3。氟利昂压缩机允许的吸气温度见表 9-4。

表9-3 氨压缩机允许吸气温度　　　　　　　　　　　　　　　　　　　　　　　　　　　℃

蒸发温度	±0	−5	−10	−15	−20	−25	−28	−30	−33	−40
吸气温度	+1	−4	−7	−10	−13	−16	−18	−19	−21	−25
过热度	1	1	3	5	7	9	10	11	12	15

表9-4 氟利昂压缩机吸气温度的确定　　　　　　　　　　　　　　　　　　　　　　　　℃

工况条件	过热度	吸气温度	工况条件	过热度	吸气温度
采用热力膨胀阀	3 ~ 8	—	双级压缩低压级	30 ~ 40	—
单级压缩、双级压缩的高压级	—	≤ +15	复叠式制冷系统低温部分	12 ~ 63	—

（4）节流前液体过冷温度

氨制冷机单级压缩循环设置水过冷器时，过冷器出口氨液温度比进水温度高3℃，但目前通常不设水过冷器。双级压缩采用中间冷却器来过冷节流前的液氨，中间冷却器液氨出口温度比双级压缩中间温度高5℃。

氟利昂制冷机单级压缩循环时，在气-液热交换中实现过冷，过冷度一般为5℃；双级压缩循环时，节流前液体一般经过两次过冷：首先在中间冷却器中过冷，其出口温度比双级压缩中间温度高5 ~ 7℃；然后在气-液热交换器中再过冷5℃。

9

（5）级间压力的确定

两级压缩制冷级间冷却器壳体内制冷剂的压力大小直接影响制冷机的经济性、压缩机的容量及功耗等性能。从最省功的原则出发，级间压力应满足下式要求

$$p = \sqrt{p_k p_0} \tag{9-3}$$

式中，p 为级间压力，Pa；p_k 为冷凝压力，Pa；p_0 为蒸发压力，Pa。

实际运行中，一般可引入修正系数来确定最佳中间压力 p_{opt}

$$p_{opt} = \psi p \tag{9-4}$$

式中，ψ 为修正系数，氨制冷机取 0.95 ～ 1.0，氟利昂制冷机取 0.9 ～ 0.95。

复叠式制冷循环中两部分衔接处的中间压力，也就是冷凝 - 蒸发器内制冷剂的工作压力，通常按各部分每个压缩级的压力比大致相等的原则来确定，一般要求每个压缩级的压力比不超过 10，冷凝 - 蒸发器中的传热温差一般取 5℃为宜。

9.2.3　活塞式制冷压缩机的选型指南

（1）压缩机的类型及特点

活塞式制冷压缩机按制冷量 Q_0 的大小分为三类：

大型活塞式制冷压缩机　$Q_0 > 580kW$

中型活塞式制冷压缩机　$58kW \leqslant Q_0 \leqslant 580kW$

小型活塞式制冷压缩机　$Q_0 < 58kW$

按密封形式分为开启式、半封闭式和全封闭式三种。开启式压缩机的主轴向外伸出机壳，依靠传动装置与电动机连接；半封闭式压缩机机壳和电动机机壳采用螺栓连接，用密封垫片密封，电动机直接装在压缩机的主轴上；全封闭式压缩机机体和电动机共装于一个封闭壳体内，壳体接缝处采用焊接。封闭式压缩机只能用氟利昂制冷剂，且只限于小型制冷压缩机。三种类型压缩机结构图见图 9-4。

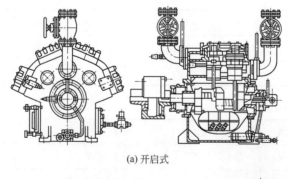

(a) 开启式

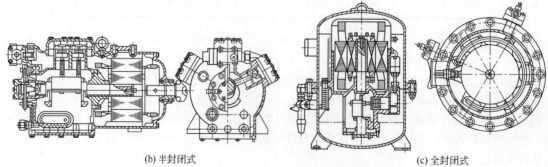

(b) 半封闭式　　　　　　　　　　　　　　(c) 全封闭式

图 9-4　活塞式制冷压缩机结构图

制冷压缩机一般只有单级压缩和双级压缩两种。

（2）压缩机特性参数

活塞式制冷压缩机一般采用角度式压缩机，根据制冷量大小气缸数一般为2、4、6、8不等，也有3缸的制冷压缩机。

活塞式制冷压缩机的制冷量和功率是两个重要的特性参数，当压缩机的结构尺寸和转速确定后，制冷量和功率主要取决于它的运行工况。

① 制冷量 Q_0

$$Q_0 = \lambda_V \lambda_P \lambda_T \lambda_1 V_h \frac{n}{60} \frac{q_0}{v_1} = M_r q_0 \tag{9-5}$$

式中，Q_0 为活塞式压缩机的制冷量，kW；q_0 为单位质量制冷剂的制冷量，kJ/kg；M_r 为压缩机每秒钟的排气质量，等于制冷剂的循环量，kg/s；v_1 为压缩机吸气状态下制冷剂的比容，m³/kg；λ_V、λ_p、λ_T、λ_1 分别为压缩机的容积系数、压力系数、温度系数、泄漏系数；V_h 为气缸的行程容积，m³；n 为压缩机的转速，r/min。

② 功率

理论功率

$$N = M_r w$$

指示功率

$$N_i = \frac{N}{\eta_i}$$

轴功率

$$N_z = \frac{N_i}{\eta_m} \tag{9-6}$$

电机功率

$$N_e = (1.10 \sim 1.15) \frac{N_z}{\eta_c}$$

电机输入功率

$$N_{in} = \frac{N_z}{\eta_c \eta_e}$$

式中，w 为制冷剂被绝热压缩时单位质量理论耗功量，kJ/kg；η_i 为压缩机的等熵指示效率；η_m 为压缩机的机械效率；η_c 为压缩机的传动效率；η_e 为电机效率。各种效率的取值范围可参阅第7章相关的内容。

③ 能耗指标　为了评价压缩机运行的经济性，通常采用两个能耗指标：制冷压缩机单位轴功率制冷量 K_e 和制冷压缩机的能效比 EER。

$$K_e = \frac{Q_0}{N_z} = \frac{M_r q_0}{\dfrac{M_r w}{\eta_i \eta_m}} = \varepsilon \eta_i \eta_m$$

$$ERR = \frac{Q_0}{N_{in}} = \frac{M_r q_0}{\dfrac{M_r w}{\eta_i \eta_m \eta_c \eta_e}} = \varepsilon \eta_i \eta_m \eta_d \eta_e \tag{9-7}$$

式中，ε 为理论制冷系数。

一般常用 K_e 值评价开启式制冷压缩机的运行性能，而用 EER 值评价封闭式制冷压缩机的运行性能。

（3）运行及调节

活塞式制冷压缩机的特性参数随工况条件的变化而变化，影响压缩机运行特性参数变化的两个主要因素是：冷凝温度 t_k 和蒸发温度 t_0，它们对压缩机的性能有如下影响：

① 冷凝温度的影响　若制冷剂蒸发温度 t_0 不变，当冷凝温度由 t_k 升至 t'_k 时，压缩机的性能参数变化如下（参见图9-5）：

ⅰ．单位质量制冷剂的制冷量由 q_0 减少为 q'_0；

ⅱ. 单位质量制冷剂的压缩功由 w 增大为 w'；

ⅲ. 冷凝温度 t_1 上升时，冷凝压力 p_k 也升高，致使压缩机排气压力上升，即压缩机压力比增大，若忽略容积系数 λ_V 的改变，则压缩机吸气质量 M_r 不变，w 增大后，从式（9-6）可看出：压缩机的理论功率增加；

ⅳ. 从式（9-5）可看出：当 q_0 减少时，压缩机的制冷量 Q_0 将减少；

ⅴ. 从式（9-7）可看出：压缩机的能耗指标 K_e 值及 EER 值均降低；

ⅵ. 压缩机的排气温度将升高。

从以上分析可看出，当蒸发温度不变而冷凝温度升高时，对制冷压缩机和制冷装置的运行是不利的。

② 蒸发温度的影响　若制冷剂的冷凝温度 t_k 不变，当蒸发温度由 t_0 降至 t_0' 时（见图 9-6），压缩机的性能参数变化如下：

ⅰ. 单位质量制冷剂的制冷量由 q_0 减少为 q_0'；

ⅱ. 制冷剂的蒸发压力降低，压缩机吸入的制冷剂蒸气的比容由 v_1 增大至 v_1'；同时，压缩机压力比增大，致使容积系数减少，造成压缩机实际吸气量减少，压缩机的制冷量 Q_0 将减少；

ⅲ. 单位质量制冷剂的压缩功由 w 增大到 w'，但因 q_0 减小，因此，理论制冷系数 ε' 下降，压缩机的能耗指标 K_e 值和 EER 值均下降；

ⅳ. 压缩机的排气温度将升高；

ⅴ. 把制冷剂蒸气看作是理想气体时，压缩机的等熵压缩理论循环功率为

$$N = V_h \frac{k}{k-1} p_0 \left[\left(\frac{p_k}{p_0} \right)^{\frac{k-1}{k}} - 1 \right] \frac{n}{60} \qquad (9-8)$$

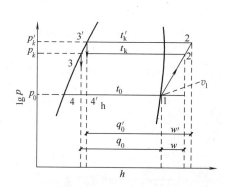

图 9-5　冷凝温度升高时制冷循环的改变

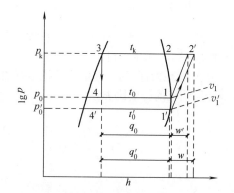

图 9-6　蒸发温度降低时制冷循环的改变

制冷剂的蒸发压力 p_0 只能在 $0 \sim p_k$ 之间，p_0 从 p_k 减小到 0 的过程中，必有一个 p_0 值使 N 最大，式（9-8）对 p_0 求导并令其偏导数为零，求得 N 达到最大值时的压力比为

$$\left(\frac{p_k}{p_0} \right)_{N=\max} = k^{\frac{k}{k-1}} \qquad (9-9)$$

制冷压缩机启动过程中，制冷剂的蒸发压力 p_0 逐渐降低，此时压缩机的功率会有一个最大值。对于不同制冷剂来说，式（9-9）中右端的值均近似为 3，所以当压缩机的压力比近似为 3 时，其理论功率最大。

综上所述，降低制冷剂的冷凝温度或提高其蒸发温度对压缩机和制冷装置是有

利的。但在实际运行中，冷凝温度受冷却介质限制不能降低很多，而蒸发温度又必须满足所需要的低温要求，不能任意改变，但在可能的情况下，尽可能考虑改变这两个因素，使其对压缩机和制冷装置的工作有利。

（4）性能曲线

制冷机厂商对每一种制冷压缩机都要针对某一种制冷剂和一定的工作转速进行试验，测出不同工作温度条件下的制冷量和轴功率，并绘制成曲线，这种制冷量或轴功率相应于蒸发温度的变化曲线，就称为压缩机的性能曲线，利用压缩机的性能曲线可以方便地确定出制冷压缩机在不同工况下的制冷量和轴功率。图9-7为某制冷压缩机的性能曲线。

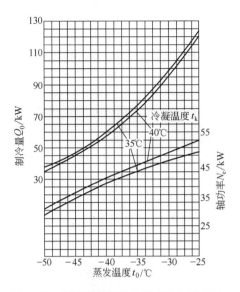

图9-7 制冷压缩机的性能曲线（制冷剂：R717；转速1440r/min）

（5）选型指南

① 选型要点　活塞式制冷压缩机单机容量和台数的选择，应按便于能量调节和节能的原则来确定。一般情况下，氨制冷压缩机的压力比小于或等于8时，采用单级压缩，压力比大于8时，采用双级压缩；氟利昂制冷压缩机的压力比小于或等于10时，采用单级压缩，压力比大于10时，采用双级压缩。双级压缩的高、低压级理论排气量之比宜取1/3左右，且尽可能采用单机双级压缩。经常处于低温工作状态的压缩机其行程 s 尽可能长一些，以防压缩机产生凝析液发生撞缸事故。小型制冷系统可采用压缩冷凝机组，即把压缩机和冷凝器这两个主要制冷设备及电动机、油分离器、电控仪表等组装在一起的机组，根据冷凝器冷却方式的不同，这种机组可分为风冷式压缩冷凝机组和水冷式压缩冷凝机组两种。

② 选型计算　压缩机选型前，需要计算制冷量、轴功率、配套电机的功率及冷却水消耗量等参数。

压缩机制冷量的计算首先要确定冷凝温度和蒸发温度［见式（9-2）和表9-2］，再根据压缩机性能曲线来确定压缩机的制冷量。也可按式（9-5）进行计算。

压缩机轴功率的确定可根据压缩机性能曲线查取，也可按式（9-6）进行计算。配套电机的功率是在轴功率的基础上考虑传动效率及5%～10%的安全裕度后，按式（9-6）进行计算来确定的。水冷式压缩机的气缸需要冷却水来冷却，冷却水的消耗量一般应由制造厂来提供数据，在缺乏数据时，可按下式进行估算

$$\xi N_z = mC_p\Delta t \qquad (9-10)$$

式中，N_z 为压缩机轴功率，kW；$\triangle t$ 为冷却水进出温差，℃，一般取5～10℃，但冷却水进出口温度不应超过33℃；ξ 为系数，一般取0.15；m 为冷却水耗量，kg/s；C_p 为冷却水的比热容，kJ/(kg·℃)。

活塞式制冷压缩机用一定的数字和符号表示型号，以便用户选择，表9-5是压缩机型号的一些示例。

表9-5　活塞式制冷压缩机型号的一些示例

压缩机型号	气缸数/只	制冷剂	气缸排列形式	气缸直径/cm	结构形式
8AS12.5型	8	氨（A）	S型（扇型）	12.5	开启式
6FW10B型	6	氟利昂（F）	W型	10	半封闭式（B）
3FY5Q型	3	氟利昂（F）	Y型（星型）	5	全封闭式（Q）

9.2.4　活塞式制冷机的制冷热交换设备

活塞式压缩制冷机系统中的热交换设备包括冷凝器、蒸发器、中间冷却器、气-液热交换器、冷凝-蒸发器、过热冷却器、气-气热交换器等，这些热交换设备的换热过程比较复杂，其结构形式也较多，有关换热设

备的设计、计算及选型请参阅其他相关文献资料。

9.2.5　活塞式制冷机的辅机系统

活塞式压缩制冷机辅机系统包括润滑油分离及收集设备、制冷剂储存与分离设备、制冷剂净化设备、液体制冷剂输送泵、制冷剂的节流机构等，在小型制冷机中，有时省去其中一些辅助设备。

（1）油分离器

压缩机排气管路上需设置油分离器，主要作用是分离掉压缩机排气中所夹带的润滑油。氨制冷机一般采用洗涤式、填料式和离心式三种油分离器。氟利昂制冷机通常采用过滤式油分离器。它们的结构简图分别见图9-8和图9-9。油分离器的选择可按其进气管内的流速为 $10 \sim 15\text{m/s}$ 来选配。

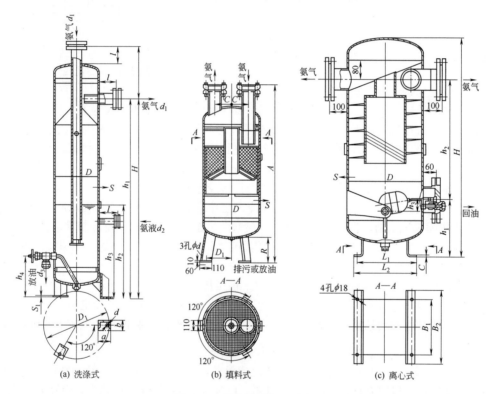

(a) 洗涤式　　(b) 填料式　　(c) 离心式

图9-8　氨制冷机油分离器

（2）集油器

集油器只在氨制冷机中使用，其作用是定期把沉积在油分离器、冷凝器、贮液器、中间冷却器及蒸发器中的油在低压状态下放出系统，既增强换热器换热效果，又减少了制冷系统中制冷剂的损失。集油器的结构见图9-10。

制冷量小于230kW时，可选用一台 $\phi 159$ 的集油器；当制冷量为 $230 \sim 1160\text{kW}$ 时，宜选用 $1 \sim 2$ 台 $\phi 325$ 的集油器；当制冷量大于1160kW时，宜选用2台 $\phi 325$ 的集油器。

（3）高压贮液器

高压贮液器用来储存从冷凝器出来的制冷剂液体，还可调节各部分设备的液体循环量，同时，它对高压侧气体起到液封的作用，防止高压侧气体窜入低压侧系统中。高压贮液器的结构见图9-11。

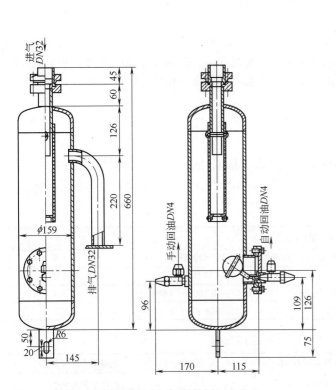

图9-9 氟利昂制冷机过滤式油分离器

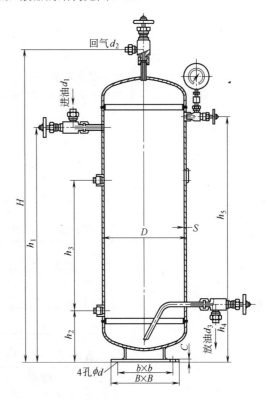

图9-10 集油器

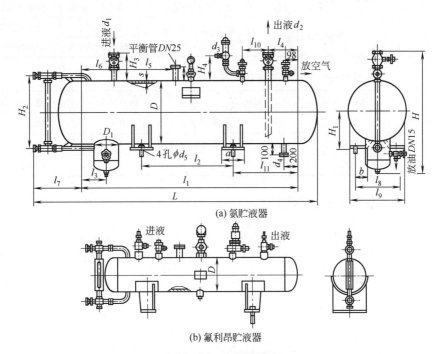

(a) 氨贮液器

(b) 氟利昂贮液器

图9-11 高压贮液器

大型制冷机中可选用多台高压贮液器并联工作，并联时贮液器底部应设连通管和截止阀。氨制冷机高压贮

液器所需容积按式（9-11）进行计算

$$V = \frac{mv\varphi}{\beta}$$

（9-11）

式中，V 为氨贮液器容积，m^3；m 为制冷剂的总循环质量流率，kg/h；v 为冷凝温度下氨液的比容，m^3/kg；β 为贮液器充满度，一般取 0.7；φ 为系数，参见表 9-6。

对于中小型氟利昂制冷机，贮液器容积可按式（9-12）进行计算

$$V = \frac{\sum mv}{\beta}$$

（9-12）

$$m = V_c\rho$$

式中，$\sum m$ 为制冷系统中制冷剂总充灌量，kg；V_c 为制冷系统各部分充灌容积，m^3（见表 9-7）；ρ 为液体制冷剂密度，kg/m^3（见表 9-8）；其他符号的意义同前。

表9-6　氨贮液器容积计算系数

制冷系统		φ
空气调节制冷系统、制冰系统、以冷风机为冷分配设备的冷库制冷系统		0.5
以光滑排管为冷分配的冷库制冷系统	库容量 1000t 以下	1.0
	库容量 1000 ~ 4500t	0.8
	库容量 5000t 以上	0.5

表9-7　氟利昂制冷机制冷剂在各部分的充满度

设备名称		制冷剂液体充满度	设备名称	制冷剂液体充满度
蒸发盘管（热力膨胀阀供液）		盘管容积的 25%	冷凝蒸发器	高温侧壳体容积的 50%，低温侧盘管容积的 25%
管壳式蒸发器	满液式	壳侧容积的 80%	回热热交换器	盘管容积的 100%
	干式	传热管子容积的 25%	液管	管道容积的 100%
管壳式冷凝器		盘管容积的 100%，壳侧容积的 50%	其他部件或设备	制冷剂侧总容积的 10% ~ 20%

表9-8　制冷剂充灌量计算密度

制冷剂种类	计算密度 /(kg/m³)	备注	制冷剂种类	计算密度 /(kg/m³)	备注
R717	610	按 20℃ 的密度	R502	1262	按 20℃ 的密度
R12	1329	按 20℃ 的密度	R13	1439	按 −60℃ 的密度
R22	1213	按 20℃ 的密度	R14	1257	按 −80℃ 的密度

（4）低压贮液器

在重力供液方式的氨制冷系统中，低压贮液器接受制冷剂气 - 液分离器出来的液体，经加压后重新进入系统中。其结构与高压贮液器基本相同，只是接管连接有所区别。

（5）排液桶

在重力供液方式或直接膨胀供液的氨制冷机中，排液桶主要用来接受冻结间或冷藏间冲霜时由冷风机或冷却排管内出来的氨液。其构造与高压贮液类似，只是接管有所区别。通常情况下，排液桶只需设置一个。

（6）低压循环筒

在液泵供液方式的制冷系统中，低压循环贮液筒兼有气-液分离器、低压贮液器和排液桶三者的功能，低压循环筒有立式和卧式两种。

（7）膨胀容器

在中小型复叠式制冷机中，膨胀容器主要用于制冷机停机时，接受低温部分系统中因温度升高而产生的制冷剂蒸气。在膨胀容器和排气系统之间需安装超压保护装置。

（8）气-液分离器

气-液分离器通常安装在大型氨制冷机中。氨液蒸发时会产生泡沫状的液体，加之在压缩机吸气管内氨气流速较高，容易夹带未蒸发的液氨微滴，在进入压缩机前，需要把液氨分离出来，否则，容易造成压缩机撞缸事故。此外，经过节流调节阀的液氨会产生部分气体，也必须分离出来，否则会影响蒸发器的蒸发效果。

氟利昂制冷机使用的气-液分离器通常与回热式热交换器合为一体，除了分离气体中的液滴外，也能使高压液体与低压回气之间产生热交换，还能保证回气夹带的润滑油顺利地返回到压缩机中；同时保证多台压缩机回油量均匀。气液分离器的结构图见图9-12。

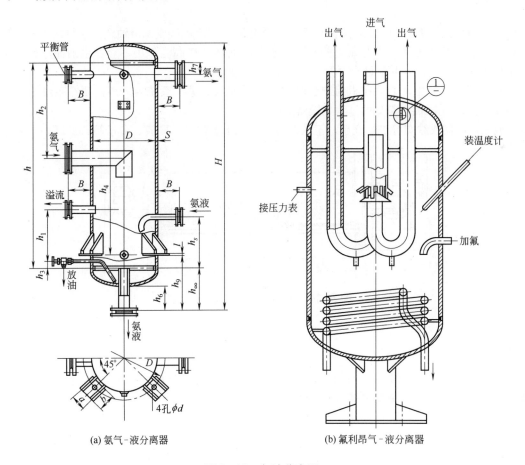

(a) 氨气-液分离器　　　(b) 氟利昂气-液分离器

图 9-12　气液分离器

在重力供液系统中，氨液分离器的正常液面应比蒸发器冷却排管最高层液面高 0.5 ～ 2m，利用这个液面

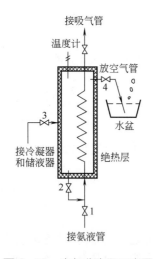

接吸气管

温度计

放空气管

4

水盆

3

接冷凝器
和储液器

绝热层

2

1

接氨液管

图 9-13　空气分离器示意图

高度差保证蒸发器供液。

　　氨用气液分离器中气流通过横断面的速度一般为 0.5m/s 左右，据此可确定气液分离器直径。

（9）空气分离器

　　空气分离器也称不凝气体分离器，用来分离低温氨制冷机内的氨和空气，并把空气放出。制冷系统需排放空气时，也必须按规定程序通过必要的自控元件或阀门来进行（见图 9-13）。

　　操作时先打开调节阀 1，放出少量氨液节流后在盘管内蒸发、制冷，使空气分离器筒体内产生较低的温度环境，然后打开阀门 3，使冷凝器和储液器内的空气进入分离器筒内，由于分离器内温度较低，进入的空气中夹带的氨气开始冷凝，并沉积在筒体底部。关闭阀门 3，慢慢打开阀门 4，排放空气经水洗涤后放空。

　　空气分离器顶部装设温度计，主要作用是检查系统中是否含有空气，若分离器内混合气体的温度低于压缩机排气压力下的饱和温度，则说明整个系统中还含有空气，应继续排放。

（10）过滤干燥器

　　制冷机系统内应保持清洁和干燥，否则过多的杂质会堵塞节流机构或润滑油道；过量的水分会使系统内产生冰塞，氟利昂制冷机中冰塞现象是常见的故障。水分和润滑油在高温作用下会产生油泥，也能堵塞节流机构。氟利昂和水发生反应会产生盐酸等物质，对机件会产生腐蚀。

　　为了避免上述现象发生，必须在机组装配时避免杂质和水分进入系统内，还需要在系统中装设过滤干燥器。图 9-14 是氟利昂制冷机中常见的过滤干燥器形式。

　　过滤一般采用滤网或纱布等过滤介质，干燥剂可采用无水氯化钙、硅胶、分子筛、三氧化二铝等物质。

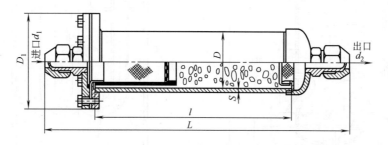

进口 d_1　　　　出口 d_2

D_1　　D　　S　　l　　L

图 9-14　氟利昂制冷机过滤干燥器

（11）紧急泄氨器

　　紧急泄氨器是一个立式容器，其上面设有液氨入口和清水入口，泄氨时先放水后放氨，混合后的稀氨水从排放口排至下水道。图 9-15 是紧急泄氨器结构图。

（12）制冷剂液泵

　　常见的制冷剂液泵有齿轮泵和屏蔽泵两种，两种泵的特点及应用见第 10 章。

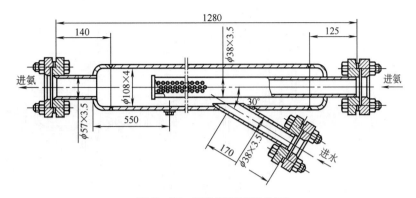

图 9-15 紧急泄氨器结构图

（13）热力膨胀阀

热力膨胀阀主要用于氟利昂制冷系统中，作为非满液式蒸发器（如管壳式干式蒸发器、冷却排管、冷风机等）和中间冷却器等制冷剂供料控制用。它有两种形式：内平衡式和外平衡式（见图9-16）。

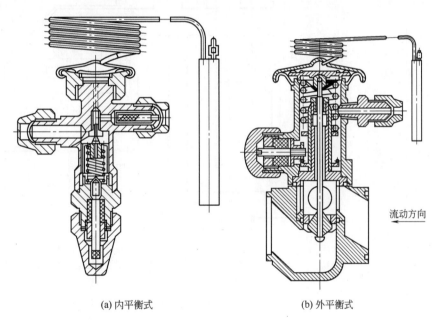

(a) 内平衡式　　　　　(b) 外平衡式

图 9-16 热力膨胀阀

9.2.6 活塞式制冷机组

活塞式制冷机组是把活塞式制冷压缩机、辅助设备及附件紧凑地装在一起的整体式制冷装置。制冷机组不但结构紧凑、使用灵活、管理方便、而且外形美观，配件齐全，给设计人员和用户带来很大的方便。

活塞式制冷机组种类较多，包括冷水机组、供热/供冷两用型热泵机组、低温盐水机组、氯气液化机组和压缩空气冷冻干燥机组等，使用时根据实际情况进行选型。

图 9-17 为活塞式冷水机组外形图；图 9-18 为活塞式冷水机组制冷系统及控制原理图。

其他形式的活塞式制冷机组可参阅有关厂商的样本手册。

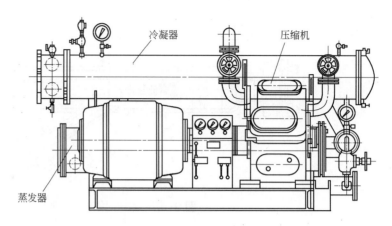

图 9-17　活塞式冷水机组外形图

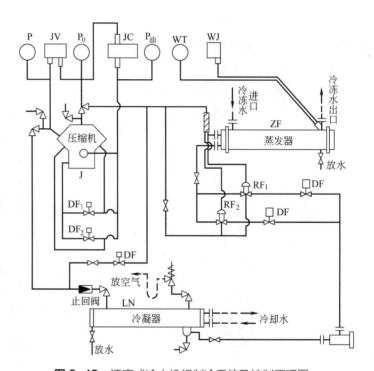

图 9-18　活塞式冷水机组制冷系统及控制原理图

9.3　螺杆式制冷机

螺杆式制冷机是利用螺杆式制冷压缩机来完成制冷剂气体由低温低压向高温高压转变的。螺杆式压缩机具有结构简单、工作可靠、效率高及调节方便等优点，在制冷机上获得广泛应用。

9.3.1　螺杆式制冷压缩机的性能参数及调节

螺杆式压缩机的结构及特点见第 7 章。螺杆式压缩机是回转容积式压缩机，它的性能参数计算比往复活塞式压缩机要复杂些。

（1）排气量

螺杆式压缩机的排气量是指压缩机单位时间内排出的气体量，折算到吸气状态下的容积量。螺杆式压缩机的理论排气量为单位时间内阴、阳螺杆所扫过的齿间容积的总和，即

$$q_{vt} = n_1 LD^2 C_n C_\varphi$$
$$C_n = z_1 (f_{01} + f_{02}) / D^2$$

（9-13）

式中，q_{vt} 为螺杆式压缩机理论排气量，m^3/min；n_1 为阳螺杆转速，r/min；L 为螺杆螺旋部分长度，m；D 为阳螺杆直径，m；C_n 为螺杆面积利用系数，是由螺杆齿型和齿数决定的常数，其值一般为 $0.47 \sim 0.50$；z_1 为阳螺杆的齿数；f_{01} 为阳螺杆端面上一个齿间的面积，m^2；f_{02} 为阴螺杆端面上一个齿间的面积，m^2；C_φ 为扭角系数。

从式（9-13）可看出：L 和 D 相同的两对螺杆，C_n 越大，其理论排气量越大。但 C_n 越大，要求螺杆的齿厚越薄，致使螺杆的刚度下降，加工精度不易保证。

扭角系数 C_φ 反映了转子扭转角对压缩机吸气容积的影响程度。所谓扭角是指螺杆某齿面与两端平面的截交线在端平面上投影的夹角。在 L 和 D 相同的情况下，扭角过大，相互啮合的齿的重叠越严重，由于齿的重叠，使齿间容积不能完全充气，因此影响了进气量，扭角系数正是反映这一因素对理论排气量的影响程度。阳螺杆扭转角 θ_1 与 C_φ 的对应关系见表 9-9。

表9-9　阳螺杆扭转角 θ_1 与扭角系数 C_φ 的对应值

扭转角 $\theta_1 / °$	240	270	300
扭角系数 C_φ	0.999	0.989	0.971

螺杆式压缩机实际排气量 q_{vs} 比理论排气量 q_{vt} 要低一些，这是由于气体在进入压缩机时会产生流动损失，并且由于进气过程中，气体会从管道、螺杆及机壳等处吸收热量产生膨胀，相应地使进气容积减小。此外，压缩机螺杆与机壳之间存在一定的间隙，这会引起气体的泄漏。所有这些因素的存在都会对压缩机的排气量产生一定的影响，致使压缩机的实际排气量小于其理论排气量。实际排气量计算公式为

$$q_{vs} = \eta_v q_{vt} = \eta_v C_n C_\varphi n_1 LD^2$$

（9-14）

式中，η_v 为螺杆式压缩机的容积效率，比活塞式压缩机的容积效率一般要高一些，其值一般取 $0.75 \sim 0.9$。

（2）制冷量

螺杆式压缩机的制冷量 Q_0 为

$$Q_0 = \eta_v q_{vt} \frac{1}{60} \frac{q_0}{v_1} = M_r q_0$$

（9-15）

式中，Q_0 为螺杆式压缩机的制冷量，kW；q_0 为单位质量制冷剂的制冷量，kJ/kg；v_1 为压缩机吸气状态下制冷剂气体的比容，m^3/kg；M_r 为压缩机每秒钟的排气量，kg/s；其他符号意义同前。

（3）功率及效率

螺杆式压缩机等熵压缩所需的理论功率为

$$N = M_r w$$

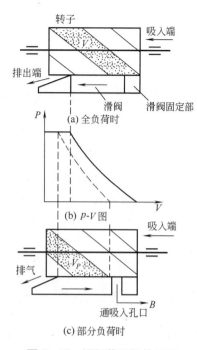

图 9-19 滑阀能量调节原理

指示功率为

$$N_i = \frac{N}{\eta_i}$$

(9-16)

轴功功率为

$$N_z = \frac{N_i}{\eta_m}$$

式中，w 为制冷剂被绝热压缩时单位质量理论耗功量，kJ/kg；η_i 为指示效率（也称内效率），是衡量压缩机内部工作过程完善程度的参数，螺杆式压缩机的指示效率一般为 80% 左右；η_m 为机械效率，是衡量轴承、轴封等处机械摩擦所引起功率损失程度的参数，其值一般为 0.95 ～ 0.98。

（4）能量调节

螺杆式压缩机在其高压侧阴、阳螺杆之间装有一个能轴向移动的滑阀。滑阀的形式很多，有作卸载启动用的滑阀，有作能量调节和卸载启动两种功能用的滑阀，还有既可能量调节、卸载启动，又可调节内容积比的滑阀。

滑阀调节能量的原理主要是利用滑阀在机体内的轴向移动，改变了螺杆的有效长度，使螺杆式压缩机的排气量可在 100% 和 15% 之间无级调节。当冷量在 60% ～ 100% 之间调节时，其耗功与制冷量成比例下降。图 9-19 为滑阀能量调节原理图。

9.3.2 螺杆式制冷机的形式及参数

螺杆式制冷机一般分为开启式、半封闭式和全封闭式三种形式。

（1）开启式螺杆压缩制冷机

开启式螺杆压缩制冷机一般用于较大型的制冷系统中，其主要优点是压缩机与电动机相分离，使压缩机可适用于不同的制冷剂；同时也可根据工况条件，配用不同容量的电动机。它的主要缺点是轴封需要采用较复杂的机械密封，还需要配备单独的油分离器、油冷却器等部件，机组体积庞大。

开启式螺杆压缩机一般以压缩机组形式出售，压缩机组包括螺杆式压缩机、电动机、联轴器、油分离器、油冷却器、油泵、油过滤器、吸气过滤器、控制台等。图 9-20 为开启式螺杆压缩机结构图，图 9-21 为单级开启式螺杆制冷压缩机组原理图。

（2）半封闭螺杆压缩制冷机

在中小型制冷场合，螺杆式压缩机的热力性能较好，运行可靠，因此，半封闭式甚至全封闭结构的螺杆式制冷机发展较快。半封闭螺杆压缩机的特点是：可以使用多种制冷剂，如 R134a、R22、R407c、R404a 等。机内自带分油除雾器，系统中无须另设油分离器，机组结构紧凑，电动机的冷却是靠吸气完成的，冷却效果较好。图 9-22 是半封闭式螺杆冷水机组外形图，图 9-23 是半封闭式螺杆压缩机剖面图。

（3）全封闭式螺杆制冷压缩机

与全封闭式活塞制冷压缩机类似，全封闭式螺杆制冷压缩机机体和电动机共装于一个封闭的壳体内，壳体采用焊接封闭的结构，在小型制冷中应用较多。图 9-24 为空调用全封闭式螺杆压缩机结构图。

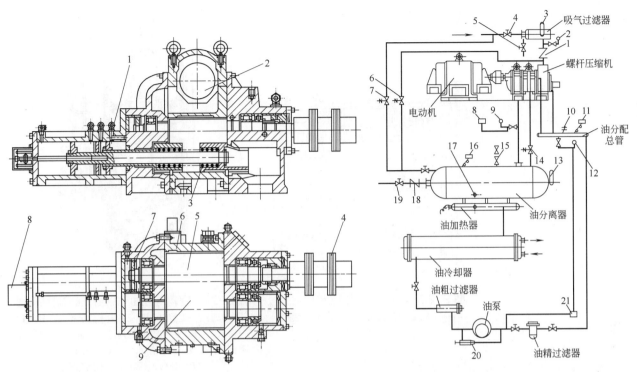

图 9-20　开启式螺杆压缩机结构图
1—油活塞；2—吸气过滤网；3—滑阀；4—联轴器；5—阳转子；
6—机体；7—平衡活塞；8—能量测定装置；9—阴转子

图 9-21　单级开启式螺杆制冷压缩机组原理图
1—吸气止回阀；2—吸气压力表；3—吸气温度计；4—吸气截
止阀；5—加油阀；6—启动旁通电磁阀；7—停车旁通电磁阀；
8—排气压力高保护继电器；9—排气压力表；10—油温度计；
11—油温度高保护继电器；12—油压表；13—排气温度计；
14—回油电磁阀；15—安全阀；16—排气温度高保护继电器；
17—油面镜；18—排气止回阀；19—排气截止阀；20—油压调
节阀；21—精滤器前后压差保护

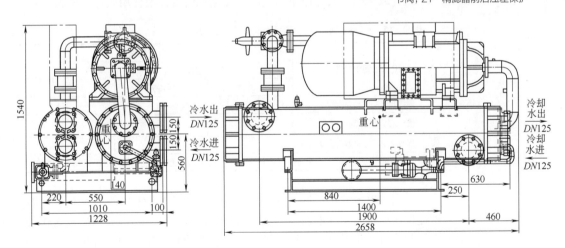

图 9-22　半封闭式螺杆冷水机组外形图

9.3.3　螺杆式制冷机的选型指南

　　螺杆式压缩机的型号由大写汉语拼音字母和阿拉伯数字组成，表 9-10 为螺杆式制冷压缩的型号和名称示例。

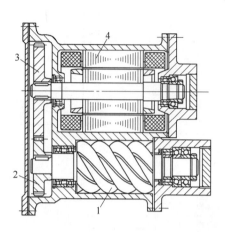

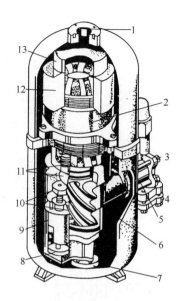

图 9-23　半封闭式螺杆压缩机剖面图
1—转子；2—增速小齿轮；3—增速大齿轮；
4—电动机

图 9-24　空调用全封闭式螺杆压缩机结构图
1—排气口；2—内置电动机；3—吸气截止阀；4—吸气口；
5—吸气止回阀；6—吸气过滤网；7—滤油器；8—输气量
调节油活塞；9—调节滑阀；10—阴、阳转子；11—主轴
承；12—油分离环；13—挡油板

表 9-10　螺杆式制冷压缩机型号和名称示例

压缩机型号	结构形式	转子公称直径 /mm	制冷剂
LG16CA	开启式（LG）	160	R717（A）
BLG10D2	半封闭式（BLG）	100	R22（半封闭式不表示）

设计或选型时要考虑螺杆式制冷压缩机的设计及使用条件（见表 9-11）。

表 9-11　螺杆式制冷压缩机设计及使用条件　　　　　　　　　　　　　　℃

设计和使用条件	制冷剂		
	R22、R12		R717
	水冷式	风冷式	
最高排出压力饱和温度	49	60	46
最低吸入压力饱和温度	−40	−20	−40
最高吸入压力饱和温度	10		5
最高排气温度	105（90）（括号内的数值为 R12 的排气温度）		

　　根据工况条件的不同，螺杆式压缩机的性能参数也会发生变化。一般生产厂家均提供压缩机组的性能曲线，选择制冷机时要利用这些曲线来确定操作条件下压缩机的制冷量。带经济器的螺杆制冷压缩机制冷量、轴功率增加率与温度的性能曲线见图 9-25。

　　此外，把螺杆式制冷压缩机、辅助装置及附件组装在一起成为制冷机组，也可供用户很方便地进行选择使用。例如，半封闭螺杆冷水机组、螺杆乙二醇机组、螺杆盐水机组等均可满足用户的选用要求，用户使用时只需连接水管、电气线路即可投入使用。图 9-26 为螺杆乙二醇机组流程图，图 9-27 为乙二醇机组的外形图。

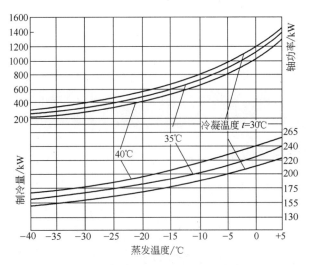

图 9-25 螺杆压缩机的性能曲线

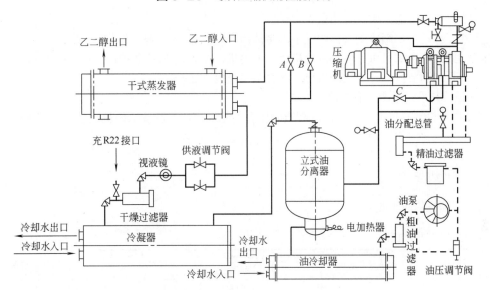

图 9-26 螺杆乙二醇机组流程图

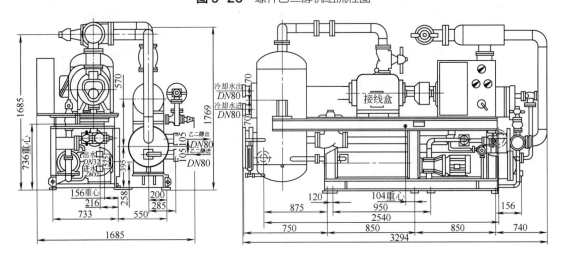

图 9-27 乙二醇机组外形图

9.4　离心式制冷机

离心式制冷机也属于蒸气压缩式制冷机的一种，它是以离心式制冷压缩机为主机，与冷凝器、蒸发器及节流装置等组合在一起的成套机器。离心式制冷机一般分为冷水机组和低温机组两大类，在大型空调及化工过程中应用广泛。

9.4.1　离心式制冷机的特点及应用

（1）离心式制冷机的特点

离心式制冷机有如下特点：

ⅰ. 单机制冷量大，单机制冷量一般均在 1200kW 以上。

ⅱ. 结构紧凑，占地面积小，机组重量轻。

ⅲ. 易损件少，工作可靠，维护费用低。

ⅳ. 运转平稳，振动小。制冷剂气体中几乎不带油污，蒸发器和冷凝器传热效率高。

ⅴ. 大型离心式制冷压缩机可以使用汽轮机作为驱动机，使大型工厂的余热利用成为可能。

ⅵ. 通过多级压缩和节流，一台制冷机可在多种蒸发温度下运行。

ⅶ. 适应性强，几乎可采用所有制冷剂。

离心式制冷机单机制冷量不宜太小，冷凝器的压力不能过高，其制冷压缩机的效率比容积式制冷压缩机的效率要低些。

（2）离心式制冷机的应用

离心式制冷压缩机的应用见表 9-12。

表9-12　离心式制冷机的应用

类型	用途	制冷量范围 /kW	蒸发温度 /℃	制冷剂种类	载冷剂种类	特点和应用
中、小型机组	空调用冷水机组	290 ~ 3490(R11) 875 ~ 4420(R12) >4420(R22)	≥0	R11 R12 R22 R500 R113	水	一般均为半封闭、单级组装、单筒结构；用于大、中型空调工程也有采用开式，双级或三级的结构
	工业用低温机组	350 ~ 3500	−5 ~ −25	R11 R12 R22 R717	氯化钙水溶液 甲醇水溶液 乙二醇水溶液	气体和液体冷却、工业蒸气液化、纺织工业、印刷工业、石油化工工业、食品工业、饮食业、冷库等
		350 ~ 2326	−25 ~ −40	R12 R22 R717 R290	氯化钙水溶液 甲醇水溶液 乙二醇水溶液 二氯甲烷 三氯乙烯 R11	石油化工、化工、食品工业、制药、低温环境试验室、冷库等
		350 ~ 1395	−40 ~ −60	R12 R22 R502 R1150 R1270	三氯甲烷 三氯乙烯 R11	液化气的结晶和贮藏、气体液化和冷却、制药、食品深冷、石油化工、低温环境试验室等

续表

类型	用途	制冷量范围 /kW	蒸发温度 /℃	制冷剂 种类	载冷剂种类	特点和应用
大型多级 压缩离心式 制冷装置	大型石油化工及 化工用，常与工艺 联合成一个装置或 工段	吸入气量 /(m³/h) 2500 ~ 32000	+15 ~ -42	R717	液氨直接冷 却物料	采用多缸、多段（级）的开式离心式压缩机； 压缩机组及其油系统与冷凝器及蒸发器，分离 罐等根据生产工艺要求，分别布置在建筑物内 或框架上；可实现工艺所要求的多蒸发温度的 制冷、工艺物料的回流和加压出料，并可与其 他介质的制冷系统组成复叠式制冷系统；多用 于石油化工及炼油厂、大型合成氨厂
		2000 ~ 20000	≥ -101	R1150	乙烯直接冷 却物料	
		5500 ~ 80000 制冷量 756 ~ 7270	≥ -70	R1270 R290	丙烯（丙烷） 直接冷却物料	

9.4.2 离心式制冷机的基本组成和制冷循环

（1）离心式制冷机的基本组成

离心式制冷循环由压缩、冷凝、节流、蒸发四个过程组成。离心式制冷机的基本部件有离心式制冷压缩机、冷凝器、节流装置及蒸发器四大部分。此外，离心式制冷机还有密封油和润滑油系统、抽气回收系统、压缩机安全自动保护系统以及调节制冷量的自动调节和控制系统等辅助系统。图 9-28 为单级离心式制冷装置剖面图。

（2）离心式压缩制冷循环

离心式压缩制冷循环也分单级制冷循环和双级制冷循环两种。为了提高制冷循环的经济性，节约能源，一般采用省能型的双级或三级离心式制冷机组。图 9-29 为带省功器的双级离心式压缩制冷循环流程。

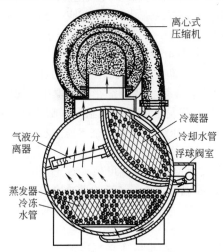

图 9-28　单级离心式制冷装置剖面图

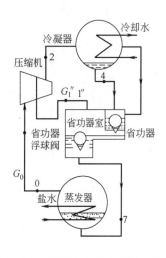

图 9-29　双级离心式压缩制冷循环流程图

液态制冷剂经浮球阀流入省功器，省功器内的压力与离心式压缩机的段间压力相等，为了达到这一目的，一部分制冷剂蒸发后通过管路进入压缩机的第二段入口，另一部分制冷剂在省功器内被冷却至饱和温度，经省功器的浮球阀再次节流后进入蒸发器内。省功器一方面可减少循环耗功量，同时也增加了单位质量制冷剂所产生的制冷量。

9.4.3 离心式制冷机的选型指南

离心式制冷压缩机的工作原理、操作特性及工况调节等与离心式压缩机相同，具体内容可参阅第 7 章内容。

离心式压缩机的选型主要是根据制冷系统的外部条件及制冷要求，确定设计工况条件及设计制冷量，由此选择所采用的润滑油耗量，以及润滑油和制冷剂的一次充灌量，在此基础上选用或设计制冷机的辅助设备或设施。

（1）选型原则

离心式压缩机的选型原则如下：

ⅰ.离心式制冷机组高效工作区范围较窄，在确定单机制冷量或制冷机的台数时，应保证运行工况条件在全负荷的 40% ～ 100% 之间运行。

ⅱ.在满足高效运行的前提下，尽可能选择单台机组。

ⅲ.选择单机制冷量时，要考虑离心式制冷压缩机的喘振界限，要求单机的最小制冷量大于压缩机的喘振点。

ⅳ.选型时要充分考虑制冷机的运行费用，优先选择单位制冷量下能耗最低的机组，同时也应考虑机组的价格和全年运行时间长短的关系。

ⅴ.选型时，注意机组的起动方式、峰值电流、电压、频率等参数与用户的供电设施匹配。单台机组适合于在机器房控制和操作；多台机组适合在控制室集中操作和控制。

ⅵ.选型时，要注意机器的噪声，尽可能选用噪声分贝值低的机组。

ⅶ.在参考厂家样本时，注意"单位电机功率输出制冷量"和"单位电机输入功率制冷量"的区别，配电时，应以后者为依据，此外，还应考虑辅助设施所需的电耗。

ⅷ.选型时，应注意制冷机组铭牌上的制冷量是否考虑了换热器污垢系数，污垢系数的大小会影响制冷机实际的制冷量。

（2）热力计算

热力计算前，首先要确定制冷工况，即蒸发温度和冷凝温度，并按用户冷负荷要求，考虑 5% ～ 10% 的附加冷损失系数，还要注意最小冷负荷应大于机组的喘振点。

蒸发温度一般比载冷剂的蒸发温度低 4 ～ 6℃，冷凝温度一般比冷却水终温高 3 ～ 5℃，冷却水在冷凝器中的温升一般为 4 ～ 6℃。

① 单级离心式压缩制冷的热力计算　单级离心式制冷机热力计算的步骤如下：

ⅰ.确定已知参数：其中包括设计制冷量、载冷剂在蒸发器中的出口温度、冷凝器中冷却水的进口温度；制冷系统的蒸发温度和冷凝温度；制冷剂的物性参数，如气体常数、分子量、绝热指数、比热、压缩性系数、临界压力和临界温度等；制冷剂的压 - 焓图和温 - 熵图。

ⅱ.确定各状态点参数：根据蒸发温度和冷凝温度值，首先查取蒸发压力和冷凝压力；制冷剂冷凝后一般保持比冷凝温度低 3 ～ 5℃的过冷度；压缩机的排气压力应为冷凝压力加上 5% ～ 10% 的管路压力损失；通过压 - 焓图依次确定各状态点的状态参数。

ⅲ.根据各点状态参数值，计算蒸发过程单位质量制冷剂的制冷量及单位容积制冷剂的制冷量。

ⅳ.根据设计制冷量要求，计算制冷剂的循环质量流量和循环容积流量。

ⅴ.计算绝热压缩功率和实际内功率。

ⅵ.计算冷凝器的放热负荷，冷凝器的放热负荷应为设计制冷量、吸气时的冷损失及实际内功率三者之和。

ⅶ.计算理论制冷系数，理论制冷系数等于设计制冷量除以绝热压缩功率，即消耗单位绝热功率所得到的制冷量。

ⅷ.计算离心式制冷压缩机的轴功率及驱动机的输入功率。

ⅸ.计算单位轴功率的制冷量，等于设计制冷量除以轴功率。

② 多级离心式压缩制冷的热力计算　双级或三级压缩并带有中间省功器的制冷机组在工业上也是常用的离心式制冷机组。在进行多级离心压缩制冷的热力计算前，应先按各段等压力比的原则分别确定段间压力，各段的热力计算步骤与单级离心式压缩制冷的热力计算步骤基本相同，但要考虑各段节流后汽化率及各段应该补充的气量，分段计算后，各热力参数进行必要的加和，即可得到整台机器的热力参数，在此不再赘述。

（3）机组型号

根据 GB/T 18430.1 和 GB/T 18430.2 中 4.2 型号部分规定，编制方法可由制造商自行编制，但型号中，应体现名义工况下机组的制冷量，典型的机组形式可参阅生产厂家的产品样本和有关手册。

离心式制冷机组种类较多，例如：空气调节用离心式冷水机组、低温氟利昂离心式制冷机组以及大型多级多参数离心式制冷压缩机组等均为工业上常用的机组类型。图 9-30 为 19XR 封闭型离心式冷水机组结构示意图，主要用于空调制冷行业，图 9-31 为 Millennium OM 型多级开启式离心式冷水机组流程图，是工业上应用

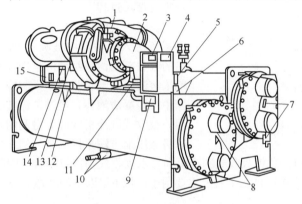

图 9-30　19XR 封闭型离心式冷水机组结构示意图

1—导叶执行结构；2—吸气弯管；3—控制箱；4—机组铭牌标签；5—蒸发器自动复位安全阀；6—蒸发器压力传感器；7—冷凝器进、出水温度传感器；8—蒸发器进、出水温度传感器；9—蒸发器铭牌；10—制冷剂充注阀；11—法兰接口；12—充油放油阀；13—油位视镜；14—油冷却器；15—润滑系统动力箱

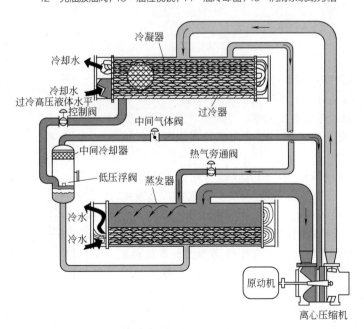

图 9-31　Millennium OM 型水冷离心式冷水机组流程

的大型离心制冷机组之一，最大制冷量可达 30000kW，驱动机可采用电动机、汽轮机或燃气轮机等形式。

其他典型的机组形式可参阅生产厂家的产品样本和有关手册。

9.5 吸收式制冷机

吸收式制冷机可以直接利用工厂产生的废热或采用直燃加热方法来驱动，近年来在工业上得到了迅速的发展和应用。吸收式制冷机采用低压吸收和高压解吸的方法来提高蒸气的压力，因此吸收式制冷机组中除了蒸发器和冷凝器外，还有吸收器和发生器等。图 9-32 是吸收式制冷机最基本的吸收循环过程。

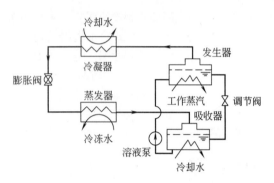

图 9-32 吸收式制冷循环

在吸收式制冷循环中，制冷剂在蒸发器中蒸发，产生制冷剂蒸气进入吸收器中被吸收剂浓溶液吸收，吸收制冷剂蒸气后的吸收剂稀溶液经溶液泵送到发生器中再生，再生后的吸收剂浓溶液再回到吸收器中，制冷剂蒸气进入冷凝器，并在冷凝器中被冷凝成液体，经过节流膨胀阀重新回到蒸发器中循环使用。吸收式制冷机实际上是利用热压缩方法替代了压缩制冷中的机械压缩方法来提高蒸气的压力。

吸收式制冷机中常见的有溴化锂吸收式制冷机和氨水吸收式制冷机两种，因氨和水较难分离，需要较复杂的精馏设备，因此氨水吸收式制冷机在工业上主要用于制取 0℃以下的低温系统，目前在空调工程中应用较多的是溴化锂吸收式制冷机。

9.5.1 溴化锂吸收式制冷机

9.5.1.1 工作原理

（1）工作过程

溴化锂吸收式制冷机是利用低温的溴化锂水溶液可强烈吸收水蒸气而高温时又释放出水蒸气这一溶液特性完成循环的。它用溴化锂作吸收剂，用水作制冷剂。通常把发生器、冷凝器、蒸发器和吸收器等合置在一个或两个密封筒体内，即成为单筒式或双筒式结构。

图 9-33 为单效制冷循环的流程图。由吸收器 A 流出的溴化锂稀溶液被溶液泵 P_s 升压后，经换热器 Ex 进入发生器 G 内，被发生器管束中的工作蒸汽加热，溶液中的水分汽化成为冷剂水蒸气，同时溴化锂溶液变为浓溶液。冷剂水蒸气进入冷凝器 C 中，被冷却水冷却、冷凝成冷剂水，冷剂水经过节流装置 U 形管进入蒸发器 E 中，由于压力急剧下降，喷淋在蒸发器管束外面的冷剂水受到管束内冷媒水（载冷剂）的加热，迅速吸热蒸发，未完全蒸发的部分冷剂水落入蒸发器 E 的水盘中，被循环泵 P_w 送往蒸发器的喷淋装置，继续吸热蒸发。同时管束内的冷媒水被带走热量，被冷却到所需温度，就达到了制冷的目的。蒸发器 E 中产生的冷剂蒸汽进入吸收器

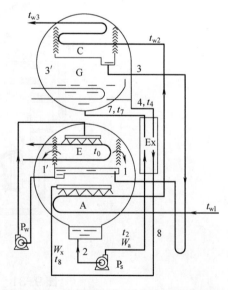

图 9-33 溴化锂吸收式制冷机循环流程图

A 中，被来自发生器 G 经换热器 Ex 和节流阀而喷淋在蒸发器管束上的溴化锂溶液所吸收。溴化锂浓溶液吸收水蒸气变成稀溶液，又被溶液泵 P$_s$ 送经换热器 Ex 至发生器 G 中去加热，这就组成了一个连续的工作过程。

（2）制冷循环的 h-w（焓-浓度）图

图 9-34 为溴化锂吸收式制冷机理想循环过程的 h-w 图。图 9-34 中的浓度是以质量分数来表示的，溴化锂稀溶液经换热器进入生成器，即由状态点 2 至状态点 7 表示稀溶液在换热器内的吸热过程；在发生器内溶液被加热浓缩，由状态点 7 至状态点 4 表示稀溶液在发生器内加热和再生过程。发生器中产生的水蒸气进入冷凝器内冷凝成冷剂水，由状态点 1′ 至状态点 3 表示冷剂水蒸气在冷凝器中的冷凝过程。冷剂水经节流进入蒸发器内汽化为冷剂水蒸气，由状态点 1 至状态点 1′ 表示冷剂水在蒸发器中的汽化过程。溴化锂浓溶液在重力及压差作用下由发生器流入换热器，由状态点 4 至状态点 8 表示浓溶液在换热器中的放热过程。

有时为了充分利用热源，提高机组的效率可采用双效溴化锂吸收制冷机，其中有高压和低压两个发生器，高压发生器中采用较高压力的蒸汽加热并产生二次冷剂蒸汽，二次冷剂蒸汽作为低压发生器的热源，既有效地利用了热源，也降低了冷凝器的负荷，可获得较高效率。图 9-35 为双效溴化锂吸收式制冷机的流程图。

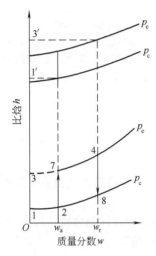

图 9-34 溴化锂吸收式制冷循环的 h-w 图
p_c—吸收器、蒸发器压力；p_e—冷凝器、发生器压力；
w_a—稀溶液质量分数；w_r—浓溶液质量分数

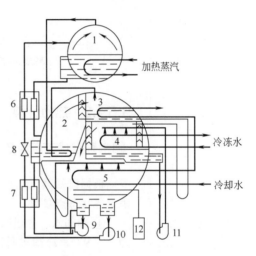

图 9-35 双效溴化锂吸收式制冷机流程
1—高压发生器；2—低压发生器；3—冷凝器；4—蒸发器；5—吸收器；
6—高温换热器；7—低温换热器；8—调节阀；9—吸收器循环泵；
10—发生器循环泵；11—蒸发器循环泵；12—抽气装置

另外，也可采用燃气或煤油直接燃烧加热的直燃式溴化锂吸收式制冷机，这种制冷机一般做成冷 - 热水机组形式，因此，夏天可作空调，冬天可用于采暖。图 9-36 为直燃式溴化锂吸收式冷热水机组的工作原理图。

当热源温度较低时，可考虑采用两级吸收式循环。两级吸收式制冷机可以利用 70 ～ 90℃的废气或热水作热源。图 9-37 为两级吸收式制冷机系统原理图。其主要工作原理是：低压吸收器 6 出来的稀溶液由低压发生器 3 加热浓缩，产生的冷剂水蒸气进入高压吸收器 4，高压吸收器 4 内的喷淋溶液吸收低压系统来的冷剂水蒸气后变为稀溶液，再进入高压发生器 1 被加热浓缩，浓溶液经高温热交换器冷却后可到高压吸收器 4 内，而冷剂水蒸气进入冷凝器 2 内冷凝成为冷剂水，冷剂水经过节流降压后，进入蒸发器 5，冷剂蒸发后的冷剂水

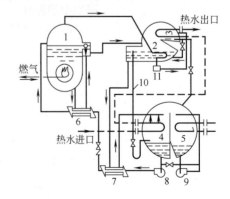

图 9-36 直燃式溴化锂吸收式冷热水机组
1—高压发生器；2—低压发生器；3—冷凝器；4—吸收器；
5—蒸发器；6—高温热交换器；7—低温热交换器；8—溶液泵；
9—蒸发器泵；10—J 形管；11—疏水器

蒸气再回到低压吸收器 6 被喷淋溶液所吸收。

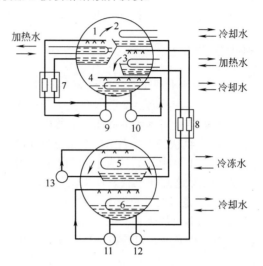

图 9-37 两级溴化锂吸收式制冷机原理

1—高压发生器；2—冷凝器；3—低压发生器；4—高压吸收器；5—蒸发器；6—低压吸收器；
7—高温热交换器；8—低温热交换器；9—高压发生器泵；10—高压吸收器泵；
11—低压吸收器泵；12—低压发生器泵；13—蒸发器泵

9.5.1.2 热力计算

（1）确定状态点参数

根据已知蒸气的压力 p_h、冷却水温度 t_{w1} 及冷冻水进出蒸发器的温度 t_{11} 及 t_{12} 来确定各状态点参数。

① 冷却水　先进吸收器，再进冷凝器，经过这两台设备后冷却水总的温升一般为 7～9℃，冷却水通过吸收器的温升要稍高些：

$$冷却水出吸收器的温度\qquad t_{w2} = t_{w1} + \Delta t_{w1} \tag{9-17}$$

$$冷却水出冷凝器的温度\qquad t_{w3} = t_{w2} + \Delta t_{w2} \tag{9-18}$$

式中，Δt_{w1} 为冷却水在吸收器中的温升，一般取 4～5℃；Δt_{w2} 为冷却水在冷凝器中的温升，一般取 3～4℃。

② 冷凝温度 t_c　一般比冷却水出冷凝器温度高 3～5℃，即

$$t_c = t_{12} + (3 \sim 5) \quad （℃） \tag{9-19}$$

③ 冷凝压力 p_c　等于水在温度 t_k 时的饱和压力。

④ 蒸发温度 t_0　一般比冷冻水出蒸发器的温度低 2～4℃，即

$$t_0 = t_{12} + (2 \sim 4) \quad （℃） \tag{9-20}$$

⑤ 蒸发压力 p_0　等于水在温度 t_0 时的饱和压力。

⑥ 稀溶液出吸收器的温度 t_2　一般比冷却水出吸收器的温度高 3～5℃，即

$$t_2 = t_{w2} + (3 \sim 5) \quad （℃） \tag{9-21}$$

⑦ 吸收器的压力 p_a　可按下式计算

$$p_a = p_0 - (0.13 \sim 0.67) \times 10^2 \quad （Pa） \tag{9-22}$$

⑧ 稀溶液的质量百分数 w_a　根据 p_a 及 t_2 从溴化锂溶液的比焓 - 质量分量分数

图中查得。

⑨ 浓溶液的质量百分数 w_r 为

$$w_r = w_a + (0.03 \sim 0.06) \tag{9-23}$$

⑩ 溶液出发生器的温度 t_4　根据 w_r 及 p_c 从溴化锂溶液的比焓 - 质量分数图中查得。

⑪ 浓溶液出换热器的温度 t_8　应比 w_r 所对应的结晶温度高 10℃以上，通常按下式计算

$$t_8 = t_2 + (15 \sim 25) \quad (℃) \tag{9-24}$$

（2）设备热负荷计算

① 发生器的单位热负荷 q_G（kJ/kg）

$$q_G = h_{3'} + (a-1)h_4 - ah_7 \tag{9-25}$$

式中，a 为循环倍率，表示再生单位冷剂水所需稀溴化锂溶液的循环量；$h_{3'}$、h_4、h_7 为参考图 9-35 中各状态点的比焓（下同），kJ/kg；其他符号意义同前。

② 冷凝器的单位热负荷 q_c/(kJ/kg)

$$q_c = h_{3'} - h_3 \tag{9-26}$$

③ 蒸发器单位热负荷 q_0/(kJ/kg)

$$q_0 = h_{1'} - h_3 \tag{9-27}$$

④ 吸收器单位热负荷 q_A/(kJ/kg)

$$q_A = (a-1)h_8 - h_{1'} - ah_2 \tag{9-28}$$

⑤ 溶液换热器单位负荷 q_t/(kJ/kg)

$$q_t = a(h_7 - h_2) = (a-1)(h_4 - h_8) \tag{9-29}$$

（3）制冷机的热平衡及热力效率

忽略泵消耗功率所带给系统的热量，则制冷机的热平衡式为

$$q_G + q_0 = q_A + q_C \tag{9-30}$$

制冷机的制冷循环量 D/(kJ/kg) 为

$$D = Q_0 / q_0 \tag{9-31}$$

式（9-30）中各项乘以 D 可得

$$Q_G + Q_0 = Q_A + Q_C \tag{9-32}$$

式中，Q_0 为制冷机制冷量，kW；Q_G 为发生器耗热量，kW；Q_A 为吸收器的热负荷，kW；Q_C 为冷凝器的热负荷，kW。

制冷机的热力效率 COP 为

$$COP = \frac{Q_0}{Q_G} = \frac{q_0}{q_G} \tag{9-33}$$

单效溴化锂吸收式制冷机的热力效率 COP 一般为 0.65 ~ 0.75，双效溴化锂吸收式制冷机热力效率 COP 一般为 0.95 以上。

（4）制冷机设备传热面积及结构设计

有关发生器、吸收器、冷凝器、蒸发器、换热器等设备的传热面积及结构设计方面的内容可参阅其他相关

文献资料。

9.5.2 氨‐水吸收式制冷机

氨‐水吸收式制冷机的工作原理与溴化锂吸收式制冷机类似。

氨吸收式制冷机以氨为制冷剂，以水为吸收剂构成溶液循环制冷系统，适用于蒸发温度为 +5 ～ –60℃的制冷工况。图 9-38 为氨‐水吸收式制冷机的工作流程。

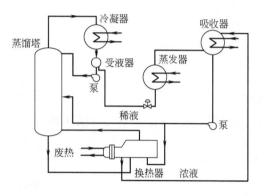

图 9-38 氨‐水吸收式制冷机工作流程

从吸收器流出的稀液由泵送至蒸馏塔内，从蒸馏塔顶流出的氨蒸气在冷凝器中被冷凝为液氨，其中一部分作为蒸馏塔回流用，另一部分经节流阀流入蒸发器，在蒸发器内与载冷剂实现热交换，气化后的氨进入吸收器，被来自蒸馏塔底的水吸收生成稀氨水，如此不断循环。

与溴化锂吸收式制冷机相比，氨‐水吸收式制冷机以蒸馏塔代替了发生器，实现了冷剂的再生，它比溴化锂吸收式制冷机消耗更多的能量，但可获得更低的温度。

氨‐水吸收式制冷机一般均需根据生产条件自行设计，有关的设计方法可参阅相关的制冷手册。

9.6 其他低温制冷机

低温制冷机是低温技术的一个重要分支，随着航天、军事、气象等诸多部门现代科学技术的高速发展，各种新型的低温制冷机不断问世。目前广泛使用的低温制冷机有以下几种。

9.6.1 斯特林制冷机

斯特林制冷机是一种利用气体回热循环的机械式制冷机，是在 1816 年斯特林提出的定容回热循环的基础上发展起来的，其工作过程是通过不变质量的工质在不同温度水平下重复压缩和膨胀来实现制冷的。

图 9-39 为理想的斯特林制冷循环以及其压容图和温熵图。制冷机由回热器 R、冷却器 A、冷量换热器 C 及两个活塞和两个气缸组成，左侧是膨胀腔（冷腔 V_{co}，温度 T_{co}），右侧为压缩腔（室温腔 V_a，温度 T_a），冷腔和室温腔由回热器 R 连通。其工作过程如下：开始时，假设压缩活塞和膨胀活塞均处于右止点，气缸内有一定量气体，压力为 p_1，容积为 V_1。当右侧的压缩活塞向左移动而左侧的膨胀活塞不动时，气体被等温压缩，压缩热经冷却器 A 传给外界，气体温度保持室温不变，压力升为 p_2，容积减小到 V_2［图 9-39（c）中 1 → 2 过程］；

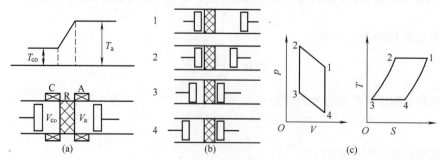

图 9-39 斯特林制冷机工作过程

之后，两个活塞同时向左移动，气体容积保持不变，压缩活塞到达左止点，气体通过回热器时把热量释放给回热器中的填料，温度下降，同时压力也由 p_2 下降为 p_3 [图 9-39（c）中 2 → 3 过程]；然后，压缩活塞停在左止点上，左侧的膨胀活塞继续向左运动，直至其左止点，气体进行等温膨胀，膨胀热量由冷量换热器中被冷却的对象提供，被冷却的对象放热后即实现了制冷，气体的容积增大到 V_4，同时压力降低至 p_4 [图 9-39（c）中 3 → 4 过程]；最后，两个活塞同时向右移动至右止点，气体容积不变，回到起始位置 [图 9-39（c）中 4 → 1 过程]。

斯特林制冷机有各种形式，如双作用斯特林制冷机及多级斯特林制冷机等；有整体式结构，也在分置式结构；有机械驱动型、气动型、气动与弹簧联合驱动型及弹簧与电磁力联合驱动型等各种驱动方式。其制冷温度最低可达 3K，制冷量可以从毫瓦级到几千瓦级，在军事和航天等领域有特殊的应用。

9.6.2 维勒米尔制冷机

维勒米尔制冷机属热动力回热式制冷机，简称 VM 制冷机。其工作原理与斯特林制冷机相类似，所不同的是用热压缩代替了机械式压缩。图 9-40 为 VM 制冷机结构示意图。

VM 制冷机由冷热两个气缸、冷热两个推移活塞、冷回热器 R_{co}、热回热器 R_h、冷量换热器 C、冷却器 A 和加热器 H 以及推移活塞的驱动机构组成，活塞往复运动构成三个可变容积的工作腔，分别为冷腔 V_{co}、室温腔 V_a 和热腔 V_h。

其工作过程（参见图 9-40）为：热推移活塞向右运动，冷推移活塞向上运动，冷腔和热腔容积同时减小；冷腔中部分气体通过冷量换热器吸热，然后经过冷回热器被填料加热至接近于室温进入室温腔。由于冷热腔容积同时减小，整个机器内气体平均温度和压力变化不大，气体在冷量热交换器中吸热，对外界产生制冷效果 [图 9-39（c）中的 1 → 2 过程]。当冷推移活塞继续向上运动，热推移活塞向左移动时，热腔增大，冷腔减小，冷腔中气体与 1 → 2 过

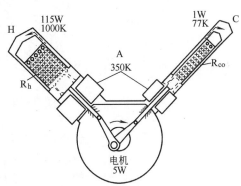

图 9-40 VM 制冷机结构示意图

程相同，而室温腔中气体由推移活塞推过热回热器时，被填料加热至高温进入热腔，整个过程机器内部气体平均温升升高，压力也增高；工质由冷量热交换器和加热器吸热，热量在室温下由冷却器排出 [图 9-39（c）中的 2 → 3 过程]。当两个推移活塞运动使冷腔和热腔容积同时增大时，室温腔内一部分气体通过冷回热器被填料冷却到接近冷腔温度，进入冷腔；另一部分气体通过热回热器加热到接近于热腔温度进入热腔 [图 9-39（c）3 → 4] 过程。当冷推移活塞继续向下移，直至下止点，热推移活塞向右移动到中间位置，冷腔增大到最大，热腔减小。热腔内部分气体经过热回热器向填料放热，温度降低到接近室温，进入室温腔，同时部分室温腔内气体通过冷回热器时被填料冷却到接近冷腔温度，进入冷腔 [图 9-39（c）中的 4 → 1 过程]。如此不断循环下去，在冷量换热器内不断实现制冷。

VM 制冷机也发展了多种机型，制冷量从 0.2 瓦到十几瓦，最低温度可达 11.5K。

9.6.3 磁性制冷机

磁性制冷机是利用顺磁物质绝热去磁后温度降低这一原理来制冷的。目前国际上已研制出热开关型磁性制冷机、往复式磁性制冷机和旋转式磁性制冷机三大类。制冷量从 0.5 瓦到数瓦，在航天、天文等部门有较好的应用前景。

9.6.4 吸附制冷机

吸附制冷机是一种利用气体在常温下被固体吸附剂吸附，在高温下解吸，周期性进行制冷的系统，利用三组固体吸附剂后可获得连续制冷。吸附是一种放热过程，吸附时需采取一定冷却措施将此热量取走，以保持吸

附剂温度不变；解吸过程是吸热过程，若保持吸附剂温度不变，外界必须供给一定热量并获得了冷量，即实现了制冷要求。

9.6.5　气波制冷机

气波制冷机是一种利用气体压力能产生激波和膨胀波，从而实现气体制冷的机器。它主要由旋转喷嘴 1、接受管 2 和消波装置 3 组成（见图 9-41）。气波制冷机工作时，带有压力的气体通过喷嘴膨胀后高速喷出，依次射入沿喷嘴圆周排布的各接受管中，气体与接受管内的原有气体之间形成一个接触面，在其前方出现同方向运动的激波。激波经过之处，气体受到压缩，温度和压力提高，从而形成热腔，并通过管壁将热量散向外界；接触面后的气体膨胀降压，温度下降，形成冷腔。喷射停止后，接受管开口端转向气体出口，管口压力骤然下降，因此从管口产生一束右行膨胀波，使管内冷气流流出接受管，汇总后由机器的排气管排出。

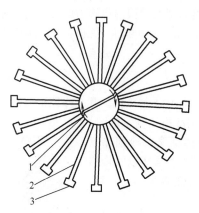

图 9-41　气波制冷机原理图

气波制冷机的效率较高，旋转式气波制冷机效率可达 75% 左右，易损件较少，唯一的易损件是滚动轴承，操作维修方便，运行周期较长。气波制冷机适应性较强，对气体的组成、流量、压力和膨胀比的变化不很敏感，并且新一代气波制冷机采用多级孔板耗散结构提高了机器的带液运行性能。

目前，气波制冷机主要应用于军工、轻烃回收、天然气脱水净化以及石油化工厂尾气回收等工程应用领域。

此外，还有一些制冷机，例如：吉福特 - 麦克马洪及索尔文制冷机（简称 G-M 及 SV 制冷机）、超低温氦稀释制冷机、脉管制冷机、辐射制冷机等也正处在不断发展和完善之中，有关这些新型制冷机的工作原理及使用范围可参阅有关制冷方面的书籍。

🖉 思考题

1. 各种形式的制冷机分别有何优缺点？应用于何种场合？
2. 活塞式制冷机的工作参数有哪些？影响这些参数的因素有哪些？
3. 螺杆式制冷压缩机的性能参数有哪些？如何调节这些参数？
4. 离心式制冷压缩机有何特点？选型时需考虑哪些因素？
5. 溴化锂吸收式制冷机和氨 - 水吸收式制冷机原理和结构有何异同点？

10 泵

○○ —————— ○○ ○ ○○ ——————

◉ **学习目标**

○ 能说明泵的不同类型及应用场合，并能根据工况条件对泵进行选型。

○ 能分析离心泵的基本结构和工作原理，并根据离心泵的性能曲线和运转工况点确定调节方案。

○ 能分析不同输送介质对泵性能的影响，并对离心泵进行串、并联设计和应用。

○ 能对离心泵的主要零部件进行设计。

○ 能描述轴流泵、混流泵和旋涡泵等叶片泵，以及容积泵、计量泵和真空泵等各类化工用泵的结构特点及适用场合。

10.1 泵的类型及应用

10.1.1 泵的类型

泵是把机械能转化为液体的势能或动能的流体机械，它在过程工业中应用比较广泛，是仅次于电动机的第二大类通用机械。

（1）泵的分类

泵的类型很多，根据泵的工作原理和结构特点，泵可以分为以下几类：

此外，工业上使用的真空泵实际上是形成负压的抽气机。

（2）各种泵的特点及比较

各种泵适用范围和特性见表 10-1。

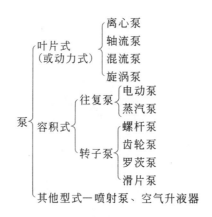

表10-1　泵的特性及适用范围

	指标	叶片式泵			容积式泵	
		离心泵	轴流泵	旋涡泵	往复泵	转子泵
流量	均匀性	均匀			不均匀	比较均匀
	稳定性	不恒定，随管路情况变化而变化			恒定	
	范围 /(m³/h)	1.6 ~ 30000	150 ~ 245000	0.4 ~ 10	0 ~ 600	1 ~ 600
扬程	特点	对应一定流量，只能达到一定的扬程			对应一定流量可达到不同扬程，由管路系统确定	
	范围	10 ~ 2600m	2 ~ 20m	8 ~ 150m	0.2 ~ 100MPa	0.2 ~ 60MPa
效率	特点	在设计点最高，偏离愈远，效率愈低			扬程高时，效率降低较小	扬程高时，效率降低较大
	范围（最高点）	0.5 ~ 0.8	0.7 ~ 0.9	0.25 ~ 0.5	0.7 ~ 0.85	0.6 ~ 0.8
	结构特点	结构简单，造价低，体积小，重量轻，安装检修方便			结构复杂，振动大，体积大，造价高	同离心泵
操作与维修	流量调节方法	出口节流或改变转速	出口节流或改变叶片安装角度	不能用出口阀调节，只能用旁路调节	同旋涡泵，另还可调节转速和行程	同旋涡泵
	自吸作用	一般没有	没有	部分型号有	有	有
	启动	出口阀关闭	出口阀全开		出口阀全开	
	维修	简便			复杂	简便
	适用范围	黏度较低的各种介质	特别适用于大流量、低扬程、黏度较低的介质	特别适用于小流量、较高压力、低黏度清洁介质	适用于高压力、小流量的清洁介质（含悬浮液或要求完全无泄漏可用隔膜泵）	适用于中低压力、中小流量，尤其适用于黏性高介质
	性能曲线形状（H—扬程；Q—流量；η—效率；N—轴功率）					

10.1.2　泵的应用

　　泵在国民经济各部门中应用非常广泛，例如农田灌溉、城市给排水、污水处理、水利水电工程、化工、石化、冶金、航空航天等各部门都离不开泵。过程工业中泵的种类和数量较多，使用条件也非常苛刻。典型的化工生产用泵包括：进料泵、回流泵、塔底泵、产品泵、注入柱、补给泵、冲洗泵、排污泵、燃料油泵、润滑油泵和封液泵等。

在各种型式的泵中，离心泵应用最为广泛。

10.2　离心泵

在化工及石化装置中，离心泵的使用量占泵总量的 70% ～ 80%，它具有结构简单、体积小、质量轻、流量均匀、制造容易、运转和维护方便等特点。

10.2.1　离心泵的基本结构与工作原理

10.2.1.1　基本结构

离心泵的基本结构见图 10-1。离心泵的主要构件有叶轮、转轴、轴承及密封等，有的泵还设置平衡轴向力的平衡盘或抗汽蚀的诱导轮等。

10.2.1.2　基本工作原理

（1）工作过程

离心泵在启动前应先灌泵。启动电机后，叶轮旋转，叶轮中的液体在叶片的驱动下一起旋转，在离心力的作用下，液体沿叶道被甩向叶轮出口，然后经排出室排出泵外，同时，在叶轮入口处形成低压区，吸入罐中的液体便不断地经过吸入管路到达泵体的吸入室，再流入叶轮中，这样，离心泵就能连续地工作。

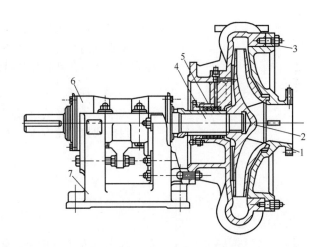

图 10-1　离心泵基本结构图
1—吸入室（泵盖）；2—叶轮；3—蜗壳（泵体）；
4—转轴；5—填料密封；6—轴承箱；7—托架

（2）离心泵基本参数

离心泵的主要性能参数有转速、流量、扬程、功率和效率等。它们分别定义如下：

① 转速 n　转速指离心泵叶轮的转速，单位是 r/min。

② 流量 Q　泵的流量一般指泵的有效流量，即单位时间内泵排液口排出的液体量，大多采用容积流量，单位是 m^3/s 或 m^3/h。此外，还有泵的理论流量 Q_T 的概念，它是指单位时间内流入泵做功元件内的液量，理论流量应为有效流量与泵的泄漏量之和。

③ 扬程 H　泵的扬程一般指泵的实际扬程，它是单位重量液体通过泵后获得的总能量，单位是 m，即液注高度。泵的理论扬程是指叶轮对流入的单位重量液体所做的功，是实际扬程和泵内流体的流动阻力之和。

④ 功率　泵的有效功率 N_{eff} 是指单位时间内在泵的排出口流出的液体从泵中所获得的能量；泵的内功率 N_i 是单位时间内做功元件所给出的能量；泵的轴功率 N_z 是单位时间内由原动机传递到泵主轴上的功，它们的单位均为 kW。

$$N_{eff} = \rho g Q H / 10^3$$
$$N_i = \rho g Q_T H_T / 10^3 \qquad (10\text{-}1)$$
$$N_z = N_i + N_{mec}$$

式中，ρ 为液体密度，kg/m³；g 为重力加速度，m/s²；N_{mec} 为机械损失功率，kW。

⑤ 效率　泵的效率有容积效率、水力效率、机械效率和总效率之分。泵的容积效率 $\eta_V = Q / Q_T$ 是衡量泵泄漏量大小的性能参数；泵的水力效率 $\eta_{hyd} = H / H_T$ 是衡量液体流经泵时阻力损失大小的性能参数；泵的机械效率 $\eta_{mec} = N_i / N_z$ 是衡量泵运动部件摩擦损失大小的性能参数。泵的效率一般指总效率，是衡量泵经济性的性能参数，总效率 η 定义为

$$\eta = \frac{N_{eff}}{N_z} = \eta_{hyd}\eta_V\eta_{mec} \tag{10-2}$$

除以上性能外，泵还有一个重要的参数是泵的允许汽蚀余量（NPSH），在后面的章节中予以介绍。

（3）离心泵的基本方程式

液体在泵叶轮进、出口处的速度三角形与离心式压缩机相类似。

离心泵的水力学基本方程式与离心式压缩机的水力学方程基本相同。根据连续性方程，液体在叶轮出口截面的体积流量为

$$Q_2 = c_{r2}F_2 = c_{r2}\pi D_2 b_2 \tau_2 \tag{10-3}$$

式中，各符号的意义同式（7-37）。

根据欧拉涡轮方程，离心泵的扬程为

$$H_T = \frac{c_{u2}u_2 - c_{u1}u_1}{g} \tag{10-4}$$

或

$$H_T = \frac{u_2^2 - u_1^2}{2g} + \frac{w_1^2 - w_2^2}{2g} + \frac{c_2^2 - c_1^2}{2g} \tag{10-5}$$

式中，H_T 为泵的理论扬程，m；g 为重力加速度，m/s²；其他符号的意义见式（7-38）和式（7-39）。

（4）泵汽蚀及汽蚀余量

① 汽蚀发生的机理　液体在泵的叶轮中流动时，在叶片入口附近的非工作面上存在着局部低压区，当该区压力低于相应液体的饱和蒸气压时，液体便开始汽化并形成气泡；同时，液体中溶解的部分气体也可能逸出，形成气泡。当气泡随液流流动至叶道内压力较高位置处，气泡周围液体的压力高于汽化压力时，气泡又重新凝结溃灭，形成空穴，气泡周围的液体迅速冲入这些空穴，造成液体互相撞击，使空穴周围局部压力骤然升高，有时能达到 30MPa，这会使主液流流动受到干扰。如果在叶道壁面处产生空穴溃灭，液体会以极高的频率连续打击金属表面，致使金属表面产生疲劳破坏。如果气泡内含有溶解释放的活性气体，它们可借助气泡凝结时的放热，在局部高温区对金属产生电化学腐蚀作用，加速了金属剥蚀的破坏程度。这种气泡的产生和凝结造成局部高压、高温、高频冲击负荷，对叶道金属造成机械剥裂和电化学腐蚀破坏的综合现象称为汽蚀。

② 汽蚀的危害性　汽蚀会使过流部件产生剥蚀和腐蚀破坏，也会使泵的性能突然下降，还会使泵产生强烈的振动和噪声。汽蚀也是影响水力机械向高转速发展的因素之一，这是因为汽蚀往往发生在叶轮进口或液体高速流动的位置。汽蚀产生腐

蚀破坏的部位经常是叶轮出口处位置。

③ 汽蚀余量　在液体介质已定的情况下，泵是否发生汽蚀取决于泵本身和吸入装置两方面因素，泵本身和吸入装置的分界面是泵的入口法兰面。

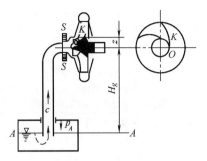

图10-2　吸入装置简图

泵的有效汽蚀余量是指液体自吸入液面到泵的入口法兰面处，单位重量液体所具有的能量比汽蚀时液体的静压能所高出的那部分能量，也称为泵吸入装置的汽蚀余量，用 $NPSH_a$ 表示。

$$NPSH_a = \frac{p_S}{\rho g} + \frac{c_S^2}{2g} - \frac{p_V}{\rho g} \qquad (10\text{-}6)$$

式中，p_S 为泵入口法兰面处液流的压力，Pa；p_V 为输送温度下液体的饱和蒸气压，Pa；c_S 为泵入口法兰面处液流的速度，m/s。

在吸入液面经泵吸入装置的入口和泵入口的法兰面（见图10-2）之间列伯努利方程，可得

$$\frac{p_A}{\rho g} + \frac{c_A^2}{2g} + z_A = \frac{p_S}{\rho g} + \frac{c_S^2}{2g} + z_S + \Delta H_{A \to S} \qquad (10\text{-}7)$$

式中，吸入液面的液速 c_A 近似等于零，把式（10-7）整理后代入式（10-6），得

$$NPSH_a = \frac{p_A}{\rho g} - \frac{p_V}{\rho g} - H_g - \Delta H_{A \to s} \qquad (10\text{-}8)$$

式中，p_A 为吸入液面处的压力，Pa；$\Delta H_{A \to s}$ 为吸入管路的流动损失，m；H_g 为泵的安装高度，$H_g = z_S - z_A$，m。

式（10-8）表明：有效汽蚀余量只与泵吸入装置的管路特性及液体汽化压力有关，而与泵本身的结构无关。有效汽蚀余量越大，泵越不容易发生汽蚀。

泵必需的汽蚀余量是指泵入口法兰面处单位重量液流到达叶轮内压力最低点 K 处的静压能的降低值，用 $NPSH_r$ 表示。泵必需的汽蚀余量与泵结构和液体进入泵的流动状态有关，与管路特性无关，是离心泵的特性参数，一般由泵厂用 20℃的清水在额定流量下根据试验确定泵必需的汽蚀余量。泵必需的汽蚀余量可用下式表示

$$NPSH_r = \lambda_1 \frac{c_0^2}{2g} + \lambda_2 \frac{w_0^2}{2g} \qquad (10\text{-}9)$$

式中，c_0 为液流进入叶道前的绝对速度，m/s；λ_1 为液流自泵吸入法兰面到泵叶轮叶道之间由绝对流速及流动损失引起的压降系数，一般 $\lambda_1 = 1.0 \sim 1.3$；λ_2 为液流绕流叶片的压降系数，无冲击损失时，$\lambda_2 = 0.2 \sim 0.4$；w_0 为液流进入叶道前的相对速度，m/s。

$NPSH_r$ 越小，泵越不会发生汽蚀。从式（10-9）中可以看出：随着流量或流速的增加，泵必需的汽蚀余量也有所增加。

一般而言，当 $NPSH_a = NPSH_r$ 时，泵就开始汽蚀。在实际应用中为了安全起见，通常采用许用汽蚀余量 $[NPSH]$ 作为汽蚀发生的判据，一般许用汽蚀余量的取值为

$$[NPSH] = NPSH_r + (0.6 \sim 1.0) \qquad (m) \qquad (10\text{-}10)$$

对于特殊用途或特殊条件下使用的离心泵，应查阅有关手册或泵样本来确定 $[NPSH]$。离心泵实际工作时，为了避免汽蚀的发生，要求满足以下条件

$$NPSH_a > [NPSH] \qquad (10\text{-}11)$$

④ 离心泵抗汽蚀性能的措施　提高离心泵抗汽蚀性能的措施，应从两个方面来考虑：一是改进泵本身的结构参数或结构形式，使 $NPSH_r$ 尽可能减小；二是合理地设计泵前装置及泵的安装位置，使 $NPSH_a$ 足够大。具体来说，提高泵抗汽蚀性能的措施见表10-2。

表10-2　提高泵抗汽蚀的措施

	方法	优点	缺点	备注
用户采取的方法	（1）降低泵的安装高度（提高吸液面位置或降低泵的安装位置），必要时采用倒灌方式	可选用效率较高，维修方便的泵	增加安装费用	此法最好且方便，建议尽可能采用
	（2）减小吸入管路的阻力，如加大管径，减少管路附件、底阀、弯管、闸阀等	可改进吸入条件，节约能耗	增加投资费用（指管径放大）	
	（3）增加一台升压泵	可降低主泵价格，提高主泵效率	增加设备，管路维修量增大	
	（4）降低泵送液体温度，以降低汽化压力	可选用效率较高，维修方便的泵	需增加冷却系统	
	（5）避免在进口管路采用阀节流	避免局部阻力损失		
	（6）在流量、扬程相同情况下，采用双吸泵，其 $NPSH_r$ 值小			有时也可考虑采用
厂家采取的方法	（1）提高流道表面光洁度，对流道进行打磨和清理	方法简单	加工成本上升	经常采用
	（2）加大叶轮进口处直径，以降低进口流速	方法简单	回流的可能性增大，不利于稳定运转	一般很少采用
	（3）降低泵的转速	简单易行	同样流量、扬程下，低速泵价格高、效率低	一般较少采用
	（4）在泵进口增加诱导轮	简单易行	泵的最大工作范围有所缩小	经常采用
	（5）对叶片可调的混流泵、轴流泵，可采用调节叶片安装角度的方法			经常采用
	（6）过流部件采用耐汽蚀材料，如硬质合金、磷青铜、SUS304/316、Cr-Ni 钢等	泵的结构、性能曲线均不变	材料成本上升	较少采用

10.2.2　离心泵的操作与调节

（1）离心泵的性能曲线

离心泵的性能曲线是在恒定的工作转速下，反映各项性能参数（如扬程 H、功率 N_z、效率 η 及必需汽蚀余量 $NPSH_r$ 等）与泵的流量 Q 之间的对应关系。离心泵的性能曲线一般由泵厂通过试验测定，图10-3即为一种

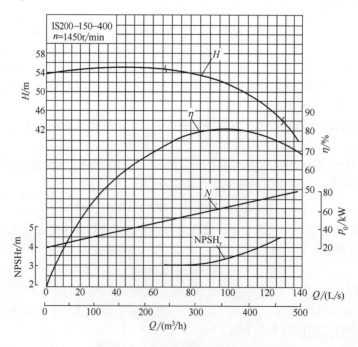

图 10-3　离心泵的基本性能曲线

离心泵的性能曲线，通常是用清水在常温条件下实测的。当泵运行时的液体密度、黏度等物性参数与常温清水的物性参数差别较大时，应进行性能曲线的换算。

国外很多泵厂及国内采用引进技术生产的一些泵，往往提供全特性曲线，例如：泵在不同转速时的性能曲线见［图10-4（a）］或泵在不同叶轮直径下的性能曲线［见图10-4（b）］。

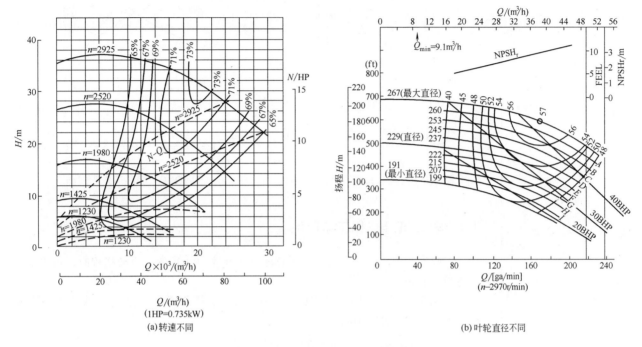

(a) 转速不同　　　　　　　　　　　　　　　(b) 叶轮直径不同

图10-4　离心泵的通用特性曲线

（2）离心泵管网特性曲线

① 装置扬程　泵装置是泵及其附件、吸入管路、排出管路、吸液罐和排液罐的总称。所谓离心泵的装置扬程是指单位重量的液体从吸液罐液面开始经过泵装置达到排液罐液面所需要的能量，用 H_z 表示，单位是 m（液柱高度）。

$$H_z = H_{ST} + CQ^2$$
$$H_{ST} = H_a + \frac{p_2 - p_1}{\rho g}$$ · （10-12）

式中，H_{ST} 为泵装置的静压差，它包括输液高度 H_a 及管路两端的静压能的变化 $H_{ST} = (p_2 - p_1)/\rho g$，m；$C$ 为泵装置（泵本身除外）的特性参数，与管路截面尺寸及管路阻力有关，s^2/m^5；Q 为泵装置管道内的流量，m/s。

② 管网特性曲线　在管路情况一定的前提下（即管路进出口压力、升液高度和管径、管件个数和尺寸以及阀门开启度等都已确定），装置扬程 H_z 与流量 Q 的关系曲线见图10-5。

离心泵的管网特性曲线是可以改变的，随着阀门开启度的变化，H_z-Q 曲线将变得陡一些。

（3）泵的运转工况点

泵在某些管路系统中工作时的运转工况点是泵的性能曲线 $H=f(Q)$ 与装置特性曲线 $H_z=f(Q)$ 的交点 M（见图10-6）。

泵的运转工况点与泵的工况和管路工况有关，任何一方发生改变，都会引起整个泵装置系统工作参数发生改变。图10-6的工作点 M 是稳态工作点，泵能够在该点稳定工作。但对于有驼峰状性能曲线的泵，当工作点在驼峰附近或在驼峰左侧时，如果其工况条件发生偏离，工作点不能再回到原来的工况，此时泵的工作点不再稳定，因此，一般不允许采用驼峰状性能曲线的泵。

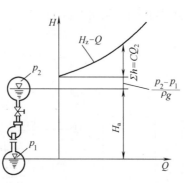

图 10-5 离心泵管网的特性曲线

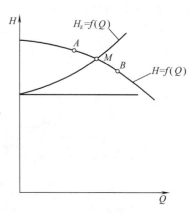

图 10-6 泵的运转工况点

（4）离心泵的串联和并联工作

工业生产中，当一台泵独立工作不能满足生产所需的流量或扬程时，可考虑采用并联或串联。

① 并联工作 并联时泵的总流量应为各泵流量之和，并联汇合点处的扬程与单泵的扬程相同（见图 10-7），即

$$
\begin{aligned}
Q_{\mathrm{I+II}} &= Q_{\mathrm{I}} + Q_{\mathrm{II}} \\
H_{\mathrm{I+II}} &= H_{\mathrm{I}} = H_{\mathrm{II}}
\end{aligned}
\tag{10-13}
$$

式中，Q_{I}、Q_{II} 分别为第一台和第二台泵的流量；H_{I}、H_{II} 分别为第一台和第二台泵的扬程；$Q_{\mathrm{I+II}}$ 为并联后的总流量；$H_{\mathrm{I+II}}$ 为并联后的总扬程。

图 10-7 两泵并联特性

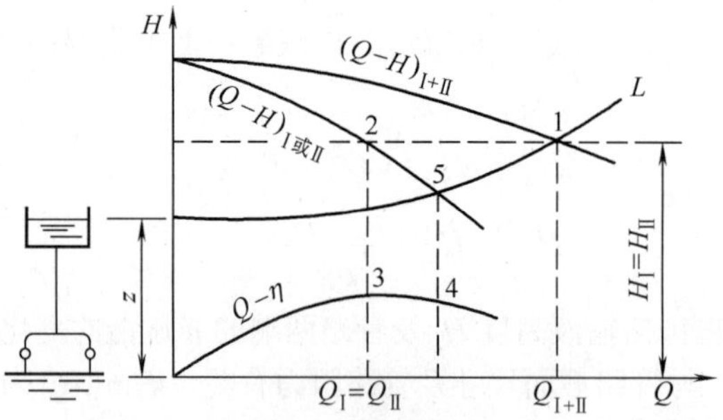

两泵并联时，在装置特性曲线不变的情况下，其扬程和流量与单台泵独立工作时的流量和扬程相比均有所增加，其增加程度与装置特性曲线有关。

② 串联操作 当要求的扬程较高，而又没有多级泵可供选用的情况下，可采用两台泵串联操作，但通常不推荐采用。当串联泵之间管路很近（这段管路阻力可忽略）时，串联泵装置的总扬程为同一流量下各泵扬程之和，总流量等于单泵的流量（见图 10-8）。即

$$
\begin{aligned}
Q_{\mathrm{I+II}} &= Q_{\mathrm{I}} + Q_{\mathrm{II}} \\
H_{\mathrm{I+II}} &= H_{\mathrm{I}} + H_{\mathrm{II}}
\end{aligned}
\tag{10-14}
$$

两泵串联时，在装置特性曲线不变的情况下，其扬程和流量也都有所增加，增加幅度与泵装置的特性曲线有关。串联工作时还要考虑后面泵的强度和密封问题，并且两台泵的电机功率必须和串联工作时的性能参数相匹配。

③串联和并联的比较　泵的串联和并联均能使泵装置的流量及扬程有所提高（见图10-9）。图中 $H_A(H_B)$-Q 是单台泵的特性曲线，H_{RS}-Q 是两泵串联后的特性曲线，H_{RP}-Q 是两泵并联后的特性曲线，H_V-Q，H_{V1}-Q，H_{V2}-Q 是泵装置在不同运转工况下的特性曲线。

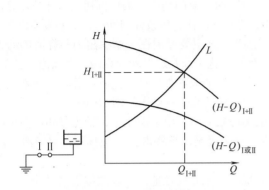

图10-8　两泵串联特性

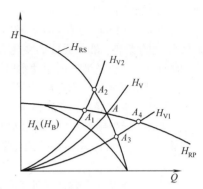

图10-9　离心泵串联和并联的比较

从图10-9中可看出：装置特性曲线 H_V-Q 是选择串联和并联的分界线。当装置特性曲线较陡时，如 H_{V2}-Q 曲线，选择串联不但可提高扬程还可以增加流量；当装置特性曲线较平坦时，如 H_{V1}-Q 曲线，选择并联不但可增加流量也可提高扬程。实际工程应用中，一般不采用串联操作。

（5）离心泵的调节

生产中常需要根据操作条件的变化来调节泵的流量，实质上就是改变泵的运行工况点。常见的调节方法见表10-3。

表10-3　离心泵的流量调节方法

	调节方法	含义	特点	图示
改变装置特性曲线	出口阀调节	出口管路上安装调节阀，靠阀的开启度调节流量	方法简单，但功率损失大，不经济	
	旁路调节	利用旁路分流调节流量	可解决泵在小流量下连续运转的问题，但功率损失和管线增加	
改变泵的特性曲线	转速调节	调节泵轴的转速来调节流量	功率损失很小，但需增加调速机构或选用调速电机。改变转速的方法最适于汽轮机、内燃机和直流电机驱动的泵，也可用变频调节改变电动机转速	
	切割叶轮外径	切割叶轮外径来调节泵的流量	功率损失小，但叶轮切割后不能恢复且叶轮的切割量有限。适用于需长期在较小流量下工作且流量改变不大的场合	
	更换叶轮	更换不同直径的叶轮来调节泵的流量	功耗损失小，但需备各种直径的叶轮，调节流量的范围有限	
	堵死几个叶轮流道	堵死几个叶轮流道（偶数）减少泵的流量	相当于节流调节，但比调节阀节流节能	

（6）液体性质对泵性能的影响

离心泵的性能曲线一般是用清水作为试验介质测得的，当输送其他介质时，泵的性能可能改变。

① 液体密度的影响　从式（10-1）可以看出，液体密度增大时，泵的功率将成比例增大。此外，液体密度对泵的有效汽蚀余量 $NPSH_a$ 也有影响，密度增大时，$NPSH_a$ 将降低，在其他条件相同时，更易发生汽蚀。

② 液体黏度的影响　液体黏度的变化会引起泵的性能改变，其主要原因在于摩擦阻力与介质的动力黏度成比例。一般而言，当输送液体的运动黏度小于 $20mm^2/s$（如一般化工原料、汽油、煤油、洗涤油、轻柴油等）时，其性能参数可不必换算。当运动黏度大于 $20mm^2/s$ 时，要对离心泵的性能曲线进行换算，美国水力学会的换算方法比较简单，有较好的精确性，换算范围也比较宽，换算用的修正系数图见图 10-10。

图 10-10 只适用于牛顿型流体和开式叶轮或闭式叶轮的离心泵，不适用于混流泵、轴流泵和旋涡泵；泵的有效汽蚀余量必须足够大；各参数必须在图表极限范围内；对多级泵，扬程取第一级扬程；对双级泵流量取 $Q/2$。

在设计泵时，如果是用于输送黏性液体，也应将其换算成输送水时的性能，并以此按水泵设计。换算方法如下：

ⅰ.根据工艺要求的流量 Q_V、扬程 H_V，查图 10-10 得黏性介质修正系数 C_Q、C_H、C_η。

ⅱ.把输送黏性液体时的性能参数换算成输送清水时的性能参数

$$\begin{aligned}
Q_W &= Q_V / C_Q \\
H_W &= H_V / C_H \\
\eta_W &= \eta_V / C_\eta \\
N_W &= \frac{N_V \eta_V}{g \rho_V H_V}
\end{aligned}$$ （10-15）

式中，Q_W、H_W、η_W、N_W 分别为输送水时的流量、扬程、效率、功率；Q_V、H_V、η_V、N_V 分别为输送黏性介质时的流量、扬程、效率、功率。

③ 液体温度的影响　随着液体温度的升高，液体的饱和蒸气压增大，泵的有效汽蚀余量 $NPSH_a$ 将减小，泵容易发生汽蚀。

④ 液体浓度的影响　液体浓度的变化对泵的影响主要表现在液体密度和黏度发生相应的变化，而对泵的性能曲线造成一定的影响。当液体中含有固体颗粒等杂质时，也会使泵的扬程、流量和效率下降。

10.2.3　相似理论在离心泵中的应用

相似理论在离心泵也有重要的应用价值。相似理论的基本概念及基本应用在离心式压缩机中已经作了介绍，本节主要介绍相似理论在离心泵中的应用。

离心泵输送液体，所以离心泵的相似条件只要满足几何相似、运动相似和动力相似即可，无须热力相似。在动力相似条件中，只要求对应雷诺数相等，没有马赫数相等的要求。一般而言，同时保证运动相似和严格的动力相似是很难做到的，但离心泵内液体流动的雷诺数往往都大于临界雷诺数，属于湍流粗糙管区，此时泵内流体的惯性力起主要作用，而黏性力与惯性力相比可忽略不计。这意味着流动状态和速度分布不随雷诺数而变化，流动处于自动模化状态，能自动满足动力相似的条件。

① 相似定律　几何相似的离心泵在工况相似时，其扬程、流量和功率等性能参数的关系可用相似定律来描述，具体见表 10-4。

② 比例定律　同一台泵在不同转速下运行，但运行工况相似时泵的性能参数与转速之间的关系符合比例定律，即

$$\begin{aligned}
Q_1 / Q_2 &= n_1 / n_2 \\
H_1 / H_2 &= (n_1 / n_2)^2 \\
N_1 / N_2 &= (n_1 / n_2)^3
\end{aligned}$$ （10-16）

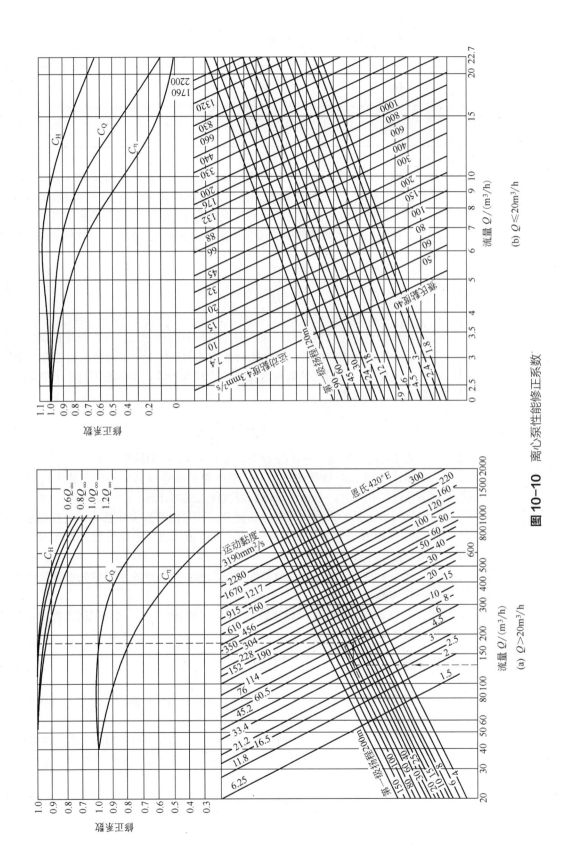

图 10-10 离心泵性能修正系数

(b) $Q \leqslant 20 \mathrm{m}^3/\mathrm{h}$

(a) $Q > 20 \mathrm{m}^3/\mathrm{h}$

表10-4　两台相似离心泵的性能换算

性能参数	模型泵	相似泵	性能参数	模型泵	相似泵
转速	n'	n	叶轮外径	D'	D
输入液体密度	ρ'	ρ	流量	Q'	$Q = \dfrac{n}{n'}\left(\dfrac{D}{D'}\right)^3 Q'$
扬程	H'	$H = \left(\dfrac{n}{n'}\right)^2\left(\dfrac{D}{D'}\right)^2 H'$	功率	N'	$N = \left(\dfrac{n}{n'}\right)^3\left(\dfrac{D}{D'}\right)^5 \dfrac{\rho}{\rho'} N'$

式中，带有下角标 1 和 2 的各参数分别代表泵在转速为 n_1 和 n_2 时的性能参数。

③ 比转数　在几何相似的条件下，可以找到一个由各性能参数组成的综合参数，用以判断或表征离心泵的运行工况是否相似，这个综合的相似准则数就称为比转数。把表 10-4 相似定律中的流量和扬程的表达式组合起来并约掉 D/D' 参数，可得

$$\frac{Q^{1/2}}{H^{3/4}}n = \frac{Q'^{1/2}}{H'^{3/4}}n' = n_s \qquad (10\text{-}17)$$

式中，n_s 为泵的比转数。

比转数相等是几何相似的离心泵工况相似的判别式，即工况相似则比转数必相等；反之，几何相似的两台泵在比转数相等的条件下，则两台泵的工况必相似。

为了使离心泵的比转数与水轮机的比转数一致，中国沿用过去的表达式，规定比转数的计算式为

$$n_s = 3.65\frac{Q^{1/2}}{H^{3/4}}n \qquad (10\text{-}18)$$

式中，n_s 为转速，r/min；Q 为流量，m³/s；H 为扬程，m。

用式（10-18）计算比转数时，双吸泵的流量取其一半代入式中计算；多级泵在各级叶轮相同时，总扬程除以泵级数代入式中计算。

比转数在泵的系列化、泵的选择及设计方面都有实际意义。一般规定用最高效率点的 Q 和 H 来计算比转数 n_s，此时的 n_s 值代表泵的比转数。因此对于几何相似泵而言，比转数是一个定值。

离心泵的比转数与输送液体的性质无关，而与叶轮形状和泵的性能曲线形状密切相关（见表 10-5）。

④ 汽蚀相似定律与汽蚀比转数　几何相似的泵在工况相似的条件下，泵必需汽蚀余量之间的关系为

$$\frac{\text{NPSH}_r}{\text{NPSH}_r'} = \left(\frac{D}{D'}\right)^2\left(\frac{n}{n'}\right)^2 \qquad (10\text{-}19)$$

式中，上角标带"′"的各参数代表模型泵的性能参数；不带上角标的各参数为实物相似泵的参数。

式（10-19）是泵的汽蚀相似定律。同一台泵，当转速增加时，NPSH_r 将增大，泵抗汽蚀能力下降，因此高速泵一般多采用前置诱导轮来改善泵的汽蚀性能。

从式（10-19）可以看出，对于两台相似的泵，有

$$\frac{\text{NPSH}_r'}{(D'n')^2} = \frac{\text{NPSH}_r}{(Dn)^2} = \text{const} \qquad (10\text{-}20)$$

再结合相似泵之间的流量关系式

表10-5　比转数与叶轮形状和性能曲线形状的关系

泵的类型	离心泵			混流泵	轴流泵
	低比转数	中比转数	高比转数		
比转数 n_s	30 ~ 80	80 ~ 150	150 ~ 300	300 ~ 500	500 ~ 1000
叶轮形状					
尺寸比 D_2/D_0	≈3	≈2.3	≈1.8 ~ 1.4	≈1.2 ~ 1.1	≈1
叶片形状	圆柱形叶片	入口处扭曲 出口处圆柱形	扭曲叶片	扭曲叶片	轴流泵翼形
性能曲线形状					
流量-扬程曲线特点	关死扬程为设计工况的（1.1 ~ 1.3）倍，扬程随流量减少而增加，变化比较缓慢			关死扬程为设计工况的（1.5 ~ 1.8）倍，扬程随流量减少而增加，变化较急	关死扬程为设计工况的 2 倍左右，在小流量处出现马鞍形
流量-功率曲线特点	关死功率较少，轴功率随流量增加而上升			流量变动时轴功率变化较少	关死点功率最大，设计工况附近变化比较少，以后轴功率随流量增大而下降
流量-效率曲线特点	比较平坦			比轴流泵平坦	急速上升后又急速下降

$$\frac{Q'}{D'^3 n'} = \frac{Q}{D^3 n} = \text{const} \tag{10-21}$$

合并式（10-20）和式（10-21），消去尺寸参数 D' 和 D 后，整理得

$$c = \frac{n Q^{1/2}}{\mathrm{NPSH_r^{3/4}}} = \frac{n' Q'^{1/2}}{\mathrm{NPSH_r'^{3/4}}} \tag{10-22}$$

式中，c 为汽蚀比转数。

计算泵的汽蚀比转数时，一般采用泵在最佳工况点的各个性能参数。中国习惯以下式作为汽蚀比转数

$$c = 5.62 \frac{Q^{1/2}}{\mathrm{NPSH_r}} n \tag{10-23}$$

两台相似泵各自的汽蚀比转数应相等。在相同流量下，汽蚀比转数 c 值越大，泵的必需汽蚀余量 $\mathrm{NPSH_r}$ 越小，泵的抗汽蚀性能越好。

⑤ 叶轮切割定律　为了扩大泵的工作范围，可采用切割叶轮外径的方法，使工作范围由一条线变成一个面。叶轮切割后的性能参数不能再用相似定律来描述。但当叶轮外径被切割的量不大时，叶轮被切割前后，叶道出口处液流速度三角形可近似地认为对应相似，这种工况称为切割对应工况，据此可建立切割定律来描述叶轮切割前后泵的性能参数的变化规律。

中低比转数离心泵的切割定律表达式如下

$$\begin{aligned} Q'/Q &= (D_2'/D_2)^2 \\ H'/H &= (D_2'/D_2)^2 \\ N'/N &= (D_2'/D_2)^4 \end{aligned} \tag{10-24}$$

高比转数离心泵的切割定律表达式为

$$Q'/Q = D_2'/D_2$$
$$H'/H = (D_2'/D_2)^2 \qquad\qquad (10\text{-}25)$$
$$N'/N = (D_2'/D_2)^3$$

式中，带上角标"'"的各性能参数是叶轮切割后的参数，不带角标的各性能参数是叶轮切割前的参数。

需要说明的是，叶轮切割前后效率近似认为不变，实际上，只有在切割量较小时才认为效率近似不变，随着切割量的增大，泵的效率一般要降低。为了使泵效率不会降低过多，通常规定叶轮的最大切割量（见表10-6）。

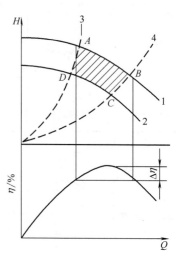

图10-11　泵的高效工作区

表10-6　叶轮外径允许的最大相对切割量

比转数 n_s	≤60	60~120	120~200	200~300	300~350	>350
允许切割量 $(D_2-D_2')/D_2$	20%	15%	11%	9%	7%	0
效率下降	每切割小10%，下降1%		每切割小4%，下降1%		—	

⑥ 泵高效工作区和型谱　考虑泵运行的经济性，要求泵在工作时的效率不能低于最高效率的93%。在图10-11中，线1为未切割叶轮外径的 H-Q 曲线；线2为允许最大切割量时的 H-Q 曲线。线2也可表示为叶轮外径未切割而转速降低为 n_2 时的 H-Q 曲线。N 为最高效率点，A、B 两点为效率等于最高效率93%时的工况点。线3和线4近似为等效率抛物线。图中 $ABCD$ 阴影区即为泵在切割范围内的高效工作区，也是转速改变的高效工作区。

把许多泵的高效工作区用对数坐标画在一张图上，形成泵的型谱。每种系列泵，例如单级离心泵系列、双吸泵系列、多级泵系列，或化工流程泵系列、清水泵系列、锅炉给水泵系列等都有一个型谱，为泵的生产和选用提供了方便。图10-12为某标准化工流程泵的型谱图。

10.2.4　离心泵的主要零部件

（1）叶轮

叶轮是离心泵对液体做功的元件。离心泵的叶轮一般均为铸造而成。其结构型式可分为闭式、开式、半开式三种，大多数离心泵均采用闭式叶轮；半开式叶轮适用于输送含有固体杂质颗粒的液体，制造较简单，但流动效率较低；有的叶轮也做成双吸结构。离心泵叶的型式见图10-13。

离心泵叶轮叶片数目通常取6～8片，为了获得较大的反作用度，一般采用强后弯型叶片。

（2）泵壳

泵壳有轴向剖分式和径向剖分式两种。单级泵的壳体一般是轴向剖分蜗壳式结构，多级泵壳体一般采用径向剖分式，其剖面形状一般为环形或圆形。

泵壳的主要固定元件有压出室、导叶和吸入室。压出室和导叶是离心泵的能量转换装置。螺旋形压出室的制造比较方便，泵的高效工作区较宽，但存在不平衡的径向力，一般仅用于单级泵中。在多级泵中，一般要设置径向式导叶，用以收集液体并起转能扩压作用。吸入室一般有三种类型，即锥形管吸入室、圆环形吸入室和半蜗壳式吸入室。锥形管吸入室多用于悬臂泵上，半蜗壳形吸入室一般用于单级泵上，圆环形吸入室多用在分段式多级泵上。

（3）密封环

密封环的作用是防止泵的内泄漏和外泄漏，镶嵌于叶轮前后盖板和泵壳上，磨损后可以更换。

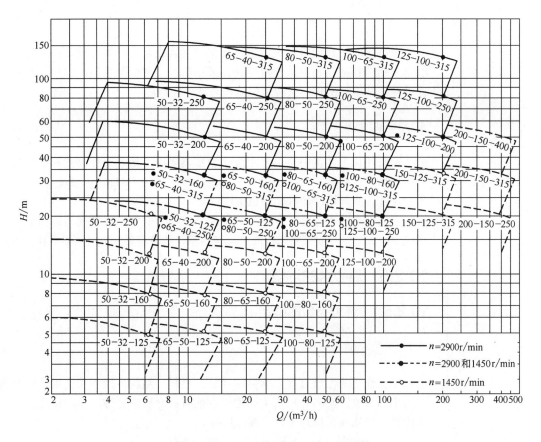

图 10-12 IH 型标准化工流程泵型谱

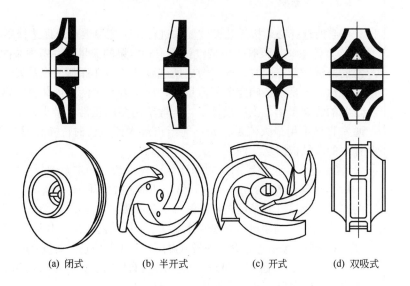

| (a) 闭式 | (b) 半开式 | (c) 开式 | (d) 双吸式 |

图 10-13 离心泵叶轮的型式

（4）轴和轴承

泵的转轴上安装有叶轮等回转元件；泵的轴承可选用滚动轴承和滑动轴承。

（5）轴封

离心泵的轴封为旋转式密封，其作用是防止泵内液体外漏。在离心泵中，轴封经常采用填料密封和机械密封两种，采用机械密封的泵较多，但一般泵的结构均设计成既能装填料密封，又能装机械密封。

（6）辅助系统

在石油化工装置中，工艺用泵一般都需要用冷却水冷却泵的有关部件，冷却水可采用循环水或新鲜水。冷却水压力一般为 0.2～0.4MPa，需要冷却的部位有轴承、密封压盖、密封箱冷却水套及泵支座等。

泵的润滑装置也是比较重要的辅助系统，一般中小型泵采用甩油盘或油环向轴承供油；大型泵一般需要配备油泵、储油箱、油冷却器、油过滤器等压力润滑系统。

10.2.5　离心泵的选型

10.2.5.1　选型参数的确定

（1）介质的性质

输送介质的性质直接影响泵的性能、材料、结构、操作和使用，它是选泵时需要考虑的重要因素。介质的主要物性参数有：介质的名称、相对密度、黏度、化学腐蚀性、气体或颗粒的含量、蒸汽压等。

（2）工艺参数

泵的选择必须按工艺参数要求进行，工艺参数是合理选择离心泵的重要依据。

①流量　选泵时，应按设计要求确定泵的流量，并考虑泵的流量与其他设备能力的协调平衡。同时，也应考虑所选泵的流量在原料或产品发生变化时具有一定的适应性。也是说在确定泵的流量时，应综合考虑两点：装置的富余能力及装置内各设备的协调平衡。工艺设计中，一般给出泵的正常、最小、最大三种流量，选泵时通常直接采用最大流量。如不能给出最大流量值时，将正常流量加大 10% 作为选择泵的流量依据。

②扬程　泵装置的阻力降计算比较复杂，确定泵的扬程需要留有适当的余量，一般为正常值的（1.05～1.1）倍。所确定的扬程既要满足工艺过程在正常条件下的需要，也尽可能满足在特殊条件下的需要。

③温度　指泵进口处的液体温度，一般工艺设计给出介质的最低、正常和最高温度。对于低温泵应考虑介质的最低温度，对于其他泵需要按介质的最高温度来选择泵。

④进、出口压力　泵进、出口法兰面处的压力直接影响到泵壳的耐压和轴封的要求，选择泵时，要考虑泵的进、出口压力。

⑤有效汽蚀余量　泵的有效汽蚀余量必须足够大，尤其是泵进口物料处于减压状态或物料的温度接近于汽化条件时，泵的汽蚀安全系数应取大些，例如：减压塔底处，泵的汽蚀安全系数应大于 1.3。

⑥操作状态　选择泵时，应考虑泵的操作周期以及操作方式（连续操作和间歇操作）。

（3）现场条件

选择泵时，考虑泵是在室内使用还是在室外使用，泵所在位置的环境温度、相对湿度、大气压力、防爆区域及防爆等级等，这些因素对泵壳材料的选择，泵的正常运行以及电机防爆等级的确定都是不可忽视的因素。

10.2.5.2　选型方法

（1）泵类型的选择

确定了泵的选型参数后，可进一步确定泵的类型。除离心泵难以胜任的场合外，应尽可能优先选择离心泵。

（2）泵系列和材料的选择

确定了泵的类型后，就可根据工艺参数和介质的特性来选择泵的系列和泵的材料。

泵的系列是指泵的生产厂生产的同一结构和用途的泵。如 IH 型标准化工流程泵、LCZ 型化工流程泵、CHZ 型石油化工流程泵、LYZ 型立式悬臂液下泵、DMC 型卧式多级泵、DIHZ 型化工自吸泵等，有些泵的系列型号因厂家不同而各异。

在选择离心泵时要充分考虑以下几点：

① 输送介质的性质　介质有腐蚀性时，要选用耐腐蚀泵；介质带有颗粒等杂质时，要选用杂质泵；介质是清水时，要选用清水泵；介质是剧毒性或放射性物质时，要选择无泄漏的屏蔽泵或磁力泵，或者泵的轴封采用带有泄漏液收集和泄漏报警装置的双端面机械密封结构；介质带有挥发性物质时，应选择泵必需的汽蚀余量尽可能低的筒型泵等。

② 现场安装条件　据此选择卧式泵、立式泵、液下泵或管道泵等。

③ 流量　据此选择单吸泵、双吸泵或小流量泵等。

④ 扬程　据此选择单级泵、多级泵或小流量高扬程石油化工流程泵、高速泵等。

（3）泵型号的确定

根据泵厂提供的样本及有关资料，确定泵的规格型号，一般按以下步骤进行：

ⅰ. 根据选型参数，确定泵的额定流量和额定扬程；

ⅱ. 按所选泵的系列查的系列型谱图，在图上标绘出额定流量和扬程，初选泵的型号，满足要求的泵可能不止一种；

ⅲ. 按泵的性能曲线校核额定工作点是否在泵的高效工作区内，校核泵的有效汽蚀余量 NPSH$_a$ 是否满足式（10-11）的要求。

ⅳ. 当有几个规格的泵都满足要求时，要综合比较泵的经济指标，如泵运行效率的高低，泵价格的高低及泵重量的大小等指标。

10.2.5.3　驱动机选用

泵驱动机的类型有电机、汽轮机等，较常用的是三相交流鼠笼电机，如 Y（IP44）型电机、YB 型隔爆电机等；大型泵或有调速等特殊要求的泵，可采用汽轮机。

① 驱动机功率的确定　离心泵的轴功率 N_z 按式（10-1）确定，驱动机的功率 N 为

$$N = K \frac{N_z}{\eta_t} \qquad (10\text{-}26)$$

式中，K 为驱动机功率储备系数，见表 10-7；η_t 为泵的传动效率，见表 10-8。

表10-7　离心泵驱动机功率储备系数 K

泵的轴功率 Pa/kW	K		泵的轴功率 Pa/kW	K	
	电动机	汽轮机		电动机	汽轮机
≤ 15	1.25	1.1	>55	1.10	1.1
$15<Pa\leq 55$	1.15	1.1			

表10-8　离心泵的传动效率 η_t

传动方式	直联传动	平皮带传动	三角皮带传动	齿轮传动	蜗杆传动
η_t	1.0	0.95	0.92	0.9 ~ 0.97	0.70 ~ 0.90

泵样本给出的功率一般是用清水试验得出的，当液体为烃类或其他化工产品时，应按图10-10和式（10-15）进行相应的换算。

② 安全性能的考虑　根据泵的现场使用条件，尤其是根据爆炸区域、防爆等级、电源或供气情况等选择合适的驱动机。室外放置的化工及石化装置用泵，在无防腐或防爆等特殊要求时，一般采用全封闭式保护，防护等级为 IP44 或 IP54。但防爆电机的防护等级不应低于 IP54。

在爆炸和火灾危险性环境中使用的泵，其驱动电机应采用防爆结构，通常用隔爆型、增安型、正压型和无火花型。当泵选用 YB 型隔爆电机作为一般生产使用时，其防爆标志一般为 d Ⅱ BT4。特殊情况必须进行特殊选择，具体可参阅 GB/T 3836.1 中的有关规定。

大型化工厂可利用自身副产的大量蒸汽来作为大型泵驱动的动力源。一般泵大多选用背压式汽轮机作为驱动机，但对一些大功率泵，有时也用凝汽式汽轮机。汽轮机的选择、参数计算及调节系统的设计可参阅有关书籍。

10.2.5.4　轴封选型

泵的轴封是保证泵正常运转的关键部件之一，常用的轴封有填料密封、机械密封和动力密封等。最新发展起来的干气密封在离心泵上也获得了很好的应用。

填料密封结构简单，价格便宜，但功耗较大，使用寿命短，适用于输送一般性介质，密封要求较严格或密封介质压力较高时不宜选用。

机械密封又称端面接触密封，与填料密封相比，其泄漏量小，寿命长，对轴的精度及表面粗糙度要求较低，对轴的振动敏感性相对较小，摩擦功耗也相对较小，但机械密封造价较高，制造要求及安装要求较高，多用于密封要求较严格的场合。

动力密封依靠背叶片（或称副叶轮）运转产生的离心力使轴封处介质压力下降至常压或负压状态，使泵在使用过程中不致泄漏，停车时使用填料密封。动力密封性能可靠，价格便宜，但功耗损失较大，停车时的填料密封寿命较短，适用于含有固体颗粒较多的介质。

10.2.5.5　化工用泵的特点及要求

化工用泵所输送的液体性质与一般泵不同，加之化工连续性生产的特点，要求化工用泵的选型必须考虑以下几点：

ⅰ.耐液体腐蚀和磨蚀，使用寿命长；

ⅱ.密封性能可靠，尤其是对于易燃、易爆、有毒和贵重的介质必须控制其泄漏量，甚至完全无泄漏；

ⅲ.要求操作性能稳定，运转周期不低于8000小时，甚至连续运转周期应保证3年以上，噪声小，振动小；

ⅳ.适用于高温和低温介质的输送；

ⅴ.泵必需的汽蚀余量要小；

ⅵ.适合于高黏度介质的输送，也适应于小流量高扬程的要求；

ⅶ.泵的寿命一般应在10年以上，石油、重化工和气体工业用离心泵的设计寿命至少为20年。

典型化工用泵的特点和选用要求见表 10-9。

表10-9　典型化工用泵的特点和选用要求

泵的名称	特点	选用要求
进料泵（包括原料泵和中间给料泵）	（1）流量稳定 （2）扬程一般较高 （3）有些原料黏度较大或含固体颗粒 （4）泵入口温度一般为常温，但某些中间给料泵的入口温度也可大于 100℃ （5）工作时不能停车	（1）一般选用离心泵 （2）扬程很高时，可考虑用容积式泵或高速泵 （3）泵的备用率为 100%
回流泵（包括塔顶、中段及塔底回流泵）	（1）流量变动范围大，扬程较低 （2）泵入口温度一般为 30 ~ 60℃ （3）工作可靠性要求高	（1）一般选用单级离心泵 （2）泵的备用率一般为 50% ~ 100%
塔底泵	（1）流量变动范围大（一般用液位控制流量） （2）流量较大 （3）泵入口温度较高，一般大于 100℃ （4）液体一般处于气液两相状态，$NPSH_a$ 小 （5）工作可靠性要求高 （6）工作条件苛刻，一般有污垢沉淀	（1）一般选用单级离心泵，流量大时，可选取用双吸泵 （2）选用低汽蚀余量泵，并采用必要的灌注头 （3）泵的备用率为 100%
循环泵	（1）流量稳定，扬程较低 （2）介质种类繁多	（1）选用单级离心泵 （2）按介质选泵的型号和材料 （3）泵的备用率一般为 50% ~ 100%
产品泵	（1）流量较小 （2）扬程较低 （3）泵入口温度低（塔底产品一般为常温，中间抽出和塔底产品温度稍高） （4）某些产品泵间断操作	（1）宜选用单级离心泵 （2）对纯度高或贵重产品，要求密封可靠，泵的备用率为 100%；对一般产品，备用率为 50% ~ 100%。对间断操作的产品泵，一般不考虑备用泵
注入泵	（1）流量很小，计量要求严格 （2）常温下工作 （3）排压较高 （4）注入介质为化学药品，往往有腐蚀性	（1）选用柱塞或隔膜计量泵 （2）对腐蚀性的介质，泵的过流元件通常采用耐腐蚀材料
排污泵	（1）流量较小，扬程较低 （2）污水中往往有腐蚀性介质和磨蚀性颗粒 （3）连续输送时要求控制流量	（1）选用污水泵、渣浆泵 （2）泵备用率 100% （3）常需采用耐腐蚀材料
燃料油泵	（1）流量较小，泵出口压力稳定（一般为 1.0 ~ 1.2MPa） （2）黏度较高 （3）泵出口温度一般不高	（1）一般选用转子泵或离心泵 （2）由于黏度较高一般需加温输送 （3）泵的备用率为 100%
润滑油和封液泵	（1）润滑油压力一般为 0.1 ~ 0.2MPa （2）机械密封封液压力一般比密封腔压力高 0.05 ~ 0.15MPa	（1）一般均随主机配套供应 （2）一般均为螺杆泵和齿轮泵，但离心压缩机组的集中供油往往使用离心泵

10.2.5.6　典型化工用泵示例

①　耐腐蚀泵　耐腐蚀泵一般用于输送酸、碱及其他不含固体颗粒的腐蚀性液体，图 10-14 为 F 型耐腐蚀泵结构图。

耐腐蚀泵要求过流部件采用合适的耐腐蚀材料。轴封的密封性能良好。在设计泵的结构时，尽量减少与介质接触的零件。在各种耐腐蚀泵中，由非金属材料制作的泵或带衬里的耐腐蚀泵也日益被广泛采用。

②　离心式油泵　离心式油泵分为热油泵及冷油泵两类，热油泵输送油品的温度一般在 200℃ 以上。两级双吸两端支承式离心油泵的结构见图 10-15。

离心式油泵的密封要保证可靠，并需要防爆或隔爆电机。同时，泵必需的汽蚀余量 $NPSH_r$ 要尽可能小。高温油泵要保证轴承、支座、密封等部位冷却良好，防止热变形不均，还要注意泵的操作合理性，例如：启泵时应保持一定的升温速度；泵采用一备一用时，备用泵应设置暖泵管线等。

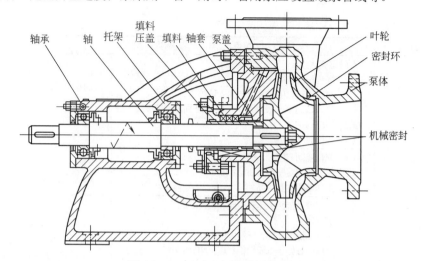

图 10-14 F 型耐腐蚀泵结构图

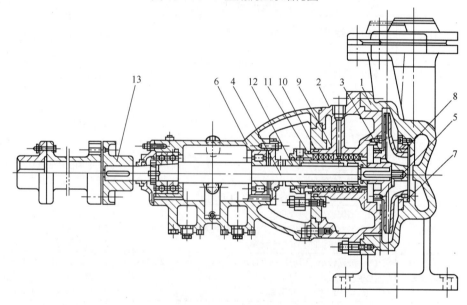

图 10-15 离心油泵结构图

1—泵体；2—泵盖；3—叶轮；4—轴；5—叶轮螺母；6—托架结合部；7—泵体密封环；8—叶轮密封环；
9—填料环；10—填料；11—中开填料压盖；12—轴套；13—弹性联轴器

③ 离心式杂质泵　离心式杂质泵用于输送含固体颗粒或杂质的浆液，要求其过流部件的材质和结构要具有耐冲刷和磨损的功能；过流部件的材质一般选用高硅铸铁、镍铬铸铁、锰铬钼铸钢、钛及钛合金、橡胶衬里等。叶轮形式一般采用开式叶轮或宽流量的闭式叶轮。大多数杂质泵内带有保护套和衬板，以便磨损后更换。离心杂质泵的结构见图 10-16。

④ 密闭式无泄漏泵　按驱动装置的特点，密闭式无泄漏泵可分为屏蔽泵、湿马达泵和磁力驱动泵三种。

屏蔽泵将叶轮与电动机转子连成一体，浸泡在被输送液体中，并置于同一密封壳体内。为了防止液体与电气部分接触，电机的定子和转子用非磁性金属薄壁圆筒（也称"屏蔽套"）与液体隔离。屏蔽泵用于输送易燃、易爆、剧毒、有放射性、腐蚀性强及贵重液体，屏蔽泵的结构简图见图 10-17。

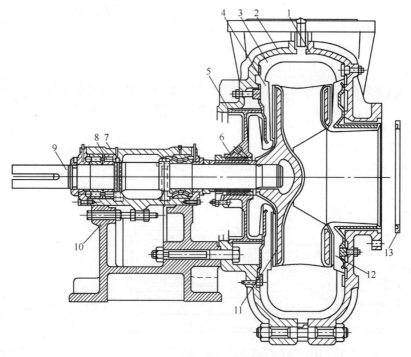

图 10-16 离心杂质泵结构图

1—泵盖；2—泵体；3—护套；4—后护板；5—填料箱；6—轴套；7—轴承体；8—轴承；
9—轴；10—托架；11—叶轮；12—前护板；13—吸入口密封垫

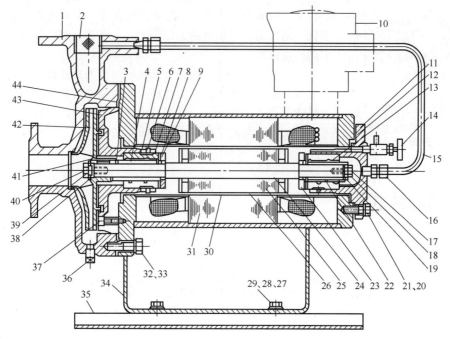

图 10-17 屏蔽泵结构图

1—泵体；2—过滤器；3—调整垫片；4—轴套；5—垫；6—紧定螺钉；7，13—轴承；8，23—推力环；9—销；10—接线盒；11—RB 端盖；12,44—密封垫圈；14—排气阀；15—循环管；16—活接；17,21,29,32,37,40—螺栓；18,39—止动垫圈；19,27,38—垫圈；20,28,33—弹簧垫圈；22—轴套；24—轴；25—转子；26—转子屏蔽；30—定子屏蔽套；31—定子；34—机架；35—底座；36—塞子；41—键；42—叶轮；43—FB 端盖

磁力驱动泵的转子完全密闭靠磁力驱动，传动机构可实现完全无泄漏，泵的尺寸较小，重量轻，结构紧凑，泵与电机是分开的，电机是通用的，磁力驱动泵的结构见图 10-18。

湿马达泵与屏蔽泵类似，其电机绕组浸泡在被输送的液体中，用于输送绝缘性较好的无腐蚀性液体。

⑤ 低温泵　低温泵多用于输送低沸点液体。选材时要注意材料的冷脆或收缩变形问题，以及泵的防冻问题。低温泵必需的汽蚀余量 NPSH$_r$ 一般较大，容易发生汽蚀，通常在其叶轮前设置诱导轮。

低温泵一般为立式，以便把泵内产生的气泡引出。低温泵的轴承和轴封问题必须满足低温下运行的要求。低温泵的结构见图 10-19。

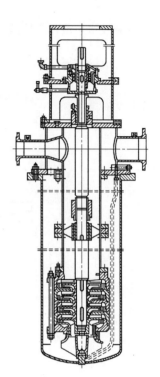

图 10-19　低温泵结构图

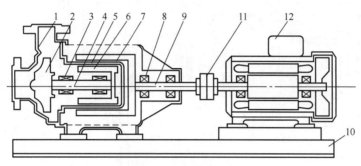

图 10-18　磁力驱动泵结构图

1—泵体；2—叶轮；3—滑动轴承；4—泵内轴；5—隔离套；6—内磁钢；7—外磁钢；
8—滚动轴承；9—泵外轴；10—底座；11—联轴器；12—电机

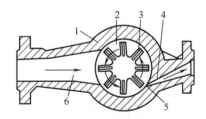

图 10-20　部分流泵工作原理图

1—泵体；2—环形空间；3—叶轮；4—锥形扩
压管；5—扩压管喉部；6—吸入管

⑥ 高速离心泵　高速离心泵转速一般在 10000r/min 以上，在石化行业较常用的有筒形多级离心泵和部分流泵。泵转速提高后，其汽蚀性能会恶化，通常需要增加泵的进口压力，并在第一级叶轮前加诱导轮，以改善泵的汽蚀性能。

部分流泵的叶轮一般为全开式，叶片为直线放射形，泵工作时只让部分液体流出，其余大部分仍在环形泵内高速旋转继续提高能量。部分流泵的转速可达 24700r/min，单级扬程高达 1760m，且体积小，重量轻，维修方便。部分流泵的工作原理图见图 10-20。

10.3　其他叶片式泵

10.3.1　轴流泵和混流泵

轴流泵和混流泵的结构示意图见图 10-21。轴流泵输送液体时，液体沿轴向流入，并沿轴向流出，主要依靠叶轮升力来压送液体。用混流泵时，液体从斜向流入叶轮，再从斜向流出，利用离心力和叶轮升力的共同作用来压送液体。

轴流泵流量大，扬程低，比转数较高，其设计方法与离心泵基本相同。根据叶轮叶片是否可调，轴流泵分为固定叶片式、半调节叶片式和全调节叶片式三种形式。轴流泵的主要特点如下：

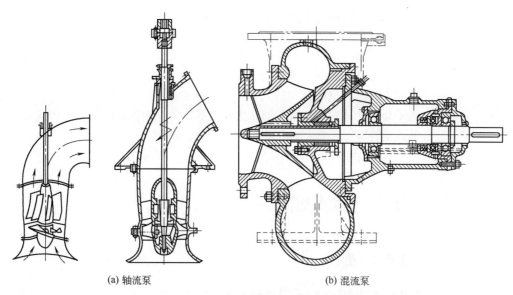

(a) 轴流泵　　　　　　　　　　　(b) 混流泵

图 10-21　轴流泵和混流泵结构示意图

ⅰ.轴流泵流量大，扬程低；

ⅱ.轴流泵的 H-Q 曲线很陡，流量 Q=0 时的扬程是额定值的（1.5～2）倍；

ⅲ.轴流泵流量越小，轴功率越大；

ⅳ.轴流泵的高效工作区范围很窄，偏离额定工况后，效率下降较快；

ⅴ.轴流泵无须考虑汽蚀问题，启动时也无须灌泵；

ⅵ.轴流泵一般不采用出口阀调节流量，常用改变叶轮转速，或调节叶片安装角的方法调节流量。

混流泵内液体流动介于离心泵与轴流泵之间，其特性也介于两者之间。适用于 3～15m 中等扬程和中等流量的场合。

10.3.2　旋涡泵

旋涡泵的结构示意图见 10-22，它是利用旋转叶轮的叶片与流道内的液体进行三维流动的动量交换而输送液体的。

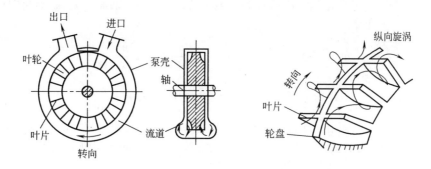

图 10-22　旋涡泵结构示意图

旋涡泵的工作原理是：叶轮内的液体随叶轮旋转时受到较大的离心力的作用，而流道内的液体受到的离心力较小，液体在叶道和流道之间产生旋转运动，同时液体随叶轮作旋转运动，这两种旋转运动合成后使液体产生与叶轮转向相同的"纵向旋涡"，这种旋涡使流道中的液体多次返回叶轮的液道内，叶轮对液体多次做功。因此，旋涡泵具有较高的扬程。

旋涡泵的泵壳内留有环形流道，其叶轮通常采用闭式叶轮，泵的吸入口和排出口在泵壳上部，用隔舌分开。

旋涡泵一般用于小流量，高扬程的场合，适用于输送易挥发性介质，工作可靠，自吸能力较强，启动时无须灌泵。但它的汽蚀性能较差，效率较低，通常为36%～38%。旋涡泵可输送含气量大于5%的介质，但不适用于输送高黏度液体，也不能输送含有固体颗粒的带磨料性的液体。旋涡泵的轴功率随流量减小而增大，其流量调节一般不采用出口阀调节，只能采用旁路调节。

10.4 容积式泵

10.4.1 概述

（1）容积式泵的特点及使用场合

容积式泵是由泵的活塞作往复运动或转子作旋转运动时对液体产生挤压作用，从而把液体吸入和压出的机器。容积式泵大体上分为活塞（柱塞）泵和转子泵两大类。

容积式泵的使用特点见表10-1，它一般在下列场合下适用：

ⅰ. 要输送的液体黏度高于0.65Pa·s的场合；

ⅱ. 小流量、高扬程的场合；

ⅲ. 要输送的液体中含有一定量气体（体积分数大于5%）的场合；

ⅳ. 需要对所输送的液体进行精确计量的场合；

ⅴ. 需要输送的液体流量较小且要求不漏的场合；

ⅵ. 流量较小，温度较低，压力要求稳定的场合。

（2）性能参数

① 流量　流量 Q 指泵输出的最大流量，也称额定流量。往复泵的流量按下式计算：

单作用泵
$$Q = \frac{\pi}{4}D^2 s \eta_V z \frac{n}{60} \tag{10-27}$$

双作用泵
$$Q = \frac{\pi}{4}(2D^2 - d^2)s \eta_V z \frac{n}{60} \tag{10-28}$$

式中，D 为活塞或柱塞直径，m；d 为活塞杆直径，m；n 为泵轴转速，r/min；s 为活塞或柱塞行程，m；z 为缸数；η_V 为泵的容积效率。

螺杆泵流量的近似计算式为

$$Q = (F - f)t \eta_V \frac{n}{60} \tag{10-29}$$

式中，F 为泵缸的截面积，m²；f 为螺杆的横截面积，m²；t 为螺杆的螺距，m；其他符号意义同前。

齿轮泵流量的近似计算式为

$$Q = \frac{\pi m^2 zbn\eta_V}{30} \qquad (10\text{-}30)$$

式中，m 为齿轮模数，m；z 为齿数；b 为齿宽，m；其他符号意义同前。

② 出口压力 出口压力是指泵允许的最大出口压力。泵操作时，其出口压力取决于背压。泵的出口压力决定了泵体的强度、密封和功率。

③ 轴功率 如果忽略流体在泵的进、出口处的位能差和动能差，容积式泵的轴功率 N_z 为

$$N_z = \frac{(p_d - p_s) \times 10^3 Q}{\eta_V} \qquad (\text{kW}) \qquad (10\text{-}31)$$

式中，p_d 为泵的出口压力，MPa；p_s 为泵的进口压力，MPa；Q 为泵流量，m³/s；η_V 为泵效率。

④ 效率 容积式泵的效率 η_V 一般由泵厂家提供，常见的容积式泵的效率范围见表10-10。

表10-10 容积式泵的效率

泵型式	电动往复泵	蒸汽往复泵	齿轮泵	三螺杆泵
效率η_V	0.65 ~ 0.85	0.80 ~ 0.90	0.60 ~ 0.75	0.55 ~ 0.80

容积式泵的容积效率是指泵输出的流量与泵入口流量之比。常见的容积式泵的容积效率见表10-11。

表10-11 容积式泵的容积效率

泵类型		容积效率 η_V	泵类型		容积效率 η_V
往复泵	大型泵（$Q>200$m³/h）	0.97 ~ 0.99	齿轮泵	一般	0.70 ~ 0.90
	中型泵（$Q=20 ~ 200$m³/h）	0.90 ~ 0.95		制造良好	0.90 ~ 0.95
	小型泵（$Q<200$m³/h）	0.85 ~ 0.90	螺杆泵	一般	0.7 ~ 0.95

（3）容积式泵的性能曲线

容积式泵的性能曲线包括：p_d-Q 曲线、p_d-N_z 曲线（见图10-23）。

（4）工作特点

容积式泵的工作特点如下：

ⅰ. 容积式泵的理论流量 Q_T 只与泵本身有关，而与管路特性无关。容积式泵的排出压力与泵本身无关，只取决于管路特性。排出压力升高时，泵的泄漏量略有增大。

ⅱ. 泵的轴功率 N_z 随排出压力 p_d 的升高而增大。

ⅲ. 液体黏度增大时，或液体中含气量增加时，泵的流量会有所下降，效率也会下降。

ⅳ. 容积式泵的出口集液管后一般均需设置安全阀。

ⅴ. 容积式泵不能采用出口调节阀调节流量，需采用旁路调节、转速调节或行程调节等措施。

ⅵ. 容积式泵启动前需打开出口阀，无须灌泵。

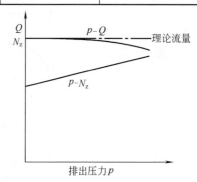

图10-23 容积式泵的性能曲线

10.4.2 往复泵

往复泵依靠作往复运动的活塞（柱塞）依次开启吸入阀和排出阀，从而吸入和排出液体。

（1）往复泵的结构及工作原理

图 10-24 是往复泵装置的示意图，往复泵主要由液缸、活塞（或柱塞）、活塞杆、吸入阀和排出阀等组成的，活塞杆与曲杆连杆机构相连。

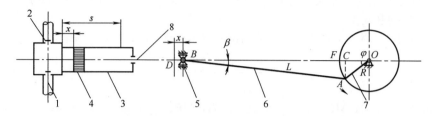

图 10-24　往复泵装置示意图

1—吸入阀；2—排出阀；3—液缸；4—活塞；5—十字头；6—连杆；7—曲轴；8—填料函

当活塞自左向右移动时，工作腔内容积增大，形成低压，吸入阀打开，把贮池内的液体吸入液缸内，此时，排液阀在排出管内液体压力的作用下关闭。当活塞移到右端时，吸液过程结束。此后，活塞便向左运动，缸内液体受挤压，压强增大，使吸入阀关闭而顶开排液阀，将液体排出。活塞运动至最左端时，排液完毕，完成一个工作循环。

活塞往复一次，只吸入和排出液体各一次的往复泵称为单作用泵。单作用泵流量是不均匀的，为了改善单作用泵流量的不均匀性，大多采用双作用泵或多缸泵。双作用泵在活塞两侧的泵体内都装有吸入阀和排出阀，使吸入管路和排出管路总有液体流过，虽然流量曲线有起伏，但能保证送液连续。单作用泵、双作用泵及多缸泵的流量曲线见图 10-25。

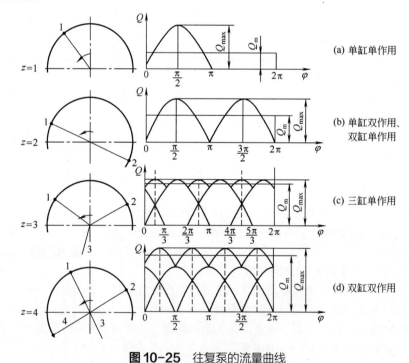

图 10-25　往复泵的流量曲线

（2）往复泵的分类

根据往复泵的工作机构可分为活塞泵、柱塞泵和隔膜泵；按作用特点分为单作用泵、双作用泵和差动泵；

按缸数分为单缸泵、双缸泵和多缸泵。

带动往复泵作往复运动的机构有曲柄连杆机构和直轴偏心轮机构等。

根据驱动机型式可分为电动往复泵、蒸汽往复泵和手动泵等。

根据排出压力的大小可分为低压泵（$p_d \leqslant 4\mathrm{MPa}$）、中压泵（$4\mathrm{MPa} < p_d \leqslant 32\mathrm{MPa}$）、高压泵（$32\mathrm{MPa} < p_d \leqslant 100\mathrm{MPa}$）和超高压泵（$p_d > 100\mathrm{MPa}$）。

根据往复泵轴转速可分为低速泵（$n \leqslant 80\mathrm{r/min}$）、中速泵（$80\mathrm{r/min} < n \leqslant 250\mathrm{r/min}$）、高速泵（$250\mathrm{r/min} < n \leqslant 550\mathrm{r/min}$）和超高速泵（$n > 550\mathrm{r/min}$）。

10.4.3　转子泵

转子泵由静止的泵壳和旋转的转子组成，一台泵可以有一个、两个或多个转子组成。与往复泵相比，转子泵平衡性好，转速高，流体压力脉动小，一般无须设置进液阀和排液阀。但转子泵的效率一般较低，密封比较困难。转子泵通常用于小流量高扬程的场合，此外，转子泵输送的液体中不能含有固体颗粒。

转子泵的种类较多，较常见的是螺杆和齿轮泵，其他还有滑片泵、罗茨泵、挠性叶轮泵、旋转活塞泵等。

（1）齿轮泵

齿轮泵的结构见图10-26。泵壳内有两个齿轮，一个是主动轮，靠电机带动旋转；另一个是从动轮，靠与主动轮相啮合而转动。齿轮与泵壳，齿轮与齿轮间留有较小的间隙。当齿轮旋转时，左侧吸液腔齿间密闭的容积增大，形成局部真空，液体在压差作用下进入吸液室，然后分为两路沿壳壁被齿轮嵌住，并随齿轮转动到达排液室。

齿轮泵工作稳定，结构可靠，可用于输送黏稠性液体甚至膏状物，但不适于输送含有固体颗粒的悬浮液及高挥发性、闪点低的液体。

齿轮泵分为外齿轮泵和内齿轮泵两种（见图10-27）。内齿轮泵出口压力较低，流量较大，运动件小，维修费用较低，但价格相对较高。

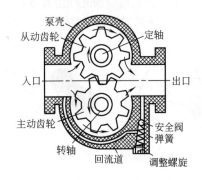

图10-26　齿轮泵结构图

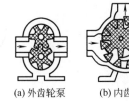

(a) 外齿轮泵　　(b) 内齿轮泵

图10-27　齿轮泵的种类

（2）螺杆泵

螺杆泵可分为单螺杆泵，双螺杆泵和三螺杆泵（见图10-28），也有五螺杆泵。其中一根为主动螺杆，其他螺杆为从动螺杆，被主动螺杆带动。当所需压强较高时，可采用较长的螺杆。

螺杆泵适用于输送有较高压力要求的黏稠性液体，例如：原油、润滑油、柏油、泥浆、黏土、淀粉糊和果肉等。螺杆泵的扬程较高，流量均匀，转速较高，效率也较高，机组结构紧凑，传动平稳，噪声较小。另外，螺杆泵对液体的混合搅动作用较小，在输送互不相溶的两相液体时，可避免两相间强烈的乳化效应。

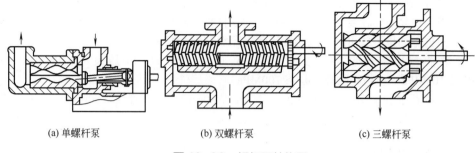

(a) 单螺杆泵　　　　　(b) 双螺杆泵　　　　　(c) 三螺杆泵

图 10-28 螺杆泵结构图

（3）滑片泵

　　滑片泵的工作原理与滑片式压缩机类似。滑片泵的转子为偏心安装的圆柱形，转子上开设径向槽道，槽道中安装一定数量的滑片，滑片可在槽中沿径向滑动，并紧贴泵腔内壁（见图10-29）。

　　滑片式泵靠改变相邻两滑片所包围的空间体积大小来吸入或排出液体。滑片的端部与泵腔内壁的摩擦和磨损严重，效率较低。

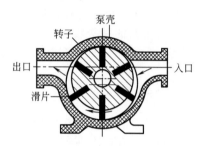

图 10-29 滑片泵结构示意图

（4）罗茨泵

　　罗茨泵的工作原理和罗茨鼓风机相类似，依靠两个"∞"字形转子的同步反向回转，把它们与泵壳内表面之间形成的腔体内的液体推出。罗茨泵可分为双叶罗茨泵和多叶罗茨泵等型式，转子之间以及转子与泵壳内表面之间留有 0.1 ～ 1.0mm 的间隙，因此，罗茨泵可在高速下平稳运转。罗茨泵的结构示意图见图 10-30。

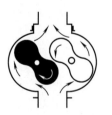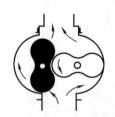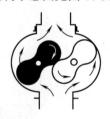

图 10-30 罗茨泵结构示意图

（5）转子泵

　　转子泵是靠改变由一摆线形成的凸齿转子与一摆线形成的凹齿圈相啮合形成的工作腔容积来工作的。一般转子有四个齿，齿圈有五个槽，液体自端盖上的孔口吸入和排出。转子泵的结构见图 10-31。

（6）挠性叶轮泵

　　挠性叶轮泵是把挠性叶轮安装在带偏心段的壳体内，当叶轮旋转离开偏心段时，工作腔体积增大，产生真空，吸入液体；当叶轮旋转至偏心段的另一侧时，挠性叶片发生弯曲，工作腔体积变小，液体压力升高，通过排出口排出液体。挠性叶轮泵的工作原理图见图 10-32。

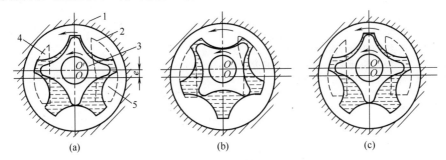

图 10-31　转子泵结构示意图

1—壳体；2—动齿圈；3—转子；4—吸入口；5—排出口

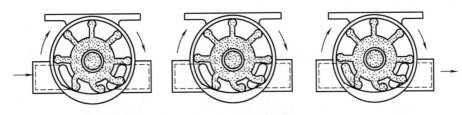

图 10-32　挠性叶轮泵工作原理图

挠性叶轮泵噪声小，效率较高。叶轮材料一般为氯丁橡胶、丁腈橡胶、碳化氟橡胶或聚氨酯等，适用于输入各种酸性、碱性液体，以及各种有机溶剂和海水等介质。但其排出压力一般小于 0.3MPa，流量小于 12m³/h，不适于输送高浓度溶剂和有机酸介质。

10.5　计量泵

计量泵一般为往复式容积泵，用于实验室或工业上需要精确计量时输送物料。

计量泵的计量精度（包括稳定性精度、复现性精度和线性度）是衡量计量泵计量准确性及性能好坏的重要依据。计量泵要求流量在 0 ~ 100% 范围内可调，且在 10% ~ 100% 流量之间，稳定性精度不超过 ±1%，复现性精度和线性度不超过 ±3%。国内外生产的计量泵的精度一般为：柱塞式 ±0.5%，隔膜式 ±1%。

计量泵一般不宜在额定流量的 10% 以下进行操作，选型时最好考虑泵在 30% 额定流量以上操作。

计量泵一般分为柱塞式、液压隔膜式、机械隔膜式和波纹管式四种，它们的原理及特点见表 10-12，柱塞式和液压式单隔膜计量泵的结构见图 10-33。

表 10-12　不同类型计量泵的原理及特点[9]

类型	特　　点
柱塞式计量泵	（1）价格低 （2）流量可达 76m³/h，流量在 10% ~ 100% 范围内，计量精度可达 ±1%，压力可达 350MPa。出口压力变化时，流量几乎不变 （3）可输送高黏度介质，不宜输送腐蚀性浆料及危险性化学品 （4）轴封为填料密封，易泄漏，需周期性调节填料。填料与柱塞易磨损，需对填料环作压力冲洗和排放，无安全泄放装置

续表

类型	特　点
机械隔膜式计量泵	（1）价格较低 （2）出口压力在 2MPa 以下，流量适用范围较小，计量精度为 ±5%，当压力从最小到最大时，流量变化可达 10% （3）可输送高黏度介质，磨蚀性浆料和危险性化学品 （4）无动密封，无泄漏，无安全泄放装置 （5）隔膜承受高压力，寿命较低
液压隔膜式计量泵	（1）价格较高 （2）压力可达 35MPa；流量在 10∶1 范围内，计量精度达 ±1%；压力每升高 6.9MPa，流量下降 5% ~ 10% （3）适用于中等黏度介质的输送 （4）无动密封，无泄漏，有安全泄放装置，维护简单
波纹管计量泵	（1）价格较低 （2）最适宜输送真空、高温、低温介质，出口压力 0.4MPa（表压）以下，计量精度较低 （3）无动密封，无泄漏

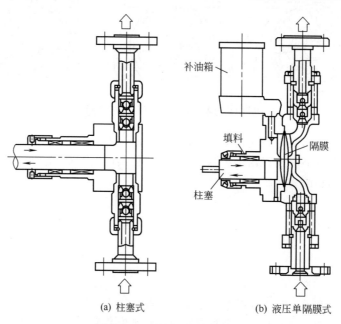

(a) 柱塞式　　　　　　　(b) 液压单隔膜式

图 10-33　计量泵的结构图

10.6　真空泵

前已述及，真空泵实际上是在真空系统中形成负压的抽气机，它在工业上用途也比较广泛。

10.6.1　真空泵的性能指标

（1）真空度

真空泵的真空度可以用绝对压力 p 表示，也可以用相对压力 p_v 表示。绝对压力的单位可以用 kPa 或 Torr

（1Torr=1mmHg）表示。相对压力也称真空度，等于大气压力减去绝对压力。

（2）抽气速率

抽气速率 S 指单位时间内，在吸入压力和温度的条件下，真空泵吸入的气体体积，单位是 m^3/h 或 m^3/min。抽气速率随吸入压力的减小而减小。

（3）极限真空

极限真空指真空泵抽气时能达到的最低稳定压力，也称最大真空度。

（4）抽气时间

抽气时间按下式计算

$$t = 2.3 \frac{V}{S} \lg \frac{p_1}{p_2} \tag{10-32}$$

式中，t 为抽气时间，min；V 为真空系统的容积，m^3；S 为真空泵的抽气速率，m^3/min；p_1 为真空系统初始压力，kPa（绝对压力）；p_2 为真空系统抽气终了压力，kPa（绝对压力）。

10.6.2　各类真空泵的工作范围及特征

真空泵按其机械结构和输送原理进行分类，常用真空泵的工作范围及特征见表 10-13。

表10-13　各类真空泵工作范围及特征

泵类型		绝对压力范围 /MPa（A）	特点
往复泵		$10 \sim 760$	适用于低真空度，水蒸气少的情况
水环泵		$50 \sim 760$	适用于低真空度，需排除水蒸气的场合
水环 - 大气泵		$5 \sim 760$	
油封机械泵		$10^{-3} \sim 760$，最佳范围 $10^{-3} \sim 10^{-2}$	
罗茨泵		$10^{-3} \sim 40$，最佳范围 $10^{-3} \sim 5\times10^{-3}$ 和 $15 \sim 40$	
分子泵		$10^{-10} \sim 10^{-2}$	工作精度高
冷凝泵		$10^{-10} \sim 10^{-3}$	
分子筛吸附泵		$10^{-2} \sim 760$	
水喷射泵		$50 \sim 760$	适用于排除水蒸气和冷凝性气体的场合，动力为 $0.2 \sim 0.3MPa$ 的水
蒸汽喷射泵	单级	$100 \sim 760$	适用于各种气体，按不同要求可选择不同级数
	二级	$50 \sim 760$，常用范围 $50 \sim 100$	
	三级	$5 \sim 760$，常用范围 $5 \sim 20$	
	四级	$1 \sim 760$，常用范围 $1 \sim 3$	
	五级	$10^{-1} \sim 760$，常用范围 $10^{-1} \sim 3$	
	六级	$5\times10^{-3} \sim 760$，常用范围 $5\times10^{-3} \sim 10^{-1}$	
油增压泵		$10^{-3} \sim 1$	
油扩散泵		$10^{-10} \sim 10^{-3}$，最佳范围 $10^{-10} \sim 10^{-6}$	适用于高真空度
钛泵		$10^{-10} \sim 10^{-2}$	
其中	冷阴极溅散式	$10^{-10} \sim 10^{-2}$	
	升华式	$10^{-10} \sim 10^{-3}$	
	轨旋式	$10^{-10} \sim 10^{-4}$	

10.6.3 真空泵的选型

真空泵的选型应遵循以下步骤：

ⅰ. 根据真空系统要求和泵进、出口管路压降，确定泵吸入口处的真空度。

ⅱ. 计算抽气速率：首先计算真空系统的总漏气量（可参阅有关手册）。然后计算真空泵的总抽气量，其中包括真空系统的总漏气量、真空系统工作过程中产气量以及真空系统的放气量三部分。总漏气量和总抽气量一般为质量流量，应把它们换算到吸入压力和温度下的体积流量。

ⅲ. 根据抽气速率及真空度要求，按表 10-13 选择真空泵类型。要求所选真空泵在吸入条件下的抽气速率比真空系统计算的抽气速率加大 20% ~ 30% 或更大一些。

常见的真空泵类型有：W 型往复式真空泵、旋片式真空泵、水环真空泵等。其他类型还有罗茨真空泵、真空机组、滑阀真空泵、油扩散泵、罗茨泵、旋片泵真空机组、水环大气喷射真空泵组等。具体选型时可参考有关厂家的样本或有关真空技术手册。

思考题

1. 离心泵和轴流泵的工作原理有何不同？各有什么优缺点？

2. 容积式泵的工作原理是什么？

3. 选择泵时，如何计算应有的扬程？

4. 原动机铭牌功率是属于原动机的输入功率还是输出功率？为什么？

5. 何谓汽蚀？它对泵的工作有哪些危害？

6. 流体在离心式泵的叶轮中如何运动？离心泵叶轮中流体的欧拉涡轮方程如何表示？如何用速度三角形表示流体流过离心泵叶轮中的各种速度？

7. 轴流式泵有何结构特点？

8. 泵内有哪些损失？分别对哪个性能参数产生影响？如何降低这些损失？

9. 什么是工作点、工况点、最佳工况点、设计工况点？它们之间有何区别与联系？相似工况点与这些点的含义又有何不同？

10. 离心式泵的启动与轴流式泵的启动有何区别？为什么？

11. 离心式、轴流式、混流式泵的性能曲线有何区别？

12. 泵的现场性能实验中应如何选取装置系统？各量如何测量？

13. 某台泵的转速减半时，其比转数增大、减小还是不变？为什么？

14. 汽蚀产生的原因是什么？有何危害？如何防止汽蚀产生及改善泵的汽蚀性能？

15. 何谓有效汽蚀余量、必需汽蚀余量？如何确定泵的汽蚀余量？

16. 何谓泵的最小安装高度？在何种情况下，必须将泵装在吸入液面以下？

17. 何谓泵的稳定运行工况点和不稳定运行工况点？叶片式泵有哪几种不稳定运行工况？如何判断和预防？

18. 用泵的最高效率值来衡量其运行经济性，是否合适？试比较节流调节和变速调节的经济性。

19. 性能完全相同的两台泵并联工作，其中一台泵进行变速调节，另一台泵转速不变，变速泵和定速泵的流量值分别如何变化？

20. 离心泵和轴流泵各有哪些主要部件？分别起什么作用？离心泵的轴向力是怎样产生的？对于大容量高参数的泵，常采用哪些平衡轴向力和径向力的方法？一般采用何种密封形式？

11 离心机

○○ —————— ○○ ○ ○○ —————————

👁 **学习目标**

○ 能分析计算离心力场的基本特性参数，预测分离介质状态特性对分离性能带来的影响，并举例说明离心沉
  降分离过程。
○ 能根据工况条件和需求对不同类型的离心机进行选型计算。
○ 能说明过滤式离心机、沉降式离心机、管式分离机、室式分离机、碟式分离机的结构形式、分离原理、分
  离特点、生产能力及应用场合。
○ 能计算离心机功率，设计主要零部件的结构和强度，并根据设计计算参数对离心机进行选型。

11.1 离心分离的基本知识

11.1.1 离心力场的基本特性

（1）分离因数

质量为 m/kg 的物料，旋转时产生的离心惯性力 F_c 为

$$F_c = mr\omega^2 \qquad (\mathrm{N}) \tag{11-1}$$

式中，r 为旋转半径，m；ω 为转鼓的回转角速度，rad/s。

分离因数 F_r 表示分离物料在离心力场中所受的离心惯性力与其重力的比值，也等于离心加速度和重力加
速度的比值

$$F_r = \frac{F_c}{mg} = \frac{R\omega^2}{g} \tag{11-2}$$

离心机的分离因数是离心机分离能力的主要指标，分离因数越大，分离效果越好。现代工业离心机，分离
因数可达几百、几千，甚至上万的数值，超高速离心机中，分离因数可大于五万。

分离因数与离心机的转鼓半径成正比，与转速的平方也成正比，为了提高分离机的分离效果和生产能力，
一般超高速离心机采用小直径、高转速、长转鼓的结构。

（2）离心压力

离心机转鼓高速回转时，转鼓中的液体和固体物料层在离心力场的作用下，在转鼓内壁处会对转鼓产生相当大的离心压力，离心压力不仅作用在转鼓壁上，同时也作用在转鼓的挡液板和鼓底上。

离心机运转时，转鼓内的悬浮液或乳浊液等物料随转鼓一起旋转，在离心力作用下形成凹入形的液体表面（见图 11-1）。在液面上任一点 A，受到离心力 F_c 和重力 G 的作用，其合力方向与液面垂直，由此可得

$$\tan\theta = \frac{mr\omega^2}{G} = \frac{r\omega^2}{g} \tag{11-3}$$

随着转鼓转速的提高，转鼓底逐渐露出来，以至转鼓中间没有液体（见图 11-2）。据此，可建立如下边界条件

$$\left.\begin{array}{l} r = r_0: \quad y = 0 \\ r = r_1: \quad y = H \end{array}\right\} \tag{11-4}$$

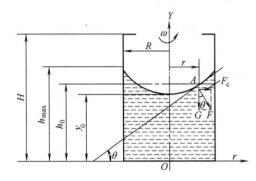

图 11-1　转鼓内液体回转表面

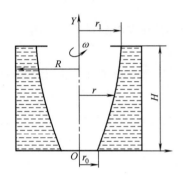

图 11-2　转鼓高速回转时鼓内液体分布情况

由式（11-3）和式（11-4）可得转鼓挡液板处液面半径 r_1 为

$$r_1 = \sqrt{r_0^2 + \frac{2gH}{\omega^2}} \tag{11-5}$$

由式（11-5）可知，当转速高达一定值时，式中，$2gH/\omega^2$ 接近于零，即 $r_1 \approx r_0$，液体表面变成平行于转鼓轴线的同心圆柱面，此时离心力远远大于重力，因此，设计时可以忽略重力，也就是说，离心机转鼓可以竖直放置，也可以水平放置或倾斜放置，均不会影响物料在转鼓内的分布，只需要保证转鼓结构合理和操作方便。

离心机工作时，在半径为 r 处物料产生的离心压力

$$p = \frac{\rho_{mf}}{2}\omega^2(r^2 - r_0^2) \tag{11-6}$$

在转鼓内半径 R 处，离心压力达到最大值

$$p_{max} = \frac{\rho_{mf}}{2}\omega^2(R^2 - r_0^2) \tag{11-7}$$

式中，ρ_{mf} 为转鼓内物料的密度，kg/m^3；其他符号的意义同前。

（3）离心沉降分离过程

离心沉降过程有自由沉降和干涉沉降两种不同过程，划分为层流、过渡流和湍流三种流型。

① 自由沉降过程　当悬浮液浓度较低时，在离心力场中，颗粒的自由沉降规律为：

层流区（$Re_p \leqslant 1$）

$$u = \frac{d_p^2(\rho_s - \rho_l)r\omega^2}{18\mu} = u_g F_r \tag{11-8}$$

过渡区（$1<Re_p \leqslant 500$）

$$u = 0.1528 \left[\frac{d_p^{1.6}(\rho_s - \rho_1)r\omega^2}{\mu^{0.6}\rho^{0.4}} \right]^{1.4} = u_g F_r^{\frac{1}{1.4}} \tag{11-9}$$

湍流区（$500<Re_p \leqslant 2\times10^5$）

$$u = 1.741 \left[\frac{d_p(\rho_s - \rho_1)r\omega^2}{\rho_1} \right]^{1/2} = u_g F_r^{1/2} \tag{11-10}$$

式中，d_p 为颗粒直径，m；ρ_s 和 ρ_1 分别为固相和液相的密度，kg/m³；u_g 为重力沉降速度，m/s；μ 为液相的黏度，Pa·s；u 为液体与颗粒间相对速度，m/s。

非球形颗粒在离心力场中的沉降只需在式（11-8）～式（11-10）中代入颗粒的当量直径即可。

② 干涉沉降过程　当固相浓度很高时，会出现干涉沉降情况，其沉降速度 u_φ 为

$$u_\varphi = \eta_2 u \tag{11-11}$$

式中，η_2 为干涉系数，与颗粒直径、转鼓直径、悬浮液中固相体积分数、雷诺数等因数有关，不同的研究者得出的干涉系数表达式不尽相同，具体应用时可参阅相关的文献。

③ 分离最小颗粒的直径　悬浮液中尺寸极小的颗粒在一定离心力场作用下，可能长期处于悬浮状态而不能被分离，能分离的极限颗粒直径 d_c 的经验公式为

$$d_c = 3.08\times10^{-6} \left(\frac{T}{\Delta\rho\omega^2 r} \right)^{1/4} \tag{11-12}$$

式中，T 为物料的温度，K；$\Delta\rho$ 为固、液两相的密度差，kg/m³；ω 为转鼓角速度，s⁻¹；r 为回转半径，m。

确定了沉降分离的最小颗粒直径后，可以确定沉降式离心机的分离因数

$$F_r = 9\times10^{-23} \frac{T}{g d_c^4 \Delta\rho} \tag{11-13}$$

④ 极限液流速度和进料量　如果沉降离心机的液流速度过大，鼓壁或沉渣层表面上的颗粒会被重新带走，分离程度下降。液体不带走已沉降颗粒的极限流速

$$w_z \leqslant \frac{f}{1+\alpha f} u_g F_r \tag{11-14}$$

式中，f 为摩擦系数，实际应用时取 0.666；a 为比例系数，实际应用时取 0.34；u_g 为重力沉降速度，按层流、过渡流和湍流分别考虑。

沉降式离心机的极限进料量

$$q_{V\max} \leqslant \frac{f}{1+\alpha f} \pi(R^2 - r_1^2) \left(\frac{\pi}{d_p} \right)^{1/7} u_g F_r \tag{11-15}$$

（4）离心过滤的基本方程

离心过滤的基本方程式为

$$\frac{dV}{dt} = \frac{\frac{1}{2}\omega^2(r_2^2 - r_1^2)}{\mu\left(ac_s \dfrac{V}{A_m^2} + \dfrac{R_m}{A_0} \right)} \approx \frac{\frac{1}{2}\omega^2(R_0^2 - r_1^2)}{\mu\left(ac_s \dfrac{V}{A_m^2} + \dfrac{R_m}{A_0} \right)} \tag{11-16}$$

式中，$\dfrac{dV}{dt}$ 为过滤速率，m²/s；ω 为转鼓旋转角速度，rad/s；r_2 为过滤介质的平均半径，m；r_1 为原料液表面半径，m；μ 为滤料黏度，Pa·s；a 为滤饼比阻，m/kg；c_s 为通过单位体积滤液获得的固体质量，kg/m³；V 为滤液量，m³；A_m 为滤饼的平均面积，m²；R_m 为过滤介质阻力，m⁻¹；A_0 为过滤介质的面积，m²；R_0 为滤饼的

外半径，m。

按式（11-16）调节原料液的进料量，使 $R_0^2 - r_1^2$ 恒定，就成为恒压离心过滤；若过滤介质阻力忽略不计，进料速率一定，就成为恒速离心过滤。离心过滤通常适用于滤饼比阻小于 3×10^{10} m/kg 的场合。

（5）分离效率

① 总分离效率 E_T

固相回收率
$$E_{Ts} = \frac{q_{ms}\rho_{Bs}}{q_m\rho_B} = \frac{(\rho_B - \rho_{Bl})\rho_{Bs}}{(\rho_{Bs} - \rho_{Bl})\rho_B} \tag{11-17}$$

液相脱除率
$$E_{Tl} = \frac{q_{ml}(1-\rho_{Bl})}{q_m(1-\rho_B)} = \frac{(\rho_{Bs} - \rho_B)(1-\rho_{Bl})}{(\rho_{Bs} - \rho_{Bl})(1-\rho_B)} \tag{11-18}$$

式中，q_{ms}、q_{ml}、q_m 分别为分离后的沉渣、分离液和进料的质量流量，kg/h；ρ_{Bs}、ρ_{Bl}、ρ_B 分别为沉渣、分离液和进料中固相的质量浓度，kg/m³。

② 综合分离效率 E_c　对于浓缩而言，应使沉渣含液量尽可能地低一些。沉渣中带走的液量与原料悬浮液中液体量之比，称为沉渣带液率 W_s，其表达式为
$$W_s = \frac{q_{ms}(1-\rho_{Bs})}{q_m(1-\rho_B)} = \frac{(\rho_B - \rho_{Bl})(1-\rho_{Bs})}{(1-\rho_B)} \tag{11-19}$$

综合分离效率
$$E_c = E_{Ts} - W_s = \frac{(\rho_B - \rho_{Bl})(\rho_{Bs} - \rho_B)}{\rho_B(\rho_{Bs} - \rho_{Bl})} \tag{11-20}$$

对于澄清而言，应使分离液中带走的固相尽可能地低一些。分离液带走的固相量与原料悬浮液中固相量之比，称为分离液中固相带失率 W_l，W_l 表示为
$$W_l = \frac{q_{ml}\rho_{Bl}}{q_m\rho_B} = \frac{(\rho_{Bs} - \rho_B)\rho_{Bl}}{(\rho_{Bs} - \rho_{Bl})\rho_B} \tag{11-21}$$

综合分离效率
$$E_c = E_{Tl} - W_l = \frac{(\rho_B - \rho_{Bl})(\rho_{Bs} - \rho_B)}{\rho_B(\rho_{Bs} - \rho_{Bl})} \tag{11-22}$$

部分效率 E_G 也称级效率，是指悬浮液中固体颗粒群各级尺寸颗粒的分离效率，可用下式表示
$$E_G = E_{Ts}\frac{f_s}{f} \tag{11-23}$$

式中，E_{Ts} 为固相固收率；f_s 为沉渣中所含直径为 d_{pi} 的颗粒的百分数；f 为悬浮液中所含直径为 d_{pi} 的颗粒的百分数。

除了临界粒径 d_c 外，固液分离中常用分割点直径 d_{50} 来判断分级或分离效果，d_{50} 是指分级效率为 0.50 时的颗粒直径。

11.1.2　离心机的分类

（1）按分离因数分类

按分离因数的大小，离心机可分为以下几类：

① 常速离心机：分离因数小于 3500 的离心机为常速离心机，其转鼓直径较大，转速较低，一般为过滤式，也有沉降式。分离因数的范围一般是 400～1200。

② 高速离心机：分离因数在 3500～50000 范围内的离心机为高速离心机，其

转鼓直径较小，转速较高，一般为沉降式和分离机。

③ 超高速离心机：分离因数大于 50000 的离心机为超高速离心机，其转鼓为细长的管式，转速很高，一般为分离机。

（2）按分离过程分类

按分离过程的不同，离心机可分为以下几类：

① 过滤式离心机　离心机转鼓壁上开有小孔，在转鼓内壁上衬有金属底网。转鼓回转时，液体在离心力的作用下透过滤渣、滤网、底网及转鼓小孔甩出鼓外，固体被截留在转鼓内过滤介质上形成滤渣，见图 11-3（a）。过滤式离心机适用于固含量较高，固相颗粒较大的悬浮液的分离。

② 沉降式离心机　离心机转鼓上无孔，当转鼓回转时，悬浮液随着转鼓一起回转，由于离心力的作用，密度较大的固相颗粒向鼓壁沉降，见图 11-3（b）。沉降式离心机适用于固相含量较少，颗粒较细的悬浮液分离，根据固相含量的多少以及离心分离的目的，离心沉降可分为离心脱水和离心澄清两个过程。

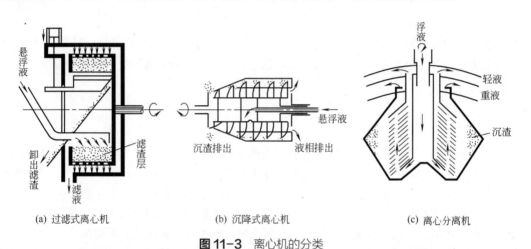

(a) 过滤式离心机　　　(b) 沉降式离心机　　　(c) 离心分离机

图 11-3　离心机的分类

③ 离心分离机　离心分离机的分离也属于沉降分离的过程，习惯上是指用于两种密度不同的液体所形成的乳浊液或含有微量固体的乳浊液分离的机器。在离心力的作用下，密度大的液相在外层，密度小的液相在内层，密度更大些的固相沉于鼓壁。把各相分别引出后，即达到分离的目的。离心分离机的转鼓也是无孔的，见图 11-3（c）。

（3）按运转方式分类

根据离心机的运转方式不同，离心机可分为以下两类：

① 间歇运转式离心机　此类离心机的加料、分离、卸渣过程是在不同转速下间歇进行的。操作时必须按照操作循环中的各个阶段顺序进行，一般操作循环包括空转鼓加速、加料、加速到全速、全速运转实现分离、洗涤、甩干、减速、卸渣等几个阶段，各个阶段的时间并不相等，图 11-4 为某间歇操作过滤式离心机各阶段的操作循环图。

② 连续运转式离心机　此类离心机是在全速运转条件下，加料、分离、洗涤、卸渣等过程连续进行，生产能力较大。

（4）按卸料方式分类

按卸料方式的不同可分为人工卸料、重力卸料、刮刀卸料、活

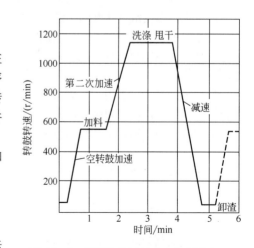

图 11-4　间歇操作过滤离心机操作循环

塞推料、螺旋卸料、振动卸料和离心力卸料等离心机。

此外，按离心机转鼓轴线在空间的位置可分为立式离心机和卧式离心机等。

11.1.3　原料液的特性

离心机的分离效率除了与离心机的型式及操作有关外，还与所分离的原料液的特性有关，即与悬浮液特性、乳浊液特性及固体颗粒的特性有关。

（1）悬浮液特性

悬浮液是由液相和悬浮于其中的固体颗粒组成的系统，悬浮液的物理化学性质对分离后的产品质量影响较大，这些性质包括悬浮液中固相颗粒的浓度以及固相和液相的特性等。

根据悬浮液中固体颗粒的大小和浓度的不同，悬浮液可分为粗颗粒悬浮液、细颗粒悬浮液以及高浓度悬浮液、低浓度悬浮液。悬浮液中固体颗粒较大，浓度较高时，可选择过滤式离心机，否则，可考虑选择沉降式离心机或预敷层过滤机等。

悬浮液中颗粒的聚集状态、静电力的作用以及颗粒密度的分布都影响悬浮液的性质，液体的物理性质，如密度、黏度和表面张力等对悬浮液的性质也有影响，这些性质都会影响分离效果。通常情况下，悬浮液黏度越大，越难分离。

（2）乳浊液特性

乳浊液是由液相及悬浮于其中的一种或数种其他液体所组成的多相系统，其中至少有一种液体以液珠的形式均匀地分散在和它互不相溶的液体中，乳浊液的液珠达到一定大小时（如 $0.4 \sim 0.5\mu m$），组成乳浊液的两相就会分层，当液珠直径在 $0.1 \sim 0.4\mu m$ 的范围内，乳浊液比较稳定，组成的两相不分层。

当乳浊液内浓度发生变化时，可能会发生两相转变，即分散的液珠可变成连续相，而原来连续相会变成分散相，乳浊液的黏度因浓度不同而改变，在发生两相转变时的浓度下，乳浊液黏度最大。

乳浊液的物理性质，例如液珠大小及分布、浓度、布朗运动及电现象等都会影响分离效果。液珠直径大，浓度小、黏度小的乳浊液易于分离，否则难以分离。通常情况下，分离乳浊液的分离机，其分离因数都很大。

（3）固体颗粒的特性

在固液分离过程中，颗粒的大小，黏度分布、形状、密度、表面性质等与分离效果密切相关，它们决定着过滤能否进行以及沉降速度的快慢。

在悬浮液中，颗粒越小，比表面积越大，固 - 液间的表面效应就越显著，越难分离。有些颗粒由于结晶力或分子间吸引力较强，颗粒与液体间有明显的界面，分离较容易，反之，如果颗粒与液体间没有明显的界面，分离较困难。

颗粒表面硬度较高时，比较稳定，不易破碎，最终分离效果较好；否则，表面软脆的颗粒在输送、搅拌、混合等过程中可能会引起破碎，影响分离效果。

颗粒尺寸与分离设备之间的对应关系见图 11-5。

11.1.4　原料液的预处理

（1）凝聚和絮凝

悬浮液的预处理目的在于改变悬浮液的性质，提高分离设备的生产能力，降低分离操作成本。预处理的主要方法有凝聚及絮凝两种。

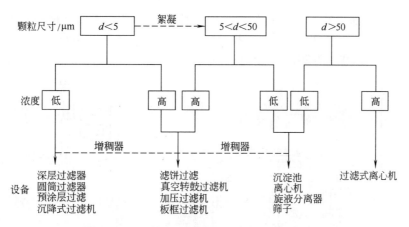

图 11-5 颗粒尺寸与分离设备之间的对应关系

　　某些悬浮液具有分散相与连续相之间存在很大界面的特点，在一定条件下，细小颗粒合并成为较大粒子的过程很容易在溶胶中得到发展。引起这种凝聚作用的因素有电解质的作用、温度变化、浓度变化、光学作用及长时间的渗析等，其中以电解质的作用为主，工业上广泛采用无机化合物作为凝聚剂。胶体颗粒在液体中的凝聚速度取决于颗粒相对运动引起的碰撞频率。

　　凝絮处理广泛用于采矿、石油化工及污水处理等部门。它是利用高分子聚电解质对溶胶进行处理，使微细胶体粒子形成较大的絮状凝块。聚电解质的絮凝作用概括为两个过程：其一是聚电解质与颗粒表面的电荷中和；其二为聚电解质的长链与颗粒的"桥接"，形成较大的絮状团块。

（2）液相的预处理

　　对液相的预处理包括加热处理、脱气处理和调节表面张力等。提高温度，降低液体黏度，是工业生产中提高分离效率简便而有效的方法。

（3）对固液混合物整体的预处理

　　对固液混合物整体的预处理包括冷冻和融化、超声波和机械振动处理等。

（4）固相增浓

　　对于固相颗粒较细的悬浮液，提高固相浓度可改善过滤性能。提高固相浓度的方法有两种：一是在不影响产品质量的前提下添加助滤剂，如硅藻土、膨胀珍珠岩粉、纤维素或碳粉等，使固相浓度增加；二是利用沉降装置进行预增浓处理。

11.2 过滤式离心机

11.2.1 各种过滤式离心机的特点及应用

（1）三足式离心机

　　三足式离心机广泛应用于化工、制药、食品等工业部门。工业上常用的有人工上部卸料离心机和下

部自动刮刀卸料机。我国标准规定的三足式离心机的基本参数为：转鼓直径335～2000mm，容积7.5～100L，转鼓转速600～3350r/min，分离因数为400～2120，主电动机功率2.2～37kW。三足式离心机结构见图11-6。

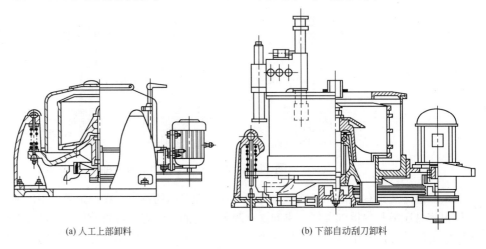

(a) 人工上部卸料　　　　　　　　　　(b) 下部自动刮刀卸料

图11-6　三足式离心机

三足式离心机的优点在于对物料的适应性强，可分离微米级的细颗粒，且结构简单、制造方便、成本低廉、运转平稳；缺点是间歇操作，生产能力低，工人劳动强度大。

（2）上悬式离心机

上悬式离心机主要用于制糖工业。在化工生产中，它广泛用于分离中等及较细颗粒的悬浮液，如食盐及聚氯乙烯树脂等。上悬式离心机的结构见图11-7。上悬式离心机转轴的临界转速，设计在加料转速与全速范围之间。转轴采用挠性轴结构。

机械卸料型的上悬式离心机：转鼓直径为1000～1350mm，工作容积为280～650L，转鼓转速为1450r/min，分离因数为1176～1553。重力卸料型的上悬式离心机：转鼓直径为1000～1320mm，工作容积为210～530L，转鼓直径为960r/min，分离因数为516～680，重力卸料型上悬式离心机滤渣能自动卸料的条件是：滤渣的重力及其离心惯性力沿锥形转鼓母线向下的分力大于滤渣和鼓壁之间的摩擦力。

（3）卧式刮刀卸料离心机

卧式刮刀卸料离心机对物料的适应性强，适用于处理含粗、中、细颗粒的悬浮液。它是一种连续运转、间歇加卸料的离心机，广泛应用于化工、制药、轻工、食品等工业部

双速电动机

自动卸渣机构

转鼓

刮刀

喇叭罩

图11-7　上悬式离心机

门，如硫铵、碳酸氢铵、聚氯乙烯、食盐等物料的脱水。我国国家标准规定的卧式刮刀卸料离心机的基本参数为：转鼓直径 450～2000mm，转鼓工作容积 15～1100L，转鼓转速 350～3350r/min，分离因数 140～2830。

　　卧式刮刀卸料离心机的结构如图11-8。其主轴要求短而粗，从而保证了刀杆和主轴的刚性，以便承受全速卸料时刮刀受到较大负荷的作用。刮刀有宽、窄两种，宽刮刀主要用于松软滤渣，窄刮刀适用于密实的滤渣。刮刀片的材料应具有耐磨、耐腐蚀、强度高的性质。

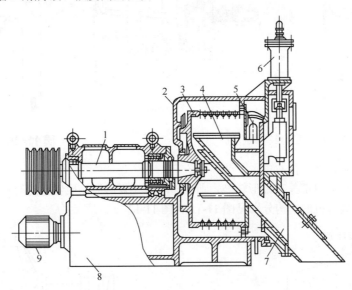

图 11-8　卧式刮刀卸料离心机
1—主轴；2—外壳；3—转鼓；4—刮刀机构；5—加料管；6—提刀油缸；7—卸料斜槽；8—机座；9—油泵电机

　　刮刀卸料离心机的优点是各工序可在全速下进行，产量大，分离和洗涤效果好，适应性强；缺点是刮刀破坏固体颗粒，振动较大，刮刀磨损严重，不适用于容易堵塞滤网而物料又无法再生的场合。

　　卧式刮刀卸料离心机的主要发展趋势是增加转鼓直径和生产能力；对易分离物料采用大直径和双转鼓结构，对难分离物料则采用小直径、增加分离因数的办法。

（4）卧式活塞卸料离心机

　　卧式活塞卸料离心机是一种连续运转、自动操作、液压脉动卸料的过滤式离心机。它只适用于粗、中颗粒的分离，对悬浮液的浓度特别敏感，易产生漏液现象，因此应用具有局限性。一般多用于硫铵、碳酸氢铵、氯化铵等化工、化肥、制药工业部门。对颗粒分散度较高、对滤液澄清度要求较高的悬浮液及胶状物料均不宜采用，也不适用于无定形物料和具有较高摩擦系数物料的分离。

　　卧式活塞卸料离心机的结构见图11-9。它有单级和多级等型式。多级型式一般以双级或四级为宜。

　　卧式活塞卸料离心机的优点是效率高、产量高、操作稳定可靠、滤渣破碎程度小、功率消耗均匀，缺点是对物料的固液比很敏感。

（5）离心惯性力卸料离心机

　　离心惯性力卸料离心机也称锥篮式离心机，是一种自动连续卸料离心机，分为立式和卧式两种型式。锥篮式离心机的转鼓是圆锥形，内壁衬有板状滤网，由 Heim-Lehmann 公司首创。其结构见图11-10。

　　离心惯性力卸料离心机自动卸料的条件是：转鼓半锥角的正切值必须大于滤渣与滤网的摩擦系数。而转鼓锥角大小及锥鼓的长度，应根据物料性质以及滤网表面状况（即摩擦系数）通过实验来确定。

　　离心惯性力卸料离心机结构简单，能连续操作，主要用于制糖、食盐和塑料颗粒及短纤维物料的分离；但它对物料的性质及浓度的变化很敏感，适应性较差，物料停留时间不易控制，这些缺点限制了它的应用。

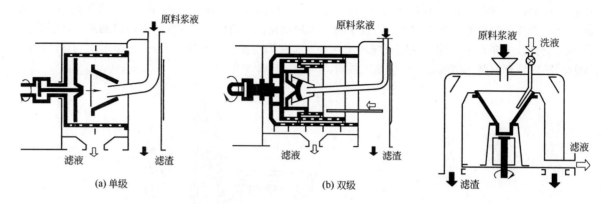

图 11-9　活塞推料离心机

图 11-10　离心惯性力卸料离心机

（6）振动卸料和进动卸料离心机

振动卸料和进动卸料离心机都具有锥形转鼓，前者伴随有往复运动，后者伴随有进动运动，它们都有立式和卧式两种结构。这两种离心机的结构分别见图 11-11 和图 11-12。

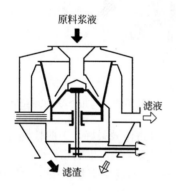

图 11-11　振动卸料离心机

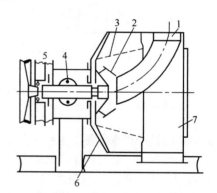

图 11-12　进动卸料离心机
1—加料管；2—布料斗；3—锥篮；4—激振器；
5—振动机构；6—左机壳；7—右机壳

振动卸料离心机目前多用于颗粒较大、易过滤的物料，因为这类物料所需的分离数较低，也无须控制滤渣的湿含量，因其分离因数较低对滤网的要求也较低。进动式卸料离心机特别适用于处理中、粗颗粒的易过滤物料，其生产能力较大。

11.2.2　过滤式离心机的生产能力

过滤式离心机的过滤过程基本上分为固定床滤饼过滤和流动床薄层滤饼过滤两种，属于固定床过滤的有三足式、上悬式、卧式刮刀卸料离心机等。属于流动床过滤的有锥篮式、进动式离心机等。

确定固定床过滤间歇式操作的离心机的生产能力时，首先要计算每个操作循环所需时间 t，它等于过滤时间 t_f、脱水时间 t_d 和辅助时间 t_a 之和。

按滤液计的平均生产能力为

$$q_1 = \frac{Q_f + Q_d}{t} \tag{11-24}$$

式中，Q_f、Q_d 分别为过滤阶段和脱水阶段的滤液量，m^3。

按悬浮液量 Q_s 计的平均生产能力

$$q_s = \frac{Q_s}{t} = \frac{\pi(R^2 - r_0^2)L}{t}$$ 　　　　（11-25）

式中，R、r_0 分别为转鼓内半径和悬浮液的内半径，m；L 为转鼓长度，m。

11.3　沉降式离心机

11.3.1　各种沉降式离心机的特点及应用

（1）三足式沉降离心机

三足式沉降离心机与三足式过滤离心机的结构类似，一般应用于化工、制药和食品等工业部门。其转鼓壁无孔，且不需要过滤介质，一般为间歇操作。其结构较简单，制造安装及维修较方便，成本较低，操作容易。机器采用弹性悬吊支撑结构，可减少机器振动，使运转平稳。

（2）卧式刮刀卸料沉降离心机

卧式刮刀卸料沉降离心机的结构见图 11-13。悬浮液加入到鼓底，分离液经转鼓拦液盖溢流进入机壳后，由排液管排出。这类离心机的转鼓直径一般为 300 ～ 1200mm，转鼓的长径比一般为 0.5 ～ 0.6，分离因数最大值为 1800，处理量最大值可达 18m³/h。一般可用于处理含有 5 ～ 40μm 固体颗粒的悬浮液。

（3）卧式螺旋卸料沉降离心机

卧式螺旋卸料沉降离心机是全速运转，连续进料和分离，用螺旋输送器卸料的离心机，有立式和卧式两种结构（分别简称为"立螺"或"卧螺"），常用卧式。卧式螺旋卸料沉降离心机的工作原理见图 11-14。通过调节溢流口位置、机器转速、转鼓与螺旋输送器的转速差及进料速度，可达到不同的分离要求。

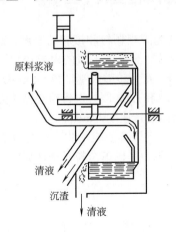

图 11-13　卧式刮刀卸料沉降离心机

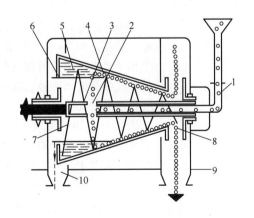

图 11-14　卧式螺旋卸料沉降离心机工作原理
1—加料管；2—进料孔；3—螺旋内筒；4—沉渣；5—悬浮液；6—溢流口；
7—螺旋；8—沉渣出口；9—集渣室；10—集液室

转鼓体全长与最大直径的比值称为长径比，该参数对分离而言是相当关键的。对易分离物料，长径比为

1 ～ 2；对难分离物料，长径比为 2.5 ～ 4.0。转鼓母线与轴线间的夹角主要取决于沉渣输送的难易。对于易于输送的沉渣，锥角为 10°～ 11°。转鼓的材料一般用不锈钢、钛钢或玻璃钢。筒体外表面上有环状凸缘，与机壳内相应的隔板配合形成迷宫密封，可防止澄清液渗入排渣室。

卧式螺旋卸料沉降离心机广泛应用于各工业部门，它即可作为分离器使用，也可作为分级器使用。当进料的固相体积分数在 2% ～ 50% 范围时，大于 2μm 的悬浮颗粒粒子基本都能回收。由于沉渣在排出转鼓之前经过一段脱水区域进行脱水，所以其沉渣含湿量较低，适应性较强。

11.3.2　沉降式离心机的生产能力

沉降离心机的生产能力是能把所分离的最小固相粒子沉降在转鼓内，而不被液相带走的最大悬浮液处理流量。分离的条件是固相粒子沉降到鼓壁的时间必须小于液相在鼓内的停留时间。

沉降式离心机的生产能力 q_V 等于固体颗粒的重力沉降速度 u_g 和离心机的当量沉降面积 $\sum$ 的乘积。固体颗粒的沉降速度为

$$u_g = \frac{d_s^2(\rho_s - \rho_1)g}{18\mu}　　　　（11-26）$$

当量沉降面积与转鼓的结构形式有关，其计算式如下：

圆柱形转鼓
$$\sum = \frac{\pi R^2 L \omega^2}{2g}\left[1 + \frac{2R_0}{R} + \left(\frac{R_0}{R}\right)^2\right]　　　　（11-27）$$

圆锥形转鼓
$$\sum = \frac{\pi R^2 L \omega^2}{6g}\left[1 + \frac{2R_0}{R} + 3\left(\frac{R_0}{R}\right)^2\right]　　　　（11-28）$$

圆柱圆锥组合型转鼓

$$\sum = \frac{\pi R^2 \omega^2}{6g}\left[3L_1\left(1 + \frac{2R_0}{R} + \left(\frac{R_0}{R}\right)^2\right) + L_2\left(1 + \frac{2R_0}{R} + 3\left(\frac{R_0}{R}\right)^2\right)\right]　（11-29）$$

式中，d_s 为颗粒直径，m；ρ_s 和 ρ_1 分别为固相颗粒和液相的密度，kg/m³；μ 为液相的黏度，Pa·s；R_0 和 R 分别为转鼓旋转时悬浮液形成的内半径和转鼓鼓壁的内半径（对于圆锥形或圆柱圆锥组合型转鼓，R 为转鼓大端半径），m；L 为圆柱形转鼓长度或圆锥形转鼓沉降区的长度，m；L_1 和 L_2 为圆柱圆锥组合型转鼓的圆柱段长度和圆锥段沉降区的长度，m；ω 为转鼓的旋转速度，rad/s。

从式（11-26）至式（11-29）可以看出，沉降离心机的生产能力取决于物料性质和离心机的技术参数。按上面计算的生产能力是以单个粒子来计算的，实际生产中的生产能力 q_{Vc} 按下式计算

$$q_{Vc} = \eta q_V　　　　（11-30）$$

刮刀卸料沉降离心机和管式分离机（圆柱形转鼓）

$$\eta = 12.54\left(\frac{\Delta\rho}{\rho}\right)^{2.3778}\left(\frac{d_e}{L}\right)^{0.2222}　　　　（11-31）$$

螺旋沉降离心机（圆柱圆锥形转鼓）

$$\eta = 16.64 \left(\frac{\Delta\rho}{\rho_1}\right)^{0.3359} \left(\frac{d_e}{L}\right)^{0.3674} \qquad (11\text{-}32)$$

快速螺旋卸料离心机（圆柱圆锥形转鼓）也可按下式

$$\left.\begin{aligned} &\eta = 1.06 Re^{-0.074} Fr^{0.178} \\ &Re = \frac{q_V}{(2h+b)\nu} \\ &Fr = \frac{q_V^2}{\omega^2 R_m^2 b^2 h^2} \\ &R_m = \frac{R+R_0}{2} \end{aligned}\right\} \qquad (11\text{-}33)$$

式中，η 为与设备结构、操作、物料有关的修正系数；$\Delta\rho$ 为固液相密度差，kg/m^3；d_e 为颗粒的当量直径，m；L 为沉降区长度，m；Re 为雷诺数；Fr 为弗劳德数；h 为液层深度，m；b 为螺旋螺距，m；ν 为液体运动黏度，m^2/s；其他符号意义同前。

11.4 分离机

11.4.1 各种分离机的特点及应用

11.4.1.1 管式分离机

管式分离机适用于固体颗粒直径为 0.01～100μm、固相体积分数小于 1%、两相密度差大于 $0.01kg/m^3$ 难分离的液液分离或液固分离。常用于油料、油漆、制药、化工等工业生产中，如油水混合物、微生物、蛋白质、青霉素、香精油等的分离。

依靠提高转速和增大半径的方法都可以使分离因数得到提高，但过高的转速和过大的半径会使转鼓壁的周向应力增加，因此，转鼓材料的强度限制了转鼓转速和转鼓半径的进一步增大。合理有效的办法是在提高转速的同时，减小转鼓半径，这样既可提高分离因数，又使转鼓应力不致增加过大。为了提高生产能力，可以采取增加转鼓长度来增加其容积的方法。因此，管式分离机具有高转速、小直径、长转鼓的特点。

管式高速分离机的结构见图 11-15。被分离的物料自进料管进入转鼓下部，在强大的离心力作用下将两种液体分离。重相液经分离头孔道喷出，进入重相液收集器，从排液管重液相出口流出；轻相液经分离头中心部位轻相液口喷出，进入轻相液收集器，从轻液相出口排出。改变分离头孔径大小，可以调节轻重相液在转鼓内分界面位置。

管式分离机能获得极纯的液相或密实的固相，机器结构简单、运转平稳；缺点是固相需停机拆下转鼓后排出，单机的生产能力低。

管式分离机的发展趋势是密封加压，可在一定的压力下工作；是采用高强度材料作转鼓，以提高分离因数、增加沉降面积，提高单机生产能力。

11.4.1.2 室式分离机

室式分离机是转鼓内具有若干同心分离室的沉降式离心机，是管式分离机的一种变型，专门用于澄清含少量固体颗粒的悬浮液，也可用于液液分离，其结构见图 11-16。被分离的悬浮液从中心进入，依次流过各室，最后液相由外层排出，而固相颗粒则沉降在各室内，停机后拆除转鼓取出。它的转鼓直径较大，但长度短，转速也较低。分成多室的好处主要在于减小沉降距离，从而减少沉降时间；增加沉降面积，以充分利用空间、提高分离效果及产量。

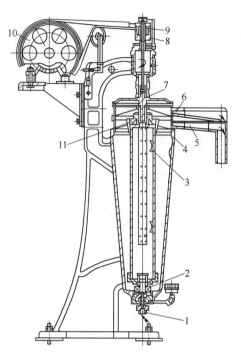

图 11-15 管式高速离心机

1—进料管；2—下轴承装置；3—转鼓；4—机壳；
5—重液相出口；6—轻液相出口；7—转鼓轴径；
8—上轴承装置；9—传动带；10—电动机；11—分离头

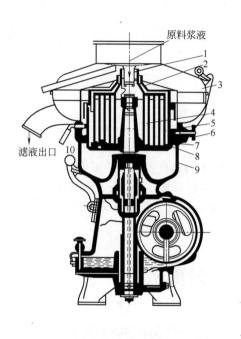

图 11-16 室式分离机

1—悬浮液入口管；2—第 1 室；3—液相接收室；
4,5,6,7,8—第 2、3、4、5、6 室；
9—机壳；10—转鼓

11.4.1.3 碟式分离机

碟式分离机用于含有两种不同密度液体乳浊液的分离和固相含量少的悬浮液的澄清。而在分离乳浊液时，往往包含液 - 液 - 固三相的分离。它是高速分离机中应用最为广泛的一种。

用于液 - 液分离的碟式分离机与液 - 固澄清的碟式分离机的转鼓结构稍有区别，见图 11-17。

（1）碟式分离机的基本结构

碟式分离机的特点是转鼓内装有一叠锥形碟片，碟片的半锥角为 30° ～ 50°、厚度为 0.4mm、外直径为 70 ～ 600mm、间距一般为 0.4 ～ 1.5mm、片数为 40 ～ 160。碟片上开设有通过液孔，构成液体通道。碟式分离机的示意图见图 11-18。转鼓安装在高速旋转的主轴 9 上，转鼓内有进料管 1 和碟片 5，碟片上部有隔板 3，使轻液和重液隔开，转鼓 6 和顶盖 2 靠螺母 4 紧固在一起。电动机通过摩擦联轴节带动蜗轮 10，再由蜗轮带动主轴上的蜗杆 11，从而使转鼓高速旋转。转鼓转速一般为 4000 ～ 14000r/min。主轴在挠性轴状态下工作，上轴承 7 支撑在弹簧座 8 内呈挠性轴承状态。机壳上部分别设置了收集轻、重液的出口管。

操作时，先启动转鼓达到全速，原料浆液从进料管 1 连续加入，经各碟片的通液孔进入碟片之间，重液沿碟片间隙向外移动，由隔板 3 的外径溢流至其外侧，由重液出口管排出；轻液沿碟片间隙向内移动，由隔板 3 的内径溢流至其轻液出口而排出。若乳浊液中含少量固体微粒时，固相沉降于转鼓内壁上，待停车时清除或用其他方式自动卸出。

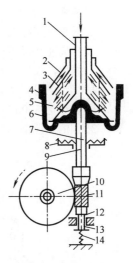

图11-17　碟式分离机转鼓结构

（a）液、液分离用　　（b）液、固澄清用

图11-18　碟式分离机

1—进料管；2—顶盖；3—隔板；4—旋紧螺母；5—碟片；
6—转鼓；7—上轴承；8—弹簧座；9—主轴；10—蜗轮；
11—蜗杆；12—下轴承；13—轴承座；14—弹簧

（2）碟式分离机的分离原理

互不相溶的两种液体，在离心力场中产生的离心惯性力大小不同，使两者分层。密度大的相离心力大，处于外层；密度小的相离心力小，处于内层。两相之间的分界面，称为中性层。使用时，希望碟片间的进料孔正好与中性层位置一致。其分离原理如图11-19所示。混合液从通液孔进入碟片间，重液向外运动，轻液向内运动，从而进行分离。轻液层中重液液滴的分离过程：轻液层中的重液滴 a 在随轻液流 b 流动时，同时在离心力的作用下向外移动，所以重液滴 a 的运动轨迹为 d。当重液滴 a 与上面的碟片接触时，由于其离心力沿母线方向的分力 f 大于液滴 a 与碟片间的摩擦力，液滴 a 就逆着轻液流的方向而行，向下移动，于是，重液滴 a 便从轻液中分离出来。重液层中轻液液滴的分离过程是：轻液滴在随重液层流动的同时，还受离心力的作用，向里移动，由于离心力沿母线方向的分力是逆着重液层方向的，所以轻液滴便从重液流中分离出来。

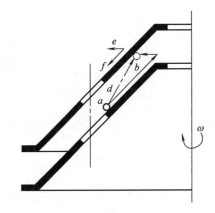

图11-19　碟式分离机分离过程原理图

（3）碟式分离机的形式及结构特点

按排渣方式的不同，碟式分离机可分为三种类型，即人工排渣、喷嘴排渣和活塞排渣。它们的基本结构相同，主要区别在于排渣部分。

① 人工排渣碟式分离机　该机器是一种间歇操作的分离机，轻重液经分离后分别由各自的排液向心泵排出机外；而较细的固相颗粒沉降于碟片的下表面并向周边运动，沉降于转鼓壁上，固相沉积到一定量时，停机拆开转鼓，经人工卸渣后再运转（见图11-20）。这类机器分离的固体颗粒直径可小到 0.1μm，最大处理量可达到45m³/h。其缺点是劳动强度大、非生产辅助时间长、生产效率低，仅适用于固体颗粒体积分数小于 1% 的悬浮液和乳浊液。

② 喷嘴排渣碟式分离机　该机器是一种连续操作的碟式分离机，图11-21为碟式螺旋喷嘴分离机示意图，

其浓缩率一般为 5 ~ 20 倍。对于喷嘴排渣碟式分离机，进料流量有两个极限：最低限等于喷嘴的排出量，此时无溢流流量；最高限为溢泛流量，此时进料悬浮液未经分离便从溢流口排出，分离液固含量与进料浓度相差无几。这种分离机一般只作浓缩用，如羊毛脂的分离，油的脱水和分离，催化剂的回收以及高聚合物粉末、各种酵母的分离和浓缩。大型喷嘴排渣碟式分离机的转鼓直径可达 900mm，最大处理量可达 300m³/h。适用于处理固相颗粒直径为 0.1 ~ 100μm、固相体积分数小于 25% 的悬浮液和乳浊液。

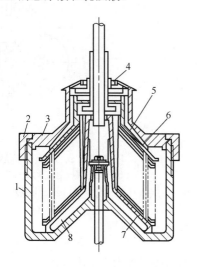

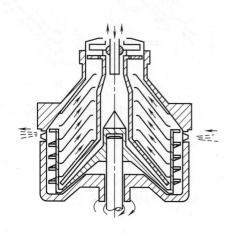

图 11-20　人工排渣碟式分离机

1—转鼓底；2—锁紧环；3—转鼓盖；4—向心泵；
5—分隔碟片；6—碟片；7—中心管及喇叭口；8—肋条

图 11-21　碟式螺旋喷嘴分离机

③ 活塞排渣碟式分离机　该机器是目前使用广泛的间歇自动排渣分离机。转鼓的结构特点见图 11-22。转鼓内有活塞装置，活塞可上下移动。位于转鼓底的环板状活塞在操作水的操纵下可上下移动。位置在上时，关闭排渣口，停止卸料；下降时开启排渣口，不用停车即可排尽转鼓空间内的沉渣。排渣时间一般为 1 ~ 2s。为避免排渣时排出未分离的悬浮液，排渣时要停止进料。这类分离机具有分离效率高、产量高、自动化程度高等优点。分离因数为 5000 ~ 14000、转速为 6000 ~ 10000r/min、最大处理能力可达 40m³/h，适用于处理固体颗粒直径为 0.1 ~ 500μm、两相密度差大于 10kg/m³、固相体积分数小于 10% 的悬浮液或乳浊液。它广泛用于医药、化工、食品等工业部门。

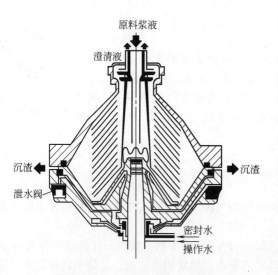

图 11-22　活塞排渣碟式分离机

11.4.2　分离机的生产能力

分离机也属于沉降式分离机械，分离机需要考虑哥氏加速度及进口扰流的影响、颗粒间的相互影响及卸料方式等因素。有关分离机生产能力的计算可参阅有关书籍。

11.5　离心机功率的确定

离心机功率计算，是离心机设计中的重要组成部分。当离心机的总体设计方案确定之后，就可以根据离心机的工作要求进行功率计算，以便合理地确定电动机的功率，选择电机。

离心机的功率消耗与离心机的类型、操作方式和离心机的结构有关，一般情况下，离心机主轴所需功率包括以下几个方面：

ⅰ. 启动转鼓等转动件所多需功率 N_1；

ⅱ. 启动物料达到操作转速所需功率 N_2；

ⅲ. 克服轴与轴承摩擦所需功率 N_3；

ⅳ. 克服转鼓、物料与空气摩擦所需功率 N_4；

ⅴ. 卸出物料所需功率 N_5。

以上这些功率的计算，在理论上是可行的，但与实际情况往往有一定偏差。一般都采用理论计算与试验数据相结合的方法，或参考生产实际运行数据来确定电机的功率。

上述各种功率一般不会同时存在，因而在确定离心机功率时，不能把它们全部叠加起来，应根据离心机的结构、操作方式等具体情况来决定。例如：

ⅰ. 对于间歇运转的离心机（三足式、上悬式等），启动阶段消耗总功率包括 N_1、N_3 和 N_4。如果在启动阶段加料时，还应考虑启动阶段启动物料的功率 N_2。一般情况下启动阶段功率大于运转阶段的功率，且启动频繁，所以启动阶段的功率是选择电机的主要依据。

ⅱ. 对于连续运转，间歇加、卸料的刮刀卸料离心机，其启动阶段消耗的总功率包括 N_1、N_3 和 N_4；加料阶段消耗的总功率包括 N_2、N_3 和 N_4；卸料阶段消耗的总功率包括 N_3、N_4 和 N_5。一般情况下启动时间较长（选择离心式联轴器），所以启动功率往往不是最大，而刮料卸料阶段消耗的总功率最大，所以需要以刮料卸料阶段消耗的功率作为选择电机的主要依据。

ⅲ. 对于连续运转，连续加、卸料的离心机，其启动阶段消耗的总功率包括 N_1、N_3 和 N_4，运转阶段消耗的总功率包括 N_2、N_3、N_4 和 N_5。一般情况下，这类离心机常以运转阶段的总功率作为选择电机的主要依据。

11.6　离心机的主要零部件

11.6.1　转鼓

转鼓是离心机重要部件，各项分离操作都在转鼓中进行。转鼓又是一个高速回转体，由于本身的质量及物料等质量回转时所产生的离心压力的作用，在转鼓壁中会产生应力。因此设计时应根据工艺的需要和强度、刚度条件确定结构尺寸。转鼓常用的结构型式有圆柱形、圆锥形及圆柱圆锥组合型等。选择转鼓形式的主要根据是其自身的特点及工艺过程的要求，例如：圆柱形转鼓由于结构简单、强度好，有效容积较圆锥型大，制造方便，故比较普遍使用，三足式和卧式刮刀卸料离心机就是采用这种转鼓。是否采用圆锥型转鼓主要是根据卸料机构的形式而决定的，主要利用离心力沿锥鼓母线方向的分力推动固相物料移动卸料或排出沉渣中的液体。组合型转鼓的圆柱部分有较大的沉降容积，而圆锥部分则可在卸料中挤出沉渣中的部分液体。

离心机转鼓的直径与长度取决于所要求的容积、布料的均匀性及卸料装置的形式，此外，还要考虑转鼓应力及临界转速的情况。多数情况下，离心机转鼓的直径在 1m 以下。

过滤式离心机转鼓壁上开孔，开孔直径一般在 2.5 ～ 20mm 范围内，孔间距一般为孔径的 3 ～ 4 倍，开孔率为 5% ～ 12%，孔的排列多采用错列，以便尽量减少转鼓壁的环向应力。一般情况下，要使转鼓开孔的最大孔距方向沿转鼓轴线方向排列，以减少轴向截面开孔削弱的影响。有的锥篮式离心机或多级活塞推料离心机也采用框架式转鼓结构，框架本身就有足够的排液孔道。

离心机转鼓可采用碳素钢、黄铜或青铜等材料。工业上最普遍采用的是锅炉钢、优质热轧碳素钢、优质低合金钢或含钛的不锈钢等材料焊接而成。为了增加转鼓的强度，节省贵重材料，在转鼓上可装上梯形或矩形截面的加强轮箍。

11.6.2　过滤式离心机滤网

过滤式离心机的转鼓内装有滤网，滤网一般有三种结构形式：条状滤网、板式滤网和编织网。条状筛网具有刚性好，物料轴向运动时摩擦阻力较小等优点，但漏料量较大，滤液不清，安装较困难。板式网主要做为面网使用，当物料沿网面运动时阻力较小，分离效果较好。金属丝或非金属丝编织滤网造价低，作为面网使用时，漏料比条状滤网少，但易堵塞，要经常洗网，而且刚性差，与物料之间的摩擦阻力大，并容易因物料分布不均而引起机器的振动。

11.6.3　主轴及支承

主轴是离心机的重要部件之一，确定其几何尺寸及结构时，不但要考虑强度和刚度的要求，还要考虑振动的要求，即需要计算或校核轴系的临界转速。在强度计算时，还要考虑轴系本身的转动惯性较大，制动时会产生较大的扭矩。

离心机转鼓、主轴及轴承的相互位置大致有三种：平底转鼓（外伸形式）、转鼓在两轴承之间（简支形式）、内凹形鼓底形式。

11.7　离心机的选型

11.7.1　离心机型号的编制

我国离心机生产已经系列化、标准化，并制定了离心机型号表示方法，见图 11-23 和图 11-24。

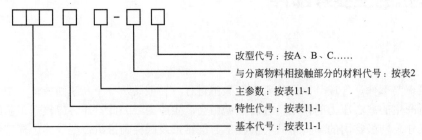

改型代号：按A、B、C……
与分离物料相接触部分的材料代号：按表2
主参数：按表11-1
特性代号：按表11-1
基本代号：按表11-1

图 11-23　离心机型号表示方法

GB/T 7779《离心机 型号编制方法》中规定，离心机产品名称由型号代号和汉语名称共同组成。

离心机型号由基本代号、特性代号、主参数、转鼓与分离物料相接触部分材料代号四部分组成。具体表示方法如下：

离心机型号的基本代号按类别、型式、特征的分类原则编制。基本代号和特性代号均用名称中有代表性的大写汉语拼音字母表示。

离心机型号中的特性代号为可选项。当离心机具有多个特性时，选择最有代表性的特性表示。

转鼓与分离物料相接触部分的材料代号，用材料名称中有代表性的大写汉语拼音字母表示，具应符合表11-2的规定。

表11-1　离心机型号表示方法

基本代号						特性代号		主参数	
类别		型式		特征					
名称	代号	名称	代号	名称	代号	名称	代号	名称	单位
三足式离心机	S	过滤型	—	人工上卸料	S	—	—	转鼓内径	mm
				抽吸上卸料	P				
				吊袋上卸料	D				
平板式离心机	P	沉降型	C	人工下卸料	X				
				刮刀下卸料	G				
		组合型	Z	拉袋卸料	L				
				虹吸式	H				
				翻壳式	Q				
上悬式离心机	X	过滤型	—	刮刀卸料	G	人工操作	—	转鼓内径	mm
				人工卸料	R	全自动操作	Z		
				重力卸料	Z				
				离心卸料	L				
刮刀卸料离心机	G	过滤型 沉降型 虹吸过滤型	— C H	宽刮刀	K	斜槽推料 螺旋推料 隔爆 密闭 双转鼓型	— L F M S	转鼓内径	mm
				窄刮刀	Z				
活塞推料离心机	H	过滤型	—	单级	Y	圆柱型转鼓	—	最大级转鼓内径	mm
				双级	R	柱锥型转鼓	Z		
				三级	S	加长转鼓	C		
				四级	I	双侧进料	S		
离心卸料离心机	I	过滤型	—	立式	L	普通式 反跳环式	— T	转鼓内径	mm
				卧式	W	固定导向螺旋式 可调导向螺旋式	D K		
振动卸料离心机	Z	过滤型	—	立式	L	曲柄连杆激振	Q	转鼓内径	mm
				卧式	W	偏心块激振 电磁激振	P D		
进动卸料离心机	J	过滤型	—	立式	L	—	—	转鼓内径	mm
				卧式	W				
翻袋卸料离心机	F	过滤型	—	卧式	W	普通型	—	转鼓内径	mm
						加压型	Y		

续表

基本代号						特性代号		主参数	
类别		型式		特征					
名称	代号	名称	代号	名称	代号	名称	代号	名称	单位
螺旋卸料沉降离心机	L	沉降型 沉降过滤组合型 沉降碟片组合型	— Z D	立式 卧式	L W	逆流式 并流式 三相分离式 向心泵输液 高转速 螺旋挡板 密闭 隔爆	— B S X G Y M F	最大级转鼓内径×转鼓工作长度	mm×mm
螺旋卸料过滤离心机	L	过滤型 过滤沉降组合型	L X	立式 卧式	L W	密闭 隔爆	M F	最大级转鼓内径×转鼓内腔工作长度	mm×mm

转鼓内径指转鼓最大内径。装有固定筛网是指筛网最大内径；对组合转鼓，取沉降段内径和过滤段筛网内径之大者。

表11-2　转鼓与分离物料相接触部分的常用材料代号表

转鼓与分离物料相接触部分的材料名称	代号	转鼓与分离物料相接触部分的材料名称	代号
碳钢	G	衬塑	S
钛合金	I	木质	M
耐蚀钢	N	铜	T
铝合金	L	哈氏合金	H
橡胶或衬胶	X	衬 Halar	F

11.7.2　选型原则

在生产过程中，有脱水、澄清、浓缩、分级、分离等不同的工艺要求，其选型原则也需要特殊考虑。

（1）脱水过程

脱水过程是使悬浮液中的固相从液相中分离出来，且要求含的液相越少越好。当固相浓度较高，固相颗粒是刚体或晶体，且粒径较大时，则可选用离心式过滤机。如果颗粒允许破碎，则可选用刮刀式离心机；颗粒不允许被破碎，则可选用活塞推料离心机。当固相浓度较低，颗粒粒径很细，或是无定型的菌丝体时，一般采用三足式沉降离心机或卧式螺旋卸料沉降离心机。当悬浮液中固、液二相的密度接近，颗粒粒径在 0.05mm 以上时，可选用过滤式离心机。一般情况下，沉降式离心机的能耗比过滤式离心机高，脱水率比过滤式离心机低。

（2）澄清过程

澄清是指大量的液相中含有少量的固相，希望把少量的固相从液相中除去，使液相得到澄清。大量液相含有少量固相，且固相粒径很小（10μm 以下）或是无定型的菌丝体，可选用卧螺、碟式或管式离心机。如果固相含量 <1%，粒径 <5μm，

则可选用管式或碟式人工排渣分离机。如果固相含量≤ 3%，粒径 <5μm，则可选用碟式活塞排渣分离机。其中管式分离机的分离因数较高（F_r ≥ 10000），可分离粒径在 0.5μm 左右较细小的颗粒，所得的澄清液澄清度较高，但其单机处理量小，分离后固体干渣紧贴在转鼓内壁上，清渣时需拆开机器，不能连续生产。碟式人工排渣分离机的分离因数也较高（F_r=10000），由于碟式分离机的沉降面积大，沉降距离小，所得的澄清液的澄清度也较高，且处理量较管式离心机大，但分离出的固相沉积在转鼓内壁上，也需要定期拆机清渣。碟式活塞排渣分离机的分离因数在 10000 左右，可以分离粒径为 0.5μm 左右的颗粒，所得澄清液的澄清度也较高，分离出的固相沉积在转鼓内壁上，当存积至一定量后，机器能自动打开活塞进行排渣，可连续进行生产。

（3）浓缩过程

浓缩过程是使悬浮液中含有的少量固相的浓度增大的过程。常用的分离设备有碟式外喷嘴排渣分离机、卧式螺旋卸料离心机和旋液分离器等。固、液相密度差较大的物料，可用旋液分离器。固、液密度差较小的物料可用碟式外喷嘴排渣分离机或卧式螺旋卸料沉降离心机。卧式螺旋卸料沉降离心机的浓缩效果与机器的转速、转差，长径比及固、液相的密度差、黏度、固相颗粒粒径、分布以及处理量等有关。城市污水处理厂的剩余活性污泥使用卧式螺旋卸料沉降离心机，可使二沉污泥的固含量从 0.05% 浓缩到 8% 左右。一般情况下，卧式螺旋卸料离心机排出的固相含水率比碟式外喷嘴排渣分离机要低一些。

（4）分级过程

随着科学技术的发展，超细颗粒在工业上具有很多用途。但超细颗粒（d ≤ 2μm）采用常规的筛分方法难以分离，而需采用湿式离心的方法加以分离，即把固相颗粒配成一定浓度的溶液（并加入适量的分散剂），在一定的分离因数下，可得到粒径不同的两组颗粒。分级过程最常采用的机型是卧式螺旋卸料离心机。

（5）液-液、液-液-固分离过程

液 - 液、液 - 液 - 固分离是指二种或三种不相溶相的分离，分离的原理是利用相的密度差。液 - 液分离时，应确保其中一相纯度较高，而另一相纯度可稍低一些。液 - 液 - 固分离时，需按固体含量多少考虑选用人工排渣还是自动排渣的机型。液 - 液、液 - 液 - 固分离的量较小时，可考虑选用管式分离机；处理量大的一般选用碟式人工排渣或活塞排渣分离机。在管式分离机和碟式分离机中均需通过调整环来调节两相的纯度。在碟式分离机中，轻、重液相的含量还与碟片中心孔的位置有关。

11.7.3　选型指南

（1）选型程序

离心机的选型实质上就是根据物料的物性参数和工艺要求，在各种离心机中寻找一种能符合工艺要求的特定机器。与选型有关的液 - 固分离的物性参数主要有：悬浮液的固相浓度、固相颗粒粒径范围，固、液两相密度差和液相黏度；与液 - 液分离有关的参数是液、液两相的浓度、密度差、黏度。其次是与机器材料和结构有关的参数，例如：pH 值、燃爆性、磨损性等。与选型有关的另一个问题是分离目的，分离目的不同，选择的机型也就不同。选型程序可参见图 11-24。

（2）选型依据

在实际运用中，常根据物料的性质和要求从诸多分离机械中选择合适的型式。选型时参考的依据有：分离的任务和要求、分离物料的性质和要求、沉降试验和悬浮液的沉降特性、过滤试验和悬浮液过滤特性等。

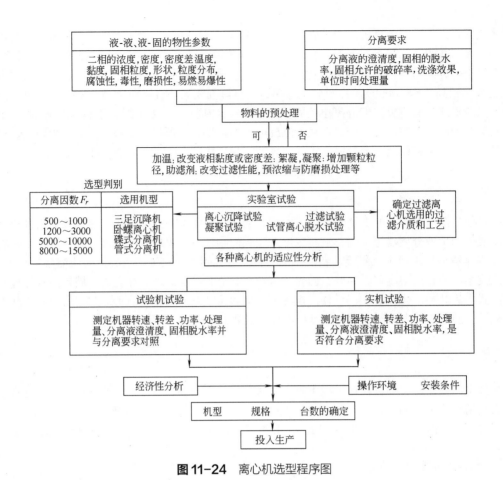

图 11-24 离心机选型程序图

（3）分离机械选型的步骤

各种分离机械的性能和适用范围归纳为表 11-3。选型步骤如下：

表11-3 各种分离机械的适用范围

序号	分离机械的形式	分离任务和要求	悬浮液的沉降特性	悬浮液的过滤特性
1	带垂直过滤元件的容器型间歇式加压过滤机	各种规模间歇生产，要求回收澄清的液体及固体，固体可经洗涤、现场干燥或不经处理回收	沉降速度 <50mm/h，沉渣体积分数 <20%	滤饼生成速度 2～100mm/h 或无滤饼生成
2	带水平过滤元件的容器型间歇式加压过滤机	中小规模（1～10m³/h）间歇生产，固体进行洗涤或不经处理回收	沉降速度 <50mm/h，沉渣体积分数 <20%	滤饼生成速度 2～100mm/min
3	带式挤压机	各种规模连续生产，固体不经处理回收	沉降速度 1～50mm/h，沉渣体积分数 2%～20%	滤饼生成速度 2～100mm/h
4	芯管式过滤器	中小规模（1～10m³/h）间歇生产，要求回收澄清的液体	沉降速度 <50mm/h，沉渣体积分数 <2%	
5	下加料转鼓过滤机	各种规模连续生产，要求回收澄清的液体及固体，固体可经洗涤、现场干燥或不经处理回收	沉降速度 <50mm/h，沉渣体积分数 0～100%	滤饼生成速度 2～100mm/min 或无滤饼生成
6	上加料转鼓过滤机	各种规模连续生产，固体可经洗涤、现场干燥或不经处理回收	沉降速度 >50mm/h，要求澄清度好	滤饼生成速度 2～100mm/h
7	预敷层转鼓过滤机	各种规模连续生产，要求回收澄清的液体及固体，固体可不经处理回收	沉降速度 <1mm/h，沉渣体积分数 <20%	滤饼生成速度 2～100mm/h 或无滤饼生成

序号	分离机械的形式	分离任务和要求	悬浮液的沉降特性	悬浮液的过滤特性
8	回转圆盘过滤机	各种规模连续生产，固体可不经处理回收	沉降速度 <50mm/h，沉渣体积分数 >2%	滤饼生成速度 2～100mm/min
9	水平带式过滤机 转台式翻盘过滤机	各种规模连续或间歇生产，固体可经洗涤或不经处理回收	沉降速度范围广 沉渣体积分数 0～100%	滤饼生成速度 2～100mm/s 或无滤饼生成
10	深层床式过滤器	大中规模（10～100m³/h）连续生产，要求回收澄清的液体	沉降速度 <1mm/h，澄清度差，沉渣体积分数 <2%	
11	压滤机	各种规模间歇生产，要求回收澄清的液体及固体，固体可经洗涤、现场干燥或不经处理回收	沉降速度 <50mm/h，沉渣体积分数 0～100%	滤饼生成速度 2～100mm/h 或无滤饼生成
12	刮刀卸料过滤离心机	各种规模间歇生产，固体可经洗涤或不经处理回收	沉降速度范围广 沉渣体积分数 >20%	滤饼生成速度 2～100mm/s
13	活塞卸料过滤离心机	大中规模（10～100m³/h）连续生产，固体可经洗涤或不经处理回收	沉降速度 >1mm/h，要求澄清度好，沉渣体积分数 >20%	滤饼生成速度 2～100mm/s
14	三足式离心机 上悬式离心机	中小规模（1～10m³/h）间歇生产，固体可经洗涤或不经处理回收	沉降速度范围广，沉渣体积分数 >20%	滤饼生成速度 2～100mm/s
15	振动卸料过滤离心机离心惯性力卸料过滤离心机	大规模（100m³/h）连续生产，固体可不经处理回收	沉降速度 >50mm/h，要求澄清度好，沉渣体积分数 >20%	滤饼生成速度 2～100mm/s
16	螺旋卸料过滤离心机	大规模（100m³/h）连续生产，固体可不经处理回收	沉降速度 >50mm/h，要求澄清度好，沉渣体积分数 >20%	滤饼生成速度 2～100mm/s
17	浮选设备	大中规模（10～100m³/h）连续生产，要求回收澄清的液体，固体可不经处理回收	沉降速度 >50mm/h，沉渣体积分数 <2%	
18	重力沉降设备	各种规模间歇或连续生产，要求回收澄清的液体及固体，固体可经洗涤、不经处理回收	沉降速度 >1mm/h，沉渣体积分数 <20%	
19	旋液分离器	大中规模（10～100m³/h）连续生产，要求回收澄清的液体，固体可经洗涤或不经处理回收	沉降速度 >1mm/h，沉渣体积分数 0～100%	
20	带薄层挤压的变容积式压滤机	各种规模的间歇或连续生产，固体可经洗涤或不经处理回收	沉降速度 <50mm/h，沉渣体积分数 >2%	滤饼生成速度 2～100mm/min
21	精细过滤设备 超细过滤设备	各种规模的间歇或连续生产，要求回收澄清的液体	沉降速度 <1mm/h，要求澄清度好，沉渣体积分数 <2%	无滤饼生成
22	过滤筛	各种规模的连续生产，要求回收澄清的液体及不经处理的固体	沉降速度 >1mm/h，澄清度差，沉渣体积分数 >2%	滤饼生成速度 2～100mm/s
23	螺旋挤压机 水力挤压机	大中规模（10～100m³/h）的间歇或连续生产，固体可不经处理回收	沉降速度 <1mm/h，沉渣体积分数 >20%	
24	管式分离机	中小规模（1～10m³/h）间歇生产，要求回收澄清的液体及不经处理的固体	沉降速度 <50mm/h，沉渣体积分数 >20%	
25	撇液管排液沉降离心机	中小规模（1～10m³/h）间歇生产，要求回收澄清的液体及不经处理的固体	沉降速度 <50mm/h，沉渣体积分数 0～100%	
26	碟式分离机	各种规模的间歇或连续生产，要求回收澄清的液体及固体，固体可经洗涤或不进行处理回收	沉降速度 <50mm/h，沉渣体积分数 <20%	
27	螺旋卸料沉降离心机	各种规模的连续生产，要求回收澄清的液体及固体，固体可经洗涤、现场干燥或不进行处理回收	沉降速度范围广，沉渣体积分数 0～100%	
28	叶滤机	各种规模的间歇生产，要求回收澄清的液体	沉降速度 <1mm/h，澄清度差，沉渣体积分数 <2%	无滤饼生成
29	粗滤机	各种规模的间歇或连续生产，要求回收澄清的液体及不经处理的固体	沉降速度 >50mm/h，沉渣体积分数 <2%	滤饼生成速度 2～100mm/s

11

ⅰ. 根据生产任务和要求进行初选。例如：分离生产规模中等的油类乳浊液，要求连续操作，根据表 11-3 查出适合此任务的离心机有两种，即碟式分离机和卧式螺旋卸料沉降离心机。

ⅱ. 根据物料的沉降特性和过滤特性进行筛选。例如：上述油类乳浊液沉降速度低，要求澄清度好，从表 11-3 中查得适应的机型仍为碟式分离机和卧式螺旋卸料沉降离心机两种。

ⅲ. 根据其他具体要求再选。考虑到分离乳浊液，应选用高速的分离机，所以碟式分离机适合上述要求。

此外，在工业生产中也可以根据生产任务和要求、操作过程的特点以及分离机械的适用范围进行选型。

11.8　其他分离机械

11.8.1　旋液分离器

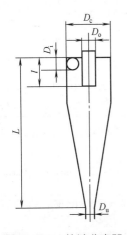

图 11-25　旋液分离器

旋液分离器的分离原理也是离心沉降，使固体颗粒在离心力场作用下分离出来。它与沉降式离心机的区别在于：旋液分离器没有运动部件，颗粒沉降所需的离心力是流体本身所形成的。旋液分离器是一个由圆筒和圆锥组成的容器，其基本结构见图 11-25。悬浮液经入口管沿切线进入圆筒，在旋流器内形成强烈的旋转运动。固体颗粒在旋转运动产生的离心力场作用下向壁面处运动，随外旋流向下运动，降至锥底出口处排出；清液或含有微细颗粒的液体随内旋流向上运动，从顶部的中心管排出。锥底排出的液流称为底流，顶部中心管排出的液流称为溢流。借助于调节出口的开度的方法，可以调节底流与溢流的流量比例，从而使全部或部分固体颗粒从底流中送出，达到不同的分离目的。

利用旋流器可以分离出微米级的细颗粒。为达到较好的分离效果，可以使旋流器串联操作，也可使用几个并联的小旋流器代替一个大直径的旋流器，还可以利用循环系统使料液多次通过旋流器。

11.8.2　重力过滤机

重力过滤机主要是利用过滤介质表面或滤饼上的液层作为过滤推动力。其优点是结构简单、造价低；缺点是过滤速率低，占地面积大。重力过滤机包括努契型过滤器、袋式过滤器及砂层过滤器。努契型重力过滤器直径一般小于 2.5m，容量约为 9m³，过滤面积为 5m²。袋式过滤器只适用于一些简单的过滤过程。砂层过滤器只用于水的过滤，实际上是一个澄清装置。

11.8.3　加压过滤机

　　加压过滤机的操作压力一般大于 0.17MPa，较常见的压力范围是 0.3 ~ 0.5MPa，甚至高达 3.5MPa。连续式加压过滤机卸渣比较困难，因而使用受到限制。加压过滤机结构紧凑、过滤速度较快、造价较低，但其操作费用往往较高。

　　加压过滤机的主要类型包括间歇操作加压过滤机和连续式加压过滤机两种。间歇操作加压过滤机包括水平板式压滤机、板框压滤机、自动板框压滤机、凹板型厢式压滤机、凹板型厢式自动压滤机、加压叶滤机、预敷层过滤机和管式压滤机等多种类型。连续式加压过滤机包括分隔式转鼓加压过滤机和旋叶压滤机等。旋叶压滤机主要用于处理常见的难过滤或难洗涤的物料。

11.8.4　真空过滤机

　　真空过滤机分为间歇式真空过滤机和连续式真空过滤机两种，以连续式转鼓过滤机居多。间歇式真空过滤机有两种：一种是真空吸滤器，另一种是真空叶滤机。连续式真空过滤机主要包括刮刀卸料式转鼓真空过滤机、无格式转鼓真空过滤机、预敷层式转鼓真空过滤机和带卸料式有格转鼓真空过滤机等多种形式。

✏ 思考题

1. 什么是众径？什么是中径？什么是平均径？
2. 离心机分为哪几种型式？它们有何不同？各适用于什么场合？
3. 什么是分离因数？其物理意义是什么？
4. 物料作用在转鼓壁上的离心压力的最大值发生在何处？
5. 试述各种型式的离心机的操作原理，操作优缺点，适用场合。并画出它们的结构示意图。
6. 何为"中性层"？如何调整"中性层"的位置？调整后结果如何？
7. 碟片分离机的碟片之间的距离为何不能太大？
8. 离心机主轴所需的功率包括哪几个部分？连续运转、间歇加、卸料的离心机的功率如何确定？

11

12 过程机器的安全可靠性

○○ —— ○○ ○ ○○ ————

学习目标

○ 能对高速转子轴的临界转速进行计算。

○ 能阐释机器的振动及隔振基本原理，并能合理布置隔振器。

○ 能对高速转盘和转鼓强度进行设计计算。

○ 能运用各种测试、分析手段和处理方法来判别故障的性质、程度、部位和模式。

○ 能分析机器故障形成的机理，预测其发展规律，并掌握正确处理或消除故障的方法。

○ 能分析流体机械静密封和动密封的形式和特点，并根据工况条件和密封要求对静密封和动密封进行设计和选型计算。

12.1 高速转子轴的临界转速

12.1.1 转轴的临界转速

离心式压缩机、离心泵、离心机等均为高速回转机械，高速回转机械的转子轴系受材质、加工技术等各方面的影响，其轴心与质心不可能完全重合，总有一定的偏心距存在。当机械运转时，整个系统会受到周期性的离心干扰力的作用而产生振动。如果离心干扰力的频率（与轴的转速数值相等）与转子轴系的固有频率相等或接近时，系统就会发生共振而出现剧烈振动现象，此时的转速称为轴的临界转速。

转轴的临界转速往往不止一个，它与系统的自由度数目有关。在忽略轴本身的质量而把转子转化为集中载荷时，系统的自由度数目与转轴上转子的数量相等，例如：带有两个转子的转轴，就有两个自由度及两个临界转速。当轴的质量远大于转子的质量或是一根不带转子的光轴时，理论上具有无限多个临界转速。临界转速中数值最小的为一阶临界转速，依次往大为二阶临界转速、三阶临界转速⋯⋯

根据转子轴系工作转速与其一阶临界转速大小的比较，转轴可分为刚性轴和挠性轴两种。刚性轴是指轴的转速处于一阶临界转速以下的工作状态；而挠性轴是指轴的转速高于一阶临界转速的工作状态。

为了保证机器安全平稳地运转，设计轴的工作转速时，不能使其接近各阶临界转速，一般要求是：

对刚性轴 $$n < 0.75n_{c1} \tag{12-1}$$

对挠性轴 $$1.4n_{ck} < n < 0.7n_{c(k+1)} \quad (k=1,2,3\cdots) \tag{12-2}$$

式中，n 为转轴的工作转速，r/min；n_{c1} 为一阶临界转速值，r/min；n_{ck} 和 $n_{c\,(k+1)}$ 分别为第 k 阶和第 $k+1$ 阶临界转速值。

临界转速的大小与轴的直径、长度、材质和支承形式，以及转子的质量、形状和在轴上的位置等多种因素有关。设计时一般需要抓住主要影响因素，建立相应的简化计算模型，求得临界转速的近似值。

12.1.2　临界转速的计算

对于单转子轴系的临界转速，可以简化为单自由度系统，确定系统的固有频率 ω_n，转轴的临界转速就等于 ω_n

$$\omega_n = \sqrt{k/m} \tag{12-3}$$

式中，ω_n 为轴系的固有频率，rad/s；k 为轴的刚度系数，N/m；m 为转子的质量，kg。

从式（12-3）中可以看出：转轴的临界转速与轴的刚度系数有关，刚度系数越大，其临界转速越大。同时，轴的材质、转子在轴上的位置以及轴的支承形式均会影响转轴的临界转速。

以上计算方法是基于弹性无阻尼振动的情况，首先求解系统的固有频率，进而确定其临界转速，该方法也称特征值法。但该方法没有考虑回转效应和工作环境等因素，因此带有一定的近似性。

由于转轴的临界转速现象实质上就是弹性系统的共振现象，因此，利用强迫振动在共振时振幅无限增大这个概念也可求出系统的临界转速，这种方法称为影响系数法，对于单自由度系统，同样也得到式（12-3）形式的临界转速计算式。

多自由度系统的临界转速计算比较麻烦，作为简单估算，可使用邓克莱公式计算多自由度系统的一阶临界转速 ω_{n1}

$$\frac{1}{\omega_{n1}^2} \approx \frac{1}{\omega_{11}^2} + \frac{1}{\omega_{22}^2} + \cdots + \frac{1}{\omega_{NN}^2} \tag{12-4}$$

式（12-4）说明多转子轴系的一阶临界转速 ω_{n1} 平方的倒数约等于每一个转子单独在其自身位置时各自所对应的一阶临界转速 ω_{ii} 平方的倒数之和。邓克莱公式带有一定的近似性，其计算结果一般低于实际值，但它很好地解决了特征值法或影响系数法在解决多自由度系统时求解困难的问题。

临界转速比较精确的计算方法是传递矩阵法，它是目前广泛使用的求解临界转速问题快速而有效的电算方法，具体应用时可参阅有关书籍。

对于大型压缩机多缸串联机组，还需要计算轴系扭转振动的临界转速，并使机组各缸转子的转速偏离各阶扭转振动的临界转速，以使压缩机运行更为平稳安全。

12.2　机器的振动及隔振

机器运转时，总会产生振动。例如：往复活塞式压缩机未被平衡的惯性力及力矩将会引起机器的振动；离心机虽然经过动、静平衡，但总做不到"绝对平衡"，同时物料分布的不均匀也会引起离心机的振动。机器的振动通常需要采取隔振或减振的措施加以限制。

12.2.1　隔振的基本原理

对于一个简化的单自由度系统（见图12-1），假设机器为只有质量的刚体，质量为 m，机器下面隔振系统

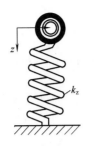

图12-1 单自由度弹性系统

的刚度系数为 k_z，阻尼系数为 r，质量可忽略不计。机器系统产生的随时间 t 周期变化的干扰力为 $F_1\cos\omega t$，该系统为有阻尼的强迫振动，设阻尼力与运动速度成比例，方向与速度相反，其振动微分方程为

$$m\frac{\mathrm{d}^2z}{\mathrm{d}t^2}+r\frac{\mathrm{d}z}{\mathrm{d}t}+k_z z=F_1\cos\omega t \tag{12-5}$$

解此方程，得强迫振动的振幅值为

$$A_z=\frac{F_1}{k_z}\frac{1}{\sqrt{[1-(\omega/\omega_n)^2]^2+(2\mu\omega/\omega_n)^2}}=\frac{F_1}{k_z}\beta \tag{12-6}$$

$$\mu=\frac{r}{r_c}$$

$$r_c=2\sqrt{mk_z}$$

$$\beta=\frac{1}{\sqrt{[1-(\omega/\omega_n)^2]^2+(2\mu\omega/\omega_n)^2}}$$

式中，A_z 为振幅，m；ω_n 为系统自由振动的固有频率，rad/s；r_c 为临界阻尼系数，kg/s；μ 为阻尼比；β 为有阻尼时的放大系数。

机器通过隔振器传至基础上的动载荷包括弹簧和阻尼两部分的动载荷。强迫振动达到最大振幅时，机器通过弹簧传至基础上的动载荷为

$$F_s=F_1\beta=k_z A_z \tag{12-7}$$

机器通过阻尼传至基础上的阻尼力与 F_s 的相位差为90°，阻尼力的大小为

$$F_r=r\omega A_z=2m\omega^2 A_z \tag{12-8}$$

因此，机器传出的总力为

$$F=\sqrt{F_s^2+F_r^2}=F_1\frac{\sqrt{1+(2\mu\omega/\omega_n)^2}}{\sqrt{[1-(\omega/\omega_n)^2]^2+(2\mu\omega/\omega_n)^2}} \tag{12-9}$$

定义机器传出的总力 F 与最大干扰力 F_1 之比为传递率或隔振系数，用 η 表示，则

$$\eta=\frac{F}{F_1}=\frac{\sqrt{1+(2\mu\lambda)^2}}{\sqrt{(1-\lambda^2)^2+(2\mu\lambda)^2}} \tag{12-10}$$

式中，λ 称为频率比，$\lambda=\omega/\omega_n$，η 与 λ 之间的曲线关系见图12-2。

显然，要降低传递率 η，可从频率比 λ 和阻尼比 μ 两个方面来综合考虑。对于一定操作条件的机器而言，周期性干扰力的频率 ω 为一确定值，要减小 η，只能通过合理设计和布置隔振器来实现。由图12-2可知：当 $\lambda=\sqrt{2}$ 时，$\eta=1$，即干扰力全部传至地基。当 $\lambda<\sqrt{2}$

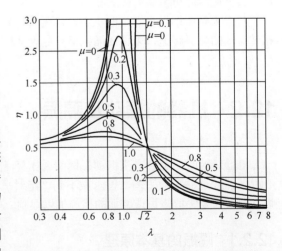

图12-2 隔振系数 η 与频率比 λ 和阻尼比 μ 之间的关系曲线

时，$\eta>1$，λ越小，η越大；且当阻尼比μ越小时，η越大；在无阻尼情况下，当$\lambda=1$时，系统处于共振区，此时$\eta\rightarrow\infty$。当$\lambda>\sqrt{2}$时，$\eta<1$，λ越大，η越小，且当阻尼比μ越小时，η越小，隔振效果越好。

在实际应用中，一般取$\lambda=3\sim5$。为了增大频率比，可采取如下措施：采用软弹簧减小系统的刚度，增大机器的质量，增加隔振器高度以及改变隔振器的直径尺寸等。

12.2.2　隔振器及其布置

隔振器由弹性元件构成，一般置于机器底座与基础之间，或置于基础板和地基之间，常见的隔振器有橡胶隔振器、弹簧型隔振器及弹簧与橡胶组合型隔振器。

（1）橡胶隔振器

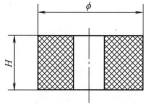

橡胶作为隔振元件，可根据设计要求自由决定三个方向的刚度，其形状可以自由选择。橡胶的内摩擦系数较大，阻尼较大，可减小机器通过共振区的振幅。但橡胶对温度的变化较敏感，适用的温度范围较小，耐油性较差。橡胶隔振器有压缩型和剪切型两种。

图 12-3　压缩型橡胶隔振器

压缩型橡胶隔振器见图 12-3，它在垂直方向承受压力，水平方向承受剪应力。

剪切型橡胶隔振器在垂直方向承受剪切应力，水平方向承受拉压应力，垂直方向的刚度较水平方向低。剪切型橡胶隔振器主要有两种型式：G 型隔振器和 JG 型隔振器。

G 型隔振器采用丁腈橡胶在一定温度和压力下硫化，并黏附在金属附件下压制而成。常见的 G 型隔振器有 G1、G2 和 G4 型三类，G1A 型是将两只 G1 型隔振器小头串联而成，具体结构见图 12-4。

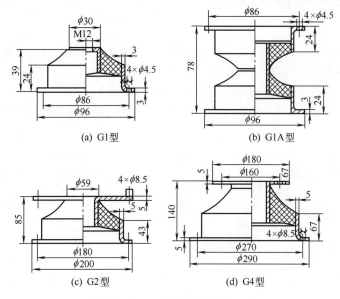

图 12-4　G 型隔振器外形尺寸

JG 形橡胶隔振器为丁腈合成树胶制成，呈圆锥体外形，是 G 型隔振器的变形。在通风机、压缩机、精密仪器仪表、空调设备、电动机组等机器的隔振设计中得到广泛应用。JG 型橡胶减振器的结构和外形见图 12-5。

（2）弹簧隔振器

工程上一般使用圆柱形螺旋弹簧隔振器，弹簧的刚度可以设计得很大，也可以设计得很小，其应用范围比橡胶减振器要宽，工作可靠、耐油、耐高温，承载能力较大，性能稳定，使用寿命长。但其阻尼系数很小，吸振效果较差。弹簧减振器的结构见图 12-6。

（3）钢弹簧与橡胶块组合隔振器

为了增加金属弹簧的阻尼，往往采用和橡胶隔振器组合的形式，组合隔振器有并联和串联两种形式，见图 12-7。

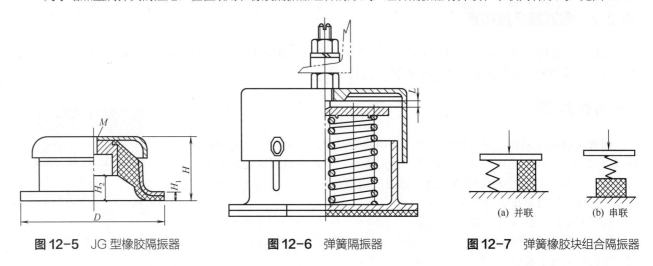

图 12-5　JG 型橡胶隔振器　　　　　**图 12-6**　弹簧隔振器　　　　　**图 12-7**　弹簧橡胶块组合隔振器

（a）并联　　　（b）串联

12.3　高速转盘和转鼓的强度

离心式压缩机、离心机和离心泵等高速回转的机器，其转速从每分钟几百转至每分钟几万转，机器的回转元件在离心力作用下会产生很大的应力，因此要求高速回转的转盘和转鼓必须有足够的强度才能保持正常工作，正确计算回转元件在高速回转时的应力并校核其强度是很必要的。

离心式机器的回转元件大致可分为两类：一类是转鼓，另一类是转盘。转鼓和转盘有各种形式，典型的结构形式见图 12-8 和图 12-9。

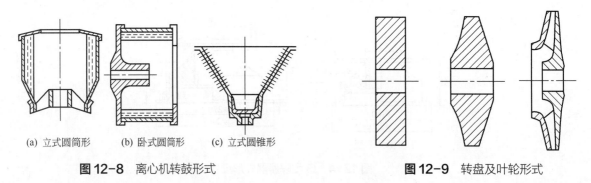

（a）立式圆筒形　　　（b）卧式圆筒形　　　（c）立式圆锥形

图 12-8　离心机转鼓形式　　　　　　　　　　**图 12-9**　转盘及叶轮形式

12.3.1　高速转盘的强度

高速转盘的结构特点是径向尺寸相对轴向尺寸要大些。转盘高速回转时，其自身质量产生的离心惯性力在轮盘处产生应力，该应力大小随半径变化。此外，这些转盘又以一定的过盈量安装在轴上，对转盘的受力也会产生一定的影响，因此，高速转盘的应力计算比较复杂。

工程上常用的计算方法有两种：一种是有限元计算法，另一种是二次计算法。有限元计算法可以把转盘按空间问题进行计算，计算精度较高，但为了简便，常把它简化成轴对称问题进行计算，此简化方法得到的解虽然是近似解，但由于从理论分析上更接近实际情况，与试验结果也能较好地吻合，并且可求解转盘任一处的局部应力，不受其形状限制，因此，有限元法的应用日趋广泛。

二次计算法把轮盘简化成平面问题进行求解，即把轮盘作为轴对称平面应力问题，求解各截面的平均应力，忽略了转盘中间偏离旋转平面而产生的弯曲应力，计算结果较为粗糙，但由于二次计算法比较简单，计算结果一般偏于安全，能满足工程上使用要求，故目前仍被采用。

轮盘强度的理论分析、应力计算及强度设计的内容可参阅有关书籍。一般情况下，由于高速回转的叶轮等元件的重要性，多选用优质材料，在制造工艺及平衡试验等方面均有严格要求，而且其运转的圆周速度一般都偏于安全，所以叶轮的安全可靠性通常是有所保证的。

12.3.2　高速转鼓的强度

离心机的转鼓一般由鼓壁、鼓底及挡液板组成，过滤式离心机转鼓内还有筛网。转鼓在高速回转条件下，除了受鼓壁自身质量产生的离心力外，还承受筛网和物料质量产生的离心力。此外，在鼓壁与鼓底和挡液板的连接处以及组合型转鼓的圆筒与圆锥连接处，还会由于变形不协调而产生边缘应力。

鼓壁、筛网、物料质量产生的离心力作用在转鼓壁上引起应力作用，如同受内压的薄壁容器一样，只不过这里的内压是鼓壁、筛网和物料引起的离心压力，而不是容器内的液体或气体产生的工作压力。因此，可以借助受内压薄壁容器的无力矩理论来解决转鼓压力的计算问题，至于边缘应力的分析，需要用有力矩理论进行求解。

转鼓所受的离心力的方向是沿半径方向外指的，它不产生轴向力，因此在鼓壁上只引起周向应力，不产生经向应力。但如果转鼓有挡液板和鼓底，并且具有流动性的物料达到挡液板和鼓底时，由于流体压力是各向同性的，会在鼓壁上产生经向应力。

关于转鼓壁的强度计算，可按第三强度理论来进行。鼓壁中最大应力是周向应力，最小应力是径向应力，由于转鼓壁较薄，鼓壁的径向应力可近似为零。第三强度理论的强度条件为

$$\sigma_{max} - \sigma_{min} \leqslant [\sigma] \tag{12-11}$$

式中，σ_{max} 应取鼓壁的周向应力，MPa。

把鼓壁自身质量引起的鼓壁周向应力、物料引起的鼓壁周向应力和筛网引起的鼓壁周向应力（沉降式离心机转鼓无筛网，只有过滤式离心机转鼓有筛网）进行加和以后，便得到作用在鼓壁上总的周向应力 σ_2。

强度校核时，应使总的周向应力 σ_2 小于转鼓材料的许用应力 $[\sigma]$。如果转鼓是焊接结构，应考虑焊缝强度削弱的影响，此时要求总周向应力 σ_2 满足以下条件

$$\sigma_2 \leqslant [\sigma] \varphi_H \tag{12-12}$$

式中，φ_H 为焊缝强度系数，按第一篇有关内容进行选取。

过滤式离心机转鼓的鼓壁上开有若干小孔，这一方面削弱了鼓壁的强度，另一方面减少了鼓壁的质量，从而减小了鼓壁自身质量引起的鼓壁周向应力。但需要考虑筛网引起的鼓壁应力。考虑鼓壁开孔引起强度削弱时，一般在许用应力中引入开孔削弱系数 φ

$$\varphi = \frac{t-d}{t} \tag{12-13}$$

式中，d 为开孔直径，m；t 为孔的轴向或斜向中心距中的较小值，m。

因此，过滤式离心机开孔转鼓的许用应力变为 $\varphi_H \varphi [\sigma]$；转鼓的自身质量引起的周向应力变为 $\sigma_2'(1-\psi)$，ψ 为转鼓的开孔率，σ_2' 为不考虑转鼓开孔时鼓壁自身质量引起的鼓壁周向应力。

考虑以上因素后，用第三强度理论对过滤式离心机转鼓进行校核，强度条件为

$$\sigma_2 \leqslant [\sigma] \varphi \varphi_H \tag{12-14}$$

高速转鼓的鼓底及挡液环与鼓壁连接处的边缘应力计算十分复杂，只是在很必要的情况下才进行计算，计算时必须进行简化求解或采用有限元计算法进行求解。

12

12.4　机器的故障诊断

过程机器的连续运行是保证流程型工业生产的必要条件。机器故障诊断的目的就是通过各种测试、分析手段和处理方法来判别故障的性质、程度、部位和模式，并研究故障形成的机理，预测其发展规律，正确处理或消除故障，以保证机器正常工作。

机器故障诊断的过程一般包含如下几个主要环节：

① 机器状态参数的检测环节　即搜集信息或采集信号。机器状态检测和诊断的信息是多种多样的，其中包括"振声诊断技术""振动诊断技术""空气中的超声波诊断技术""热象诊断技术"及"功率测定诊断技术"等。振声诊断技术是对诊断对象同时进行振动信号和噪声信号采集，分别进行信号处理，然后进行综合诊断。振动诊断技术一般使用测振仪或故障诊断仪来采集信号，测振仪可显示振动位移、速度、加速度等信息，有的测振仪可打印频率-加速度、频率-速度、频率-位移图谱，故障诊断仪是一种精密的测振仪，由数据采集器和振动分析仪组成。热像诊断技术主要采用红外热像仪、红外热电视和红外测温仪等仪器，红外热像仪和红外热电视可实时地显示热图像，可把不可见的目标物体表面热分布状况转变为可见光的图像；红外测温仪主要用来测量目标物体表面某一点的温度。

② 信号处理环节　提取故障特征信息，即识别诊断。根据搜集到的信息，与正常的参数和典型故障的参数进行比较，识别机器是否正常，预测机器的可靠性和性能趋势。

③ 评价决策环节　确定故障的类型和发生的部位，并对所确定的故障进行防治处理或控制。

由于过程工业的连续性和生产系统的复杂性，机器故障会影响到各个方面，因此诊断技术的发展已由以往采用离线的静态概念进入到在线的动态诊断概念。尤其是对大型关键设备、大型高速设备和故障发展较快、危险性大的设备，更应采用在线诊断技术。图 12-10 和表 12-1 分别给出了一般流体机械在线检测程序图和振动原因及相应的主导频率。

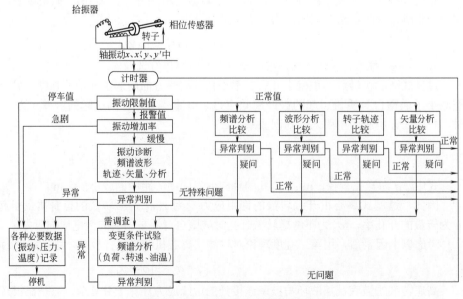

图 12-10　流体机械在线控制程序

表12-1　流体机械振动原因及其相应的振动频率成分

振动原因	振动频率成分															音响域振动
	低频振动	$0.3\sim0.49f_n$	$1/2f_n$	$0.51\sim0.99f_n$	转速成分 f_n	$2f_n$	$3f_n$	$4f_n$	zf_n	轴第一临界转速 f_{c1}	2阶 f_{c2}	3阶 f_{c3}	齿轮振齿合动频率 f_G	$2f_G$	$3f_G$	
转动轴受损伤	※															※※※
接触	※	※	※		※						※	※				※※※
轴裂纹					※※※	※※※	※		※							※
汽蚀									※							※※※
齿轮损伤													※※※	※	※	※※
主轴承间隙大（滑动轴承）			※		※											
叶片振动									※※※							
对中不良						※※	※	※	※							
轴不对称					※※※	※※※										
不平衡					※※※				※							
滚动轴承不良																※
偏流		※※※														
松动、非线性		※	※		※	※	※	※	※							
油膜振荡		※※※		※※※						※※※						
蒸汽涡流		※※※	※	※※※						※※※						
喘振	※※※															
连杆大小头轴瓦、十字头间隙大						※										
吸排气阀损坏							※	※	※							

注：※ 的数量越多表明影响程度越大。

12.5 流体密封技术

流体密封有静密封和动密封两种形式。动密封是防止机器在运转期间和停转期间流体向外或向内泄漏的，如果机器的密封出现问题，不仅会影响机器的效率和性能，还可能严重影响生命财产的安全，因此对密封技术的研究和开发一直是非常活跃的。动密封有往复运动式轴密封和旋转式轴密封两种。

12.5.1 往复运动式轴密封

在往复式压缩机、往复式泵等流体机械中，活塞与缸体之间、活塞杆与缸座之间均需采取密封措施。这种往复运动式轴密封的原理以阻塞密封和节流密封为主。

阻塞密封多采用弹性材料密封，见图 12-11。此外，阻塞密封也采用液体密封的形式。

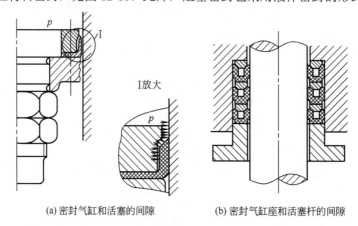

(a) 密封气缸和活塞的间隙   (b) 密封气缸座和活塞杆的间隙

图 12-11 往复式压缩机阻塞密封元件

节流密封一般采用迷宫密封的形式，在沿流体泄漏间隙的长度上，做成一些小室，小室通常做成锯齿形的螺旋槽，见图 12-12。迷宫密封的泄漏量一般比较大，机器的热效率较低。

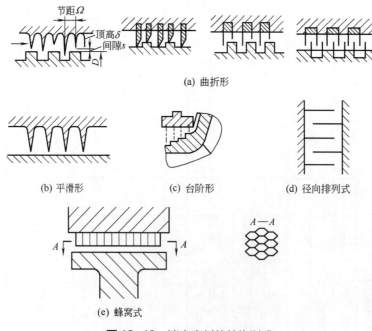

(a) 曲折形

(b) 平滑形   (c) 台阶形   (d) 径向排列式

(e) 蜂窝式

图 12-12 迷宫密封的结构形式

　　往复式压缩机活塞与气缸间的密封一般采用活塞环元件，活塞环是阻塞密封和节流密封的结合。活塞杆和缸座之间的密封一般采用填料密封的形式，填料密封大都是自紧式的，其密封原理是利用阻塞和节流两种作用的组合，填料密封有平面填料和锥面填料两种，分别见图 12-13 和图 12-14。

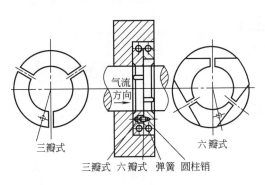

图 12-13　平面填料组件

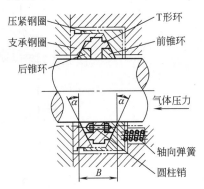

图 12-14　锥面填料组件

　　填料常用灰铸铁、铅青铜以及巴氏合金等金属材料制造，也可采用填充聚四氟乙烯、聚酰胺、金属塑料等材料制造。

12.5.2　旋转式轴密封

12.5.2.1　填料函密封

　　在密封要求较低的场合，可采用填料函作为转轴的密封装置，其结构见图 12-15。填料函密封必须进行润滑，否则很快就会被烧坏。润滑时，一般需要通入一定量的液体（或从外部压入某种液体）使其流经填料与转轴之间。填料本身也需要进行适当的润滑，当润滑液从填料内流出时，说明填料函已经漏了。

12.5.2.2　机械密封

（1）机械密封的形式

　　机械密封也称端面接触密封，是当今流体机械的主要密封形式之一，尤其在泵类机械中得到广泛的应用。

　　机械密封的基本结构形式见图 12-16。它是依靠静止密封环（静环）与旋转密封环（动环）端面的相互贴合、相对滑动而形成密封的，动环和静环之间动密封面上的比压是靠机器内流体的压力及弹簧力所产生的。

　　机械密封的形式很多，一般按机械密封本身的原理和结构可进行如下分类：

　　① 内装式机械密封和外装式机械密封　根据静环装于密封端盖的内侧还是外侧，机械密封可分为内装式和外装式两类。外装式可以直接监测其密封面的磨损情况，但当密封介质的压力波动时，外装式不如内装式密封效果好。它们的结构见图 12-17。

　　② 弹簧内置式机械密封和弹簧外置式机械密封　根据弹簧置于密封流体之内还是之外，机械密封可分为弹簧内置式和弹簧外置式两大类。弹簧内置式机械密封的弹簧力较小，但需要考虑弹簧在密封介质中的腐蚀问题。

　　③ 高背压式机械密封和低背压式机械密封　按补偿环（由弹性元件起补偿作用的环）离密封端面最远处的背面处于高压侧还是低压侧，机械密封可分为高背压式和低背压式两大类。它们的结构见图 12-18。

　　④ 内流式机械密封和外流式机械密封　根据密封介质在密封端面间的泄漏方向与离心力的方向是同向还是反向，机械密封可分为内流式和外流式两大类。内流式多用于内装式机械密封中，泄漏量较外流式要低一些。它们的结构见图 12-19。

12

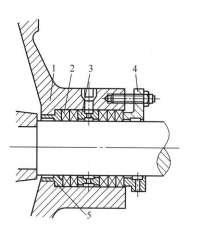

图 12-15 填料函的结构

1—填料函外壳；2—填料；3—液封圈；
4—填料压盖；5—底衬套

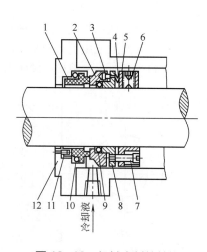

图 12-16 机械密封的结构

1—静环；2—动环；3—传动销；4—弹簧；5—弹簧座；
6—紧固螺钉；7—传动螺钉；8—推环；9—动环密封
圈；10—静环密封圈；11—防转销；12—压盖

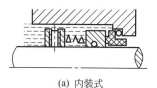

(a) 内装式　　　　　(b) 外装式

图 12-17 内装式和外装式机械密封

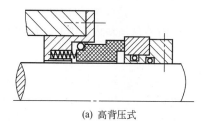

(a) 高背压式　　　　　(b) 低背压式

图 12-18 高背压式和低背压式机械密封

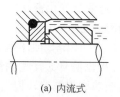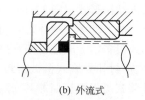

(a) 内流式　　　　　(b) 外流式

图 12-19 内流式和外流式机械密封

⑤ 旋转式机械密封和静止式机械密封　根据弹性元件是否随轴旋转，机械密封可分为旋转式和静止式两大类。旋转式结构简单，径向尺寸小，适用于轴径较小，转速不高的场合。它们的结构见图 12-20。

⑥ 单弹簧式机械密封和多弹簧式机械密封　根据补偿机构中包含一个弹簧还是多个弹簧，机械密封可分为单弹簧式和多弹簧式两大类。多弹簧式机械密封的端面比压比较均匀，但安装烦琐，适用于无腐蚀性介质的大直径泵。它们的结构见图 12-21。

⑦ 平衡性机械密封和非平衡性机械密封　密封流体的压力载荷使密封力有增加

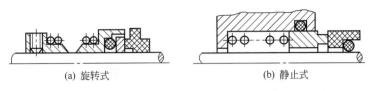

(a) 旋转式   (b) 静止式

图 12-20 旋转式和静止式机械密封

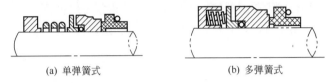

(a) 单弹簧式   (b) 多弹簧式

图 12-21 单弹簧式和多弹簧式机械密封

趋势的密封称为自紧密封。自紧程度以平衡系数 K 的大小来衡量，所谓平衡系数是指流体压力作用的面积与密封环带的面积之比。$K > 1$ 的机械密封称为非平衡性机械密封，$0 \leqslant K < 1$ 的机械密封称为平衡性机械密封。它们的结构见图 12-22。平衡型机械密封的选用取决于多种因素，但一般不采用完全平衡型机械密封（$K=1$），波纹管型机械密封一般均为平衡型的机械密封。

⑧ 单端面机械密封和双端面机械密封　由一对密封端面组成的密封称为单端面机械密封（见图 12-23）；由两对密封端面组成的密封称为双端面机械密封，根据双端面的位置，双端面机械密封又可分为轴向、径向和带浮动间隔环三种形式（见图 12-24）。双端面密封结构适用于腐蚀、高温、含固体颗粒或纤维的液化气，以及挥发、易燃、易爆、有毒、易结晶等介质。

机械密封中，除使用弹簧作为补偿元件外，还可使用波纹管作补偿元件，波纹管机械密封多用于高温或腐蚀介质的场合。波纹管机械密封可分为橡胶波纹管、聚四氟乙烯波纹管、焊接金属波纹管、压力成型金属波纹管等不同类型，波纹管式机械密封的典型结构见图 12-25。

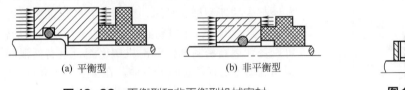

(a) 平衡型   (b) 非平衡型

图 12-22 平衡型和非平衡型机械密封

图 12-23 单端面机械密封

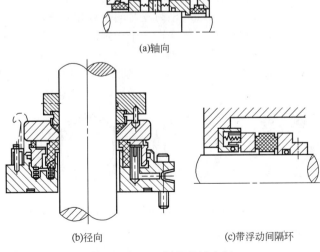

(a)轴向

(b)径向   (c)带浮动间隔环

图 12-24 双端面机械密封

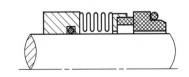

图 12-25 波纹管机械密封

（2）机械密封材料

机械密封用材必须与接触的液体及其温度相适应，常用的动环和静环密封面材料有石墨、聚四氟乙烯、陶瓷、硬质合金、铸铁、碳钢、不锈钢、青铜以及表面复合材料等，其中，石墨或浸渍石墨材料在机械密封中使用量较大，使用范围也较广。

机械密封中的辅助密封圈包括动环密封圈和静环密封圈。其材料一般为各种合成橡胶，不同的合成橡胶有不同的特性，使用时要了解各种合成橡胶的性能，根据工作条件进行合理选择。

机械密封的弹簧材料一般采用磷青铜、碳素弹簧钢、不锈钢等材料。

（3）机械密封的选择和应用

选择机械密封时，必须考虑各种因素，如密封的尺寸，转速，压力，温度，工艺液体的物理、化学性质以及使用机械密封的设备等。实际选型时，还应考虑安装空间的有效性、用户的规范要求、经济性以及操作条件等因素。

工艺液体物料的性质主要包括腐蚀性、密度、蒸汽压力和沸点、黏度、液体物料内含有的磨料以及液体物理和化学性质变化的可能性等。

密封压力随机器形式的不同而变化，大多数机械密封制造厂要对产品进行上百次试验来确定密封压力。选用时，一般可根据厂家提供的各种形式的密封在不同工况条件下的压力-速度曲线来确定。

机械密封的温度也有一定的限制，因为机械密封内辅助密封圈元件一般为合成橡胶材料，其承受高温的能力是有限的。

12.5.3　干气密封

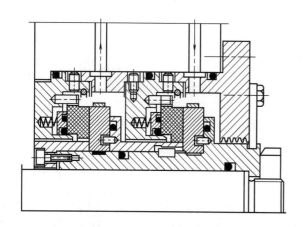

图 12-26 干气密封原理图

干气密封（Gas-lubricated mechanical seals）是近年来发展起来的新型密封技术，可用于泵和压缩机等机器的旋转轴密封，例如，干气密封用于离心式压缩机的旋转轴上，可以替代迷宫密封和油润滑机械密封，具有低泄漏、无磨损和低动力消耗等优点，目前，在工业上已获得广泛应用。

干气密封是在传统的平衡型机械密封的基础上发展起来的，其结构见图 12-26。干气密封主要由弹簧压紧密封面和密封座构成，密封面和密封座两侧分别有密封圈等辅助密封元件。密封面和密封座之间形成相对滑动的平面，在相对滑动的平面之间存在一个稳定的气膜使这两个面互不接触。与油润滑机械密封相比，气体润滑不会产生油膜摩擦热耗散的问题。干气密封气膜的厚度一般不超过几微米，气膜的稳定性依靠密封面或密封座上的气体沟槽来保证，气体沟槽的形式很多，其典型的结构见图 12-27。

(a)单向三维V形槽　(b)单向一维螺旋槽　(c)双向二维U形槽　(d)双向一维燕尾槽　(e)双向三维T形槽

图 12-27 典型气体沟槽的几何形状

机器不运转时，两个密封面是靠在一起的，密封面两侧的压差或轴的旋转均能使密封面启离。在零压差情况下，两个面彼此的相对速度达到 0.5m/s 左右时，它们就能够彼此分开，这称为"气体动力启离"；当压差足够大时，即使完全没有轴的旋转，两个面也能分开，这称为"气体静力启离"。

　　干气密封系统除了气体润滑机械密封部件外，还必须有高压气体供应系统。气体供应系统是保证干气密封正常运行的必要保证，供应的高压气体介质通过密封面间隙时被释放，使密封面间隙泄漏的气量很小。

12.5.4　浮环密封装置

　　浮环密封是靠高压密封油在浮环与轴套间形成油膜，产生节流压降，阻止高压侧气体流向低压侧，主要是油膜起密封作用，所以也称油膜密封（见图 12-28）。浮环密封装置中所用的浮环大多是整体的，也有两半的。浮环密封一般与迷宫密封同时使用，通常在浮环密封前设置一道迷宫密封，用来减少被高压油带走的气流。由于浮环密封对大压差及高转速具有良好的适应性，且结构不太复杂，因此，在离心式压缩机中被广泛采用。

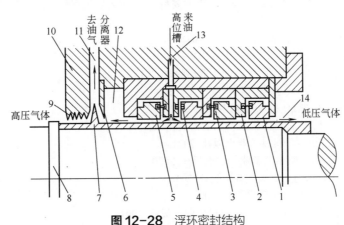

图 12-28　浮环密封结构

1—浮环；2—L 型固定环；3—销钉；4—弹簧；5—轴套；6—挡油环；7—甩油环；8—轴；9—高压侧预密封梳齿
10—梳齿座；11—高压侧回油孔；12—空腔；13—进油孔；14—低压侧回油空腔

　　其他形式的密封，例如：磁流体密封、螺旋密封、喷射密封等非接触式密封形式，以及隔膜式、屏蔽式、磁力传动式等无轴封密封形式，在一些特殊的场合下也得到较好地应用，有关这些密封的原理、特点及应用可参阅有关书籍。

📝 思考题

1. 什么叫振动？什么情况下会发生共振？
2. 什么叫临界转速？挠性轴和刚性轴是如何定义的？
3. 特征值法求临界转速的根据是什么？
4. 影响系数法求解临界转速的根据是什么？解释"自动对中现象"。
5. 影响临界转速的因素有哪些？画出悬臂宽转子与窄转子回旋不平衡力矩的方向，并讨论它们对临界转速的影响。
6. 弹性支承对临界转速的影响与回转效应和臂长影响有何不同？
7. 瑞利法计算临界转速的根据是什么？简述瑞利法求解临界转速的步骤。
8. 列举出并对比求解临界转速的各种方法的优缺点。
9. 转鼓壁的应力都是由哪些因素产生的？
10. 转鼓自身质量离心惯性力引起的鼓壁应力有何特点？圆筒形转鼓壁和圆锥形转鼓壁由于鼓壁自身质量引起的应力有何区别？
11. 开孔转鼓的强度计算考虑哪两个因素？
12. 自由回转等厚度轮盘的应力分布有何特点？

⑫

参考文献

[1] 丁伯民, 黄正林. 化工容器. 北京: 化学工业出版社, 2003.

[2] 谢铁军, 等. 压力容器应力分析图谱. 北京: 科学出版社, 1994.

[3] 张如一, 等. 实验应力分析. 北京: 机械工业出版社, 1981.

[4] 维西曼 K R, 等. 容器局部受载应力计算. 姚金源, 等译. 成都: 成都科技大学出版社, 1989.

[5] 郑津洋, 桑芝富. 过程设备设计. 5版. 北京: 化学工业出版社, 2021.

[6] 徐灏. 安全系数和许用应力. 北京: 机械工业出版社, 1981.

[7] 陈国理, 等. 超高压容器设计. 北京: 化学工业出版社, 1997.

[8] 郁永章. 容积式压缩机技术手册. 北京: 机械工业出版社, 2005.

[9] 全国锅炉压力容器标准化技术委员会, 设计计算方法专业委员会. 压力容器工程师设计指南. 2版. 北京: 中国石化出版社, 2018.

[10] 祁大同. 离心式压缩机原理. 北京: 机械工业出版社, 2018.

[11] 李红旗, 吴业正, 张华. 制冷压缩机. 北京: 机械工业出版社, 2017.

[12] 姬忠礼, 邓志安, 赵会军. 泵和压缩机. 北京: 石油工业出版社, 2015.

[13] 吴玉林. 通风机和压缩机. 2版. 北京: 清华大学出版社, 2012.

[14] 商景泰. 通风机实用技术手册. 北京: 机械工业出版社, 2011.

[15] 孙研. 风机产品样本（上中下）. 2版. 北京: 机械工业出版社, 2015.

[16] 王寒栋 李敏, 泵与风机 第2版, 北京: 机械工业出版社, 2021.

[17] 张作友, 田芳. 泵与风机. 哈尔滨: 哈尔滨工业大学出版社, 2020.

[18] 天津大学化工学院. 化工原理. 北京: 高等教育出版社, 2016.

[19] 陈汝东. 制冷技术与应用. 上海: 同济大学出版社, 2006.

[20] 董天禄. 离心式/螺杆式制冷机组及应用. 北京: 机械工业出版社, 2001.

[21] 全国化工设备设计技术中心站机泵技术委员会. 工业离心机和过滤机选用手册. 北京: 化学工业出版社, 2014.

[22] 付平, 常德功. 密封设计手册. 北京: 化学工业出版社, 2009.

[23] 闻邦椿. 机械设计手册 润滑 密封. 北京: 机械工业出版社, 2020.

[24] 刘相臣, 张秉淑. 化工装备事故分析与预防. 北京: 化学工业出版社, 1994.